Inhalt

Autor: Dr. Volker Altrichter

Vorwort

Liebe Schülerin, lieber Schüler,

in diesem Band wird in kompakter Form der Stoff der Algebra der Mittelstufe wiederholt und erklärt. Die folgenden Punkte helfen dabei, das Lernen mit diesem Buch zu erleichtern:

- In den farbig umrandeten bzw. getönten Kästen finden Sie – präzise und schülergerecht formuliert – die wichtigen **Definitionen, Regeln** und **Merksätze,** die Sie sicher beherrschen müssen.
- Anhand passgenauer, kommentierter **Beispiele** lässt sich die Theorie unmittelbar nachvollziehen, verstehen und wiederholen.
- Die **Übungsaufgaben** eines jeden Abschnitts sind im Schwierigkeitsgrad steigend angeordnet. Die mit einem ✱ markierten Aufgaben entsprechen in Form und Schwierigkeitsgrad denjenigen der Feststellungs- bzw. Aufnahmeprüfung.
- Am Ende des Buches finden Sie zu jeder Aufgabe eine vollständig ausgearbeitete, ausführliche **Lösung** zur Selbstkontrolle.

Mit dem Band können also selbstständig grundlegende Stoffgebiete der Algebra reaktiviert, wiederholt und vertieft werden. Das Buch vermittelt die Algebra-Kenntnisse, die in der Fachoberschule, in der Berufsoberschule und in der gymnasialen Oberstufe vorausgesetzt werden. Es trägt zu einem erfolgreichen Bestehen der Probezeit an der Fachoberschule oder Berufsoberschule bei. Die Auswahl der Themen orientiert sich an den Lehrplänen der Vorstufe und Vorklasse zur Berufsoberschule und Fachoberschule. Die vermittelten Kenntnisse und Fertigkeiten sind für einen erfolgreichen Besuch der Oberstufe sehr hilfreich.

Ich wünsche Ihnen viel Erfolg bei der Arbeit mit diesem Trainingsband, in der Schule und bei Ihren Prüfungen!

Ihr

Dr. Volker Altrichter

Dr. Volker Altrichter

1 Aufbau des Zahlensystems

Grundlage für das Lösen von Aufgaben ist in der Algebra das sichere Arbeiten mit Zahlen und Termen. Da in Termen wieder Zahlen auftreten können und man daher beim Rechnen mit Termen auch das Rechnen mit Zahlen beherrschen muss, ist es sinnvoll, sich zunächst mit den wichtigsten Zahlenmengen und deren Eigenschaften sowie mit den Grundrechenarten vertraut zu machen.

1.1 Zahlenmengen

In der Schulmathematik verwendet man die natürlichen Zahlen $\mathbb{N}$, die ganzen Zahlen $\mathbb{Z}$, die rationalen Zahlen $\mathbb{Q}$ und die reellen Zahlen $\mathbb{R}$. Wie diese Zahlenmengen miteinander verknüpft sind, veranschaulicht das nebenstehende Diagramm. Dort sind beispielhaft für die entsprechenden Zahlenmengen jeweils einzelne Zahlen eingetragen.

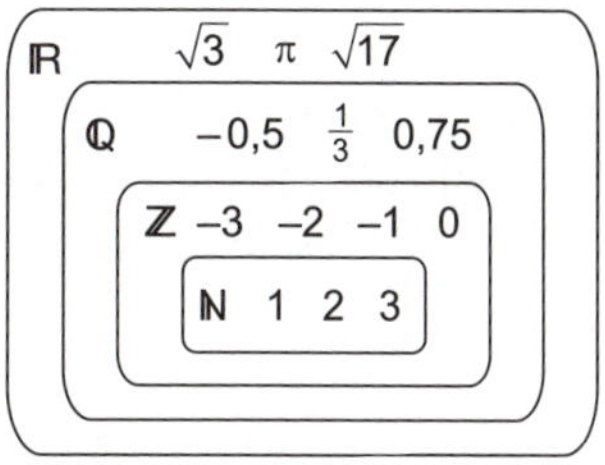

Die grundlegende Zahlenmenge ist die Menge der natürlichen Zahlen; sie wird mit dem Symbol $\mathbb{N}$ bezeichnet. Die **natürlichen Zahlen $\mathbb{N}$** sind diejenigen Zahlen, mit deren Hilfe man Gegenstände wie z. B. Äpfel, Birnen, Autos usw. oder auch Personen, Tiere etc. **zählen** kann. Dabei ist für jede noch so große natürliche Zahl, z. B. 2 801 792, auch ihr Nachfolger, in diesem Fall also 2 801 793, in $\mathbb{N}$ enthalten. Man kann demnach „bis ins Unendliche" zählen. Üblicherweise schreibt man die Menge der natürlichen Zahlen wie folgt:

$\mathbb{N} = \{1; 2; 3; \ldots\}$

Die drei Punkte bedeuten, dass auch der Nachfolger der Zahl 3 und damit auch der Nachfolger des Nachfolgers von 3 usw. in $\mathbb{N}$ enthalten ist. Sie bringen also die Unendlichkeit der Menge $\mathbb{N}$ zum Ausdruck.

Man beachte, dass das Symbol $\mathbb{N}$ sowohl für die Menge $\{1; 2; 3; \ldots\}$ als auch für die Menge $\{0; 1; 2; 3; \ldots\}$ verwendet wird. Der Unterschied liegt salopp formuliert darin, ob man bereits bei null anfängt zu zählen oder erst bei eins. Schlüssiger ist es, die Zählung von z. B. Äpfeln erst zu beginnen, wenn auch ein Apfel vorhanden ist (und nicht etwa schon, wenn noch gar kein Apfel da ist). Daher wird üblicherweise sowie auch hier in diesem Buch die Menge $\{1; 2; 3; \ldots\}$ mit $\mathbb{N}$ bezeichnet.

Der Aufbau der Zahlenmengen lässt sich gut nachvollziehen, wenn man die grundlegenden Rechenoperationen innerhalb der einzelnen Zahlenmengen betrachtet.

Innerhalb der natürlichen Zahlen rechnet man wie gewohnt: $3+5=8$, $7-2=5$, $4\cdot 6=24$, $16:2=8$. Doch schon bei der zweiten hier genannten Rechenoperation, der Subtraktion, wird man unter Umständen vor unlösbare Probleme gestellt. Man betrachte z. B. die Differenz $7-11$.
Sowohl bei 7 als auch bei 11 handelt es sich um eine natürliche Zahl. Das Ergebnis der Rechnung $7-11$ ist aber keine natürliche Zahl, denn $7-11=-4$ ist kleiner als eins. Somit ist es also notwendig, die Zahlenmenge $\mathbb{N}$ zu erweitern, wenn man beliebige Differenzen bilden möchte.

Diese Erweiterung führt zu den sogenannten ganzen Zahlen, die mit dem Symbol $\mathbb{Z}$ bezeichnet werden. Die **ganzen Zahlen $\mathbb{Z}$** umfassen alle natürlichen Zahlen, die Zahl Null sowie diejenigen Zahlen, die entstehen, indem man die natürlichen Zahlen jeweils mit einem **negativen Vorzeichen** versieht. Bei der formalen Mengenschreibweise wird die Unendlichkeit der Menge erneut durch die drei Punkte angedeutet:

$\mathbb{Z}=\{\ldots; -3; -2; -1; 0; 1; 2; 3; \ldots\}$

Innerhalb der ganzen Zahlen lassen sich beliebige Additions-, Subtraktions- und Multiplikationsaufgaben lösen. Nicht jedoch lösen lassen sich beliebige Divisionsaufgaben, wie z. B. die Aufgabe $3:2$, denn 2 ist kein Teiler von 3; das Ergebnis liegt zwischen den ganzen Zahlen 1 und 2. Also ist erneut eine Erweiterung der betrachteten Zahlenmenge notwendig; nun müssen die ganzen Zahlen um Brüche erweitert werden.

Dadurch erhält man die sogenannten rationalen Zahlen, für die das Symbol $\mathbb{Q}$ steht. Die **rationalen Zahlen $\mathbb{Q}$** sind alle diejenigen Zahlen, die als **Bruch zweier ganzer Zahlen** darstellbar sind (wobei hier wie stets gilt, dass nicht durch null geteilt werden darf). Beispielsweise sind $\frac{7}{11}$, $\frac{291}{-5}$ und $\frac{-11}{12}$ rationale Zahlen.
Man erkennt, dass jede ganze Zahl auch eine rationale Zahl ist, da sie als Bruch mit dem Nenner 1 darstellbar ist.
Die rationalen Zahlen selber sind nicht nur als Brüche, sondern auch als sogenannte Dezimalzahlen darstellbar. Dabei können rationale Zahlen entweder endliche oder unendlich-periodische Dezimalzahlen sein.

Definition

Unter einer **endlichen Dezimalzahl** versteht man eine Zahl mit nur endlich vielen Stellen hinter dem Komma.
Unter einer **unendlich-periodischen Dezimalzahl** versteht man eine Zahl mit unendlich vielen Stellen hinter dem Komma, die dadurch zustande kommen, dass sich eine endliche Ziffernfolge unendlich oft wiederholt. Diese sich unendlich oft wiederholende Ziffernfolge nennt man **Periode** und kennzeichnet sie mit einem Querstrich über der Ziffernfolge.

Beispiel

Geben Sie zwei endliche Dezimalzahlen und zwei unendlich-periodische Dezimalzahlen an. Schreiben Sie bei den unendlich-periodischen Zahlen die Periode auf neun Stellen hinter dem Komma aus.

Lösung:
Bei $2,456$ und $189,2$ handelt es sich um endliche Dezimalzahlen.
Sowohl $0,\overline{7}$ als auch $0,\overline{321}$ sind unendlich-periodisch. Schreibt man die Periode auf neun Stellen hinter dem Komma aus, so erhält man (wobei die drei Punkte bedeuten, dass sich die jeweilige Zahlenfolge noch unendlich oft wiederholt):
$0,\overline{7} = 0,777777777\ldots$
$0,\overline{321} = 0,321321321\ldots$

Die folgende Regel erklärt, wie man zwischen den beiden Darstellungsarten rationaler Zahlen wechseln kann.

Regel

1. Eine als **Bruch** ganzer Zahlen gegebene rationale Zahl wandelt man **in** eine **Dezimalzahl** um, indem man den **Zähler schriftlich durch** den **Nenner dividiert**.
2. Eine als **endliche Dezimalzahl** gegebene rationale Zahl wandelt man **in** einen gemischten **Bruch** ganzer Zahlen um, indem man die Zahl vor dem Komma stehen lässt, die **Ziffern hinter dem Komma in den Zähler** des Bruchs schreibt und in den **Nenner eine Eins mit** so vielen **Nullen**, wie die Zahl Stellen hinter dem Komma hat.
3. Eine als **unendlich-periodische Dezimalzahl** gegebene rationale Zahl wandelt man **in** einen **Bruch** ganzer Zahlen um, indem man die **gegebene Zahl ohne Komma** schreibt, davon den **nichtperiodischen Teil** der gegebenen Zahl (ebenfalls ohne Komma geschrieben) **abzieht** und das **Ergebnis in den Zähler** des Bruchs schreibt; in den **Nenner** des Bruchs schreibt man so viele **Neunen**, wie die Periode Ziffern hat, gefolgt von so vielen **Nullen**, wie der nichtperiodische Teil hinter dem Komma Ziffern hat.

Möchte man als Ergebnis stets einen vollständig gekürzten nicht gemischten Bruch angeben, so muss ein eventuell erhaltener gemischter Bruch noch in einen nicht gemischten Bruch umgewandelt werden und der erhaltene Bruch unter Umständen noch gekürzt werden.
Tipp: Zehnerpotenzen (wie z. B. 10, 100, 1 000, 10 000 usw.) sind nur durch 2 und 5 teilbar (sowie natürlich auch durch 1 und durch sich selbst).

Beispiele

1. Wandeln Sie folgende Brüche jeweils in eine Dezimalzahl um.
   a) $\frac{56}{5}$ b) $\frac{7}{9}$

Lösung:

a) $56:5=11{,}2$

$$\begin{array}{r} 56:5 = 11{,}2 \\ -55 \\ \hline 10 \\ -10 \\ \hline 0 \end{array}$$

b) $7:9=0{,}\overline{7}$

$$\begin{array}{r} 7:9 = 0{,}\overline{7} \\ -0 \\ \hline 70 \\ -63 \\ \hline 70 \end{array}$$

2. Wandeln Sie die folgenden endlichen Dezimalzahlen jeweils in einen nicht gemischten Bruch um.

a) 0,2334 b) 4,560112

Lösung:

a) $0\frac{2\,334}{10\,000}=\frac{2\,334}{10\,000}$

b) $4\frac{560\,112}{1\,000\,000}=\frac{4\,000\,000}{1\,000\,000}+\frac{560\,112}{1\,000\,000}=\frac{4\,560\,112}{1\,000\,000}$

3. Wandeln Sie die folgenden unendlich-periodischen Dezimalzahlen jeweils in einen Bruch um.

a) $4,\overline{346}$ b) $0{,}24\overline{671}$

Lösung:

a) $\frac{4\,346-4}{999}=\frac{4\,342}{999}$ b) $\frac{24\,671-24}{99\,900}=\frac{24\,647}{99\,900}$

Innerhalb der rationalen Zahlen lassen sich alle Grundrechenoperationen (Addition, Subtraktion, Multiplikation und Division) ohne Einschränkungen durchführen.

Nach Berechnungen stellt das Lösen von Gleichungen die nächste grundlegende Anforderung innerhalb der Algebra dar. So möchte man z. B. wissen, welches x die Gleichung $3x-7=5$ erfüllt. In diesem Falle ist die Lösung $x=4$ eine natürliche Zahl. Es gibt jedoch auch Gleichungen, die nicht einmal innerhalb der rationalen Zahlen gelöst werden können. Dies gilt z. B. für die Gleichung $x^2=2$.

Um diese Gleichung zu lösen, muss man die Wurzel ziehen. Das Ergebnis $x=\sqrt{2}$ ist keine rationale Zahl mehr, denn $\sqrt{2}$ ist unendlich-nichtperiodisch. Dabei heißt eine Zahl unendlich-nichtperiodisch, wenn sie unendlich viele Ziffern hinter dem Komma hat, von denen sich keine endliche Teilfolge unendlich oft wiederholt.

Um Gleichungen wie $x^2=2$ lösen zu können, ist also eine Erweiterung der rationalen Zahlen notwendig. Diese führt zu den sogenannten reellen Zahlen, die mit dem Symbol $\mathbb{R}$ bezeichnet werden. Die **reellen Zahlen $\mathbb{R}$** bilden diejenige Zahlenmenge, die die rationalen Zahlen – also die Menge der endlichen und unendlich-periodischen Dezimalzahlen – um die **unendlich-nichtperiodischen** Dezimalzahlen erweitert.

Für die letztgenannten Zahlen führt man noch eine weitere Bezeichnung ein, die betont, dass die unendlich-nichtperiodischen Zahlen eine **echte** Erweiterung der rationalen Zahlen darstellen.

Definition

Eine reelle Zahl, die keine rationale Zahl ist, nennt man **irrationale Zahl**.

Man kann irrationale Zahlen nur durch die Verwendung eines Symbols wie π oder $\sqrt{2}$ exakt angeben. Darstellungen von irrationalen Zahlen durch Dezimalzahlen sind naturgemäß nur Rundungen, sie geben die jeweilige irrationale Zahl also nur näherungsweise an.

Beispiele

1. Geben Sie zwei irrationale Zahlen exakt sowie auch näherungsweise durch eine neunstellige Dezimalzahl an.

   Lösung:
   Sowohl π als auch $\sqrt{2}$ sind irrational. Sie lassen sich näherungsweise darstellen durch folgende Dezimalzahlen (wobei die drei Punkte bedeuten, dass noch unendlich viele nicht angegebene Ziffern folgen):
   $\pi = 3{,}14159265\ldots$
   $\sqrt{2} = 1{,}41421356\ldots$

2. Entscheiden Sie jeweils, ob die folgenden Zahlen irrational sind oder nicht. Begründen Sie Ihre Antwort und geben Sie gegebenenfalls die kleinste Zahlenmenge an, der die Zahl angehört.

   a) $2{,}99991881993747743939$ b) $\sqrt{121}$

   c) $\frac{9\pi}{-3\pi}$ d) $\frac{\pi}{3}$

   Lösung:

   a) Die Zahl ist nicht irrational, da es sich um eine endliche Dezimalzahl und somit um eine rationale Zahl handelt.

   b) Die Zahl ist nicht irrational, denn es gilt $\sqrt{121} = 11$; also handelt es sich bei der Zahl um eine natürliche Zahl.

   c) Die Zahl ist nicht irrational, denn es gilt $\frac{9\pi}{-3\pi} = \frac{3}{-1} = -3$; also handelt es sich bei der Zahl um eine ganze Zahl.

   d) Die Zahl ist irrational, da sie wegen der Irrationalität von π weder eine ganze Zahl ist noch als Bruch ganzer Zahlen darstellbar ist.

Die bisherige Behandlung zeigt, dass die Zahlenmengen von den natürlichen Zahlen über die ganzen Zahlen und die rationalen Zahlen bis hin zu den reellen Zahlen aufsteigend ineinander enthalten sind (vergleiche das Diagramm auf Seite 1):

$\mathbb{N} \subset \mathbb{Z} \subset \mathbb{Q} \subset \mathbb{R}$

Man gelangt von einer Zahlenmenge zur nächsten jeweils durch eine **echte** Erweiterung.

Die Menge $\mathbb{R}$ der reellen Zahlen und ihre Anordnung kann man mit der Zahlengeraden darstellen. Jeder reellen Zahl entspricht ein Punkt auf der Zahlengeraden.

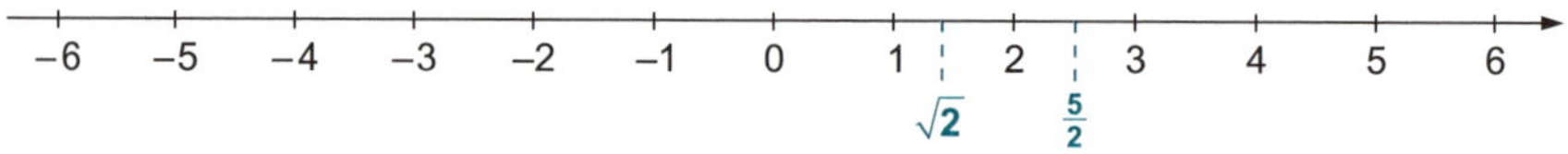

Diejenigen Zahlen, die rechts vom Nullpunkt auf der Zahlengeraden liegen, nennt man **positive** Zahlen; die links vom Nullpunkt liegenden Zahlen nennt man **negative** Zahlen. Für eine positive Zahl a schreibt man **a > 0** (lies: a größer null), für eine negative Zahl a schreibt man **a < 0** (lies: a kleiner null).
Jeder reellen Zahl kann man einen Pfeil zuordnen, und zwar denjenigen Pfeil, der ausgehend vom Nullpunkt auf der Zahlengeraden zu dem Punkt auf der Zahlengeraden zeigt, der dieser Zahl entspricht.

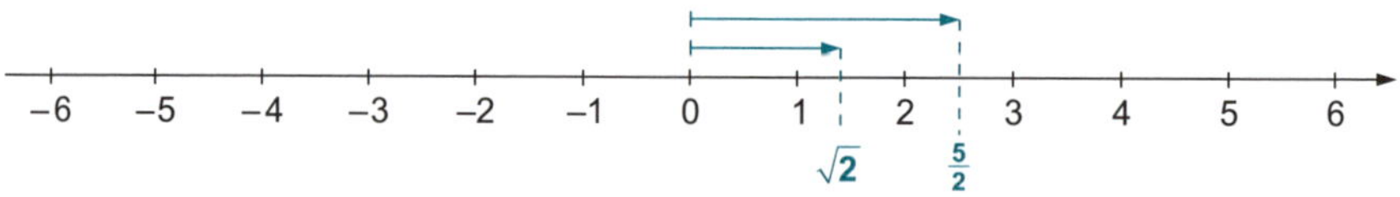

Der **absolute Betrag** (kurz Betrag) einer reellen Zahl charakterisiert die Länge dieses Pfeiles, d. h. den Abstand der Zahl vom Nullpunkt.
Zahlen wie –3 und +3, die auf verschiedenen Seiten vom Nullpunkt liegen, aber von diesem gleich weit entfernt sind, heißen **Gegenzahlen**. Beispielsweise ist –3 Gegenzahl von 3 und +3 Gegenzahl von –3. Sowohl –3 als auch +3 haben den Betrag 3.

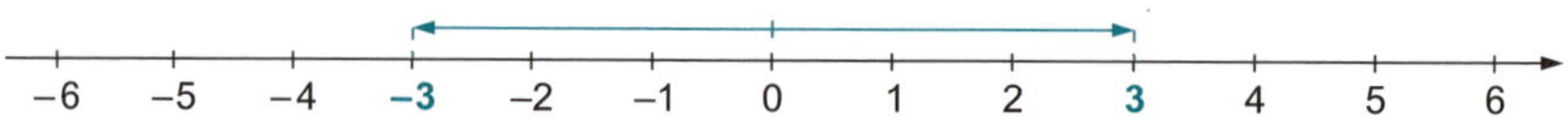

Die anschauliche Definition des Betrages als Abstand einer Zahl vom Nullpunkt auf der Zahlengeraden kann mathematisch präzisiert werden.

Definition

Der **Betrag einer reellen Zahl a** ist gleich der Zahl a, falls a positiv oder null ist, und gleich der Gegenzahl von a, falls a negativ ist.
Für den Betrag der Zahl a schreibt man kurz **|a|** (lies: Betrag a).

Beispiel

Geben Sie jeweils den Betrag der folgenden Zahlen an.

a) $-2{,}5$ b) $-0{,}75$ c) $1{,}2$ d) 100

e) 0 f) -3π g) $-\sqrt{3}$ h) $\frac{136}{5}$

Lösung:

a) $|-2{,}5|=2{,}5$ b) $|-0{,}75|=0{,}75$ c) $|1{,}2|=1{,}2$ d) $|100|=100$

e) $|0|=0$ f) $|-3\pi|=3\pi$ g) $|-\sqrt{3}|=\sqrt{3}$ h) $|\frac{136}{5}|=\frac{136}{5}$

Aufgaben

1. Wandeln Sie folgende Brüche jeweils in Dezimalzahlen um.

a) $\frac{231}{14}$ b) $\frac{1}{4}$ c) $\frac{-13}{5}$ d) $\frac{2}{7}$

2. Wandeln Sie die folgenden Dezimalzahlen jeweils in einen echten, vollständig gekürzten Bruch ganzer Zahlen um.

a) $0{,}112$ b) $4{,}\overline{2}$ c) $7{,}222\overline{1}$ d) $0{,}99999999$

3. Entscheiden Sie jeweils, ob die folgenden Zahlen irrational sind oder nicht. Begründen Sie Ihre Antwort und geben Sie gegebenenfalls die kleinste Zahlenmenge an, der die Zahl angehört.

a) $\sqrt{\frac{9}{4}}$ b) $\sqrt{\pi^2}$ c) $0{,}\overline{242136}$ d) $0{,}2133456\ldots$

4. Geben Sie zwei ganze Zahlen, die keine natürlichen Zahlen sind, zwei rationale Zahlen, die keine ganzen Zahlen sind, und zwei reelle Zahlen, die keine rationalen Zahlen sind, an.

5. Geben Sie jeweils die kleinste Zahlenmenge an, der das Ergebnis der folgenden Rechnungen angehört.

a) $\sqrt{2(\pi+1)-2\pi}$ b) $3-4$ c) $1{,}5\cdot 3$ d) $\sqrt{2\cdot 17+2}$

e) $17-17$ f) $56:8$ g) $5:2$ h) $12\pi-3$

6. Bestimmen Sie jeweils den Betrag der folgenden Zahlen.

a) $\frac{7}{10}$ b) $-0{,}7$ c) $1\,329\,469$ d) $\sqrt{17}$

e) $-\sqrt{19}$ f) $\frac{-11}{2}$ g) -1 h) -222

1.2 Grundrechenarten

Mit der Erweiterung der Zahlenmengen über die natürlichen Zahlen hinaus entstehen auch neue Situationen bei der Anwendung der vier Grundrechenarten Addition, Subtraktion, Multiplikation und Division.

Innerhalb der natürlichen Zahlen ist man es gewohnt, positive Zahlen zu addieren, (betragsmäßig) kleinere von größeren Zahlen zu subtrahieren, positive Zahlen miteinander zu multiplizieren und positive Zahlen zu dividieren. Wie sich das Hinzukommen negativer Zahlen auf die Grundrechenarten auswirkt, wird im Folgenden erklärt. Die betrachtete Zahlenmenge ist dabei stets die Menge der reellen Zahlen, also die größtmögliche Zahlenmenge. Zur Verdeutlichung der betreffenden Rechnungen bzw. Ergebnisse werden irrationale Zahlen auch auf zwei Nachkommastellen gerundet (und nicht nur exakt) angegeben. Erklärt wird zuerst die Addition beliebiger reeller Zahlen, die mithilfe des Betrages auf die bekannte Addition bzw. Subtraktion positiver Zahlen zurückgeführt wird.

Regel

> Zwei reelle Zahlen mit **gleichem Vorzeichen** werden **addiert**, indem man ihre Beträge addiert und das Ergebnis mit dem gemeinsamen Vorzeichen versieht. Zwei reelle Zahlen mit **unterschiedlichem Vorzeichen** werden **addiert**, indem man den Betrag der betragsmäßig kleineren Zahl vom Betrag der anderen Zahl subtrahiert und das Ergebnis mit dem Vorzeichen der betragsmäßig größeren Zahl versieht. Haben beide Zahlen den gleichen Betrag, so ist das Ergebnis null.

Beispiel

Berechnen Sie.

a) $1+5$ b) $-7+\frac{11}{3}$ c) $\pi+(-2)$ d) $-0{,}7+(-0{,}1)$

Lösung:

a) $1+5=+(|1|+|5|)=+(1+5)=+6=6$

b) $-7+\frac{11}{3}=-\left(|-7|-\left|\frac{11}{3}\right|\right)=-(7-\frac{11}{3})=-\left(\frac{21}{3}-\frac{11}{3}\right)=-\frac{10}{3}$

c) $\pi+(-2)\approx 3{,}14+(-2)=+(|3{,}14|-|-2|)=+(3{,}14-2)=+1{,}14=1{,}14$

d) $-0{,}7+(-0{,}1)=-(|-0{,}7|+|-0{,}1|)=-(0{,}7+0{,}1)=-0{,}8$

Die zweite Grundrechenart – die Subtraktion – wiederum lässt sich auf die gerade genannten Additionsregeln zurückführen.

Regel

> Eine reelle Zahl wird von einer reellen Zahl **subtrahiert**, indem man ihre **Gegenzahl addiert**.

Beispiel

Berechnen Sie.

a) $\sqrt{3}-\sqrt{2}$ b) $-1{,}23-0{,}2$

Lösung:

a) $\sqrt{3}-\sqrt{2} \approx 1{,}73-1{,}42$
$= 1{,}73+(-1{,}42)$
$= +(|1{,}73|-|-1{,}42|)$
$= +(1{,}73-1{,}42) = +0{,}31 = 0{,}31$

b) $-1{,}23-0{,}2 = -1{,}23+(-0{,}2) = -(|-1{,}23|+|-0{,}2|) = -(1{,}23+0{,}2) = -1{,}43$

Bei der Multiplikation verhält es sich ähnlich wie bei der Addition.

Regel

Zwei reelle Zahlen mit **gleichem Vorzeichen** werden **multipliziert**, indem man ihre Beträge multipliziert und das Ergebnis mit **positivem Vorzeichen** versieht. Zwei reelle Zahlen mit **unterschiedlichem Vorzeichen** werden **multipliziert**, indem man ihre Beträge multipliziert und das Ergebnis mit **negativem Vorzeichen** versieht.

Beispiel

Berechnen Sie.

a) $3\cdot 8{,}5$ b) $3\cdot(-\sqrt{17})$ c) $-9\cdot 2$ d) $-\frac{2}{5}\cdot(-4)$

Lösung:

a) $3\cdot 8{,}5 = +(|3|\cdot|8{,}5|) = +(3\cdot 8{,}5) = +25{,}5 = 25{,}5$

b) $3\cdot(-\sqrt{17}) = -(|3|\cdot|-\sqrt{17}|) = -(3\cdot\sqrt{17}) \approx -(3\cdot 4{,}12) = -12{,}36$

c) $-9\cdot 2 = -(|-9|\cdot|2|) = -(9\cdot 2) = -18$

d) $-\frac{2}{5}\cdot(-4) = +\left(\left|-\frac{2}{5}\right|\cdot|-4|\right) = +\left(\frac{2}{5}\cdot 4\right) = +\frac{8}{5} = \frac{8}{5}$

Die Division kann man – ähnlich wie auf der vorangehenden Seite die Subtraktion auf die Addition zurückgeführt wurde – auf die Multiplikation zurückführen. Dazu wird folgender Begriff eingeführt.

Definition

Für jede reelle Zahl ungleich null ist ihr **Kehrwert** definiert als der Bruch, in dessen Zähler die Zahl eins und in dessen Nenner die Zahl selbst steht.
In Formeln heißt das: Der Kehrwert der Zahl $a \in \mathbb{R}\setminus\{0\}$ ist gegeben als $\frac{1}{a}$.

Multipliziert man eine Zahl mit ihrem Kehrwert, so erhält man stets das Ergebnis 1. Für die Kehrwertbildung bei Brüchen gilt folgende hilfreiche Regel.

Regel

> Der **Kehrwert eines Bruches** wird gebildet, indem man **Zähler und Nenner vertauscht**. In Formeln heißt das für zwei ganze Zahlen a und b ungleich null:
> Für den Kehrwert $\frac{1}{\frac{a}{b}}$ von $\frac{a}{b}$ gilt: $\frac{1}{\frac{a}{b}} = \frac{b}{a}$

Beispiel

Bestimmen Sie jeweils den Kehrwert der folgenden Zahlen.

a) π b) -130 c) $\frac{7}{3}$ d) $\frac{-1}{2}$

Lösung:

a) $\frac{1}{\pi}$

b) $\frac{1}{-130} = -\frac{1}{130}$

c) $\frac{1}{\frac{7}{3}} = \frac{3}{7}$

d) $\frac{1}{\frac{-1}{2}} = \frac{2}{-1} = -\frac{2}{1} = -2$

Die Regel für die Division ergibt sich nun analog zur Regel für die Subtraktion.

Regel

> Eine reelle Zahl (Dividend) wird durch eine reelle Zahl (Divisor) **dividiert**, indem man den Dividend mit dem **Kehrwert des Divisors multipliziert**.

Anders formuliert heißt das, dass die Division der Multiplikation mit dem Kehrwert entspricht. Dies stimmt mit der bekannten Schreibweise überein, dass der Bruchstrich ein anderes Symbol für das Geteilt-Zeichen ist. (Ist bei der Bruchschreibweise der Nenner selbst wieder ein Bruch, so muss er, wenn alle Bruchstriche durch Geteilt-Zeichen ersetzt werden, in Klammern gesetzt werden.)

Beispiel

Berechnen Sie.

a) $4:0{,}25$ b) $-16\pi:\frac{4}{3}$ c) $-1:(-(2:5))$ d) $\frac{3}{8}:(-3)$

Lösung:

a) $4:0{,}25 = 4\cdot\frac{1}{0{,}25} = +\left(|4|\cdot\left|\frac{1}{0{,}25}\right|\right) = +\left(4\cdot\frac{1}{0{,}25}\right) = +\frac{4}{0{,}25} = \frac{16}{1} = 16$

b) $-16\pi:\frac{4}{3} = -16\pi\cdot\frac{3}{4} = -\left(|-16\pi|\cdot\left|\frac{3}{4}\right|\right) = -\left(16\pi\cdot\frac{3}{4}\right) = -\frac{12\pi}{1} = -12\pi$

c) $-1:(-(2:5)) = -1\cdot\frac{1}{-(2:5)} = -1\cdot\frac{1}{-\left(2\cdot\frac{1}{5}\right)} = -1\cdot\frac{1}{-\frac{2}{5}} = -1\cdot\left(-\frac{5}{2}\right)$

$= +\left(|-1|\cdot\left|-\frac{5}{2}\right|\right) = +\left(1\cdot\frac{5}{2}\right) = +\frac{5}{2} = \frac{5}{2}$

d) $\frac{3}{8}:(-3) = \frac{3}{8}\cdot\frac{1}{-3} = \frac{3}{8}\cdot\left(-\frac{1}{3}\right) = -\left(\left|\frac{3}{8}\right|\cdot\left|-\frac{1}{3}\right|\right) = -\left(\frac{3}{8}\cdot\frac{1}{3}\right) = -\frac{1}{8}$

Für Aufgaben, die es erfordern, mehr als zwei Zahlen zu addieren, voneinander zu subtrahieren, miteinander zu multiplizieren oder zu dividieren, gelten besondere Regeln. Insbesondere bei der Addition und der Multiplikation handelt es sich dabei um grundlegende Gesetzmäßigkeiten, die jeweils einen eigenen Namen erhalten.

Regel

Assoziativgesetz
Sowohl bei der **Addition** als auch bei der **Multiplikation** dürfen **Klammern beliebig gesetzt** werden.
Insbesondere gilt für drei reelle Zahlen a, b und c:
$(a+b)+c=a+(b+c)$ und $(a \cdot b) \cdot c=a \cdot (b \cdot c)$

Kommutativgesetz
Bei **Addition** und **Multiplikation** darf die **Reihenfolge** der Summanden bzw. Faktoren **beliebig verändert** werden.
Insbesondere gilt für zwei reelle Zahlen a und b:
$a+\mathbf{b}=\mathbf{b}+a$ und $a \cdot \mathbf{b}=\mathbf{b} \cdot a$

Man beachte, dass aufgrund der Regel zur Subtraktion reeller Zahlen (siehe Seite 8) jede Subtraktionsaufgabe auf eine Additionsaufgabe zurückgeführt werden kann, genauso wie aufgrund der Regel zur Division reeller Zahlen (siehe Seite 10) jede Divisionsaufgabe auf eine Multiplikationsaufgabe zurückgeführt werden kann. Demzufolge kann man Assoziativ- und Kommutativgesetz **nach entsprechender „Umwandlung" der Rechenzeichen** auch bei Subtraktions- und Divisionsaufgaben anwenden.

Beispiele

1. Weisen Sie für die folgenden Rechenausdrücke jeweils nach, dass das Assoziativgesetz gilt.
   a) $2+3+5$ b) $7 \cdot 2 \cdot 13$

   Lösung:
   a) Es gilt $(2+3)+5=5+5=10$ und $2+(3+5)=2+8=10$.
   Damit ist $(2+3)+5=2+(3+5)$ und somit die Gültigkeit des Assoziativgesetzes für diesen Rechenausdruck gezeigt.
   b) Es gilt $(7 \cdot 2) \cdot 13=14 \cdot 13=182$ und $7 \cdot (2 \cdot 13)=7 \cdot 26=182$.
   Damit ist $(7 \cdot 2) \cdot 13=7 \cdot (2 \cdot 13)$ und somit die Gültigkeit des Assoziativgesetzes für diesen Rechenausdruck gezeigt.

2. Weisen Sie für folgende Rechenausdrücke jeweils nach, dass das Kommutativgesetz gilt.
   a) $2+17$ b) $9 \cdot 3$

Lösung:

a) Es gilt $2+\mathbf{17}=19$ und $\mathbf{17}+2=19$.
Damit ist $2+17=17+2$ und somit die Gültigkeit des Kommutativgesetzes für diesen Rechenausdruck gezeigt.

b) Es gilt $9\cdot\mathbf{3}=27$ und $\mathbf{3}\cdot 9=27$.
Damit ist $9\cdot 3=3\cdot 9$ und somit die Gültigkeit des Kommutativgesetzes für diesen Rechenausdruck gezeigt.

Für Rechenausdrücke, in denen mehrere verschiedene Rechenzeichen vorkommen, gelten folgende drei Regeln, die festlegen, in welcher Reihenfolge die einzelnen Rechenoperationen durchzuführen sind.

Regel

Punkt vor Strich

In Rechenausdrücken gilt stets „Punkt vor Strich“, d. h., Multiplikation und Division werden immer **vor** Addition und Subtraktion ausgeführt.

Von links nach rechts

Im Anschluss an die Punkt-vor-Strich-Regel (bzw. wenn weder Multiplikation noch Division vorkommen) werden die Rechenoperationen in der Reihenfolge von **links beginnend** nach rechts durchgeführt.

Distributivgesetz

Eine Summe wird mit einer reellen Zahl multipliziert, indem alle Summanden **einzeln** mit der Zahl multipliziert werden und die Summe der Produkte gebildet wird.

Insbesondere gilt für drei reelle Zahlen a, b und c:

$a\cdot(b+c)=a\cdot b+a\cdot c$

Sowohl das Assoziativ- als auch das Kommutativgesetz erlauben es, **bei der Addition und der Multiplikation** die Regel „Von links nach rechts“ zu umgehen.

Beispiele

1. Berechnen Sie.

a) $-3\cdot 12+21$ b) $10+4:2$

c) $12+17\cdot 3$ d) $8:2+3$

Lösung:

a) $-3\cdot 12+21=-36+21=-15$ b) $10+4:2=10+2=12$

c) $12+17\cdot 3=12+51=63$ d) $8:2+3=4+3=7$

2. Berechnen Sie.

a) $-7+11-3-4+2$ b) $4\cdot 11+18:6$

c) $3-2-1+2$ d) $16:4+3-5\cdot 12$

Lösung:

a) $\mathbf{-7+11}-3-4+2=\mathbf{4-3}-4+2=\mathbf{1-4}+2=-3+2=-1$

Alternativ: Zusammenfassen der Zahlen mit gleichem Vorzeichen

$-7+11-3-4+2$

$=-7+11+(-3)+(-4)+2$ Regel zur Subtraktion

$=\mathbf{-7}+(\mathbf{-3})+(\mathbf{-4})+11+2$ Kommutativgesetz

$=-(7+3+4)+(11+2)$ Assoziativgesetz und Regeln zur Addition

$=-14+13=-1$

b) $4\cdot 11+18:6=44+3=47$

c) $\mathbf{3-2}-1+2=\mathbf{1-1}+2=0+2=2$

Alternativ: Zusammenfassen der Zahlen mit gleichem Vorzeichen

$3-2-1+2$

$=3+(-2)+(-1)+2$ Regel zur Subtraktion

$=(-2)+(-1)+3+2$ Kommutativgesetz

$=-(2+1)+(3+2)$ Assoziativgesetz und Regeln zur Addition

$=-3+5=2$

d) $16:4+3-5\cdot 12=\mathbf{4+3}-60=7-60=-53$

3. Berechnen Sie mithilfe des Distributivgesetzes.

a) $2\cdot(11+12)$ b) $(8+4)\cdot 3$

c) $(11+1+1)\cdot 5$ d) $4\cdot(13+2+5)$

Lösung:

a) $2\cdot(11+12)=2\cdot 11+2\cdot 12=22+24=46$

b) $(8+4)\cdot 3=8\cdot 3+4\cdot 3=24+12=36$

c) $(11+1+1)\cdot 5=11\cdot 5+1\cdot 5+1\cdot 5=55+5+5=65$

d) $4\cdot(13+2+5)=4\cdot 13+4\cdot 2+4\cdot 5=52+8+20=80$

Über das Vorzeichen bei Multiplikations- und Divisionsaufgaben lässt sich eine hilfreiche Aussage machen. Für die Multiplikation ergibt sich diese mithilfe des Assoziativgesetzes aus den beiden auf Seite 9 genannten Multiplikationsregeln.

Regel

> Ist die **Anzahl** der Faktoren mit negativem Vorzeichen in einem Produkt **gerade**, so erhält das Ergebnis ein **positives Vorzeichen**; ist die **Anzahl** der Faktoren mit negativem Vorzeichen **ungerade**, so erhält das Ergebnis ein **negatives Vorzeichen**. Entsprechendes gilt bei der Division, wobei hier bei der Ermittlung der Anzahl der Zahlen mit negativem Vorzeichen der Dividend und alle Divisoren berücksichtigt werden müssen.

Beispiel

Berechnen Sie.

a) $(-7)\cdot(-2)\cdot(-3)\cdot(-4)\cdot 5$

b) $1\cdot 5\cdot 2\cdot 3\cdot(-1)$

c) $5:(-2):(-5):(-2)$

d) $2:(-1):(-1)$

Lösung:

a) $(\mathbf{-7})\cdot(\mathbf{-2})\cdot(\mathbf{-3})\cdot(\mathbf{-4})\cdot 5=+(7\cdot 2\cdot 3\cdot 4\cdot 5)=+840=840$

b) $1\cdot 5\cdot 2\cdot 3\cdot(\mathbf{-1})=-(1\cdot 5\cdot 2\cdot 3\cdot 1)=-30$

c) $5:(\mathbf{-2}):(\mathbf{-5}):(\mathbf{-2})=-(5:2:5:2)=-0{,}25$

d) $2:(\mathbf{-1}):(\mathbf{-1})=+(2:1:1)=+2=2$

Bei der Division beliebiger natürlicher Zahlen liegt das Ergebnis unter Umständen nicht mehr in der Zahlenmenge $\mathbb{N}$. Um dennoch nur mit natürlichen Zahlen hantieren zu müssen, gibt man bei der **Division mit Rest** das Ergebnis in der Genauigkeit der natürlichen Zahlen an: Man bricht die schriftliche Division an der Stelle ab, an der man zu den Dezimalstellen übergehen müsste, und notiert den Rest, der stets eine natürliche Zahl ist.

Beispiel

Berechnen Sie den Wert des Quotienten $82:9$ durch Division mit Rest.

Lösung:

$82:9=9$ Rest 1, denn $9\cdot 9=81$ und $82-81=1$.

Aufgaben

7. Geben Sie jeweils das Ergebnis der folgenden Rechenaufgaben an.

a) $-5+(-4)$

b) $-3{,}2\cdot(-5)$

c) $-0{,}99:(-0{,}33)$

d) $3-(-2{,}2)$

e) $3{,}2\cdot 5$

f) $63:9$

g) $-7{,}4+5$

h) $4{,}2:(-1{,}2)$

i) $3-11$

j) $1{,}7\cdot(-2)$

k) $-4{,}2:2$

l) $-3{,}2\cdot 5$

8. Geben Sie jeweils das Ergebnis der folgenden Rechenaufgaben an.

a) $-5+3-11-10+3-5$

b) $-3-17-1-2$

c) $-3+2-7{,}25+6{,}5-3{,}5-3{,}75+5{,}5$

d) $12:4:3$

e) $-2{,}5+0{,}5-1{,}8-0{,}75-7{,}25-3{,}9+9{,}3$

f) $-1+2-3-4-5+6+7-8+9+10$

g) $60:10:3:2$

h) $6,2+3,75-11,7+4,1-17,2-4,4+3,5$

i) $5,2-7,4+3,2-4,3-5,3+3,4$

j) $60-10-12-8-6-14$

9. Geben Sie jeweils das Ergebnis der folgenden Rechenaufgaben an.

a) $2\cdot 1,5+1,5$

b) $1,5:3+0,5$

c) $3-7\cdot 3+21$

d) $-8:4+2\cdot 6-3:0,5+1$

e) $-5-7-16:4+11-2\cdot 8$

f) $16:2:4-2+16$

10. Geben Sie jeweils das Ergebnis der folgenden Rechenaufgaben an.

a) $-3\cdot(-4)\cdot(-2)\cdot 4$

b) $20:(-5):0,75$

c) $-1\cdot 2\cdot(-3)\cdot(-4)\cdot(-5)\cdot 6\cdot 7\cdot(-8)$

d) $-26:(-4):(-6)$

e) $-24:3:(-2):2$

f) $-2,5\cdot(-4)\cdot(-1)\cdot(-0,5)\cdot 3\cdot(-1)$

11. Geben Sie jeweils das Ergebnis der folgenden Rechenaufgaben an.

a) $2\cdot(3,3+1)$

b) $(3,5+7)\cdot 4$

c) $(1+1+1)\cdot 6$

d) $(12,5+0,5+3)\cdot 3$

e) $(7,66+2,34)\cdot 10$

f) $(-5+4)\cdot 8$

g) $9\cdot(13+(-3)+(-5))$

h) $(-5+(-3)+1+(-7))\cdot 5$

12. Berechnen Sie geschickt mithilfe des Assoziativ- und des Kommutativgesetzes.

a) $-0,75+3+7+(-0,25)+(-10)$

b) $\frac{1}{2}\cdot 3\cdot(-2)$

c) $5+(-7)+7+3+(-3)+12+11$

d) $\frac{1}{6}\cdot 3\cdot 1\cdot 2$

e) $11\cdot(-7)\cdot 5\cdot\frac{1}{11}\cdot\frac{-1}{35}$

f) $0,33+1+0,67+(-2)$

13. Berechnen Sie durch Division mit Rest.

a) $64:7$

b) $27:5$

c) $33:6$

d) $44:8$

2 Potenzen und Wurzeln

Die Rechenregeln für die Grundrechenarten Addition und Subtraktion, Multiplikation und Division wurden im ersten Kapitel bereits dargestellt. Daneben traten bereits Potenzen und Wurzeln von Zahlen auf. Welche Definitionen und Regeln beim Rechnen mit Potenzen und Wurzeln zu beachten sind, wird nun im zweiten Kapitel erläutert.

2.1 Potenz und Potenzgesetze

Ähnlich wie die Multiplikation eine verkürzte Darstellung der Addition ist (z. B. $3 \cdot 7 = 7 + 7 + 7$), gibt es auch eine Möglichkeit, die **Multiplikation verkürzt darzustellen**. So kann man beispielsweise für das dreifache Produkt der Zahl sieben verkürzend den Ausdruck $7 \cdot 7 \cdot 7 = 7^3$ (sprich: „sieben hoch drei") verwenden.

Allgemein ist der Ausdruck a^n für jede reelle Zahl a und jede natürliche Zahl n eine Kurzschreibweise für das n-fache Produkt der Zahl a:

$$a^n = \underbrace{a \cdot a \cdot \ldots \cdot a}_{\text{n-mal}}$$

Ist a gleich null, so bedeutet a^n, dass die Zahl null n-mal mit sich selbst multipliziert wird. Demnach gilt:

$\mathbf{0^n = 0}$ für alle $n \in \mathbb{N}$

Unter dem Ausdruck a^{-n} versteht man den Kehrwert von a^n:

$$a^{-n} = \frac{1}{a^n}$$

Nach obigen Überlegungen muss die Zahl a dabei aber **ungleich null** sein, denn sonst erhielte man den nicht definierten Ausdruck eins durch null. Somit gilt für alle $a \in \mathbb{R} \setminus \{0\}$ und alle $n \in \mathbb{N}$:

$$a^{-n} = \frac{1}{a^n} = \frac{1}{\underbrace{a \cdot a \cdot \ldots \cdot a}_{\text{n-mal}}} = \underbrace{\frac{1}{a} \cdot \frac{1}{a} \cdot \ldots \cdot \frac{1}{a}}_{\text{n-mal}} = \left(\frac{1}{a}\right)^n$$

Diese beiden Festlegungen werden mit einer weiteren Festlegung in der folgenden Definition zusammengefasst.

Definition

Ein Ausdruck der Form a^n heißt **Potenz**; die Zahl a heißt **Basis** oder Grundzahl der Potenz, die Zahl n **Exponent** oder Hochzahl der Potenz. Man liest den Ausdruck a^n als „a hoch n".

Für jede reelle Zahl a und jede natürliche Zahl n ist die Potenz a^n wie folgt definiert:

$$a^n = \underbrace{a \cdot a \cdot \ldots \cdot a}_{\text{n-mal}}$$

Für jede reelle Zahl a ungleich null und jede natürliche Zahl n gilt:

$$a^{-n} = \frac{1}{a^n} = \frac{1}{\underbrace{a \cdot a \cdot \ldots \cdot a}_{\text{n-mal}}}$$

Zusätzlich wird festgelegt:

$a^0 = 1$ für alle $a \in \mathbb{R} \setminus \{0\}$

Die Potenz a^2 liest man (bei jeder reellen Basis a) als „a Quadrat".

Für $n = 1$ stimmt a^1 mit a überein:

$a^1 = a$ für alle $a \in \mathbb{R}$

Beispiele

1. Stellen Sie die folgenden Ausdrücke jeweils mithilfe einer Potenz einer natürlichen Zahl dar.

a) $2 \cdot 2 \cdot 2$ b) $-5 \cdot (-5)$ c) $-5 \cdot (-5) \cdot (-5)$

d) $\frac{1}{8}$ e) $\frac{1}{5 \cdot 5 \cdot 5}$ f) $\frac{1}{-125}$

Lösung:

a) $2 \cdot 2 \cdot 2 = 2^3$

Die Anzahl der gleichen Faktoren entspricht der Hochzahl.

b) $(-5) \cdot (-5) = (-5)^2 = 25 = 5^2$

Bei geraden Hochzahlen wirkt sich das Minuszeichen bei der Basis nicht aus, es kann weggelassen werden.

c) $(-5) \cdot (-5) \cdot (-5) = (-5)^3 = -125 = -5^3$

Bei ungeraden Hochzahlen bewirkt das Minuszeichen bei der Basis ein negatives Ergebnis.

d) $\frac{1}{8} = \frac{1}{2 \cdot 2 \cdot 2} = \frac{1}{2^3} = 2^{-3}$

Weil die Potenz im Nenner steht, bekommt der Exponent ein Minuszeichen.

e) $\frac{1}{5 \cdot 5 \cdot 5} = \frac{1}{5^3} = 5^{-3}$

f) $\frac{1}{-125} = \frac{1}{-5^3} = -\frac{1}{5^3} = -5^{-3}$

2. Berechnen Sie folgende Ausdrücke, indem Sie die Potenzen zuerst als Produkte darstellen.

a) $(-2)^4$ b) 2^{-4} c) $(-1)^3$

Lösung:

a) $(-2)^4 = (-2) \cdot (-2) \cdot (-2) \cdot (-2)$
$= 4 \cdot (-2) \cdot (-2) = -8 \cdot (-2)$
$= 16$

Die Potenz wird als Produkt mit vier Faktoren dargestellt. Dieses Produkt wird dann von links nach rechts ausmultipliziert.

b) $2^{-4} = \frac{1}{2^4} = \frac{1}{2 \cdot 2 \cdot 2 \cdot 2} = \frac{1}{4 \cdot 2 \cdot 2}$
$= \frac{1}{8 \cdot 2} = \frac{1}{16}$ oder

Nach der Definition steht die Potenz im Nenner des Bruchs. Der Nenner wird dann von links nach rechts ausmultipliziert.

$2^{-4} = \frac{1}{2^4} = \left(\frac{1}{2}\right)^4 = \frac{1}{2} \cdot \frac{1}{2} \cdot \frac{1}{2} \cdot \frac{1}{2}$
$= \frac{1}{4} \cdot \frac{1}{2} \cdot \frac{1}{2} = \frac{1}{8} \cdot \frac{1}{2} = \frac{1}{16}$

Alternativ kann auch der Bruch potenziert werden.

c) $(-1)^3 = -1 \cdot (-1) \cdot (-1) = 1 \cdot (-1) = -1$

Produkte und Quotienten von Potenzen kann man in bestimmten Fällen vereinfachen und wieder als Potenz einer Zahl schreiben – immer dann, wenn die **Basen** der Potenzen oder die **Exponenten** der Potenzen **gleich** sind. Wie diese Vereinfachungen aussehen, kann man sich anhand von konkreten Beispielen herleiten.

Beispielsweise ergibt sich bei der Multiplikation der beiden Potenzen 2^4 und 2^3 mit der gleichen Basis 2:
$\mathbf{2^4 \cdot 2^3} = (2 \cdot 2 \cdot 2 \cdot 2) \cdot (2 \cdot 2 \cdot 2) = 2 \cdot 2 \cdot 2 \cdot 2 \cdot 2 \cdot 2 \cdot 2 = 2^7 = 2^{4+3}$

Multipliziert man ein Produkt, dessen vier gleiche Faktoren jeweils die Zahl 2 sind, mit einem Produkt, das aus den drei gleichen Faktoren 2 besteht, so erhält man ein Produkt aus sieben gleichen Faktoren, die jeweils die Zahl 2 sind.

Dies legt die Vermutung nahe, dass für jede reelle Zahl a gilt:
$\mathbf{a^m + a^n = a^{m+n}}$ für alle natürlichen Zahlen m und n

Kurz: „Bei gleicher Basis werden beim Produkt die Exponenten addiert."

Für den Quotienten aus den beiden oben genannten Potenzen mit gleicher Basis gilt:
$\frac{\mathbf{2^4}}{\mathbf{2^3}} = \frac{2 \cdot 2 \cdot 2 \cdot 2}{2 \cdot 2 \cdot 2} = 2 = 2^1 = 2^{4-3}$

Daran erkennt man die Regel zur Vereinfachung eines Quotienten aus zwei Potenzen mit gleicher Basis:

$\mathbf{\frac{a^m}{a^n} = a^{m-n}}$ für alle $a \in \mathbb{R} \setminus \{0\}$ und $m, n \in \mathbb{N}$

Kurz: „Bei gleicher Basis werden beim Quotienten die Exponenten subtrahiert."

Mithilfe des Assoziativ- und des Kommutativgesetzes kann z. B. das Produkt der beiden Potenzen 3^2 und 5^2 mit gleichem Exponenten 2 umgeformt werden:
$3^{\mathbf{2}} \cdot 5^{\mathbf{2}} = (3 \cdot 3) \cdot (5 \cdot 5) = 3 \cdot 3 \cdot 5 \cdot 5 = 3 \cdot 5 \cdot 3 \cdot 5 = (3 \cdot 5) \cdot (3 \cdot 5) = (3 \cdot 5)^2 = 15^2$

Die Vermutung ist also, dass für alle reellen Zahlen a und b sowie für $n \in \mathbb{N}$ gilt:
$\mathbf{a^n \cdot b^n = (a \cdot b)^n}$

Kurz: „Bei gleichem Exponenten werden beim Produkt die Basen multipliziert.“

Für den Quotienten aus 3^2 und 5^2 ergibt sich (mithilfe der Bruchrechengesetze):
$\frac{3^2}{5^2} = \frac{3 \cdot 3}{5 \cdot 5} = \frac{3}{5} \cdot \frac{3}{5} = \left(\frac{3}{5}\right)^2$

Hier vermutet man also folgende Beziehung:
$\mathbf{\frac{a^n}{b^n} = \left(\frac{a}{b}\right)^n}$ für alle $a, b \in \mathbb{R}$, $b \neq 0$ und $n \in \mathbb{N}$

Kurz: „Bei gleichem Exponenten werden beim Quotienten die Basen dividiert.“

Da die Potenz eine Kurzschreibweise für das Produkt ist, lassen sich Potenzen von Potenzen auf ein Produkt von Potenzen zurückführen. So gilt z. B.:
$(5^2)^3 = 5^2 \cdot 5^2 \cdot 5^2 = (5 \cdot 5) \cdot (5 \cdot 5) \cdot (5 \cdot 5) = 5 \cdot 5 \cdot 5 \cdot 5 \cdot 5 \cdot 5 = 5^6 = 5^{2 \cdot 3}$

Somit erhält man für alle reellen Zahlen a und natürliche Zahlen m und n:
$\mathbf{(a^m)^n = a^{m \cdot n}}$

Kurz: „Bei der Potenz einer Potenz werden die Exponenten multipliziert.“

Tatsächlich gelten alle soeben hergeleiteten Vermutungen, sogar noch etwas allgemeiner, als bisher betrachtet. In ihrer Gesamtheit werden sie als Potenzgesetze bezeichnet.

Regel

Potenzgesetze

Für $a, b \in \mathbb{R} \setminus \{0\}$ und $m, n \in \mathbb{Z}$ gilt:

(1) $\mathbf{a^m \cdot a^n = a^{m+n}}$

(2) $\mathbf{\frac{a^m}{a^n} = a^{m-n}}$

(3) $\mathbf{a^n \cdot b^n = (a \cdot b)^n}$

(4) $\mathbf{\frac{a^n}{b^n} = \left(\frac{a}{b}\right)^n}$

(5) $\mathbf{(a^m)^n = a^{m \cdot n}}$

Beispiel

Fassen Sie folgende Ausdrücke mithilfe der Potenzgesetze jeweils zu einer Potenz zusammen.

a) $3^4 \cdot 3^5$ b) $\frac{3^5}{3^{-3}}$ c) $3^{-4} \cdot 2^{-4}$

d) $\frac{3^4}{2^4}$ e) $(3^4)^3$ f) $(3^{-4})^{-3}$

Lösung:

a) $\mathbf{3^4 \cdot 3^5 = 3^{4+5}} = 3^9$ Potenzgesetz (1)

b) $\mathbf{\frac{3^5}{3^{-3}} = 3^{5-(-3)}} = 3^{5+3} = 3^8$ Potenzgesetz (2)

c) $3^{-4} \cdot 2^{-4} = (3 \cdot 2)^{-4} = 6^{-4}$ Potenzgesetz (3)

d) $\frac{3^4}{2^4} = \left(\frac{3}{2}\right)^4 = 1{,}5^4$ Potenzgesetz (4)

e) $(3^4)^3 = 3^{4 \cdot 3} = 3^{12}$ Potenzgesetz (5)

f) $(3^{-4})^{-3} = 3^{-4 \cdot (-3)} = 3^{12}$ Potenzgesetz (5)

Der Begriff Potenz kann auch auf **rationale Exponenten** ausgeweitet werden. Allerdings werden die Basen hierbei auf reelle Zahlen a mit $\mathbf{a \geq 0}$ beschränkt. Die wohl einfachste denkbare Potenz mit rationalem Exponenten ist $\mathbf{a^{\frac{1}{n}}}$ mit $\mathbf{n \in \mathbb{N}}$. Um herzuleiten, was unter dieser Potenz zu verstehen ist, geht man nach dem sogenannten „Permanenzprinzip" davon aus, dass obige Potenzgesetze auch für diese Potenz gelten. Wendet man das fünfte Potenzgesetz an, so erhält man:

$(a^{\frac{1}{n}})^n = a^{\frac{1}{n} \cdot n} = a^1 = a$

Für $n = 2$ ergibt sich:

$(a^{\frac{1}{2}})^2 = a^{\frac{1}{2} \cdot 2} = a^1 = a$

Auch für $\sqrt{a}$ gilt:

$(\sqrt{a})^2 = a$

Diese Beobachtung legt den Grundstein für die folgende Definition.

Definition

Für jede reelle Basis a mit $a \geq 0$ ist die Potenz $a^{\frac{1}{n}}$ mit $n \in \mathbb{N}$ definiert als diejenige nicht negative reelle Zahl, für die gilt:

$(a^{\frac{1}{n}})^n = a$

Man nennt $a^{\frac{1}{n}}$ die **n-te Wurzel von a** und schreibt $\mathbf{a^{\frac{1}{n}} = \sqrt[n]{a}}$.

Für die reelle Basis a mit $a \geq 0$ ist $a^{\frac{m}{n}}$ für $m, n \in \mathbb{N}$ festgelegt durch:

$\mathbf{a^{\frac{m}{n}} = (a^m)^{\frac{1}{n}} = \sqrt[n]{a^m}}$

Für die reelle Basis a mit $a > 0$ ist $a^{-\frac{m}{n}}$ für $m, n \in \mathbb{N}$ festgelegt durch:

$\mathbf{a^{-\frac{m}{n}} = \frac{1}{a^{\frac{m}{n}}}}$

Die **Potenzgesetze** gelten auch für diese Potenzen. Üblicherweise nennt man $a^{\frac{1}{2}}$ die **Wurzel** von a oder auch die **Quadratwurzel** von a (vergleiche Kapitel 2.2) und schreibt:

$\mathbf{a^{\frac{1}{2}} = \sqrt{a}}$ (statt $\sqrt[2]{a}$)

$a^{\frac{1}{3}} = \sqrt[3]{a}$ wird auch als **Kubikwurzel** von a bezeichnet.

Beispiel

Berechnen Sie folgende Ausdrücke geschickt ohne Taschenrechner, indem Sie die Definitionen der Potenz und die Potenzgesetze anwenden.

a) $49^{\frac{1}{2}}$ b) $16^{-\frac{1}{4}}$ c) $0^{\frac{1}{3}}$ d) $4^{\frac{5}{2}}$

e) $\sqrt[4]{7^3 \cdot 7}$ f) $(6^{\frac{3}{2}})^2$ g) $\sqrt[2]{\sqrt[3]{64}}$ h) $\left(\frac{16}{49}\right)^0$

Lösung:

a) $49^{\frac{1}{2}} = \sqrt{49} = 7$ oder — denn $7^2 = 49$

$49^{\frac{1}{2}} = (7^2)^{\frac{1}{2}} = 7^{2 \cdot \frac{1}{2}} = 7$ — alternativ mit dem Potenzgesetz (5)

b) $16^{-\frac{1}{4}} = \frac{1}{16^{\frac{1}{4}}} = \frac{1}{(2^4)^{\frac{1}{4}}} = \frac{1}{2^{4 \cdot \frac{1}{4}}} = \frac{1}{2}$ oder — Wegen $16 = 2^4 = 4^2$ gibt es zwei Möglichkeiten, das Potenzgesetz (5) anzuwenden.

$16^{-\frac{1}{4}} = \frac{1}{16^{\frac{1}{4}}} = \frac{1}{(4^2)^{\frac{1}{4}}} = \frac{1}{4^{2 \cdot \frac{1}{4}}} = \frac{1}{4^{\frac{1}{2}}}$

$= \frac{1}{\sqrt{4}} = \frac{1}{2}$ — $\sqrt{4} = 2$, denn $2^2 = 4$

c) $0^{\frac{1}{3}} = 0$ — nach der Definition, denn $0^3 = 0$

d) $4^{\frac{5}{2}} = (2^2)^{\frac{5}{2}} = 2^{2 \cdot \frac{5}{2}} = 2^5 = 32$ oder

$4^{\frac{5}{2}} = 4^{\frac{1}{2} \cdot 5} = (4^{\frac{1}{2}})^5 = (\sqrt{4})^5 = 2^5 = 32$

e) $\sqrt[4]{7^3 \cdot 7} = \sqrt[4]{7^4} = (7^4)^{\frac{1}{4}} = 7^{4 \cdot \frac{1}{4}} = 7$

f) $(6^{\frac{3}{2}})^2 = 6^{\frac{3}{2} \cdot 2} = 6^3 = 216$

g) $\sqrt[2]{\sqrt[3]{64}} = \sqrt{64^{\frac{1}{3}}} = \sqrt{(4^3)^{\frac{1}{3}}} = \sqrt{4^{3 \cdot \frac{1}{3}}} = \sqrt{4} = 2$ oder

$\sqrt[2]{\sqrt[3]{64}} = \sqrt{64^{\frac{1}{3}}} = (64^{\frac{1}{3}})^{\frac{1}{2}} = 64^{\frac{1}{3} \cdot \frac{1}{2}} = 64^{\frac{1}{6}} = (2^6)^{\frac{1}{6}} = 2^{6 \cdot \frac{1}{6}} = 2$ oder

$\sqrt[2]{\sqrt[3]{64}} = \sqrt{64^{\frac{1}{3}}} = (64^{\frac{1}{3}})^{\frac{1}{2}} = 64^{\frac{1}{3} \cdot \frac{1}{2}} = 64^{\frac{1}{6}} = (4^3)^{\frac{1}{6}} = 4^{3 \cdot \frac{1}{6}} = 4^{\frac{1}{2}} = \sqrt{4} = 2$

h) $\left(\frac{16}{49}\right)^0 = 1$ — $a^0 = 1$ für $a \in \mathbb{R} \setminus \{0\}$

Aufgaben **14.** Berechnen Sie.

a) 2^6 b) 4^4 c) 1^3 d) 2^{-3}

e) 3^{-2} f) 5^{-2} g) 6^{-3} h) 1^{-5}

i) 2^{-1} j) 1^0 k) $1\,000^0$ l) $\left(\frac{1}{10}\right)^{-1}$

m) $(-1)^3$ n) $(-1)^{10}$ o) $(-2)^2$ p) $(-2)^3$
q) $(-2)^4$ r) $(-2)^5$ s) $(-2)^{-2}$ t) $(-2)^{-3}$
u) $(-3)^{-2}$

15. Vereinfachen Sie mithilfe der Potenzgesetze.

a) $3^2 \cdot 3^3$ b) $4^2 \cdot 4^3$ c) $4^2 \cdot 4^{-3}$ d) $5^2 \cdot 5^2$
e) $5^2 \cdot 5^{-2}$ f) $2^5 \cdot 2^{-5}$ g) $3^8 \cdot 3^{-7}$ h) $7^{-4} \cdot 7^3$
i) $2^5 \cdot 2^{-3}$ j) $\frac{3^5}{3^4}$ k) $\frac{5^4}{5^5}$ l) $\frac{3^2}{3^{-2}}$
m) $\frac{2^{-2}}{2^{-3}}$ n) $3^2 \cdot 2^2$ o) $(-2)^3 \cdot (-1)^3$ p) $2^4 \cdot \left(\frac{1}{2}\right)^4$
q) $4^2 \cdot 3^2$ r) $4^5 \cdot \left(\frac{1}{2}\right)^5$ s) $3^3 \cdot \left(\frac{1}{9}\right)^3$ t) $22^5 \cdot \left(\frac{1}{11}\right)^5$
u) $\frac{4^6}{2^6}$ v) $\frac{15^4}{5^4}$ w) $\frac{0{,}5^{10}}{2^{10}}$ x) $\frac{1^{-1}}{2^{-1}}$
y) $3^2 : \left(\frac{1}{3}\right)^2$ z) $4^3 : 4^{-3}$ α) $(3^2)^4$ β) $(3^4)^2$
γ) $(0{,}99^4)^0$ δ) $(0{,}99^0)^4$ ε) $((-1)^3)^2$ ζ) $(3^3)^2$
η) $(5^{-3})^4$

16. Berechnen Sie geschickt mithilfe der Potenzgesetze.

a) $\frac{8^2}{2^5}$ b) $\left(\frac{1}{2}\right)^2 \cdot 8^4$
c) $(3^4)^{-2} : (9^2)^3$ d) $(-2)^8 \cdot 2^{-8} \cdot (-2)^4 \cdot \left(\frac{1}{2^2}\right)^5 \cdot (-2)^5$
e) $(4^2)^{-2} \cdot \left(-\frac{1}{2}\right)^{-5} \cdot (-8)^3 \cdot (16^{-2})^2 \cdot \left(-\frac{1}{2}\right)^4 \cdot (9^0)^8$

17. Vereinfachen Sie mithilfe der Potenzgesetze geschickt die Potenzen mit rationalen Exponenten und berechnen Sie diese gegebenenfalls.

a) $(7^{\frac{1}{2}})^2$ b) $4^{0{,}5}$ c) $216^{\frac{1}{3}}$ d) $\sqrt[4]{625}$
e) $\sqrt[3]{343}$ f) $216^{-\frac{1}{3}}$ g) $81^{-\frac{1}{4}}$ h) $8^{\frac{2}{3}}$
i) $16^{\frac{5}{4}}$ j) $32^{0{,}2}$ k) $\left(\frac{27}{8}\right)^{\frac{2}{3}}$ l) $(625^{\frac{1}{8}})^2$
m) $27^{\frac{5}{3}} \cdot 128^{\frac{5}{7}}$ n) $(\sqrt[4]{7})^8$ o) $\sqrt[4]{(-12)^2} \cdot \sqrt{12}$

2.2 Die Quadratwurzel

In Kapitel 2.1 wurde die n-te Wurzel einer nicht negativen reellen Zahl als Potenz mit rationalem Exponenten definiert. Die Quadratwurzel als Spezialfall wurde als Potenz mit dem Exponenten $\frac{1}{2}$ festgelegt. Das Rechnen mit Quadratwurzeln folgt gemäß Kapitel 2.1 den dort dargestellten Potenzgesetzen.

Da die Quadratwurzel in der Mathematik einen ganz besonderen Stellenwert (im Vergleich mit den n-ten Wurzeln mit $n > 2$) einnimmt, wird sie in diesem Kapitel noch einmal gesondert betrachtet.

Die **Quadratwurzel $\sqrt{a}$** bezeichnet diejenige nicht negative reelle Zahl, deren Quadrat a ist: $(\sqrt{a})^2 = a$. So gilt z. B. $\sqrt{25} = 5$ oder $\sqrt{0} = 0$. Der Ausdruck $\sqrt{a}$ existiert aber nur, wenn a keine negative Zahl ist, z. B. ist $\sqrt{-25}$ nicht definiert, denn es existiert keine reelle Zahl, deren Quadrat –25 ist. Quadrate von reellen Zahlen sind immer größer oder gleich null.

Der Ausdruck **a** unter der Wurzel heißt auch **Radikand** (aus dem Lateinischen *radix* Wurzel). Das Berechnen der Wurzel nennt man auch „radizieren".

Definition

Für jede reelle Zahl a mit $a \geq 0$ ist die **Quadratwurzel $\sqrt{a}$** diejenige nicht negative reelle Zahl, für die gilt:

$$(\sqrt{a})^2 = a$$

a heißt **Radikand**. Für negative reelle Zahlen a ist $\sqrt{a}$ nicht definiert.

Für $\sqrt{a}$ kann man auch ausführlicher $\sqrt[2]{a}$ schreiben. Dies ist dann sinnvoll, wenn auch andere Wurzeln $\sqrt[n]{a}$ mit $n \neq 2$ auftreten. Die n-te Wurzel $\sqrt[n]{a}$ ist entsprechend Kapitel 2.1 auch nur für reelle Zahlen $a \geq 0$ definiert. Dort wird auch die Schreibweise der Quadratwurzel als Potenz begründet:

$$(a^{\frac{1}{2}})^2 = a^{\frac{1}{2} \cdot 2} = a^1 = a$$

Zusammen mit der Definition folgt:

$$a^{\frac{1}{2}} = \sqrt{a}$$

Beispiel

Berechnen Sie.

a) $\sqrt{256}$ b) $(\sqrt{3})^2$ c) $\sqrt{0^2}$

d) $\sqrt{6^2}$ e) $\sqrt{(-6)^2}$ f) $\sqrt{(-6)^3}$

Lösung:

a) $\sqrt{256} = 16$ denn $16^2 = 256$

b) $(\sqrt{3})^2 = 3$ Laut Definition gilt: $(\sqrt{a})^2 = a$ für alle $a \in \mathbb{R}_0^+$

c) $\sqrt{0^2} = 0$

d) $\sqrt{6^2} = \sqrt{36} = 6$ — Allgemein gilt: $\sqrt{a^2} = a$ für alle $a \in \mathbb{R}_0^+$

e) $\sqrt{(-6)^2} = \sqrt{36} = 6 = |-6|$ — Allgemein gilt: $\sqrt{a^2} = |a|$ für alle $a \in \mathbb{R}$

f) $\sqrt{(-6)^3}$ ist nicht definiert. — Der Radikand $(-6)^3 = -6^3 = -216$ ist negativ.

Da die Wurzeln wieder reelle Zahlen sind, gilt für sie das **Distributivgesetz**:

$2 \cdot \sqrt{3} + 3 \cdot \sqrt{3} = (2+3) \cdot \sqrt{3} = 5 \cdot \sqrt{3}$

Allgemein bedeutet dies:

$\mathbf{s \cdot \sqrt{a} + t \cdot \sqrt{a} = (s+t) \cdot \sqrt{a}}$ für $s, t, a \in \mathbb{R}$ und $a \geq 0$

Auch **Produkte von Wurzeln** können vereinfacht werden:

$\sqrt{4} \cdot \sqrt{9} = 2 \cdot 3 = 6 = \sqrt{36} = \sqrt{4 \cdot 9}$

Das Potenzgesetz (3) liefert als zugehörige Regel:

$\mathbf{\sqrt{a} \cdot \sqrt{b} = \sqrt{a \cdot b}}$ für $a, b \in \mathbb{R}_0^+$

Kurz: „Das Produkt aus Wurzeln ist gleich der Wurzel aus dem Produkt der Radikanden."

Entsprechend gilt für **Quotienten von Wurzeln**:

$\frac{\sqrt{100}}{\sqrt{4}} = \frac{10}{2} = 5 = \sqrt{25} = \sqrt{\frac{100}{4}}$

Mit dem Potenzgesetz (4) gilt also:

$\mathbf{\frac{\sqrt{a}}{\sqrt{b}} = \sqrt{\frac{a}{b}}}$ für $a, b \in \mathbb{R}_0^+, b > 0$

Kurz: „Der Quotient aus Wurzeln ist gleich der Wurzel aus dem Quotienten der Radikanden."

Aus den Rechenregeln ergeben sich zwei einfache Möglichkeiten zur Berechnung, wenn im Radikanden eine Potenz mit gerader Hochzahl (als Faktor) vorhanden ist:

$\sqrt{(-3)^2 \cdot 5} = \sqrt{9 \cdot 5} = \sqrt{9} \cdot \sqrt{5} = 3 \cdot \sqrt{5} = |-3| \cdot \sqrt{5}$

$\sqrt{(-3)^4} = \sqrt{81} = 9 = |-3|^2 = |-3|^{\frac{4}{2}}$

Die zugehörigen Regeln lauten:

$\mathbf{\sqrt{a^2 \cdot b} = \sqrt{a^2} \cdot \sqrt{b} = |a| \cdot \sqrt{b}}$ für $a, b \in \mathbb{R}, b \geq 0$

$\mathbf{\sqrt{a^{2n}} = |a|^n}$ für $a \in \mathbb{R}, n \in \mathbb{N}$

Für das Rechnen mit Quadratwurzeln helfen also die folgenden Regeln.

Regel

Es gilt das Distributivgesetz für Wurzeln:

$\mathbf{s \cdot \sqrt{a} + t \cdot \sqrt{a} = (s+t) \cdot \sqrt{a}}$ für s, t, $a \in \mathbb{R}$ und $a \geq 0$

Für das Produkt von Wurzeln gilt:

$\mathbf{\sqrt{a} \cdot \sqrt{b} = \sqrt{a \cdot b}}$ für $a, b \in \mathbb{R}_0^+$

Für den Quotienten von Wurzeln gilt:

$\mathbf{\frac{\sqrt{a}}{\sqrt{b}} = \sqrt{\frac{a}{b}}}$ für $a, b \in \mathbb{R}_0^+, b > 0$

Für die Vereinfachung von Produkten von Radikanden gilt:

$\mathbf{\sqrt{a^2 \cdot b} = \sqrt{a^2} \cdot \sqrt{b} = |a| \cdot \sqrt{b}}$ und $\mathbf{\sqrt{a^{2n}} = |a|^n}$ für $a, b \in \mathbb{R}, b \geq 0, n \in \mathbb{N}$

Mithilfe dieser Regeln können die meisten Aufgaben mit „kleinen“ Zahlen ohne Taschenrechner gelöst werden.

Beispiel

Formen Sie mithilfe der Rechenregeln für Quadratwurzeln um und berechnen Sie gegebenenfalls.

a) $3 \cdot \sqrt{2} + 5 \cdot \sqrt{2}$ b) $\sqrt{2} \cdot \sqrt{18}$ c) $\frac{\sqrt{28}}{\sqrt{7}}$

d) $\sqrt{12}$ e) $3 \cdot \sqrt{3}$ f) $\sqrt{(-5)^6}$

Lösung:

a) $3 \cdot \sqrt{2} + 5 \cdot \sqrt{2} = (3+5) \cdot \sqrt{2} = 8 \cdot \sqrt{2}$ Distributivgesetz

b) $\sqrt{2} \cdot \sqrt{18} = \sqrt{2 \cdot 18} = \sqrt{36} = 6$ Produkt von Wurzeln

c) $\frac{\sqrt{28}}{\sqrt{7}} = \sqrt{\frac{28}{7}} = \sqrt{4} = 2$ Quotient von Wurzeln

d) $\sqrt{12} = \sqrt{4 \cdot 3} = \sqrt{4} \cdot \sqrt{3} = 2 \cdot \sqrt{3}$ Man kann teilweise radizieren, weil der Radikand als Produkt geschrieben werden kann, bei dem ein Faktor eine Quadratzahl ist.

e) $3 \cdot \sqrt{3} = \sqrt{3^2} \cdot \sqrt{3} = \sqrt{3^2 \cdot 3} = \sqrt{27}$ Wenn man die Zahl unter die Wurzel zieht, muss man sie quadrieren.

f) $\sqrt{(-5)^6} = |-5|^3 = 5^3 = 125$ Gerade Exponenten werden beim Radizieren halbiert.

Aufgabe 18. Radizieren Sie so weit wie möglich bzw. fassen Sie zusammen, jeweils ohne Taschenrechner.

a) $\sqrt{81}$ b) $\sqrt{0{,}81}$

c) $\sqrt{144}$ d) $\sqrt{1{,}44}$

e) $\sqrt{-144}$

f) $(\sqrt{64})^2$

g) $\sqrt{64^2}$

h) $\sqrt{(-64)^2}$

i) $\sqrt{8^2}$

j) $(\sqrt{2\,014})^2$

k) $3 \cdot \sqrt{5} + 3 \cdot \sqrt{7} - 5 \cdot \sqrt{7} + \sqrt{5}$

l) $\sqrt{63} \cdot \sqrt{7}$

m) $\sqrt{3} \cdot \sqrt{3}$

n) $\sqrt{7} \cdot \sqrt{14} \cdot \sqrt{18}$

o) $\sqrt{28}$

p) $\sqrt{108}$

q) $2 \cdot \sqrt{2} + \sqrt{18} - \sqrt{50} + \sqrt{8}$

r) $\sqrt{20} + \sqrt{50} - 4 \cdot \sqrt{5} - 7 \cdot \sqrt{2} + \sqrt{45}$

s) $\frac{\sqrt{44}}{\sqrt{11}}$

t) $\frac{\sqrt{54}}{\sqrt{6}}$

u) $\sqrt{2^4}$

v) $\sqrt{7^{10}}$

w) $\sqrt{(-11)^8}$

x) $\sqrt{5^4 \cdot 2^6}$

y) $\sqrt{27} + 5 \cdot \sqrt{3}$

z) $\sqrt{8} + 12 \cdot \sqrt{2} + \sqrt{50} - 6 \cdot \sqrt{2}$

3 Terme

Nachdem in den Kapiteln 1 und 2 das Rechnen mit Zahlen wiederholt und erklärt wurde, werden nun komplexere Rechenausdrücke betrachtet. Neu ist dabei, dass nicht nur Zahlen auftreten, sondern auch Buchstaben als Platzhalter für Zahlen.

3.1 Der Begriff „Term" und Termarten

Will man den Flächeninhalt A eines Rechtecks mit den Seitenlängen a und b berechnen, so muss man die Seitenlängen multiplizieren: $A = a \cdot b$. Dabei stehen a und b als Platzhalter für die Zahlenwerte der Seitenlängen. Kennt man die Zahlenwerte für a und b, so setzt man diese in die Formel (den „Term") $a \cdot b$ ein und erhält den Zahlenwert für den Flächeninhalt A. Man bezeichnet a und b auch als **Variablen**, da sie für die jeweils einzusetzenden Längen stehen.

Für den Flächeninhalt A eines Quadrats mit der Seitenlänge a erhält man hiermit $A = a \cdot a = a^2$. Legt man zwei solche Quadrate nebeneinander, so ist der gesamte Flächeninhalt $a^2 + a^2 = 2a^2$. Oder man betrachtet das Ganze als Rechteck mit den Seitenlängen 2a und a und erhält für den Flächeninhalt $2a \cdot a = 2a^2$.

Hat man dagegen ein Quadrat mit dem Flächeninhalt A und will die Seitenlänge a berechnen, so muss man aus dem Zahlenwert für A die Wurzel ziehen:

$\sqrt{A} = \sqrt{a^2} = a$

Die Variablen werden also wie Zahlen durch die Rechenzeichen +, –, · und : verbunden, genauso kommen aber auch Potenz, Wurzel und Betrag zur Anwendung. Derart gebildete Rechenausdrücke nennt man **Terme**.

Definition

Zahlen und Variablen sowie jede Verbindung von Zahlen und Variablen mit- und untereinander durch die Rechenzeichen +, –, ·, :, | |, $\sqrt{\ }$ oder Exponenten werden als **Terme** bezeichnet.

Terme sind oft Rechenausdrücke und enthalten

- Zahlen, z. B. natürliche Zahlen: 1; 2; 3; 4; … oder
  reelle Zahlen wie 1,5; –3,45; π; $\sqrt{2}$; …
- Variablen, z. B. x; y; z; a; b; c; p; q; …; sie stellen Platzhalter für Zahlen dar.
- durch Rechenzeichen verbundene Zahlen und Variablen, auch mit Klammern, z. B. 2a; 3c; 5c; $2a + 3b$; x^2; $3x^2 + 2x^2 + 4a$; $3a + 5a$; $(a + b)^2$.

Dabei werden bei Produkten z. B. von Zahlen und Variablen die Malpunkte meist weggelassen. Statt $2 \cdot a$ oder $3 \cdot x^2$ schreibt man 2a und $3x^2$, aber auch $2\sqrt{2}$ anstatt $2 \cdot \sqrt{2}$.

Aber: Terme enthalten **nie** ein **Gleichheitszeichen**. Außerdem ist eine (beliebige) Verbindung zweier beliebiger Terme wieder ein Term.

Beispiel

Geben Sie jeweils zwei Terme an, die nur aus

a) Zahlen und genau einem Rechenzeichen,

b) Variablen und genau einem Rechenzeichen,

c) Zahlen, Variablen und Rechenzeichen,

d) Zahlen, Variablen und mindestens drei Rechenzeichen,

e) Variablen und genau zwei Rechenzeichen

bestehen.

Lösung:

a) $2+7$; $\sqrt{2}$

b) $a-b$; $|x|$

c) $3+a-2x$; $5:|a^2-b^2|$

d) $2x-3y+4x^2-5y^2$; $a+ab-abc+abcd$

e) $a-b+c$; $|x+y|$

Es ist naheliegend, Terme hinsichtlich der **vorkommenden Rechenzeichen** zu unterscheiden. Bei nur einem Rechenzeichen ist das einfach, bei mehreren Rechenzeichen leitet sich die Art des Terms von den auf Seite 12 genannten Rechenregeln (Punkt vor Strich, von links nach rechts) ab, die analog auch für Terme allgemein gelten:

Summe: $3+5$; $7+a$; $a+b$; $3a+2b$; $10+a^2$; $5+\sqrt{2}$; $4+\sqrt{3+a^2}$ usw.

Differenz: $2-7$; $4-a$; $a-b$; $4a-3b$; a^2-b^2; $\sqrt{3}-\sqrt{2}$ usw.

Produkt: $5 \cdot 14$; $10 \cdot a$; $a \cdot b$; $3a \cdot 4b$; $5 \cdot \sqrt{2}$; $14 \cdot b^2$; $2 \cdot \sqrt{2}$; $4 \cdot \sqrt{3+a^2}$ usw.

Quotient: $14:12$; $3:a$; $\frac{3}{a}$; $\frac{a}{b}$; $\frac{a+2}{b}$; $\frac{a^2-4}{a-2}$ usw.

Potenz: 2^3; a^4; 3^a; $(2-\sqrt{2})^2$; $(a+b)^3$ usw.

Wurzel: $\sqrt{11}$; $\sqrt{a}$; $\sqrt{2+a}$; $\sqrt{a^2-b^2}$ usw.

Betrag: $|3|$; $|-4|$; $|a|$; $|5-a|$; $|a+b|$; $|a^2+b^2|$ usw.

Definition

> Terme werden nach der Rechenoperation **bezeichnet**, die gemäß den geltenden Rechenregeln als **letzte** durchzuführen ist, z. B. Summe, Differenz, Produkt, Quotient, Potenz, Wurzel, Betrag.

Beispiel

Bestimmen Sie jeweils die Art der folgenden Terme.

a) $7a + 4a^2$ b) $2y + 3\sqrt{5xyz - 17}$

c) $15x^2 - 4\sqrt{3}$ d) $(3x - 7)^2$

e) $\sqrt{23 : (12xyz)}$ f) $3a : 2u$

g) $3 - \frac{2x}{y}$ h) $|7 - 5x^2|$

Lösung:

a) Summe	Punkt vor Strich
b) Summe	Wurzelterm zuerst, dann Punkt vor Strich
c) Differenz	Punkt vor Strich
d) Potenz	Die Klammer kommt zuerst.
e) Wurzelterm	Als Letztes wird radiziert.
f) Quotient (Bruchterm)	$3a : 2u = \frac{3a}{2u}$
g) Differenz	Punkt vor Strich
h) Betrag	Der Betrag wird am Schluss gebildet.

In den obigen Beispielen treten sehr häufig einfach gebaute Produktterme wie 7a; $4a^2$; 2y; 5xyz; $15x^2$; 3x; 12xyz; 3a; 2u; 2x; y; $5x^2$ auf, die nur Produkte aus Zahlen und Variablen sind. Solche Terme nennt man **einfache Terme**. Bei einigen dieser Terme treten die gleichen Variablen mit der jeweils gleichen Potenz auf, wie bei 7a und 3a. Solche einfachen Terme nennt man **gleichartig**. Weitere jeweils gleichartige Terme sind 5xyz und 12xyz, $15x^2$ und $5x^2$, 3x und 2x, 2y und y (y ist die Kurzschreibweise für 1y). Dagegen tritt bei 7a und $4a^2$ die Variable a mit unterschiedlicher Potenz auf: 7a und $4a^2$ sind **ungleichartig**.

Definition

> Einen Term, der nur das Produkt aus Zahlen und Variablen ist, nennt man **einfachen Term**. Zwei einfache Terme nennt man **gleichartig**, wenn sie die gleichen Variablen mit der jeweils gleichen Potenz haben.
> Einfache Terme, die nicht gleichartig sind, heißen **ungleichartig**.

Aus einfachen Termen können durch Rechenoperationen umfangreichere Terme gebildet werden, wie $7a + 4a^2$; $3a : 2u$ usw.

Beispiele

1. Geben Sie fünf beliebige einfache Terme an.

   Lösung:
   $3a$; uvw; $17x$; x^2; $3uv^4$

2. Fassen Sie die folgenden Terme in Gruppen gleichartiger Terme zusammen.
   a) $2x$; $2x^2$; $3xy$; $5y$; $-2xy$; $5x^2$; $8x$; $-10y$
   b) $5b^2$; $-10b^2$; $5a$; $6ab$; $3b^2$; $2a$; $-2ab$

   Lösung:
   a) $2x$ und $8x$, $2x^2$ und $5x^2$, $3xy$ und $-2xy$ sowie $5y$ und $-10y$ sind jeweils gleichartig,

   Die Variablen und ihre jeweilige Hochzahl müssen übereinstimmen.

   b) $5b^2$, $-10b^2$ und $3b^2$, $5a$ und $2a$, sowie $6ab$ und $-2ab$ sind jeweils gleichartig.

3. Entscheiden Sie, ob die folgenden Paare von Termen gleichartig oder ungleichartig sind.
   a) $2x$; $4x$
   b) $2x$; $4x^2$
   c) $165abc$; $\sqrt{3}\,abc$
   d) $4xy$; $2xy^2$
   e) $-7ay$; $49a^3y$
   f) $-\sqrt{5}\,ax^2y$; $5ax^2y$
   g) $-u^2v$; $12u^2v$
   h) $-x^2y$; xy^2

   Lösung:
   a) gleichartig — jeweils $x = x^1$
   b) ungleichartig — $x \neq x^2$
   c) gleichartig
   d) ungleichartig — $y \neq y^2$
   e) ungleichartig — $a \neq a^3$
   f) gleichartig
   g) gleichartig
   h) ungleichartig — $x^2 \neq x$, $y \neq y^2$

Der einfache Term $5xyz$ ist ein Produkt aus der Zahl 5 und dem Variablenprodukt xyz. Die Zahl **5** heißt **Koeffizient** (oder Beizahl) des Terms, das Produkt **xyz** wird als **Variablenanteil** des Terms bezeichnet. Entsprechend sind beim Term $-49a^3y$ die Zahl -49 der Koeffizient und a^3y der Variablenanteil.

Definition

Bei einem einfachen Term heißt die Zahl der Koeffizient des Terms und das Produkt aus den auftretenden Variablen heißt der Variablenanteil des Terms.

Man kann also auch sagen: Gleichartige Terme sind einfache Terme, die im Variablenanteil übereinstimmen.

Beispiel

Geben Sie für jeden der folgenden Terme jeweils den Koeffizienten und den Variablenanteil an. Ordnen Sie dabei die Variablen alphabetisch.

a) $17{,}5u$ b) $2x^2z^2y$ c) $\sqrt{5}\,a^2zc$ d) $167ab^2xyz^3$

Lösung:

a) Koeffizient: 17,5; Variablenanteil: u

b) Koeffizient: 2; Variablenanteil: x^2yz^2 (alphabetisch geordnet)

c) Koeffizient: $\sqrt{5}$; Variablenanteil: a^2cz (alphabetisch geordnet)

d) Koeffizient: 167; Variablenanteil: ab^2xyz^3

Für den einfachen Term 3a kann man ausführlicher $3 \cdot a$ schreiben – oder noch ausführlicher $a + a + a$, man addiert also dreimal die Variable a. Genauso steht $5 \cdot a$ für die fünffache Summe der Variablen a, also $a + a + a + a + a$. Diese Überlegung zeigt, wie man **gleichartige Terme addieren** kann:

$$3a + 5a = 3 \cdot a + 5 \cdot a = a + a + a + a + a + a + a + a = 8 \cdot a = 8a$$

Die Terme 3a und 5a werden also addiert, indem man zuerst die Koeffizienten 3 und 5 addiert: $3 + 5 = 8$. Das Ergebnis wird mit der Variablen multipliziert: $8 \cdot a = 8a$. Dieser Term ist dann die Summe der Terme 3a und 5a.

Entsprechend ergibt sich:

$$4ab^2 + 2ab^2 = 4 \cdot ab^2 + 2 \cdot ab^2 = ab^2 + ab^2 + ab^2 + ab^2 + ab^2 + ab^2 = 6 \cdot ab^2 = 6ab^2$$

Diese Methode geht aber nur für gleichartige Terme. Bei den ungleichartigen Termen 2a und 3b geht das nicht:

$$2a + 3b = a + a + b + b + b$$

Regel

Gleichartige Terme werden **addiert**, indem man ihre **Koeffizienten addiert** und das Ergebnis mit dem Variablenanteil multipliziert.

Die Summe gleichartiger Terme ist wieder ein einfacher Term. Die Summe zweier ungleichartiger Terme kann nicht weiter vereinfacht werden und ist kein einfacher Term.

Beispiel

Addieren Sie die jeweils gleichartigen Terme.

a) $3x^2+2x^2+4a$

b) $3xy-2xy$

c) $15xy-3xy+13xy-21xy$

d) $5ab-4x+7ab-8ab+10x$

Lösung:

a) $3\mathbf{x^2}+2\mathbf{x^2}+4a=5\mathbf{x^2}+4a$

$5x^2$ und 4a sind nicht gleichartig und können nicht weiter zusammengefasst werden.

b) $3xy-2xy=\mathbf{1}xy=xy$

Die Zahl 1 kann bei 1xy weggelassen werden.

c)
$$\begin{array}{ccccccccc} 15xy & - & 3xy & + & 13xy & - & 21xy & = & 4xy \\ \downarrow & & \downarrow & & \downarrow & & \downarrow & & \uparrow \\ 15 & & -3 & & +13 & & -21 & & =4 \end{array}$$

Die Koeffizienten werden zusammengefasst.

d)
$$\begin{array}{cccccccccccccc} 5 & & & & +7 & & -8 & & & & =4 & & \\ \uparrow & & & & \uparrow & & \uparrow & & & & \downarrow & & \\ \underline{\underline{5ab}} & - & \underline{4x} & + & \underline{\underline{7ab}} & - & \underline{\underline{8ab}} & + & \underline{10x} & = & 4ab & + & 6x \\ & & \downarrow & & & & & & \downarrow & & & & \uparrow \\ & & -4 & & & & & & +10 & & = & & 6 \end{array}$$

Zur besseren Übersicht kann man gleichartige Terme gleich unterstreichen.

Einfache Terme können auch multipliziert werden. Dabei können diese gleichartig sein, dieses ist aber keineswegs nötig.

Multipliziert man 3a mit 7a, so werden zuerst die Koeffizienten 3 und 7 miteinander multipliziert, $3\cdot 7=21$, dann die Variablen, $a\cdot a=a^2$, und danach die beiden Ergebnisse miteinander: $21\cdot a^2=21a^2$. Entsprechend geht man bei nicht gleichartigen Termen vor:

$4a\cdot 9ab=4\cdot 9\cdot a\cdot ab=36\cdot a^2b=36a^2b$

Regel

> Einfache Terme werden multipliziert, indem man zuerst die **Koeffizienten multipliziert**, sodann die **Variablen multipliziert** und schließlich das Produkt aus beiden Ergebnissen bildet.

Das Produkt einfacher Terme ist wieder ein einfacher Term.

Beispiele

1. Fassen Sie so weit wie möglich zusammen.

   a) $3a\cdot 5a$

   b) $-5z\cdot 10z$

   c) $2xy\cdot 7xy$

   d) $9xy^2\cdot 2xy^2$

   Lösung:

   a)
$$\begin{array}{ccccc} 3a & \cdot & 5a & = & 15a^2 \\ \downarrow & & \downarrow & & \uparrow \\ a & \cdot & a & = & a^2 \end{array}$$

   Die Koeffizienten 3 und 5 werden multipliziert. Die Variable a wird quadriert.

b) $$\begin{array}{llll} -5z \cdot & 10z = & -50z^2 \\ \downarrow & \downarrow & \uparrow \\ z\cdot & z = & z^2 \end{array}$$

Die Koeffizienten werden multipliziert. Da auch hier die beiden Terme gleichartig sind, wird die Variable wiederum quadriert.

c) $$\begin{array}{llll} 2xy \cdot & 7xy = & 14x^2y^2 \\ \downarrow & \downarrow & \uparrow \\ xy\cdot & xy = & x^2y^2 \end{array}$$

Da die beiden Terme gleichartig sind, werden die Variablen quadriert.

d) $9xy^2 \cdot 2xy^2 = 9 \cdot 2 \cdot xy^2 \cdot xy^2 = 18x^2y^4$

2. Fassen Sie so weit wie möglich zusammen.

a) $5 \cdot 3b$

b) $2a \cdot 8b$

c) $3x \cdot 4z \cdot 2y$

d) $2{,}5xy \cdot 4ay^2$

Lösung:

a) $5 \cdot 3b = 15b$

b) $2a \cdot 8b = 2 \cdot 8 \cdot a \cdot b = 16ab$

c) $$\begin{array}{lllll} 3 & \cdot 4 & \cdot 2 & = 24 & \\ \uparrow & \uparrow & \uparrow & \downarrow & \\ 3x \cdot & 4z \cdot & 2y = & 24 \cdot & xzy = 24xyz \\ \downarrow & \downarrow & \downarrow & & \uparrow \\ x\cdot & z\cdot & y = & & xzy \end{array}$$

Die Reihenfolge der einzelnen Faktoren darf beliebig verändert werden: $x \cdot z \cdot y = z \cdot x \cdot y = x \cdot y \cdot z$

Zur besseren Übersicht sollte man bei Produkten von Variablen die alphabetische Reihenfolge einhalten: xyz.

d) $2{,}5xy \cdot 4ay^2 = 2{,}5 \cdot 4 \cdot xy \cdot ay^2$

$= 10xay^3 = 10axy^3$

Bei den Variablen wird die alphabetische Reihenfolge eingehalten.

3. Fassen Sie so weit wie möglich zusammen.

a) $3x \cdot 4x \cdot 2y \cdot 2x$

b) $3x \cdot 4z + 2x \cdot 3y - 4xz + 5xy$

c) $6a \cdot 3ab - 3x \cdot 2y - 2a^2 \cdot 4b + 4y \cdot 5x$

d) $1{,}5xy^2 \cdot 3y^2 - 1{,}2xy \cdot 5y^3 - 2x \cdot 2y^3$

Lösung:

a) $3x \cdot 4x \cdot 2y \cdot 2x = 3 \cdot 4 \cdot 2 \cdot 2 \cdot x \cdot x \cdot y \cdot x$

$= 48x^3y$

b) $3x \cdot 4z + 2x \cdot 3y - 4xz + 5xy$

$= \underline{12xz} + \underline{\underline{6xy}} - \underline{4xz} + \underline{\underline{5xy}}$

$= 8xz + 11xy$

Zuerst wird multipliziert und dann werden gleichartige Terme zusammengefasst. Zur besseren Übersicht kann man gleichartige Terme gleich unterstreichen.

c) $6a \cdot 3ab - 3x \cdot 2y - 2a^2 \cdot 4b + 4y \cdot 5x$

$= \underline{18a^2b} - \underline{\underline{6xy}} - \underline{8a^2b} + \underline{\underline{20xy}}$

$= 10a^2b + 14xy$

Zur besseren Übersicht kann man gleichartige Terme gleich unterstreichen.

d) $1{,}5xy^2 \cdot 3y^2 - 1{,}2xy \cdot 5y^3 - 2x \cdot 2y^3$
$= 4{,}5xy^4 - 6xy^4 - 4\mathbf{xy^3}$
$= -1{,}5xy^4 - 4xy^3$

Ungleichartige Terme können nicht zusammengefasst werden.

Aufgaben **19.** Fassen Sie die folgenden Terme in Gruppen gleichartiger Terme zusammen.

a) $5x;\ 2y;\ -2x;\ 5y;\ 7x$

b) $2x^2;\ 2x;\ 5x^2;\ 1{,}5x;\ 2{,}5x^2$

c) $2a;\ 2ab;\ 3b;\ -2b;\ -2a;\ 5ab;\ 3a$

d) $8ab^2;\ 8ab;\ 3ab^2;\ -3ab;\ -8a^2b$

e) $5x^2;\ 5x;\ 3y^2;\ 3xy;\ 5xy;\ -2x^2;\ 2x;\ 2y^2$

f) $7ab;\ 3abc;\ -2ab;\ 9abc;\ 3a^2b^2$

g) $3z;\ 5z;\ -2z;\ 8z^2;\ 3z^3;\ -11z^2;\ 4z^2$

h) $3a;\ 4ab;\ 5ab^2;\ 6a^2b^2;\ 7a$

20. Vereinfachen Sie, indem Sie gleichartige Terme gleich kennzeichnen und die jeweils gleichartigen Terme zusammenfassen.

a) $3x^2 + 7x^2 - 14x^2 + 35x^2$

b) $33a - 7b - 10a + 8b - 17a + 22b$

c) $13x + 5xy - 4z - 6x + 14xy + 16z - 7z$

d) $18x^2 + 14u - 13x^2 - 2x + 2u + 4x - u$

e) $12a^2 + 4a^3 + 17a^3 - 3a^2 - 5x$

f) $25ax - 13x + 12x^2$

g) $14uvw + 5uv - 22w + 35uw - 13uvw + 21w - 35uw + 25u^2 - 12v^2 - 24u^2 + 13v^2$

h) $17xy + 13x^2 - 14ax^2 - 7x^2 + 20ax^2 + 15bx - 13xy + 10bx - 4xy$

i) $2a^2 - 2b^2 - 3a^2b + 5b^2 + 10a^2 - 6a^2 + 6a^2b$

j) $0{,}8x^2 + 0{,}2a^2 - 1{,}2a - 1{,}7x^2 - 0{,}3a + 0{,}7a^2 + 1{,}9x^2 + a^2 + 2a$

21. Multiplizieren Sie und ordnen Sie die Variablen alphabetisch.

a) $4 \cdot 7x$

b) $3x \cdot 20y$

c) $14u \cdot 2v$

d) $4a \cdot 7c \cdot 2x$

e) $3s \cdot 4t \cdot 5s$

f) $7s \cdot 2s \cdot 3t$

g) $2x \cdot 3y \cdot 4x \cdot 2y$

h) $3x \cdot y \cdot 5x \cdot 3y$

i) $5x \cdot 3y \cdot 4xy$

j) $3xy \cdot 7xz$

k) $3xz \cdot 4y \cdot 3yz$

l) $2x^2 \cdot 4y \cdot 2y \cdot 3x$

m) $3a^2 \cdot 4ab \cdot 2ab^2$

n) $2a \cdot 3x^2 \cdot 4ax \cdot 5xz \cdot 2a^3$

o) $7b^2 \cdot 2a \cdot 3x^2 \cdot a^4$

p) $s^3 \cdot t^2 \cdot 3s \cdot 4s \cdot 2t^3 \cdot a^2 \cdot a^5$

q) $2c^2 \cdot 2b \cdot 3b^3 \cdot a^2 \cdot c^4 \cdot 3a^3$

r) $2u^3 \cdot 1{,}5t \cdot 4u^4 \cdot 2{,}5t^2$

22. Fassen Sie so weit wie möglich zusammen.

a) $3a \cdot 2b - 4ab + 3x \cdot 5y - 2x \cdot 3y$

b) $4x \cdot 3y + 2u \cdot 2v + 2u \cdot 4v - 3y \cdot 2x$

c) $2y \cdot 3z - 2x^2 \cdot 4z + 3yz + 2x \cdot 5xz + 4z \cdot 5y$

d) $3x \cdot 4y^2 + 10x \cdot 3a - 5a \cdot 2ab - 2y \cdot 2xy + 7ax - x \cdot 2a + 15a^2 \cdot 2b$

e) $3u^2 \cdot 7 - 12a^2 \cdot 2b + 8x \cdot 5y \cdot 3z - 7x \cdot 4y - 2y^2 - 7u \cdot 3u - 15yz \cdot 8x$
$+ y \cdot 3y + 14y \cdot 2x$

f) $3x^2 \cdot 2x^2 - x \cdot 5x^3 + 2x \cdot 5x \cdot 2x \cdot 10x - 2x^3 \cdot 3x + 10x^4$

g) $17xyz - 5x \cdot 3y + y \cdot 20x - 2yz \cdot 3x + z \cdot 5xy + 5y \cdot 10x$

h) $3a^2 \cdot 4ab + 10a \cdot 2ab - 6b \cdot 2a^3 - 3a \cdot 2a^3b^2 + a^2b \cdot 6ab + 3a^2b \cdot 4a$

3.2 Grund- und Definitionsmenge eines Terms

Wie bereits in Kapitel 3.1 erwähnt, berechnet man den Flächeninhalt eines Quadrats mit der Seitenlänge a durch den Term a^2, den Flächeninhalt eines Rechtecks mit den Seitenlängen x und y durch den Term $x \cdot y$. Der entsprechende Term hängt also im ersten Fall von der Variablen a, im zweiten Fall von den Variablen x und y ab. Diesen Zusammenhang kann man mathematisch durch die Schreibweise $T(a) = a^2$ bzw. $T(x; y) = x \cdot y$ ausdrücken. Dabei steht das „T“ für „Term“ und die Klammern „(a)“ bzw. „(x; y)“ drücken aus, dass der Term die Variable a bzw. die Variablen x und y enthält. Die Variablen a, x und y stehen dabei als Platzhalter für reelle Zahlen. Man sagt, die **Grundmenge G** ist $\mathbb{R}$, kurz $G = \mathbb{R}$. Will man den Wert des jeweiligen Terms z. B. für $a = 10$ bzw. $x = 30$ und $y = 40$ bestimmen, so schreibt man $T(10) = 10^2 = 100$ bzw. $T(30; 40) = 30 \cdot 40 = 1\,200$.

Der Sachzusammenhang kann aber Einschränkungen für die Zahlen geben, die man sinnvollerweise einsetzen darf. Soll der Term $T(a) = a^2$ die Maßzahl des Flächeninhalts einer quadratischen Fliese in cm^2 in Abhängigkeit von der Seitenlänge a in cm angeben, so wäre hier nur eine Grundmenge $G = \mathbb{R}^+$ sinnvoll, da a immer positiv sein muss. Je nach Fliesenhersteller treten sogar nur einige wenige Werte aus der Grundmenge für a auf, z. B. $a=20$, $a=30$, $a=40$ und $a=60$, wenn nur quadratische Fliesen mit den Seitenlängen 20 cm, 30 cm, 40 cm und 60 cm gefertigt werden. Man fasst diese zugelassenen Werte für a in der **Definitionsmenge D** zusammen: $D=\{20; 30; 40; 60\}$.

Auch aus mathematischen Gründen kann es Einschränkungen geben. Bei Termen sollte angegeben sein, welche Zahlen als Grundmenge für die Variablen vorgesehen sind, z. B. $\mathbb{N}$, $\mathbb{Q}$ oder $\mathbb{R}$. Die Zahlen aus der Grundmenge, die beim Einsetzen für die Variablen im Term zu einem sinnvollen Ergebnis führen, bilden die Definitionsmenge des Terms. Ist für den Term $T(x) = x + 3\sqrt{x}$ die Grundmenge $G=\mathbb{Q}$ angegeben, so ist die zugehörige Definitionsmenge $D = \mathbb{Q}_0^+$, die Menge aller nicht negativen rationalen Zahlen, da man aus negativen Zahlen keine Wurzel ziehen kann. Bei dem Term $T(y) = 5y - \frac{2}{y}$ und der Grundmenge $G=\mathbb{R}$ ist die Definitionsmenge $D=\mathbb{R}\setminus\{0\}$, da durch null nicht dividiert werden kann.

Definition

Die **Grundmenge G** eines Terms gibt die Zahlen an, die für die Variablen des Terms vorgesehen sind. Die **Definitionsmenge D** eines Terms gibt die Zahlen der Grundmenge an, die für die Variablen des Terms eingesetzt werden dürfen.

Die Definitionsmenge D ist also eine Teilmenge von G und hängt somit von G ab. Wählt man z. B. für den Term $T(x) = \frac{1}{x+2}$ die Grundmenge $G_1 = \mathbb{N}$, so ergibt sich $D_1 = G_1 = \mathbb{N}$, für die Grundmenge $G_2 = \mathbb{R}$ ergibt sich $D_2 = \mathbb{R}\setminus\{-2\}$.

Beispiele

1. Setzen Sie jeweils die angegebenen Zahlen für die Variablen in dem Term ein und berechnen Sie den Wert (Grundmenge $G=\mathbb{R}$).
   a) $T(x; y) = 2x + 3y;\ T(2; -1)$

   b) $T(x; y) = x^2 - y^2;\ T(-2; 3)$

   c) $T(a; b) = (a+b)^2;\ T(2; 3)$

   d) $T(p; q; r) = \frac{1}{p} - 2q^2 + 5r^2;\ T(2; 3; 4)$

   Lösung:

   a) $T(\mathbf{2}; -1) = 2 \cdot \mathbf{2} + 3 \cdot (-1) = 4 - 3 = 1$

   b) $T(\mathbf{-2}; 3) = (\mathbf{-2})^2 - 3^2 = 4 - 9 = -5$

   c) $T(\mathbf{2}; 3) = (\mathbf{2} + 3)^2 = 5^2 = 25$

   d) $T(\mathbf{2}; 3; \mathbf{4}) = \frac{1}{\mathbf{2}} - 2 \cdot 3^2 + 5 \cdot \mathbf{4}^2 = 0{,}5 - 2 \cdot 9 + 5 \cdot 16 = 0{,}5 - 18 + 80 = 62{,}5$

2. Geben Sie jeweils anhand des Anwendungszusammenhangs eine sinnvolle Grundmenge der folgenden Terme an.
   a) Der Term $T(x) = 0{,}5 \cdot x \cdot (x-1)$ gibt die Anzahl der nötigen Spiele bei einem Turnier an, wenn bei x Fußballmannschaften jede gegen jede spielen soll.
   b) Der Term $T(x) = x \cdot (10-x)$ gibt den Flächeninhalt eines Rechtecks an, das den Umfang 20 hat, wobei eine Seitenlänge x ist.

   Lösung:

   a) $G = \mathbb{N}$ — Die Anzahl x der Mannschaften ist eine natürliche Zahl.

   b) $G =]0,\ 10[$ — Es muss $x > 0$ und $10 - x > 0$ sein, da der Flächeninhalt genauso wie die Seitenlängen positiv ist.

3. Geben Sie jeweils für die Grundmenge $G = \mathbb{R}$ die Definitionsmenge für die Terme an.

   a) $x^2y + 5x$ b) $\frac{1}{x-2}$ c) $\frac{1}{xy}$

   d) $\frac{x}{y}$ e) $\sqrt{x-3}$ f) $\sqrt{x^2}$

   Lösung:

   a) $D = \mathbb{R}$ — Für x und y kann jede reelle Zahl eingesetzt werden.

   b) $D = \mathbb{R} \setminus \{2\}$ — Der Nenner darf nicht 0 werden.

   c) $D = \mathbb{R} \setminus \{0\}$ — Der Nenner darf nicht 0 werden.

   d) $D_x = \mathbb{R},\ D_y = \mathbb{R} \setminus \{0\}$ — Für x ist jede reelle Zahl erlaubt, y darf nicht 0 werden.

   e) $D = [3; +\infty[$ — x muss mindestens 3 sein, damit die Zahl unter dem Wurzelzeichen (der Radikand) nicht negativ wird.

   f) $D = \mathbb{R}$ — Quadrate reeller Zahlen sind nie negativ.

Aufgaben **23.** Geben Sie jeweils anhand des Anwendungszusammenhangs eine sinnvolle Grundmenge der folgenden Terme an.

a) Der Term $T(r) = 2 \cdot r \cdot \pi$ gibt den Umfang eines Kreises mit dem Radius r an.

b) Der Term $T(r; h) = 2 \cdot r^2 \cdot \pi + 2r\pi \cdot h$ gibt die Oberfläche eines Zylinders mit dem Radius r und der Höhe h an.

c) Der Term $T(r; h) = r^2 \cdot \pi \cdot h$ gibt das Volumen eines Zylinders mit dem Radius r und der Höhe h an.

24. Geben Sie jeweils für die Grundmenge $G = \mathbb{R}$ die zugehörige Definitionsmenge an. Setzen Sie jeweils die angegebenen Zahlen für die Variablen in dem Term ein und berechnen Sie den Wert.

a) $T(x;\, y) = 5x^2 - 2y;\ T(-1;\, 1)$

b) $T(x;\, y) = 2x^2y - 2y^2;\ T(-2;\, 3)$

c) $T(a;\, b) = \frac{a}{b} + 2ab^2;\ T(4;\, 2)$

d) $T(a;\, b) = \sqrt{a} + (a-b)^2;\ T(9;\, 3)$

e) $T(x;\, y) = (x+y)^2 + 2y^2;\ T(-1;\, 2)$

f) $T(a;\, b;\, c) = (a-b)^2 + (b-c)^3;\ T(1;\, 2;\, 3)$

25. Bestimmen Sie für den Term $T(x) = x^2 + \frac{1}{x} - \frac{1}{x - \sqrt{2}}$ die Definitionsmenge des Terms bei der Grundmenge:

a) $G = \mathbb{N}$ b) $G = \mathbb{Z}$ c) $G = \mathbb{Q}$ d) $G = \mathbb{R}$

4 Rechnen mit Termen

Nachdem im ersten Kapitel die Rechengesetze für Zahlen erläutert wurden, werden diese nun auf Terme übertragen.

4.1 Klammerterme

An der Kasse eines Ladens werden zu einer Zwischensumme von 25,60 € noch die Artikelpreise 4,40 € und 7,75 € addiert. Welche Endsumme ergibt sich?

Oft rechnet man ohne die Einheit €. Man kann die Aufgabe auf zwei Arten lösen:
$25{,}60 + (4{,}40 + 7{,}75) = 25{,}60 + 12{,}15 = 37{,}75$
$25{,}60 + 4{,}40 + 7{,}75 = 30{,}00 + 7{,}75 = 37{,}75$

Es ist offensichtlich gleichwertig, ob man zuerst die Terme in der Klammer zusammenfasst und dann das Ergebnis addiert, oder zuerst die Klammern auflöst, indem man die Vorzeichen der Terme in der Klammer beibehält, und dann zusammenfasst. Allgemein gilt: Steht ein **Pluszeichen vor der Klammer**, so muss man beim Auflösen der Klammer die **Vorzeichen** aller Terme in der Klammer **beibehalten**. Damit erhält man z. B. $5a + (3b + a) = 5a + 3b + a = 6a + 3b$.

An der Kasse eines Ladens werden mit einem 20-€-Schein zwei Artikel bezahlt; einer kostet 4,30 €, der andere 8,70 €. Was bleibt übrig?

Man kann auch diese Aufgabe auf zwei Arten lösen (Rechnung ohne Einheiten):
$20 - (4{,}30 + 8{,}70) = 20 - 13 = 7$
$20 - 4{,}30 - 8{,}70 = 15{,}70 - 8{,}70 = 7$

Es ist offensichtlich egal, ob man zuerst die Terme in der Klammer zusammenfasst und dann das Ergebnis abzieht, oder zuerst die Klammern auflöst, indem man die Vorzeichen der Terme in der Klammer ändert, und dann zusammenfasst. Allgemein gilt: Steht ein **Minuszeichen vor der Klammer**, so muss man beim Auflösen der Klammer die **Vorzeichen** aller Terme in der Klammer **ändern**. Damit erhält man z. B. $2a - (3b + a) = 2a - 3b - a = a - 3b$.

Regel

> Steht **vor der Klammer ein Pluszeichen** (oder kein Zeichen), so darf man die Klammer weglassen, wobei die Glieder der Klammer ihre Vorzeichen behalten. Steht **vor der Klammer ein Minuszeichen**, so ändern sich die Vorzeichen aller Glieder der Klammer bei ihrem Weglassen.

Beispiel

Lösen Sie die Klammern auf und fassen Sie, falls möglich, zusammen.

a) $a+(b+c)$ b) $5a+(b-a)$ c) $a-(b+c)$

d) $7a-(2a-c)$ e) $10x-[(5x-7y)-(-4y+3x)]$

Lösung:

a) $a+(b+c)=a+b+c$ — Die Vorzeichen werden beibehalten.

b) $5a+(b-a)=\mathbf{5a}+b-\mathbf{a}=4a+b$ — Gleichartige Terme werden zusammengefasst.

c) $a-(b+c)=a-b-c$ — Die Vorzeichen werden geändert.

d) $7a-(2a-c)=7a-2a+c=5a+c$

e) $10x-[(5x-7y)-(-4y+3x)]$
$=10x-[5x-7y+4y-3x)]$
$=10x-5x+7y-4y+3x=8x+3y$

Ineinander geschachtelte Klammern können von innen nach außen aufgelöst werden.

oder

$10x-[5x-7y+4y-3x]$
$=10x-[2x-3y]$
$=10x-2x+3y=8x+3y$

Gleichartige Terme können dabei bereits dazwischen zusammengefasst werden.

Zur Bestimmung der Gesamtsumme addiert ein Kunde in einem Laden zweimal die Artikelpreise 4,43 € und 3,32 €. Welche Summe ergibt sich?

Man kann auch diese Aufgabe auf zwei Arten lösen (Rechnung ohne Einheiten):

$2\cdot(4{,}43+3{,}32)=2\cdot 7{,}75=15{,}50$

$2\cdot(4{,}43+3{,}32)=2\cdot 4{,}43+2\cdot 3{,}32=8{,}86+6{,}64=15{,}50$

Es ist offensichtlich gleichwertig, ob man zuerst die Terme in der Klammer zusammenfasst und dann das Ergebnis mit 2 multipliziert, oder zuerst die Klammern auflöst, indem man jeden Term in der Klammer mit 2 multipliziert, und dann zusammenfasst. Allgemein gilt: Besteht bei einem **Produkt** ein Faktor aus einer **Summe**, z. B. $3\cdot(x+2y)$, so wird der andere Faktor mit **jedem Glied der Klammer** multipliziert: $3\cdot(x+2y)=3\cdot x+3\cdot 2y=3x+6y$.

Der Faktor wird also jedem Summanden in der Klammer zugeteilt, weshalb diese Regel **Distributivgesetz** heißt (aus dem Lateinischen *distribuere* zuteilen, verteilen).

Regel

> Besteht bei einem Produktterm ein Faktor aus einer Summe, so wird jeder Summand mit dem Faktor multipliziert, der bei der Klammer steht:
> $\mathbf{a}\cdot(b+c)=\mathbf{a}\cdot b+\mathbf{a}\cdot c=b\cdot\mathbf{a}+c\cdot\mathbf{a}=(b+c)\cdot\mathbf{a}$

Beispiel

Lösen Sie die Klammern auf und fassen Sie, falls möglich, zusammen.

a) $a\cdot(b-c)$ b) $(-a)\cdot(b+c)$

c) $(-a)\cdot(b-c)$ d) $-3\cdot(x^2-4x)+4\cdot(x^2-3x)$

Lösung:

a) $a \cdot (b-c) = a \cdot b - a \cdot c$

b) $(-a) \cdot (b+c) = -a \cdot b - a \cdot c$

c) $(-a) \cdot (b-c) = -a \cdot b + a \cdot c$

d) $-3 \cdot (x^2-4x) + 4 \cdot (x^2-3x)$
$= -3x^2 + 12x + 4x^2 - 12x = x^2$

Beim Ausmultiplizieren sind die Vorzeichenregeln zu beachten.

1. Schritt: Ausmultiplizieren
2. Schritt: Zusammenfassen

Sind in einem Produktterm beide Faktoren Summen, so muss obige Regel zweimal angewendet werden:

$(2x+5) \cdot (3+y) = 2x \cdot (3+y) + 5 \cdot (3+y)$
$= 2x \cdot 3 + 2x \cdot y + 5 \cdot 3 + 5 \cdot y = 6x + 2xy + 15 + 5y$

Regel

Sind bei einem Produkt beide Faktoren Summen, so muss jeder Summand der ersten Klammer mit jedem Summanden der zweiten Klammer multipliziert werden:
$(\mathbf{a}+b) \cdot (c+d) = \mathbf{a} \cdot c + \mathbf{a} \cdot d + b \cdot c + b \cdot d$

Beispiel

Multiplizieren Sie jeweils die Klammern aus.

a) $(3+4x) \cdot (2x+5y)$

b) $(s+3t) \cdot (4t-2)$

c) $(a-b) \cdot (c+d-e)$

d) $(a+b+c) \cdot (d-e-f)$

Lösung:

a) $(3+4x) \cdot (2x+5y)$
$= \mathbf{3} \cdot 2x + \mathbf{3} \cdot 5y + 4x \cdot 2x + 4x \cdot 5y$
$= 6x + 15y + 8x^2 + 20xy$

Damit man kein Produkt vergisst, kann man die jeweiligen Faktoren durch einen Bogen verbinden.

b) $(s+3t) \cdot (4t-2)$
$= \mathbf{s} \cdot 4t - \mathbf{s} \cdot 2 + 3t \cdot 4t - 3t \cdot 2$
$= 4st - 2s + 12t^2 - 6t$

Vorzeichen beachten!

c) $(a-b) \cdot (c+d-e)$
$= \mathbf{a}c + \mathbf{a}d - \mathbf{a}e - bc - bd + be$

d) $(a+b+c) \cdot (d-e-f)$
$= \mathbf{a}d - \mathbf{a}e - \mathbf{a}f + bd - be - bf + cd - ce - cf$

Genauso wichtig wie das Ausmultiplizieren von Klammern, also das Umwandeln von einem Produkt von Klammertermen in eine Summe von Produkten, ist das Umgekehrte: Eine **Summe von Produkten** soll in ein **Produkt von Summen** umgewandelt werden. Die Summe wird zu einem Produkt einzelner Faktoren:
$a \cdot b + a \cdot c = a \cdot (b + c)$

Beide Summanden haben einen gleichen Faktor: a. Dieser Faktor a wird vor eine Klammer gesetzt. In der Klammer werden die noch fehlenden Faktoren addiert. Man nennt dieses Vorgehen „Ausklammern" oder „Faktorisieren", weil man hier ein Produkt zweier Faktoren erhält.

Regel

> Haben die Glieder eines Summenterms einen gemeinsamen Faktor, so kann dieser Faktor ausgeklammert werden:
> $\mathbf{a} \cdot c + \mathbf{a} \cdot d = \mathbf{a} \cdot (c + d)$

Beispiel

Wandeln Sie jeweils den Summenterm in ein Produkt um, indem Sie gemeinsame Faktoren ausklammern.

a) $ax + ay + az$

b) $8x - 4y + 16z - 24u$

c) $3ab - 6b^2cd + 12bxy - 9abcd$

d) $(a+b)cd + c(a+b) - ce(a+b)$

e) $-a - b + c$

f) $pr + ps + qr + qs$

Lösung:

a) $\underline{a}x + \underline{a}y + \underline{a}z = \underline{a} \cdot (x + y + z)$

Zur besseren Übersicht kann man den gleichen Faktor unterstreichen.

b)
$$\begin{aligned} & 8x - 4y + 16z - 24u \\ &= \underline{4} \cdot 2x - \underline{4} \cdot y + \underline{4} \cdot 4z - \underline{4} \cdot 6u \\ &= \underline{4} \cdot (2x - y + 4z - 6u) \end{aligned}$$

Bei allen Koeffizienten ist ein Faktor 4 vorhanden.

c)
$$\begin{aligned} & 3ab - 6b^2cd + 12bxy - 9abcd \\ &= \underline{3}a\underline{\underline{b}} - \underline{3} \cdot 2\underline{\underline{b}}bcd + \underline{3} \cdot 4\underline{\underline{b}}xy - \underline{3} \cdot 3a\underline{\underline{b}}cd \\ &= \underline{3} \cdot \underline{\underline{b}} \cdot (a - 2bcd + 4xy - 3acd) \end{aligned}$$

Gleiche Faktoren werden gleich unterstrichen.

d)
$$\begin{aligned} & \underline{(a+b)}\underline{\underline{c}}d + \underline{\underline{c}}\underline{(a+b)} - \underline{\underline{c}}e\underline{(a+b)} \\ &= \underline{(a+b)}\underline{\underline{c}} \cdot (d + 1 - e) \end{aligned}$$

Der gemeinsame Faktor kann auch eine Klammer sein oder aus mehreren Faktoren bestehen.

e)
$$\begin{aligned} & -a - b + c \\ &= \underline{(-1)}a + \underline{(-1)}b + \underline{(-1)}(-c) \\ &= \underline{(-1)} \cdot (a + b - c) \end{aligned}$$

f)
$$\begin{aligned} & \underline{p}r + \underline{p}s + \underline{\underline{q}}r + \underline{\underline{q}}s \\ &= \underline{p} \cdot (r+s) + \underline{\underline{q}} \cdot (r+s) \\ &= (r+s) \cdot (p+q) \end{aligned}$$

Findet man nicht sofort einen gemeinsamen Faktor aller Glieder, so gelingt es manchmal, durch geeignete Gruppierung der Terme in zwei Schritten einen Produktterm zu erhalten.

Aufgaben **26.** Lösen Sie die Klammern auf und fassen Sie, falls möglich, zusammen.

a) $7+(x-12)$

b) $10x+(-5x+2)$

c) $2s-(4s-4)$

d) $3t-(-2+4t-2s)$

e) $(3x-2y)-(4x-5-5y)$

f) $24k^2-(40k+16k^2-4)-(24k+6)$

g) $2x-[5x^2-(5x-2)]+(-3x+2)+5x^2$

h) $4t-[3s-(2t-3s)+6]-6$

i) $-(4a-3)-[(3x^2+x)-(4x+4x^2)-(-3x-x^2)]$

j) $-(-3x+2x^2+5)-(4x^2+2x+5)+(6x^2-10)$

27. Multiplizieren Sie aus und fassen Sie so weit wie möglich zusammen.

a) $5\cdot(3x-2)$

b) $7\cdot(4s-3t)-8\cdot(2s+t)$

c) $-4t\cdot(2s-3)+2s\cdot(4t-3)$

d) $(5k-4)\cdot 5-2\cdot(8k-10)$

e) $2x\cdot(2-2x+5y)-2y\cdot(5x-2)$

f) $-3\cdot(4a-3b-3b^2+2a^2)-4\cdot(-3a-1{,}5a^2)$

g) $4x\cdot(x-y)-[3x\cdot(x+y)-2x\cdot(x-y)]$

h) $5\cdot(-2a+b)-2\cdot[(3a-5b)\cdot 4+(12-9a)\cdot a]$

i) $4\cdot[4s\cdot(t-s)-(s+4t)\cdot 3]-7s\cdot(s+8)$

j) $(-2)\cdot[(-3t)\cdot(2a-b)-(-4a)\cdot(10-2t)]-(-6)\cdot(3a+7t)$

28. Multiplizieren Sie die Klammern aus und fassen Sie so weit wie möglich zusammen.

a) $(7t+8e)\cdot(x+1)$

b) $(5t^2-8t)\cdot(2t^2+4)$

c) $(4x^2+2{,}5y)\cdot(-x-2y)$

d) $(2x-3y-2)\cdot(4-2x+2y)$

e) $(x-2)\cdot(-3x-5-y)$

f) $(2x+y)\cdot(x-y)-[(x+3)\cdot(2x-4y)+3\cdot(4y-2x)]$

g) $(a+b)\cdot(2a-1)\cdot b$

h) $(x-1)\cdot(x^2+2x-1)-(x^2-2x+1)\cdot(x+2)$

i) $a\cdot(3a-b+2ab-1)-(a-b)\cdot(3a-b)$

j) $(-3x)\cdot(2x+3y)\cdot(3+4x-2y)$

29. Faktorisieren Sie, indem Sie gemeinsame Faktoren suchen, diese vor die neu gebildete Klammer schreiben und die Restglieder in die Klammer schreiben.

a) $4xy + 2x - 6xy$

b) $\frac{2}{3}a + \frac{5}{3}b - \frac{1}{3}c$

c) $42abc^2 - 30ab^2c - 28a^2bc$

d) $a^3 - 2a^2 + 4a$

e) $-a - b$

f) $a \cdot (5x - 2y) - b \cdot (5x - 2y)$

g) $x \cdot (3a - b) + y \cdot (-3a + b) + 3az - bz$

h) $3at - 5bt + 3as - 5bs$

i) $3bx - 7ax + 6b^2 - 14ab - 12ab + 28a^2$

j) $sx^2y - tx^2y + 3ps - 3pt - 4as + 4at$

4.2 Binomische Formeln und Faktorzerlegung

Ein Summenterm, der aus zwei Gliedern besteht, heißt **Binom**. Drei Arten von Produkten von Binomen kommen sehr häufig vor.

$(a+b)^2 = (a+b) \cdot (a+b) = a^2 + ab + ab + b^2 = a^2 + 2ab + b^2$

$(a-b)^2 = (a-b) \cdot (a-b) = a^2 - ab - ab + b^2 = a^2 - 2ab + b^2$

$(a+b) \cdot (a-b) = a^2 - ab + ab - b^2 = a^2 - b^2$

Da solche Terme sehr oft auftreten, sollte man die Ergebnisse auswendig wissen. Dies ist insbesondere dann unbedingt notwendig, wenn man einen Summenterm (rechte Seite) gegeben hat, den man in ein Produkt (linke Seite) umformen soll.

Regel

> Für alle reellen Zahlen a und b gelten die drei **binomischen Formeln**:
> $(a+b)^2 = a^2 + 2ab + b^2$
> $(a-b)^2 = a^2 - 2ab + b^2$
> $(a+b) \cdot (a-b) = a^2 - b^2$

Auf zwei Arten kann man einen Summenterm in einen Produktterm umwandeln:

- durch **Ausklammern gemeinsamer Faktoren** (in einem oder mehreren Schritten; siehe Kapitel 4.1) oder
- durch **Anwenden der drei binomischen Formeln**.

Diese Methoden können auch nacheinander angewendet werden.

Beispiel

Wandeln Sie jeweils den Produktterm in eine Summe um oder umgekehrt, indem sie obige Formeln von links nach rechts oder von rechts nach links verwenden oder zuerst ausklammern.

a) $(3+s)^2$ b) $(5x+7y)^2$

c) $25+30t+9t^2$ d) $(5x-7y)^2$

e) $121a^2+256b^2-352ab$ f) $(5s+3t)\cdot(5s-3t)$

g) $36x^2-49y^2$ h) $8xz-10x^2-12yz+15xy$

i) $48s^2x-72stx+27t^2x$ j) $3ac^2+6acd+3ad^2-2bc^2-4bcd-2bd^2$

Lösung:

a) $(3+s)^2=9+6s+s^2$

$(a+b)^2 = a^2 + 2ab + b^2$: $(3+s)^2 = 3^2 + 2\cdot 3\cdot s + s^2$

b) $(5x+7y)^2$
$=25x^2+70xy+49y^2$

$(a+b)^2 = a^2 + 2ab + b^2$: $(5x+7y)^2 = (5x)^2 + 2\cdot 5x\cdot 7y + (7y)^2$

c) $25+30t+9t^2$
$=(5)^2+\mathbf{2\cdot 5\cdot 3t}+(3t)^2$
$=(5+3t)^2$

Man sucht erst die Quadrate (25, $9t^2$), ermittelt daraus die Grundzahlen 5 und 3t und überprüft dann, ob das verbleibende Glied das doppelte Produkt **2ab** der beiden Grundzahlen ist: $2\cdot 5\cdot 3t=30t$. Der letzte Schritt darf nicht übergangen werden!

d) $(5x-7y)^2=(5x)^2-2\cdot 5x\cdot 7y+(7y)^2=25x^2-70xy+49y^2$

e) $121a^2+256b^2-352ab=(11a)^2+(16b)^2-\mathbf{2\cdot 11a\cdot 16b}$
$=(11a-16b)^2$
$=(16b-11a)^2$

f) $(5s+3t)\cdot(5s-3t)=(5s)^2-(3t)^2=25s^2-9t^2$

g) $36x^2-49y^2=(6x)^2-(7y)^2=(6x+7y)\cdot(6x-7y)$

h) $8xz-10x^2-12yz+15xy$
$=\mathbf{2x}\cdot(4z-5x)-\mathbf{3y}\cdot(4z-5x)$
$=(4z-5x)\cdot(2x-3y)$

Teilt man den Term in zwei Gruppen, aus denen jeweils ein gemeinsamer Faktor ausgeklammert wird, so muss jede Gruppe gleich viele Glieder haben. Hier sind es zwei Glieder.

i) $48s^2x-72stx+27t^2x$
$=3x\cdot(16s^2-24st+9t^2)$
$=3x\cdot(4s-3t)^2$

Bei drei Gliedern ist dies nicht möglich. Erst wird der gemeinsame Faktor ausgeklammert, sodass zwei Faktoren entstehen, danach wird eine binomische Formel angewendet.

j) $3ac^2+6acd+3ad^2-2bc^2-4bcd-2bd^2$
$=\mathbf{3a}\cdot(c^2+2cd+d^2)-\mathbf{2b}\cdot(c^2+2cd+d^2)$
$=(c^2+2cd+d^2)\cdot(3a-2b)$
$=(c+d)^2\cdot(3a-2b)$

Jede Gruppe hat drei Glieder.

Das Faktorisieren kann also durchaus sehr aufwendig sein, insbesondere wenn mehrere einzelne Schritte dazu nötig sind. Auch mit Fehlversuchen muss man dabei rechnen.

Aufgaben

30. Wandeln Sie, falls möglich, jeweils den Produktterm in eine Summe um oder umgekehrt.

a) $(s+t)^2$
b) $(12s+4t)^2$
c) $(5x+6y)^2$
d) $(9a+6b)^2$
e) $4s^2+12st+9t^2$
f) $9x^2+4y^2+12xy$
g) t^2+2t+1
h) $400n^2+9m^2+120mn$
i) $(1{,}2x+5y)^2$
j) $(s-t)^2$
k) $(8n-0{,}5m)^2$
l) $k^2-24k\ell+144\ell^2$
m) $16s^2+25t^2-40st$
n) $x^2-x+0{,}25$
o) x^2-2x+1
p) $25d^2+36c^2-60cd$
q) $9x^2+64y^2-24xy$
r) $x^4+100-20x^2$
s) $4x^2+0{,}25y^2-xy$
t) $(2s+5t)\cdot(2s-5t)$
u) $(x+12s)\cdot(x-12s)$
v) $(16x-11y)\cdot(16x+12y)$
w) $9y^2-25$
x) $169-144x^2$
y) $196a^2-225b^2$
z) $256p^2-16pq+0{,}25q^2$
α) $\frac{1}{9}x^2-\frac{1}{16}y^2$
β) $36a^2-4ab+\frac{1}{9}b^2$
γ) $\frac{1}{100}+2x+100x^2$
δ) $\left(\frac{1}{12}x^2-6x\right)^2$
ε) x^4-y^4
ζ) $4x^4-25x^2$
η) $\frac{1}{25}a^2-2\frac{1}{4}b^2$

31. Wandeln Sie jeweils den Produktterm in eine Summe um oder umgekehrt, indem sie die binomischen Formeln von links nach rechts oder von rechts nach links verwenden oder zuerst ausklammern.

a) $3as+5at-6bs-10bt$
b) $15a^2+30ab+15b^2$
c) $8g^2-8h^2$
d) $18x+12ux+2u^2x-27y-18uy-3u^2y$
e) $18s^3-60s^2t+50st^2$
f) $6a^2xz+12a^2vx+6a^2yz+12a^2vy$
g) $5a^2-5b^2+4a^2+8ab+4b^2$
h) $4x^2-2xy+12x^2+3y^2-12xy$
i) $4x^5-24x^4+36x^3$
j) $3x^3-48x$

32. Ergänzen Sie jeweils passende Terme in den Vierecken so, dass vollständige binomische Formeln entstehen.

a) $(a+\square)^2 = a^2 + 4ab + \square$

b) $(\square + b)^2 = \square + 6b + b^2$

c) $(3a + \square)^2 = \square + 12ab + \square$

d) $(4x - \square)^2 = \square - 24xy + \square$

e) $(\square - \square)^2 = \square - 70xy + 25y^2$

f) $(11x - \square)^2 = \square - \square + 2{,}25y^2$

g) $(\square + 12y)\cdot(5x - \square) = \square - \square$

h) $(13xz + \square)\cdot(\square - \square) = \square - 20{,}25y^2$

i) $(\square + \square)\cdot(\square - 4uw) = \frac{1}{4}x^2y^2 - \square$

j) $(\square - 2{,}5ab^2)\cdot(\square - \square) = \frac{1}{9}x^4y^2 - \square$

4.3 Bruchterme

Einen **Bruchterm** erhält man, wenn man einen Term durch einen zweiten Term dividiert, z. B.:

$2:5 = \frac{2}{5}$; $(a\cdot b):c = \frac{ab}{c}$; $(a+b):(c+d) = \frac{a+b}{c+d}$; $\frac{6+4x}{x-3}$; $\frac{5}{(x-2)(x+2)}$

Treten im Zähler oder Nenner eines Bruchterms Variable wie a, b, x usw. auf, so muss man darauf achten, dass in der Definitionsmenge D eines Bruchterms nur solche Elemente der Grundmenge G sind, bei deren Einsetzen der Nenner nicht 0 wird, da eine Division durch 0 nicht definiert ist.

Um die Definitionsmenge D für den Term

$$T(x) = \frac{6+4x}{x-3}$$

mit der Grundmenge $G = \mathbb{N}$ zu bestimmen, wird der Nenner gleich 0 gesetzt: $x-3=0$. Bei $x=3$ wird also der Nenner 0, man nennt $x=3$ eine **Nullstelle** des Nenners. Da 3 in der Grundmenge $G = \mathbb{N}$ enthalten ist, muss diese Zahl aus G herausgenommen werden, um D zu erhalten: $D = \mathbb{N}\setminus\{3\}$

Beim Term

$T(x) = \frac{5}{(x-2)(x+2)}$

mit der Grundmenge $G = \mathbb{R}$ ist der Nenner $(x-2)(x+2)$ ein Produkt. Dieses ist genau dann gleich null, wenn der erste Faktor $(x-2)$ gleich null oder der zweite Faktor $(x+2)$ gleich null ist. Der Term $x-2$ ist gleich null für $x=2$, der Term $x+2$ für $x=-2$. Also hat der Nenner von T die **beiden Nullstellen** $x_1 = 2$ und $x_2 = -2$. Da beide in der Grundmenge G des Terms T liegen, müssen sie zur Bestimmung der Definitionsmenge D aus der Grundmenge G von T herausgenommen werden: $D = \mathbb{R} \setminus \{-2; 2\}$

Dieses Vorgehen zum Ermitteln der Definitionsmenge D des obigen Bruchterms T lässt sich in der folgenden Regel verallgemeinern.

Regel

> Die **Definitionsmenge D** eines **Bruchterms** wird bestimmt, indem aus der Grundmenge G dieses Bruchterms alle **Nullstellen des Nenners** des Bruchterms – also alle diejenigen Werte für die Variable, für die der Nenner gleich null ist – herausgenommen werden.

Beispiel

Bestimmen Sie jeweils die Definitionsmenge D des Bruchterms T mit der angegebenen Grundmenge G.

a) $T(x) = \frac{3}{x-2}$; $G = \mathbb{N}$

b) $T(a) = \frac{3a-2}{5-2a}$; $G = \mathbb{Z}$

c) $T(x) = \frac{4-2x}{x^2-25}$; $G = \mathbb{Q}$

d) $T(x) = \frac{x-5}{x^2-3x}$; $G = \mathbb{R}$

Lösung:

a) $x - 2 = 0 \Leftrightarrow x = \mathbf{2}$ — Nullstellen des Nenners bestimmen

$x = \mathbf{2} \in G$ — Prüfen, ob die Nullstelle zu G gehört

$D = \mathbb{N} \setminus \{\mathbf{2}\}$ — Nullstelle aus G herausnehmen

b) $5 - 2a = 0 \Leftrightarrow 2a = 5 \Leftrightarrow a = \mathbf{2{,}5}$ — Nullstellen des Nenners bestimmen

$a = \mathbf{2{,}5} \notin G$ — Prüfen, ob die Nullstelle zu G gehört

$D = \mathbb{Z}$

c) $x^2 - 25 = (x+5) \cdot (x-5) = 0$ — Nullstellen des Nenners bestimmen

$x + 5 = 0$ oder $x - 5 = 0$ — Ein Produkt ist 0, wenn ein Faktor 0 ist.

$x = \mathbf{-5} \in G, \quad x = \mathbf{5} \in G$ — Prüfen, ob die Nullstellen zu G gehören

$D = \mathbb{Q} \setminus \{\mathbf{-5}; \mathbf{5}\}$ — Nullstellen aus G herausnehmen

d) $x^2 - 3x = x \cdot (x-3) = 0$

$x = 0$ oder $x - 3 = 0$

$x = \mathbf{0} \in G, \quad x = \mathbf{3} \in G$

$D = \mathbb{R} \setminus \{\mathbf{0}; \mathbf{3}\}$

Will man zwei Bruchterme **addieren** oder **subtrahieren**, so muss man die Bruchterme erst auf den gleichen Nenner bringen. Dabei kann es hilfreich sein, einen oder beide Bruchterme zu erweitern oder zu kürzen, d. h. Zähler und Nenner mit einer Zahl zu multiplizieren oder durch eine Zahl zu dividieren.

Multipliziert man bei dem Bruchterm $\frac{1}{3}$ den Zähler und den Nenner mit 2, so erhält man $\frac{1 \cdot 2}{3 \cdot 2} = \frac{2}{6}$. Man sagt: Der Bruchterm $\frac{1}{3}$ wurde mit dem Erweiterungsfaktor 2 **erweitert**. Erweitert man $\frac{0{,}5}{x}$ mit 2, so erhält man $\frac{0{,}5 \cdot 2}{x \cdot 2} = \frac{1}{2x}$.

Dividiert man bei dem Bruchterm $\frac{4}{6}$ den Zähler und den Nenner durch 2, so erhält man $\frac{4:2}{6:2} = \frac{2}{3}$. Man sagt: Der Bruchterm $\frac{4}{6}$ wurde mit 2 **gekürzt**.
Dividiert man bei dem Bruchterm $\frac{15}{5x}$ den Zähler und den Nenner durch 5, so erhält man $\frac{15:5}{5x:5} = \frac{3}{x}$. Durch das Kürzen wurden die Bruchterme jeweils vereinfacht.
Erweitern und Kürzen ändert jeweils den Wert des Bruchterms nicht:
$\frac{1}{3} = \frac{1 \cdot 2}{3 \cdot 2} = \frac{2}{6}$ bzw. $\frac{4}{6} = \frac{4:2}{6:2} = \frac{2}{3}$

Regel

> Ein Bruchterm ändert beim **Erweitern** seinen Wert nicht, d. h., wenn man Zähler und Nenner des Bruchterms mit dem gleichen Erweiterungsfaktor ($\neq 0$) multipliziert.
> Ein Bruchterm ändert beim **Kürzen** seinen Wert nicht, d. h., wenn man Zähler und Nenner des Bruchterms durch die gleiche Zahl ($\neq 0$) dividiert.

Beispiele

1. Erweitern Sie den Bruchterm mit dem angegebenen Erweiterungsfaktor. (a, b, x sind so gewählt, dass die Nenner und die Erweiterungsfaktoren ungleich 0 sind.)
   a) Bruchterm: $\frac{1}{5}$; Erweiterungsfaktor: 2
   b) Bruchterm: $\frac{5}{6x+7}$; Erweiterungsfaktor: x
   c) Bruchterm: $\frac{5a}{a-b}$; Erweiterungsfaktor: $(a+b)$

   Lösung:
   a) $\frac{1}{5} = \frac{1 \cdot \mathbf{2}}{5 \cdot \mathbf{2}} = \frac{2}{10}$ — Zähler und Nenner werden mit dem Erweiterungsfaktor **2** multipliziert.
   b) $\frac{5}{6x+7} = \frac{5 \cdot \mathbf{x}}{(6x+7) \cdot \mathbf{x}} = \frac{5x}{6x^2+7x}$ — Zähler und Nenner werden mit dem Erweiterungsfaktor **x** multipliziert.
   c) $\frac{5a}{a-b} = \frac{5a \cdot \mathbf{(a+b)}}{(a-b) \cdot \mathbf{(a+b)}}$
   $= \frac{5a^2+5ab}{a^2-b^2}$ — binomische Formel im Nenner

2. Erweitern Sie den Bruchterm so, dass der angegebene Nenner entsteht. (a und x sind so gewählt, dass alle Nenner ungleich 0 sind.)
   a) Bruchterm: $\frac{1}{5}$; angestrebter Nenner: 5a
   b) Bruchterm: $\frac{4}{7}$; angestrebter Nenner: 14x
   c) Bruchterm: $\frac{5a}{3x+2}$; angestrebter Nenner: $21x^2+14x$

   Lösung:

   a) $\frac{1}{5} = \frac{1 \cdot \mathbf{a}}{5 \cdot \mathbf{a}} = \frac{a}{5a}$

   Um den Nenner 5a zu erhalten, muss man 5 mit **a** multiplizieren.

   b) $\frac{4}{7} = \frac{4 \cdot \mathbf{2x}}{7 \cdot \mathbf{2x}} = \frac{8x}{14x}$

   Um den Nenner 14x zu erhalten, muss man 7 mit **2x** multiplizieren.

   c) $\frac{5a}{3x+2} = \frac{5a \cdot \mathbf{7x}}{(3x+2) \cdot \mathbf{7x}} = \frac{35ax}{21x^2+14x}$

   Der Erweiterungsfaktor ist **7x**, da man den Nenner mit 7x multiplizieren muss, um den angestrebten Nenner zu erhalten.

3. Kürzen Sie jeweils den Bruchterm soweit wie möglich. (a, b und x sind so gewählt, dass alle Nenner ungleich 0 sind.)
   a) $\frac{18}{12}$ b) $\frac{3a+3b}{5a+5b}$ c) $\frac{4x+ax}{4+a}$ d) $\frac{2x+ax+2}{4x+2bx}$

   Lösung:

   a) $\frac{18}{12} = \frac{18:\mathbf{6}}{12:\mathbf{6}} = \frac{3}{2}$ oder

   $\frac{18}{12} = \frac{18:\mathbf{2}}{12:\mathbf{2}} = \frac{9}{6} = \frac{9:\mathbf{3}}{6:\mathbf{3}} = \frac{3}{2}$

   Man sucht gemeinsame Teiler von Zähler und Nenner und kürzt mit diesen.

   b) $\frac{3a+3b}{5a+5b} = \frac{3(a+b)}{5(a+b)} = \frac{3(a+b):\mathbf{(a+b)}}{5(a+b):\mathbf{(a+b)}} = \frac{3}{5}$

   Nach Ausklammern erkennt man gemeinsame Faktoren im Zähler und Nenner.

   c) $\frac{4x+ax}{4+a} = \frac{x \cdot \cancel{(4+a)}}{1 \cdot \cancel{(4+a)}} = \frac{x}{1} = x$

   Das Dividieren durch den gleichen Faktor 4 + a wird durch leichtes Streichen gekennzeichnet.

   d) $\frac{2x+ax+2}{4x+2bx} = \frac{x \cdot (2+a)+2}{2x \cdot (2+b)}$

   Man kann weder mit 2 noch mit x kürzen, da der Zähler eine Summe und kein Produkt ist.

Am letzten Beispiel ist ersichtlich, dass Bruchterme nur dann gekürzt werden können, wenn

- sich Zähler und Nenner jeweils in ein Produkt verwandeln lassen und
- diese Produkte gemeinsame Faktoren haben.

Zwei Bruchterme mit gleichem Nenner lassen sich direkt addieren und subtrahieren. Solche Bruchterme nennt man **gleichnamig**. Sind zwei Bruchterme **ungleichnamig**, so können sie durch Erweitern oder Kürzen gleichnamig gemacht werden.

Die Bruchterme $\frac{1}{2}$ und $\frac{1}{6}$ sind nicht gleichnamig. Erweitert man den ersten Bruch mit **3**, so macht man sie gleichnamig:

$$\frac{1}{2} = \frac{1 \cdot \mathbf{3}}{2 \cdot \mathbf{3}} = \frac{3}{6}$$

Die Bruchterme $\frac{2}{3a}$ und $\frac{7}{5b}$ kann man gleichnamig machen, indem man $\frac{2}{3a}$ mit 5b und $\frac{7}{5b}$ mit 3a erweitert:

$$\frac{2}{3a} = \frac{2 \cdot 5b}{3a \cdot 5b} = \frac{10b}{15ab} \text{ und } \frac{7}{5b} = \frac{7 \cdot 3a}{5b \cdot 3a} = \frac{21a}{15ab}$$

Definition

> Zwei Bruchterme, die den gleichen Nenner haben, heißen **gleichnamig**.
> Zwei Bruchterme mit verschiedenen Nennern heißen **ungleichnamig**.

Beispiel

Machen Sie die Bruchterme jeweils gleichnamig.
(a, b und x sind so gewählt, dass alle Nenner ungleich 0 sind.)

a) $\frac{1}{2}; \frac{1}{3}$ b) $\frac{2}{7a}; \frac{3}{2b}$ c) $\frac{5}{2-x}; \frac{7}{4-x^2}$ d) $\frac{5}{a+b}; \frac{2a+2b}{(a+b)^2}$

Lösung:

a) $\frac{1}{2} = \frac{1 \cdot 3}{2 \cdot 3} = \frac{3}{\mathbf{6}}$ und $\frac{1}{3} = \frac{1 \cdot 2}{3 \cdot 2} = \frac{2}{\mathbf{6}}$

Da die beiden Nenner Primzahlen sind, ist der kleinste gemeinsame Nenner das Produkt der beiden Nenner. Die Erweiterungsfaktoren sind die jeweils anderen Nenner.

b) $\frac{2}{7a} = \frac{2 \cdot 2b}{7a \cdot 2b} = \frac{4b}{\mathbf{14ab}}$ und

$\frac{3}{2b} = \frac{3 \cdot 7a}{2b \cdot 7a} = \frac{21a}{\mathbf{14ab}}$

Wie in Beispiel a sind die Erweiterungsfaktoren die jeweils anderen Nenner.

c) $\frac{5}{2-x} = \frac{5 \cdot (2+x)}{(2-x) \cdot (2+x)} = \frac{10+5x}{\mathbf{4-x^2}}$

Der Nenner $4 - x^2 = (2-x)(2+x)$ des zweiten Bruchterms ist ein Vielfaches von $2 - x$. Es muss also nur der erste Bruchterm mit $2 + x$ erweitert werden.

d) $\frac{2a+2b}{(a+b)^2} = \frac{2(a+b)}{(a+b)^2} = \frac{2\cancel{(a+b)}}{(a+b)\cancel{(a+b)}}$

$= \frac{2}{\mathbf{a+b}}$

Hier muss man nur den zweiten Bruchterm kürzen.

Liegen **gleichnamige** Bruchterme vor, so lassen sie sich direkt addieren und subtrahieren:

$\frac{2}{7}+\frac{3}{7}=\frac{2+3}{7}=\frac{5}{7}$ bzw. $\frac{4}{15xy}+\frac{1}{15xy}=\frac{4+1}{15xy}=\frac{5}{15xy}=\frac{1}{3xy}$

Der gemeinsame Nenner wird beibehalten und die Zähler werden addiert. Bei der zweiten Addition konnte das Ergebnis noch gekürzt werden.

Regel

Gleichnamige Bruchterme werden **addiert**, indem man die Zähler addiert und den gemeinsamen Nenner beibehält:

$\frac{a}{c}+\frac{b}{c}=\frac{a+b}{c}$ für $c \neq 0$

Beispiel

Addieren Sie jeweils die gleichnamigen Bruchterme und kürzen Sie das Ergebnis soweit wie möglich. (b und x sind so gewählt, dass alle Nenner ungleich 0 sind.)

a) $\frac{3}{6}+\frac{2}{6}$

b) $\frac{2}{5}+\frac{4}{5}+\frac{4}{5}$

c) $\frac{5x^2-3yz}{4x}+\frac{3x^2-2xz+3yz}{4x}$

d) $\frac{2a}{b}-\frac{a+c}{b}-\frac{c}{b}$

Lösung:

a) $\frac{3}{6}+\frac{2}{6}=\frac{3+2}{6}=\frac{5}{6}$

Der gemeinsame Nenner **6** wird beibehalten.

b) $\frac{2}{5}+\frac{4}{5}+\frac{4}{5}=\frac{2+4+4}{5}=\frac{10}{5}=2$

Der entstehende Bruch kann mit 5 gekürzt werden.

c) $\frac{5x^2-3yz}{4x}+\frac{3x^2-2xz+3yz}{4x}$

$=\frac{5x^2-3yz+3x^2-2xz+3yz}{4x}$

$=\frac{8x^2-2xz}{4x}=\frac{2x\cdot(4x-z)}{2x\cdot 2}$

$=\frac{4x-z}{2}$

Vor dem Kürzen wird der Zähler in Produktform gebracht.

d) $\frac{2a}{b}-\frac{a+c}{b}-\frac{c}{b}=\frac{2a-(a+c)-c}{b}$

$=\frac{2a-a-c-c}{b}$

$=\frac{a-2c}{b}$

Ein Minuszeichen vor dem Bruch übernimmt man in den Zähler. Summen und Differenzen im Zähler muss man dabei in Klammern setzen. Beim Auflösen sind die entsprechenden Regeln zu beachten.

Etwas aufwendiger wird die Addition von Bruchtermen, wenn die Bruchterme **ungleichnamig** sind. Dann müssen sie so erweitert werden, dass sie einen gemeinsamen Nenner erhalten. Um diesen **Hauptnenner** zu bestimmen, ermittelt man das kleinste gemeinsame Vielfache (kgV) der gegebenen Nenner, d. h. die kleinste Zahl, die ein Vielfaches der beiden Nenner ist.

Sind die Bruchterme $\frac{1}{12}$ und $\frac{1}{14}$ zu addieren, so bestimmt man als Erstes das kgV der beiden Nenner 12 und 14. Dazu zerlegt man beide in ein Produkt von Primzahlen:

$12 = 2 \cdot 2 \cdot 3 = \mathbf{2^2 \cdot 3}$ und $14 = 2 \cdot 7$

Aus diesen Primfaktorenzerlegungen entnimmt man jede Primzahl in der höchsten auftretenden Potenz und multipliziert diese:

$\mathbf{2^2} \cdot \mathbf{3} \cdot 7 = 84$

Dieses kleinste gemeinsame Vielfache der beiden Nenner stellt den gesuchten Hauptnenner dar. Um die Erweiterungsfaktoren zu bestimmen, teilt man den Hauptnenner durch die jeweiligen Nenner:

$84 : 12 = 7$ und $84 : 14 = 6$

Damit ergibt sich:

$$\frac{1}{12} + \frac{1}{14} = \frac{1 \cdot 7}{12 \cdot 7} + \frac{1 \cdot 6}{14 \cdot 6} = \frac{7}{84} + \frac{6}{84} = \frac{13}{84}$$

Für die Bestimmung des Hauptnenners kann man sich an folgendes Schema halten:

Gegebene Nenner:	Erweiterungsfaktoren:
$12 = 2 \cdot 2 \cdot 3 = \underline{2^2} \cdot \underline{3}$	$\mathbf{84} : 12 = 7$
$14 = 2 \cdot \underline{7}$	$\mathbf{84} : 14 = 6$
Hauptnenner: $\underline{2^2} \cdot \underline{3} \cdot \underline{7} = \mathbf{84}$	

Regel

> **Ungleichnamige Bruchterme** werden **addiert**, indem man die Brüche so erweitert, dass sie einen gemeinsamen Nenner erhalten, und sie danach addiert. Um diesen **Hauptnenner** zu bestimmen, ermittelt man das **kleinste gemeinsame Vielfache (kgV)** der gegebenen Nenner, d. h., man zerlegt die Nenner in Primfaktoren und nimmt das Produkt aus den höchsten Potenzen der auftretenden Primfaktoren.

Beispiel

Addieren Sie die Bruchterme unter Verwendung des Hauptnenners.
(a, b, x, y und z sind so gewählt, dass alle Nenner ungleich 0 sind.)

a) $\frac{13}{20} + \frac{7}{50}$

b) $\frac{2}{9a} + \frac{1}{6a^2} + \frac{1}{4ab}$

c) $\frac{a}{x} + \frac{b}{y} + \frac{c}{z}$

d) $\frac{x}{a} + \frac{y+2}{3-b}$

e) $\frac{a-b}{3a-2b} + \frac{a+b}{10b-15a}$

Lösung:

a) Gegebene Nenner: Erweiterungsfaktoren:

$20 = 2 \cdot 2 \cdot 5 = \underline{2^2} \cdot 5$ $\qquad$ $\mathbf{100} : 20 = 5$

$50 = 2 \cdot 5 \cdot 5 = 2 \cdot \underline{5^2}$ $\qquad$ $\mathbf{100} : 50 = 2$

Hauptnenner: $\underline{2^2} \cdot \underline{5^2} = \mathbf{100}$

$$\frac{13}{20} + \frac{7}{50} = \frac{13 \cdot 5}{20 \cdot 5} + \frac{7 \cdot 2}{50 \cdot 2} = \frac{65}{\mathbf{100}} + \frac{14}{\mathbf{100}} = \frac{65 + 14}{\mathbf{100}} = \frac{79}{100}$$

b) Gegebene Nenner: Erweiterungsfaktoren:

$9a = 3 \cdot 3 \cdot a = \underline{3^2} \cdot a$ $\qquad$ $\mathbf{36a^2b} : 9a = 4ab$

$6a^2 = 2 \cdot 3 \cdot a \cdot a = 2 \cdot 3 \cdot \underline{a^2}$ $\qquad$ $\mathbf{36a^2b} : 6a^2 = 6b$

$4ab = 2 \cdot 2 \cdot a \cdot b = \underline{2^2} \cdot a \cdot \underline{b}$ $\qquad$ $\mathbf{36a^2b} : 4ab = 9a$

Hauptnenner: $\underline{2^2} \cdot \underline{3^2} \cdot \underline{a^2} \cdot \underline{b} = \mathbf{36a^2b}$

$$\frac{2}{9a} + \frac{1}{6a^2} + \frac{1}{4ab} = \frac{2 \cdot 4ab}{9a \cdot 4ab} + \frac{1 \cdot 6b}{6a^2 \cdot 6b} + \frac{1 \cdot 9a}{4ab \cdot 9a} = \frac{8ab + 6b + 9a}{\mathbf{36a^2b}}$$

c) Gegebene Nenner: Erweiterungsfaktoren:

$\underline{x}$ $\qquad$ $\mathbf{xyz} : x = yz$

$\underline{y}$ $\qquad$ $\mathbf{xyz} : y = xz$

$\underline{z}$ $\qquad$ $\mathbf{xyz} : z = xy$

Hauptnenner: $\underline{x} \cdot \underline{y} \cdot \underline{z} = \mathbf{xyz}$

$$\frac{a}{x} + \frac{b}{y} + \frac{c}{z} = \frac{a \cdot yz}{x \cdot yz} + \frac{b \cdot xz}{y \cdot xz} + \frac{c \cdot xy}{z \cdot xy} = \frac{ayz + bxz + cxy}{\mathbf{xyz}}$$

d) Gegebene Nenner: Erweiterungsfaktoren:

$\underline{a}$ $\qquad$ $\mathbf{a \cdot (3-b)} : a = (3-b)$

$\underline{3-b}$ $\qquad$ $\mathbf{a \cdot (3-b)} : (3-b) = a$

Hauptnenner: $\underline{a} \cdot \underline{(3-b)}$

$$\frac{x}{a} + \frac{y+2}{3-b} = \frac{x \cdot (3-b)}{a \cdot (3-b)} + \frac{(y+2) \cdot a}{(3-b) \cdot a} = \frac{3x - bx}{\mathbf{a \cdot (3-b)}} + \frac{ay + 2a}{\mathbf{a \cdot (3-b)}} = \frac{3x - bx + ay + 2a}{\mathbf{a \cdot (3-b)}}$$

e) Gegebene Nenner: Erweiterungsfaktoren:

$\underline{3a - 2b}$ $\qquad$ $\mathbf{(-5) \cdot (3a - 2b)} : (3a - 2b) = -5$

$10b - 15a = \underline{(-5)} \cdot (3a - 2b)$ $\qquad$ $\mathbf{(-5) \cdot (3a - 2b)} : \big((-5) \cdot (3a - 2b)\big) = 1$

Hauptnenner: $\underline{(-5)} \cdot \underline{(3a - 2b)}$

$$\frac{a-b}{3a-2b} + \frac{a+b}{10b-15a} = \frac{(a-b) \cdot (-5)}{(3a-2b) \cdot (-5)} + \frac{(a+b) \cdot 1}{(-5) \cdot (3a-2b)} = \frac{-5a + 5b + a + b}{\mathbf{(-5) \cdot (3a - 2b)}}$$

$$= \frac{-4a + 6b}{(-5) \cdot (3a - 2b)}$$

Für die **Multiplikation von Bruchtermen** müssen diese nicht gleichnamig sein:

$\frac{2}{3} \cdot \frac{5}{7} = \frac{2 \cdot 5}{3 \cdot 7} = \frac{10}{21}$

Es werden also die beiden Zähler und die beiden Nenner multipliziert und diese Produkte bilden den Zähler und den Nenner des Produktterms.

Regel

> Man **multipliziert zwei Bruchterme**, indem man das Produkt der Zähler durch das Produkt der Nenner dividiert:
>
> $\frac{a}{b} \cdot \frac{c}{d} = \frac{a \cdot c}{b \cdot d}$ für $b \neq 0$ und $d \neq 0$

Beispiel

Multiplizieren Sie die Bruchterme und kürzen Sie soweit wie möglich. (a, b, c, x und y sind so gewählt, dass alle Nenner ungleich 0 sind.)

a) $\frac{3}{4} \cdot \frac{14}{15}$ b) $\frac{3x}{7y} \cdot \frac{14y^2}{15x}$ c) $\frac{3xy}{ab} \cdot 2a^2b$

d) $\frac{-3a}{b} \cdot \frac{ab}{-c} \cdot \left(-\frac{2c^2}{3b}\right)$ e) $\frac{6x-15y}{24a+32b} \cdot \frac{9a+12b}{10x-25y}$ f) $\left(\frac{2x}{y}\right)^3$

Lösung:

a) $\frac{3}{4} \cdot \frac{14}{15} = \frac{3 \cdot 14}{4 \cdot 15} = \frac{1 \cdot 7}{2 \cdot 5} = \frac{7}{10}$

Vor dem Ausmultiplizieren, wenn möglich, kürzen!

b) $\frac{3x}{7y} \cdot \frac{14y^2}{15x} = \frac{3\cancel{x} \cdot 14y^{\cancel{2}}}{7\cancel{y} \cdot 15\cancel{x}} = \frac{1 \cdot 2y}{1 \cdot 5} = \frac{2y}{5}$

Vor dem Ausmultiplizieren, wenn möglich, kürzen!

c) $\frac{3xy}{ab} \cdot 2a^2b = \frac{3xy}{ab} \cdot \frac{2a^2b}{1}$

$= \frac{3xy \cdot 2a^{\cancel{2}}\cancel{b}}{\cancel{a}\cancel{b} \cdot 1}$

$= \frac{6axy}{1} = 6axy$

Der zweite Faktor kann als Bruch mit dem Nenner 1 geschrieben werden.

d) $\frac{-3a}{b} \cdot \frac{ab}{-c} \cdot \left(-\frac{2c^2}{3b}\right)$

$= -\frac{\cancel{3}a \cdot a\cancel{b} \cdot 2c^{\cancel{2}}}{\cancel{b} \cdot \cancel{c} \cdot \cancel{3}b} = -\frac{2a^2c}{b}$

Erst das **Vorzeichen** bestimmen: Bei ungerader Anzahl von Faktoren mit Minuszeichen erhält das Ergebnis ein Minuszeichen, bei gerader Anzahl von Faktoren mit Minuszeichen ein Pluszeichen.

e) $\frac{6x-15y}{24a+32b} \cdot \frac{9a+12b}{10x-25y}$

$= \frac{3\cancel{(2x-5y)} \cdot 3\cancel{(3a+4b)}}{8\cancel{(3a+4b)} \cdot 5\cancel{(2x-5y)}} = \frac{9}{40}$

In Zähler und Nenner kann so ausgeklammert werden, dass **vor** dem Ausmultiplizieren gekürzt werden kann.

f) $\left(\frac{2x}{y}\right)^3 = \frac{2x}{y} \cdot \frac{2x}{y} \cdot \frac{2x}{y} = \frac{(2x)^3}{y^3} = \frac{8x^3}{y^3}$

Die Division reeller Zahlen wird auf die Multiplikation zurückgeführt, indem mit dem Kehrwert des Divisors multipliziert wird (siehe Seite 10). Ebenso kann man bei der **Division von Bruchtermen** vorgehen:

$$\frac{2}{3} : \frac{3}{4} = \frac{2}{3} \cdot \frac{1}{\frac{4}{3}} = \frac{2}{3} \cdot \frac{4}{3} = \frac{2 \cdot 4}{3 \cdot 3} = \frac{8}{9}$$

Durch einen Bruchterm wird also dividiert, indem man mit dem Kehrwert des Bruchterms multipliziert. Bei dem Bruchterm, durch den man dividiert, werden also Zähler und Nenner vertauscht und mit diesem neu entstandenen Bruchterm wird multipliziert.

Regel

Man **dividiert durch einen Bruchterm**, indem man mit seinem Kehrwert multipliziert.

$$\frac{a}{b} : \frac{\mathbf{c}}{\mathbf{d}} = \frac{a}{b} \cdot \frac{\mathbf{d}}{\mathbf{c}} = \frac{a \cdot \mathbf{d}}{b \cdot \mathbf{c}} \quad \text{für } b \neq 0 \text{ und } c, d \neq 0$$

Beispiel

Dividieren Sie die Bruchterme und kürzen Sie soweit wie möglich. (Alle Variablen sind so gewählt, dass alle Nenner und Divisoren ungleich 0 sind.)

a) $\frac{x^2}{y} : \frac{y}{x}$

b) $(-a) : \frac{-b}{c}$

c) $\left(\frac{1}{x} + \frac{1}{y}\right) : \frac{2}{xy}$

d) $\frac{\frac{1}{x} + \frac{1}{y}}{\frac{1}{x} - \frac{1}{y}}$

e) $\left(\frac{a}{b} + \frac{b}{a}\right) : \frac{c}{ab}$

Lösung:

a) $\frac{x^2}{y} : \frac{y}{x} = \frac{x^2}{y} \cdot \frac{x}{y} = \frac{x^2 \cdot x}{y \cdot y} = \frac{x^3}{y^2}$

b) $(-a) : \frac{-b}{c} = +a \cdot \frac{c}{b} = \frac{a \cdot c}{b} = \frac{ac}{b}$

Zuerst wird wie beim Multiplizieren das Vorzeichen bestimmt.

c) $\left(\frac{1}{x} + \frac{1}{y}\right) : \frac{2}{xy} = \frac{y+x}{\mathbf{xy}} : \frac{2}{xy}$

Der Dividend ist eine Summe ungleichnamiger Bruchterme. Der Hauptnenner ist **xy**.

$= \frac{y+x}{xy} \cdot \frac{xy}{2}$

$= \frac{(y+x) \cdot \cancel{xy}}{\cancel{xy} \cdot 2} = \frac{y+x}{2}$

Vor dem Ausmultiplizieren, wenn möglich, kürzen!

d) $\frac{\frac{1}{x} + \frac{1}{y}}{\frac{1}{x} - \frac{1}{y}} = \frac{\frac{y+x}{xy}}{\frac{y-x}{xy}}$

Zähler und Nenner werden zuerst zu jeweils einem Bruchterm zusammengefasst.

$= \frac{y+x}{xy} \cdot \frac{xy}{y-x}$

Der Bruchstrich kann als Geteilt-Zeichen aufgefasst werden.

$= \frac{(y+x) \cdot \cancel{xy}}{\cancel{xy} \cdot (y-x)} = \frac{y+x}{y-x}$

Vor dem Ausmultiplizieren, wenn möglich, kürzen!

e) $\left(\frac{a}{b}+\frac{b}{a}\right):\frac{c}{ab}=\frac{a^2+b^2}{ab}:\frac{c}{ab}$

$=\frac{a^2+b^2}{\cancel{ab}}\cdot\frac{\cancel{ab}}{c}=\frac{a^2+b^2}{c}$

Der Dividend hat den Hauptnenner **ab**.

$\left(\frac{a}{b}+\frac{b}{a}\right):\frac{c}{ab}=\frac{a}{b}:\frac{c}{ab}+\frac{b}{a}:\frac{c}{ab}$

$=\frac{a}{\cancel{b}}\cdot\frac{a\cancel{b}}{c}+\frac{b}{\cancel{a}}\cdot\frac{\cancel{a}b}{c}$

$=\frac{a^2}{c}+\frac{b^2}{c}=\frac{a^2+b^2}{c}$

Alternativ kann man zuerst das Distributivgesetz anwenden.

Aufgaben

33. Bestimmen Sie jeweils die Definitionsmenge D des Bruchterms bezüglich der Grundmenge $\mathbb{Q}$.

a) $\frac{2x}{3-x}$ b) $\frac{2+a}{a+4}$ c) $\frac{3-x}{2x}$ d) $\frac{14+7a}{3-8a}$

e) $\frac{a+2}{a^2-7a}$ f) $\frac{b-3}{b^2+4}$ g) $\frac{3x}{4x}$ h) $\frac{1{,}5x}{12x^2-20x}$

i) $\frac{x}{x^2-2x+1}$ j) $\frac{4x}{9x^2+30x+25}$

34. Erweitern Sie den Bruchterm jeweils mit dem angegebenen Erweiterungsfaktor. (a, b, x und y sind so gewählt, dass alle Nenner und alle Faktoren ungleich 0 sind.)

a) Bruchterm: $\frac{2x+7}{3x-4}$; Faktor: $2x$

b) Bruchterm: $\frac{a-3b}{2a}$; Faktor: $(2a-4)$

c) Bruchterm: $\frac{3xy+2}{10x^2}$; Faktor: $(3xy-2)$

d) Bruchterm: $\frac{a-b}{a+b}$; Faktor: $(a-b)$

e) Bruchterm: $\frac{a^2-2ab}{a-b}$; Faktor: $(a+b)$

35. Erweitern Sie den Bruchterm jeweils so, dass der angegebene Nenner entsteht. (a, b, x und z sind so gewählt, dass alle Nenner ungleich 0 sind.)

a) Bruchterm: $\frac{3x}{2b-3}$; Nenner: $10b-15$

b) Bruchterm: $\frac{3x}{2b-3}$; Nenner: $10ab^2-15ab$

c) Bruchterm: $\frac{3z+1}{2x+3z}$; Nenner: $12x^2z+18xz^2$

d) Bruchterm: $\frac{x+4}{a+b}$; Nenner: a^2-b^2

e) Bruchterm: $\frac{a+1}{3a+b}$; Nenner: $9a^2+6ab+b^2$

36. Kürzen Sie jeweils den Bruchterm soweit wie möglich. (a, b, x und y sind so gewählt, dass alle Nenner ungleich 0 sind.)

a) $\frac{3ab}{6a}$

b) $\frac{3ax+3bx}{9x^2}$

c) $\frac{12a^2+4a}{8a^2}$

d) $\frac{11a+11b}{a^2+2ab+b^2}$

e) $\frac{4a^2-12ab+9b^2}{10a-15b}$

f) $\frac{9x^2-9y^2}{5x-5y}$

g) $\frac{9x^2-9y^2}{9x^2-18xy+9y^2}$

h) $\frac{49s^2-25t^2}{14s+10t}$

i) $\frac{8x^2-18y^2}{12x^2-36xy+27y^2}$

j) $\frac{\frac{1}{4}a^2+\frac{1}{3}ab+\frac{1}{9}b^2}{\frac{5}{4}a^2-\frac{5}{9}b^2}$

k) $\frac{x^2-y^2}{x-y+1}$

l) $\frac{2a^2+2ab+3a+3b}{5a+5b}$

m) $\frac{36x^2-100y^2}{15x+25y}$

37. Machen Sie die jeweils gegebenen Bruchterme gleichnamig. (x und y sind so gewählt, dass alle Nenner ungleich 0 sind.)

a) $\frac{3x}{x-1}$; $\frac{2x}{x+2}$

b) $\frac{a+1}{3x}$; $\frac{2a-1}{y+1}$

c) $\frac{2x+y}{x+y}$; $\frac{3x}{x-y}$

d) $\frac{3a}{2x+2y}$; $\frac{5}{4x+4y}$

e) $\frac{2x}{4x^2-9y^2}$; $\frac{2y}{2x+3y}$

f) $\frac{2x}{3x+2y}$; $\frac{2y}{12x^2+8xy}$

38. Addieren Sie jeweils die gleichnamigen Bruchterme und kürzen Sie das Ergebnis soweit wie möglich. (a und z sind so gewählt, dass alle Nenner ungleich 0 sind.)

a) $\frac{2x^2}{7}+\frac{5x^2}{7}$

b) $\frac{x-y}{z}-\frac{y-z}{z}$

c) $\frac{3}{a^2} - \frac{2a-b}{a^2} - \frac{3+b}{a^2}$

d) $\frac{3x-z}{10z} - \frac{z+3x}{10z} - \frac{5x-12z}{10z}$

e) $\frac{5a^2-2a+1}{3a} - \frac{2a-5a^2-1}{3a} - \frac{2-a^2+a}{3a}$

39. Addieren Sie jeweils die Bruchterme und kürzen Sie das Ergebnis soweit wie möglich. (a, b, x und y sind so gewählt, dass alle Nenner ungleich 0 sind.)

a) $\frac{x}{6} + \frac{y}{15}$

b) $\frac{3a}{2} - \frac{4}{2a}$

c) $\frac{5x^2}{3x} - \frac{11x}{9} - \frac{4}{x^2}$

d) $\frac{x+y}{a} - \frac{x+y}{b}$

e) $\frac{x+5}{2x} + \frac{4-x}{x+5}$

f) $\frac{x+y}{a-b} + \frac{x-y}{b-a}$

g) $\frac{5}{a-b} + \frac{3}{2b-2a}$

h) $\frac{2a}{a+b} - \frac{3b+1}{a-b} + \frac{3b^2}{a^2-b^2}$

i) $\frac{4ab}{a^2-2ab+b^2} - \frac{a+b}{a-b}$

j) $\frac{3}{2x+2y} - \frac{x-y}{3x^2+6xy+3y^2}$

k) $\frac{2}{x+1} - \frac{3x}{x^2+3x+2} + \frac{4}{x+2}$

l) $\frac{3a}{a-b} + \frac{2b+1}{b^2-a^2}$

m) $\frac{x+7}{2x-10} - \frac{x-5}{2x+14} + \frac{1}{x^2+2x-35}$

n) $\frac{x+2}{7x-21} - \frac{1}{21} + \frac{x-4}{x^2-6x+9} - \frac{x-1}{7x}$

o) $\frac{a}{a+b} - \frac{b}{a-b} + \frac{a}{a^2+2ab+b^2} - \frac{b}{a^2-b^2}$

40. Multiplizieren Sie jeweils die Bruchterme und kürzen Sie das Ergebnis soweit wie möglich. (Alle auftretenden Variablen sind so gewählt, dass alle Nenner ungleich 0 sind.)

a) $\frac{4u}{5x} \cdot 20xy$

b) $\frac{35a}{4x} \cdot \frac{8xy}{7b}$

c) $\frac{21x^2}{5y^2} \cdot \frac{15ay}{7x^3b}$

d) $\left(-\frac{39uv}{34\ell}\right) \cdot \left(-\frac{51\ell^2u}{3v^2}\right)$

e) $\left(-\frac{80a^2x}{63by^2}\right) \cdot \frac{27by}{16ax}$

f) $\frac{a^2-b^2}{15ab} \cdot \frac{a^2}{a+b}$

g) $\frac{13p^2qr^3}{15ab^2} \cdot \left(-\frac{25a^2b}{26pq}\right) \cdot \left(-\frac{27apq}{35qr^2}\right)$

h) $\frac{7xy}{12x-15y} \cdot (20x-25y)$

i) $\frac{4a^2+12ab+9b^2}{15x^2y} \cdot \frac{55x^3}{18a+27b}$

j) $\frac{5mn-7n^2}{9a^2+12ab+4b^2} \cdot \frac{12a+8b}{25m^2-35mn}$

k) $\frac{9p^2-16q^2}{12pq} \cdot \frac{42p^2q+18pq}{4q+3p}$

l) $\frac{66ab^2}{(4x-6y)^2} \cdot \frac{9y^2-4x^2}{33a^2b^2}$

m) $\left(\frac{a-2}{a+2}\right)^2 \cdot \frac{a^2-4}{a^4-16} \cdot \frac{a^2+4}{(a-2)^2} \cdot (a+2)$

n) $\frac{28ax-21ay+20bx-15by}{8x-6y} \cdot \frac{2xy}{7a+5b}$

o) $\frac{2u^2-50v^2}{u^2-v^2} \cdot \frac{2au+ub+2av+bv}{2u+10v} \cdot \frac{84au}{6a+3b}$

41. Dividieren Sie jeweils die Bruchterme und kürzen Sie das Ergebnis soweit wie möglich. (Alle auftretenden Variablen sind so gewählt, dass alle Nenner und Divisoren ungleich 0 sind.)

a) $\frac{x^2}{2a} : \frac{2x^2}{5a}$

b) $\frac{2a^2}{5b^2x} : 2x$

c) $4x : \frac{2y}{3x}$

d) $\frac{13a^2b^2}{10c} : \frac{39a^2c^2}{5b^2}$

e) $\left(-\frac{x^2-4}{5y}\right) : \left(-\frac{x+2}{4y}\right)$

f) $\frac{9a^2-49b^2}{6x+3y} : \frac{15a-35b}{4x^2-y^2}$

g) $\frac{15cx+6x-10c-4}{9x^2-4} : \frac{5c+2}{3x+2}$

h) $\frac{49a^2+42ab+9b^2}{-3ab} : \frac{49a^2-9b^2}{27b^2}$

i) $\left(\frac{3x}{5b} : \frac{3b}{5x}\right) : \frac{10b}{7x}$

j) $\frac{\frac{b}{a}-b}{\frac{ab}{a-b}}$

k) $\frac{9a^2-3a}{2b-a} : \frac{3a-1}{a-2b}$

l) $\left(\frac{3}{3x-5y} - \frac{5}{3x+5y}\right) : \left(\frac{y}{3a} - \frac{x}{20a}\right)$

m) $\left(\frac{x}{y} - \frac{y}{x}\right) : \left(\frac{1}{y} - \frac{1}{x}\right)$

n) $\frac{a-b}{\frac{1}{b}-\frac{1}{a}} : \frac{a-b}{ab}$

o) $\left(\frac{3}{4x+6y} - \frac{2}{6x-9y}\right) : \frac{39y-10x}{4x^2-9y^2}$

* **42.** Vereinfachen Sie die Terme soweit wie möglich. (Alle auftretenden Variablen sind so gewählt, dass alle Nenner und Divisoren ungleich 0 sind.)

a) $\frac{xyz}{8y^2z} + \frac{3y}{12x^2yz} - \frac{2x^2-3z}{9xy}$

b) $\frac{b}{2a^2-6a} \cdot \frac{2ab-6b}{a}$

c) $\frac{2ux-uy}{4ux^2-uy^2}$

d) $\frac{1-x^2}{x-1} - \frac{(1-x)^2}{x-1}$

e) $\frac{1-x^2}{x-1} : \frac{(1-x)^2}{x-1}$

f) $\frac{143yz^3}{119uy^2z} \cdot \left(\frac{21y^4}{26uy^2z} : \frac{33yz^2}{68u^2}\right)$

g) $\frac{3a-5}{3a+5} - \frac{3a+5}{3a-5} + \frac{225}{9a^2-25}$

h) $\frac{(7x-7y)^2}{(x-y)^2}$

i) $\frac{1}{u-1} - \frac{1+u}{u^2-1}$

j) $\frac{(x+2y)^2-8xy}{x-2y}$

k) $\frac{1}{3a-1}+\frac{2}{3a+1}-\frac{2}{9a^2-1}$

l) $\frac{(3x-2y)^2+24xy}{3x+2y}$

m) $\frac{5u+15}{45-5u^2}$

n) $\frac{10}{u+5}-\frac{6}{2u-10}$

o) $\frac{a+5}{a^2-25}:\frac{a+5}{2a+10}$

p) $\frac{5x^2+1}{15x^3y}-\frac{11y^2-1}{33xy^2}$

4.4 Potenzen und Wurzelterme

Treten in Termen **Potenzen** von Variablen auf, so gelten für das Rechnen mit diesen Potenzen die gleichen Rechenregeln wie sie in Kapitel 2.1 für Zahlen formuliert sind, da sie lediglich Platzhalter für Zahlen darstellen. So vereinfacht man:

$x^2 \cdot x^5 = x^{2+5} = x^7$ oder $\frac{y^5}{y^3} = y^{5-3} = y^2$

Entsprechend gilt:

$x^4 \cdot y^4 = (xy)^4$ und $\frac{x^7}{y^7} = \left(\frac{x}{y}\right)^7$ sowie $(x^2)^3 = x^{2\cdot 3} = x^6$

Zusammenfassend gelten also für das Rechnen mit Potenzen von Variablen die gleichen Potenzgesetze wie für Zahlen.

Regel

Für die reelle Variable a gilt für **Potenzen mit gleicher Basis**
für das Produkt: $\mathbf{a^m \cdot a^n = a^{m+n}}$
und für $a \neq 0$ für den Quotienten: $\mathbf{\frac{a^m}{a^n} = a^{m-n}}$
Für die reellen Variablen a und b gilt für **Potenzen mit gleichem Exponenten**
für das Produkt: $\mathbf{a^n \cdot b^n = (a \cdot b)^n}$
und für $b \neq 0$ für den Quotienten: $\mathbf{\frac{a^n}{b^n} = \left(\frac{a}{b}\right)^n}$
Außerdem gilt für die reelle Variable a für die **Potenz einer Potenz:**
$\mathbf{(a^m)^n = a^{m \cdot n}}$
und für $a \neq 0$ für **negative Exponenten:** $\mathbf{a^{-n} = \frac{1}{a^n}}$

Beispiel

Fassen Sie folgende Ausdrücke mithilfe der Potenzgesetze zusammen. (a, b, u, v, x und y sind so gewählt, dass alle Nenner ungleich 0 sind.)

a) $a^4 \cdot a^5 \cdot b^2 \cdot b^3$ b) $\frac{x^5 \cdot y^3}{x^3 \cdot y^2}$ c) $\frac{u^3 \cdot v^5}{u^5 \cdot v^3}$

d) $(a-b)^4 \cdot (a+b)^4$ e) $\frac{(a^2-b^2)^4}{(a+b)^4}$ f) $\frac{(x^8 \cdot y^5)^3}{(x^5 \cdot y^3)^5}$

g) $\frac{(a^7 \cdot b^4)^{\frac{1}{2}}}{(a^6 \cdot b^3)^{\frac{1}{3}}}$ mit $a, b \in \mathbb{R}^+$

Lösung:

a) $\mathbf{a}^4 \cdot \mathbf{a}^5 \cdot b^2 \cdot b^3 = \mathbf{a}^{4+5} \cdot b^{2+3} = a^9 \cdot b^5$ jeweils Potenzen mit gleicher Basis

b) $\frac{\mathbf{x}^5 \cdot y^3}{\mathbf{x}^3 \cdot y^2} = \mathbf{x}^{5-3} \cdot y^{3-2} = x^2 \cdot y$ jeweils Potenzen mit gleicher Basis

c) $\frac{\mathbf{u}^3 \cdot v^5}{\mathbf{u}^5 \cdot v^3} = \mathbf{u}^{3-5} \cdot v^{5-3} = u^{-2} \cdot v^2$ jeweils Potenzen mit gleicher Basis

$= \frac{1}{u^2} \cdot v^2 = \frac{v^2}{u^2} = \left(\frac{v}{u}\right)^2$ Potenzen mit gleichem Exponenten

d) $(a-b)^4 \cdot (a+b)^4 = ((a-b) \cdot (a+b))^4$ Potenzen mit gleichem Exponenten

$= (a^2-b^2)^4$ binomische Formel

e) $\frac{(a^2-b^2)^4}{(a+b)^4} = \left(\frac{a^2-b^2}{a+b}\right)^4 = \left(\frac{(a+b) \cdot (a-b)}{a+b}\right)^4 = (a-b)^4$

f) $\frac{(x^8 \cdot y^5)^3}{(x^5 \cdot y^3)^5} = \frac{x^{8 \cdot 3} \cdot y^{5 \cdot 3}}{x^{5 \cdot 5} \cdot y^{3 \cdot 5}} = \frac{\mathbf{x}^{24} \cdot y^{15}}{\mathbf{x}^{25} \cdot y^{15}} = \mathbf{x}^{24-25} = x^{-1} = \frac{1}{x}$

g) $\frac{(a^7 \cdot b^4)^{\frac{1}{2}}}{(a^6 \cdot b^3)^{\frac{1}{3}}} = \frac{a^{7 \cdot \frac{1}{2}} \cdot b^{4 \cdot \frac{1}{2}}}{a^{6 \cdot \frac{1}{3}} \cdot b^{3 \cdot \frac{1}{3}}} = \frac{\mathbf{a}^{3,5} \cdot b^2}{\mathbf{a}^2 \cdot b} = \mathbf{a}^{3,5-2} \cdot b^{2-1} = a^{1,5} \cdot b^1 = a^{\frac{3}{2}} \cdot b$

$= (a^3)^{\frac{1}{2}} \cdot b = \sqrt{a^3} \cdot b$

Bei der letzten Umformung im Beispiel wurde der Zusammenhang $a^{\frac{1}{n}} = \sqrt[n]{a}$ zwischen Potenzen und Wurzeln aus Kapitel 2.1 verwendet (siehe Seite 21). Die dort formulierten Regeln für Wurzeln gelten natürlich auch für Wurzeln von Termen. Sie entsprechen den Regeln für Potenzen für den Spezialfall, dass der Exponent $\frac{1}{2}$ ist. Exemplarisch werden drei dieser Regeln wiederholt.

Regel

> Es gilt das Distributivgesetz für Wurzeln: $\mathbf{s \cdot \sqrt{a} + t \cdot \sqrt{a} = (s+t) \cdot \sqrt{a}}$ für $s, t, a \in \mathbb{R}$ und $a \geq 0$
>
> Für das Produkt von Wurzeln gilt: $\mathbf{\sqrt{a} \cdot \sqrt{b} = \sqrt{a \cdot b}}$ für $a, b \in \mathbb{R}_0^+$
>
> Für den Quotienten von Wurzeln gilt: $\mathbf{\frac{\sqrt{a}}{\sqrt{b}} = \sqrt{\frac{a}{b}}}$ für $a, b \in \mathbb{R}_0^+$; $b > 0$

Beispiel

Vereinfachen Sie mithilfe der Rechenregeln für Quadratwurzeln. (a, b, x und y sind so gewählt, dass alle Nenner ungleich 0 und die Radikanden nicht negativ sind.)

a) $3 \cdot \sqrt{a} + 5 \cdot \sqrt{a}$

b) $\sqrt{a+b} \cdot \sqrt{a-b}$

c) $\frac{\sqrt{x^2 - y^2}}{\sqrt{x-y}}$

d) $\sqrt{a^2 b^2}$

e) $\sqrt{b^9}$

f) $\sqrt{(a+b)^2 (a-b)}$

Lösung:

a) $3 \cdot \sqrt{a} + 5 \cdot \sqrt{a} = (3+5) \cdot \sqrt{a} = 8 \cdot \sqrt{a}$

b) $\sqrt{a+b} \cdot \sqrt{a-b} = \sqrt{(a+b)(a-b)}$
$= \sqrt{a^2 - b^2}$

Eine weitere Vereinfachung ist nicht mehr möglich, da der Radikand eine Differenz ist.

c) $\frac{\sqrt{x^2 - y^2}}{\sqrt{x-y}} = \sqrt{\frac{x^2 - y^2}{x-y}} = \sqrt{\frac{(x+y)\cancel{(x-y)}}{\cancel{x-y}}}$
$= \sqrt{x+y}$

d) $\sqrt{a^2 b^2} = \sqrt{(ab)^2} = |ab|$

Nur wenn für das Produkt $ab \geq 0$ gilt, ist das Ergebnis $a \cdot b$.

e) $\sqrt{b^9} = \sqrt{b^8 \cdot b} = \sqrt{b^8} \cdot \sqrt{b} = b^4 \cdot \sqrt{b}$

f) $\sqrt{(a+b)^2 (a-b)} = \sqrt{(a+b)^2} \cdot \sqrt{a-b}$
$= |a+b| \cdot \sqrt{a-b}$

Aufgaben **43.** Vereinfachen Sie die Terme soweit wie möglich. (Alle Variablen sind so gewählt, dass alle Nenner ungleich 0 und die Radikanden nicht negativ sind.)

a) $x^3 y^4 \cdot x^5 y^4$

b) $\frac{a^7 b^8}{a^4 b^5}$

c) $\frac{x^4 y^6}{x^5 y^4}$

d) $(a-b)^5 \cdot (u+v)^5$

e) $x^m \cdot x^n$

f) $(u^m \cdot v^3)^2$

g) $\frac{(a+b)^2}{(a^2 - b^2)(a+b)}$

h) $\frac{(u^4 v^5)^4}{(u^2 v^3)^6}$

i) $\frac{(a^4 b^2 c^5)^3}{(a^2 b^2 c^3)^5}$

j) $(x^2 y^3 z^4)^2 \cdot (x^3 y^3 z^2)^3$

k) $(a^4b^2)^2:(a^{-2}b^3)^{-2}$

l) $(3u^3v^4z^4)^2\cdot(2u^2v^2z^4)^{-3}$

m) $(x^3y^2)^2:(x^2y)^3$

n) $(x^{-4})^2\cdot\left(\frac{1}{x^2}\right)^4\cdot(x^7)^{-1}\cdot(x^5)^3$

o) $(x^{\frac{1}{4}}\cdot x^2)^{\frac{1}{3}}$

p) $(x^5y^2z^4)^{\frac{1}{2}}:(x^9y^6z^3)^{\frac{1}{3}}$

q) $\frac{y^{2n+1}}{y^{1-n}}$

r) $(x^{-2}y^3)^4\cdot(x^2y^{-5})^3$

44. Vereinfachen Sie die Terme soweit wie möglich. (a, b, x und y sind so gewählt, dass alle Nenner ungleich 0 und die Radikanden nicht negativ sind.)

a) $10\sqrt{a}+3\sqrt{b}-4\sqrt{a}-4\sqrt{b}$

b) $\sqrt{a^3b}\cdot\sqrt{a^7b^3}$

c) $\sqrt{10x^4}\cdot\sqrt{20y^6}$

d) $\frac{\sqrt{5x}\cdot\sqrt{xy^2}}{\sqrt{125x^2}}$

e) $\frac{\sqrt{a+b}}{\sqrt{a^2-b^2}}$

f) $\sqrt{x^2+2xy+y^2}$

g) $\sqrt{\frac{a^2}{b}}:\sqrt{b}$

h) $\sqrt{\frac{x}{y}}:\sqrt{\frac{x^2}{y}}$

i) $\frac{\sqrt{a+b}\cdot\sqrt{a^2-2ab+b^2}}{\sqrt{a-b}\cdot\sqrt{a^2-b^2}}$

j) $\frac{\sqrt{(x^2-y^2)^2(x+y)}}{\sqrt{x^2+2xy+y^2}\cdot\sqrt{(x-y)^2}}$

4.5 Polynomdivision

Das **Kürzen** von Bruchtermen durch Zerlegen von Zähler und Nenner eines Bruchterms in Produkte mit übereinstimmenden Faktoren kann in einigen Fällen dadurch erreicht werden, dass man den Zähler durch den Nenner „schriftlich" dividiert, wie man es von der Division ganzer Zahlen kennt:

$$\frac{2769}{13} = 2769:13 = 213$$

$$\begin{array}{l}
\underline{26} \\
\;16 \\
\;\underline{13} \\
\;\;39 \\
\;\;\underline{39} \\
\;\;\;0
\end{array}$$

Der Bruch lässt sich also schreiben:

$$\frac{2769}{13} = \frac{213\cdot\cancel{13}}{\cancel{13}} = 213$$

Die Division kann auch durchgeführt werden, wenn im Zähler und Nenner eine Variable vorkommt, z. B. x oder deren Potenzen x^2, x^3 usw. oder Vielfache davon:

$$\frac{2x^3+7x^2+6x+9}{x+3}$$

Die Division wird wie oben vollzogen. Dazu wird die obige Rechnung erneut durchgeführt, wobei man die Zahlen mithilfe von Zehnerpotenzen schreibt:

$2769 = 2\cdot 1000 + 7\cdot 100 + 6\cdot 10 + 9 = 2\cdot 10^3 + 7\cdot 10^2 + 6\cdot 10 + 9$ und $13 = 1\cdot 10 + 3$

Damit lautet die Rechnung:

$$\begin{array}{l}
(2\cdot 10^3 + 7\cdot 10^2 + 6\cdot 10^1 + 9) : (1\cdot 10^1 + 3) = 2\cdot 10^2 + 1\cdot 10^1 + 3 \\
\underline{-(2\cdot 10^3 + 6\cdot 10^2)} \\
\qquad\qquad 1\cdot 10^2 + 6\cdot 10^1 \\
\qquad\qquad \underline{-(1\cdot 10^2 + 3\cdot 10^1)} \\
\qquad\qquad\qquad\quad 3\cdot 10^1 + 9 \\
\qquad\qquad\qquad\quad \underline{-(3\cdot 10^1 + 9)} \\
\qquad\qquad\qquad\qquad\qquad 0
\end{array}$$

Analog rechnet man mit Variablen:

$$\begin{array}{l}
(2\cdot x^3 + 7\cdot x^2 + 6\cdot x^1 + 9) : (1\cdot x^1 + 3) = 2x^2 + 1x^1 + 3 \\
\underline{-(2\cdot x^3 + 6\cdot x^2)} \\
\qquad\qquad x^2 + 6\cdot x^1 \\
\qquad\qquad \underline{-(x^2 + 3\cdot x^1)} \\
\qquad\qquad\qquad 3\cdot x^1 + 9 \\
\qquad\qquad\qquad \underline{-(3\cdot x^1 + 9)} \\
\qquad\qquad\qquad\qquad\quad 0
\end{array}$$

Man erhält also mit dieser sogenannten **Polynomdivision**:

$$\frac{2x^3+7x^2+6x+9}{x+3} = \frac{(2x^2+x+3)(x+3)}{x+3} = 2x^2+x+3$$

Wenn die Division ohne Rest aufgeht, kann man also die Summe in ein Produkt zerlegen, denn es gilt: $a : c = b \quad\Rightarrow\quad a = b\cdot c$

Nicht immer lässt sich der Nenner vollständig durch Kürzen beseitigen:

$$\frac{x^2+5x+6}{(x+2)(x-7)} = \frac{(x+3)\,\cancel{(x+2)}}{\cancel{(x+2)}\,(x-7)} = \frac{x+3}{x-7}$$

Aber auch dieses Ergebnis kann man durch Polynomdivision erhalten, indem man den Zähler durch $(x+2)$ teilt:

$$\begin{array}{l}
(x^2 + 5x + 6) : (x + 2) = x + 3 \\
\underline{-(x^2 + 2x)} \\
\qquad\quad 3x + 6 \\
\qquad \underline{-(3x + 6)} \\
\qquad\qquad\quad 0
\end{array}$$

Beim Teilen des Zählers durch $(x-7)$ geht die Division nicht auf. Ob die Division aufgeht, kann man daran erkennen, dass beim Einsetzen von $x=-2$ der Zähler und der Divisor beide 0 ergeben:

Zähler: $(-2)^2+5(-2)+6=4-10+6=0$

Divisor: $(-2+2)=0$

Dagegen wird beim Einsetzen von $x=7$ zwar der Term $(x-7)$ gleich 0, nicht aber der Zähler: $(7)^2+5(7)+6=90\neq 0$

Regel

> Teilt man bei einer **Polynomdivision** durch den linearen Term $(x-n)$, so geht die Division genau dann auf, wenn der Zähler beim Einsetzen von $x=n$ gleich 0 wird.

Beispiel

Geben Sie jeweils die Definitionsmenge D des Terms für die Grundmenge $G=\mathbb{R}$ an und vereinfachen Sie den Term durch geeignete Polynomdivision.

a) $\frac{x^2-2x-8}{x+2}$ b) $\frac{x^3-7x^2-5x+35}{x^2-5}$ c) $\frac{x^4-5x^2+4}{(x-1)(x+5)}$

Lösung:

a) $D=\mathbb{R}\setminus\{-2\}$ — $x+2=0 \Leftrightarrow x=-2$

$$
\begin{array}{l}
(x^2-2x-8):(x+2)=\mathbf{x-4} \\
\underline{-(x^2+2x)} \\
\quad -4x-8 \\
\quad \underline{-(-4x-8)} \\
\qquad 0
\end{array}
$$

Die Polynomdivision geht auf.

$\frac{x^2-2x-8}{x+2}=\mathbf{x-4}$ — vereinfachte Form

b) $D=\mathbb{R}\setminus\{\pm\sqrt{5}\}$ — $x^2-5=0 \Leftrightarrow x^2=5 \Leftrightarrow x=\pm\sqrt{5}$

$$
\begin{array}{l}
(x^3-7x^2-5x+35):(x^2-5)=\mathbf{x-7} \\
\underline{-(x^3 \qquad -5x)} \\
\quad -7x^2 \qquad +35 \\
\quad \underline{-(-7x^2 \qquad +35)} \\
\qquad\qquad 0
\end{array}
$$

Die Polynomdivision geht auf.

$\frac{x^3-7x^2-5x+35}{x^2-5}=\mathbf{x-7}$ — vereinfachte Form

c) $D=\mathbb{R}\setminus\{1;-5\}$ — $(x-1)(x+5)=0 \Leftrightarrow x=1$ oder $x=-5$

$1^4-5\cdot 1^2+4=0$ — $x=1$ in den Zähler einsetzen

Die Division durch $(x-1)$ geht auf.

$(-5)^4-5\cdot(-5)^2+4=504\neq 0$ — $x=-5$ in den Zähler einsetzen

Die Division durch $(x+5)$ geht **nicht** auf.

$$
\begin{array}{l}
(x^4-5x^2+4):(x-1)=\mathbf{x^3+x^2-4x-4}\\
\underline{-(x^4-x^3)}\\
\quad x^3-5x^2\\
\quad \underline{-(x^3-x^2)}\\
\qquad -4x^2\\
\qquad \underline{-(-4x^2+4x)}\\
\qquad\qquad -4x+4\\
\qquad\qquad \underline{-(-4x+4)}\\
\qquad\qquad\qquad 0
\end{array}
$$

$$\frac{x^4-5x^2+4}{(x-1)(x+5)}=\frac{(x^3+x^2-4x-4)\,\cancel{(x-1)}}{\cancel{(x-1)}\,(x+5)}=\frac{x^3+x^2-4x-4}{x+5}$$ vereinfachte Form

Aufgabe 45. Geben Sie jeweils die Definitionsmenge D des Terms für die Grundmenge $G=\mathbb{R}$ an und vereinfachen Sie den Term durch geeignete Polynomdivision.

a) $\frac{x^3+7x^2+15x+9}{x+3}$

b) $\frac{x^2-6x+8}{x-4}$

c) $\frac{3x^2-12x-15}{x-5}$

d) $\frac{4x^2+12x-40}{4}$

e) $\frac{a^3-3a^2-32a+28}{(a+2)(a-7)}$

f) $\frac{x^2-10x+25}{(x-5)(x+1)}$

g) $\frac{a^3+5a^2-13a+7}{(a-1)(a+1)}$

h) $\frac{2x^3-2}{(x-1)(x+2)}$

i) $\frac{a^3-4a^2-3a+18}{a^2-9}$

j) $\frac{5x^3-30x^2+55x-30}{5(x^2-1)(x-3)}$

5 Gleichungen

5.1 Lineare Gleichungen und lineare Gleichungssysteme

Will man wissen, für welchen Wert von x der Term $T(x) = 2x$ mit der Grundmenge $G = \mathbb{R}$ und der gleichen Definitionsmenge $D = \mathbb{R}$ den Wert 6 annimmt, so kann man das kurz als $T(x) = 6$ bzw. $2x = 6$ schreiben. Da hier die zwei Terme 2x und 6 durch ein Gleichheitszeichen verbunden sind, nennt man **$2x = 6$** eine **Gleichung**. Zum Einsetzen für die Variable x stehen hier alle reellen Zahlen zur Verfügung. Diese Menge heißt **Grundmenge G**. Da keine Brüche oder Wurzeln in der Gleichung auftreten, kann man grundsätzlich auch alle reellen Zahlen in der Gleichung für x einsetzen. Die **Definitionsmenge D** der Gleichung ist also auch $\mathbb{R}$. Setzt man für x in der Gleichung die Zahl 3, so steht auf der linken und der rechten Seite die Zahl 6, denn: $2 \cdot x = 2 \cdot 3 = 6$. Für $x = 3$ erhält man also die wahre Aussage $6 = 6$. Da dies nur für die Zahl 3 richtig ist, erhält man als Menge aller Lösungen für die Gleichung die sogenannte **Lösungsmenge** $L = \{3\}$.

Obige Gleichung $2x = 6$ heißt genauer eine lineare Gleichung. Der Zusatz „linear“ erfolgt, weil die Variable $x = x^1$ nur mit der Hochzahl 1 in der Gleichung vorkommt. Allgemein heißt jede Gleichung der Form **$a \cdot x = b$** mit den reellen Zahlen a und b, wobei $a \neq 0$, eine **lineare Gleichung** mit der Variablen x.

Definition

Setzt man zwei Terme gleich, so erhält man eine **Gleichung**. Kommt dabei nur die Variable x vor, so heißt die Menge der Zahlen, die für die Variable x zum Einsetzen zur Verfügung stehen, die **Grundmenge G** der Gleichung.
Die Menge der Zahlen aus der Grundmenge, die man in die beiden Terme einsetzen darf, heißt **Definitionsmenge D** der Gleichung.
Die Menge der Zahlen aus der Definitionsmenge D, die beim Einsetzen in die Gleichung auf beiden Seiten des Gleichheitszeichens zur gleichen Zahl führen, heißt **Lösungsmenge L**.
Eine Gleichung der Form **$a \cdot x = b$** mit den reellen Zahlen a und b, wobei $a \neq 0$, heißt eine **lineare Gleichung** mit der Variablen x.

Beispiel

Ermitteln Sie jeweils für die Gleichung und die gegebene Grundmenge G die Definitionsmenge D und falls möglich die Lösungsmenge L.

a) $2x = 12$; $G = \mathbb{R}$
b) $0{,}5x = 4$; $G = \mathbb{Q}$
c) $2x = 3 - 9$; $G = \mathbb{Z}$
d) $4x = -12$; $G = \mathbb{N}$
e) $\frac{6}{x} = 2$; $G = \mathbb{Q}$
f) $x - 2 = 5$; $G = \mathbb{R}$

Lösung:

a) $D = \mathbb{R}$: Da keine Brüche und Wurzeln auftreten, kann man alle reellen Zahlen für x einsetzen. Offensichtlich gilt $x = \mathbf{6} \in \mathbb{R}$, dies erhält man auch, indem man beide Seiten der Gleichung durch 2 teilt; $L = \{\mathbf{6}\}$.

b) $D = \mathbb{Q}$, da keine Brüche und Wurzeln vorkommen. Offensichtlich gilt $x = \mathbf{8} \in D$; dies erhält man auch, indem man beide Seiten der Gleichung mit 2 multipliziert; $L = \{\mathbf{8}\}$.

c) $D = \mathbb{Z}$, da keine Brüche und Wurzeln vorkommen. Die rechte Seite kann man vereinfachen: $2x = -6$; offensichtlich gilt $x = \mathbf{-3} \in \mathbb{Z}$; dies erhält man auch, indem man beide Seiten der Gleichung durch 2 dividiert; $L = \{\mathbf{-3}\}$.

d) $D = \mathbb{N}$, da keine Brüche und Wurzeln vorkommen. Offensichtlich gilt $x = -3 \notin \mathbb{N}$; dies erhält man auch, indem man beide Seiten der Gleichung durch 4 dividiert. Da kein Element von D die Gleichung löst, folgt: $L = \{\,\}$.

e) $D = \mathbb{Q} \setminus \{0\}$, da man beim Einsetzen von $x = 0$ durch 0 dividieren würde. Offensichtlich gilt $x = \mathbf{3} \in \mathbb{Q}$; dies erhält man auch, wenn man beide Seiten der Gleichung mit x multipliziert und dann beide Seiten durch 2 dividiert; $L = \{\mathbf{3}\}$.

f) $D = \mathbb{R}$, da keine Brüche und Wurzeln vorkommen. Offensichtlich gilt $x = \mathbf{7} \in \mathbb{R}$; dies erhält man auch, indem man auf beiden Seiten der Gleichung 2 addiert; $L = \{\mathbf{7}\}$.

Besonders einfach kann man die Lösungsmenge einer Gleichung ablesen, wenn auf einer Seite der Gleichung nur x allein ohne Faktor steht. Um dies bei der Gleichung $3x - 7 = 8$ mit der Grund- und Definitionsmenge $G = \mathbb{R} = D$ zu erreichen, addiert man erst auf beiden Seiten die Zahl 7 und erhält:

$$3x - 7 + 7 = 8 + 7$$
$$3x = 15$$

Dividiert man jetzt beide Seiten durch 3, so erhält man $x = \mathbf{5} \in \mathbb{R}$. Setzt man $x = \mathbf{5}$ in die Ausgangsgleichung ein, so erhält man

$$3 \cdot \mathbf{5} - 7 = 15 - 7 = 8,$$

rechte und linke Seite der Gleichung stimmen also überein. Damit ergibt sich $L = \{\mathbf{5}\}$.

Um eine Gleichung nach x aufzulösen, formt man die Gleichung so um, dass alle Terme mit x auf einer Seite der Gleichung stehen, alle Terme ohne x auf der anderen Seite und dividiert dann durch den Koeffizienten von x. Bei den Umformungen dürfen auf beiden Seiten die gleichen Zahlen (Terme) addiert oder subtrahiert bzw. beide Seiten mit der gleichen Zahl (dem gleichen Term) ungleich 0 multipliziert oder durch die gleiche Zahl (den gleichen Term) ungleich 0 dividiert werden.

Regel

> Um die Lösungsmenge einer Gleichung zu bestimmen, formt man die Gleichung so um, dass **auf einer Seite** der Gleichung **nur Terme mit x** stehen.
>
> Bei den Umformungen darf man
> - auf beiden Seiten die **gleichen Zahlen** oder Terme **addieren** oder **subtrahieren**,
> - beide Seiten **mit der gleichen Zahl** oder dem gleichen Term ungleich 0 **multiplizieren**,
> - beide Seiten **durch die gleiche Zahl** oder den gleichen Term ungleich 0 **dividieren**.
>
> Dann kann man **durch den Koeffizienten von x dividieren** und muss überprüfen, ob die erhaltene Zahl für x in der Definitionsmenge ist.

Beispiel

Bestimmen Sie jeweils die Lösungsmenge der Gleichung in der Grundmenge $G = \mathbb{Q}$.

a) $3x - 5 = 7$

b) $2x - 5 = 7 - 4x$

c) $2x + 8 = 1 + 2x$

d) $2 \cdot (x+5) - 2 = 2x + 8$

Lösung:

Da keine Brüche und Wurzeln auftreten, gilt jeweils $D = G = \mathbb{Q}$.

a)
$$3x - 5 = 7 \quad |+5$$
$$3x - 5 + 5 = 7 + 5$$
$$3x = 7 + 5$$
$$3x = 12 \quad |:3$$
$$\frac{3x}{3} = \frac{12}{3}$$
$$x = 4$$
$$L = \{4\}$$

Die Terme ohne x werden nach rechts gebracht.

Durch den Koeffizienten von x wird dividiert.

Da $x = 4 \in \mathbb{Q}$, ist 4 auch in der Lösungsmenge L.

b)
$$2x - 5 = 7 - 4x \quad |+4x$$
$$6x - 5 = 7 \quad |+5$$
$$6x = 12 \quad |:6$$
$$x = 2$$
$$L = \{2\}$$

Die Terme mit x werden nach links gebracht, die anderen nach rechts.

Durch den Koeffizienten von x wird dividiert.

Da $x = 2 \in \mathbb{Q}$, folgt $L = \{2\}$.

c)
$$2x + 8 = 1 + 2x \quad |-2x$$
$$8 = 1 \ \textbf{(f)}$$
$$L = \{\}$$

Da eine falsche Aussage herauskommt, gibt es keine Lösung.

d)
$$2 \cdot (x+5) - 2 = 2x + 8$$
$$2x + 10 - 2 = 2x + 8 \quad |-2x$$
$$8 = 8$$
$$L = \mathbb{Q} = D$$

Klammern zuerst auflösen und zusammenfassen.

Für **jedes $x \in D$** ergibt sich eine wahre Aussage.

Etwas aufwendiger wird es, wenn man zwei lineare Gleichungen mit zwei Variablen x und y gegeben hat und Werte für x und y sucht, sodass beide Gleichungen erfüllt sind, z. B.

(I) $x + y = 7$ — 1. Gleichung

(II) $2x - y = 8$ — 2. Gleichung

mit $x, y \in G = \mathbb{Q}$.

Man nennt dies ein **lineares Gleichungssystem** mit zwei Variablen.

Zum Auffinden der Lösungen für x und y bieten sich drei rechnerische Verfahren an:

Beim **Einsetzverfahren** löst man eine der beiden Gleichungen nach einer der Variablen x oder y auf und setzt den erhaltenen Term in die andere Gleichung ein:

(I) $x + y = 7 \quad | -y$

$x = \underline{7 - y}$ — (I) nach x auflösen

in (II) $2 \cdot (\underline{7 - y}) - y = 8$ — **einsetzen** in (II)

$14 - 2y - y = 8$ — ausmultiplizieren

$14 - 3y = 8 \quad | -14$ — zusammenfassen

$-3y = -6 \quad | : (-3)$

$\mathbf{y = 2}$

Diese Zahl setzt man in eine der beiden Gleichungen ein:

in (I) $x + 2 = 7 \quad | -2$

$\mathbf{x = 5}$

Setzt man diese beiden Werte für x und y in die beiden Gleichungen I und II ein, so erhält man jeweils eine wahre Aussage.

Beim **Gleichsetzungsverfahren** löst man beide Gleichungen nach derselben Variablen auf und setzt die erhaltenen Terme gleich. Auflösen nach y:

(I) $x + y = 7 \quad | -x$

$y = \underline{7 - x}$ — (I) nach y aufgelöst

(II) $2x - y = 8 \quad | -2x$

$-y = 8 - 2x \quad | \cdot (-1)$

$y = \underline{-8 + 2x}$ — (II) nach y aufgelöst

$\underline{7 - x} = \underline{-8 + 2x} \quad | -2x$ — **Gleichsetzen**

$7 - 3x = -8 \quad | -7$

$-3x = -15 \quad | : (-3)$

$\mathbf{x = 5}$

Diese Zahl setzt man in eine der beiden Gleichungen ein:

in (I) $5 + y = 7 \quad | -5$

$\mathbf{y = 2}$

Beim **Additionsverfahren** werden die linken bzw. die rechten Seiten der beiden Gleichungen (I) $x+y=7$ und (II) $2x-y=8$ **addiert** und gleichgesetzt. Man erhält:

$$x+y+2x-y=7+8$$
$$3x=15 \quad |:3$$
$$\mathbf{x=5}$$

Den Wert $\mathbf{y=2}$ erhält man wie oben durch Einsetzen von $x=5$ in eine der beiden Gleichungen (I) oder II. Diese Methode führt allerdings nur dann zum Ziel, wenn beim Addieren eine der beiden Variablen (wie hier y) wegfällt. Um dies zu erreichen, kann man die Gleichungen vor dem Addieren noch mit geeigneten Faktoren multiplizieren.

Regel

Zur Lösung des **linearen Gleichungssystems**

(I) $ax+by=c$
(II) $dx+ey=f$

mit $a, b, c, d, e, f \in \mathbb{R}$
für die beiden Variablen x und y bieten sich drei rechnerische Verfahren an.

Beim **Einsetzverfahren** löst man eine der beiden Gleichungen nach einer der Variablen x oder y auf und setzt den erhaltenen Term in die andere Gleichung ein.
Beim **Gleichsetzungsverfahren** löst man beide Gleichungen nach derselben Variablen auf und setzt die erhaltenen Terme gleich.
Beim **Additionsverfahren** werden die linken bzw. die rechten Seiten der beiden Gleichungen (I) und (II) addiert und gleichgesetzt.

Hat man den Wert der einen Variablen bestimmt, so erhält man den Wert der zweiten Variablen durch Einsetzen in eine der beiden Gleichungen (I) oder (II) und Auflösen nach der noch fehlenden Variablen.

Beispiel

Ermitteln Sie jeweils die Lösung des linearen Gleichungssystems mit $x, y \in \mathbb{Q}$ mit mindestens einem der drei Lösungsverfahren.

a) (I) $x-5y=8$
(II) $-2x+3y=-9$

b) (I) $2x+7y=20$
(II) $-4x-6y=-16$

c) (I) $2x-10y=4$
(II) $3x+9y=6$

d) (I) $2x-y=-4$
(II) $-4x+2y=8$

e) (I) $x+y=3$
(II) $2x+2y=8$

Lösung:
Da keine Brüche und Wurzeln auftreten, gilt jeweils $D=G=\mathbb{Q}$.

a) **Einsetzverfahren**

(I) $x-5y=8 \quad |+5y$ — Auflösen der Gleichung (I) nach x
$x=\underline{8+5y}$

in (II) $-2(\underline{8+5y})+3y=-9$ — Einsetzen von x in Gleichung (II)

$$-16-10y+3y=-9 \quad \vert +16$$
$$-7y=7 \quad \vert :(-7)$$

Ausmultiplizieren und zusammenfassen, y auf eine Seite

$$\mathbf{y=-1}$$

Auflösen nach y

$$\mathbf{x}=8+5\cdot(-1)=8-5=\mathbf{3}$$

Einsetzen von $y=-1$ in $x=8+5y$

b) (I) $2x+7y=20 \quad \vert \cdot 2$

$4x+14y=40$

(II) $-4x-6y=-16$

(I)+(II) $0x+8y=24 \quad \vert :8$

Für das **Additionsverfahren** wird Gleichung (I) mit 2 multipliziert und die linken bzw. rechten Seiten werden addiert.

$$\mathbf{y=3}$$

Auflösen nach y

in (I) $2x+7\cdot 3=20$

$$2x+21=20 \quad \vert -21$$
$$2x=-1 \quad \vert :2$$

Einsetzen von $y=3$ in Gleichung (I) (oder (II)) liefert eine Gleichung für x.

$$\mathbf{x=-0{,}5}$$

Auflösen nach x ergibt die Lösung.

c) (I) $2x-10y=4 \quad \vert +10y$

$$2x=4+10y \quad \vert :2$$
$$x=\underline{2+5y}$$

Beide Gleichungen werden nach x aufgelöst, um das **Gleichsetzungsverfahren** anzuwenden.

(II) $3x+9y=6 \quad \vert -9y$

$$3x=6-9y \quad \vert :3$$
$$x=\underline{2-3y}$$

$$2+5y=2-3y \quad \vert -2+3y$$
$$8y=0 \quad \vert :8$$

Die rechten Seiten werden gleichgesetzt.

$$\mathbf{y=0}$$

$$\mathbf{x}=2+5\cdot 0=\mathbf{2}$$

Einsetzen von $y=0$ in $x=2+5y$

d) (I) $2x-y=-4 \quad \vert +4+y$

$$\underline{2x+4}=y$$

Gleichung (I) wird nach y aufgelöst und das Ergebnis in Gleichung (II) eingesetzt.

in (II) $-4x+2(\underline{2x+4})=8$

$$8=8$$

$x=a$, $y=2a+4$ bilden für jede rationale Zahl a eine Lösung. Man erhält also unendlich viele Lösungspaare.

Die Gleichung $8=8$ ist für jede Zahl $x=a\in D=\mathbb{Q}$ erfüllt. Einsetzen von $x=a$ in $y=2x+4$ ergibt: $y=2a+4$.
Grafische Interpretation der Lösung siehe Seite 104.

e) (I) $x+y=3 \quad \vert -y$

$$x=\underline{3-y}$$

in (II) $2(\underline{3-y})+2y=8$

$$6-2y+2y=8$$
$$6=8 \quad \textbf{(f)}$$

Es gibt keine Lösung.

Gleichung (I) wird nach x aufgelöst und das Ergebnis in Gleichung (II) eingesetzt. Nach Vereinfachung ergibt sich eine für beliebige Zahlen $x, y\in D$ falsche Aussage: Das Gleichungssystem hat also keine Lösung.
Grafische Interpretation der Lösung dieses Falls siehe Seite 105.

Aufgaben **46.** Bestimmen Sie jeweils die Lösungsmenge der Gleichung in der Grundmenge $\mathbb{Q}$.

a) $5x+7=3x+25$

b) $2x-17=17-3x$

c) $10x-23=1-2x$

d) $0{,}5x-0{,}25=0{,}25x+1{,}25$

e) $2x-9(3x+1)=3(x-7)+5(x+2)$

f) $3(5x-2)+7(4-x)=4(5+x)-11(2x-7)+4x$

g) $13(2x-6)-5(3+x)=4(23-4x)+2(x-7)+7(x-13)$

h) $1{,}5(x-4)-\frac{1}{2}(7-8x)=\frac{3}{4}(16x-7)-8(12x+0{,}5)+74{,}5x$

i) $(x-7)^2-15(x+7)=(x-2)(x+2)-5(3+4x)+8x$

j) $3x(x-5)+2(3-2x)^2=2x(9+2x)+(5-3x)(2-5x)-8x^2$

k) $(x-5)(5-x)-4x(2-x)=(7x-2)(x+5)-2x(2x+3)$

47. Ermitteln Sie jeweils die Lösung des linearen Gleichungssystems mit $x, y \in \mathbb{Q}$ mit mindestens einem der drei Lösungsverfahren.

a) (I) $x-2y=-5$
(II) $2x+5y=26$

b) (I) $2x+2y=8$
(II) $7x-2y=-17$

c) (I) $3x-5y=9$
(II) $-3x+4y=-6$

d) (I) $x+2y=1$
(II) $4x+12y=5$

e) (I) $x-3y=7$
(II) $7x+y=2$

f) (I) $0{,}5x+y=1{,}5$
(II) $-x-2y=-3$

* **48.** Bestimmen Sie jeweils die Lösungsmenge der Gleichung in der Grundmenge $\mathbb{Q}$.

a) $(x-3)^2-(x-3)(x+3)=-4x+9$

b) $(6-5x)^2-(-4x-5)(5-4x)=-3x\left(-\frac{1}{3}-3x\right)$

c) $-8+5x^2=(3x-2)^2-(2x-6)(6+2x)$

* **49.** Ermitteln Sie jeweils rechnerisch die Lösung des linearen Gleichungssystems mit $x, y \in \mathbb{Q}$.

a) (I) $4x+3y=-1$
(II) $-10x+12y=9$

b) (I) $10x-4y=8$
(II) $4x-12y=6$

c) (I) $4x-6y=-20$
(II) $7x+y=11$

d) (I) $2x+4y=38$
(II) $x+y=12$

5.2 Quadratische und biquadratische Gleichungen

Jede lineare Gleichung $ax + b = 0$ hat für $a \neq 0$ genau eine Lösung, nämlich $x = -\frac{b}{a}$. Dagegen hat schon die einfache **reinquadratische Gleichung** $x^2 = 1$ bzw. gleichwertig $x^2 - 1 = 0$ mit der Grundmenge $G = \mathbb{R}$ offenbar **zwei Lösungen**, nämlich $x_1 = +1$ und $x_2 = -1$, da $(+1)^2 = (-1)^2 = 1$ ist. Die zwei Lösungen erkennt man auch sofort, wenn man die linke Seite $x^2 - 1$ der Gleichung als Produkt $(x-1) \cdot (x+1)$ (binomische Formel) und die Gleichung in der Form $(x-1) \cdot (x+1) = 0$ schreibt. Da ein Produkt von reellen Zahlen genau dann 0 wird, wenn einer der Faktoren gleich 0 ist, erhält man die zwei Lösungen aus $x - 1 = 0$ oder $x + 1 = 0$.

Allerdings haben nicht alle quadratischen Gleichungen zwei Lösungen. So hat die Gleichung $x^2 = 0$ nur die **eine Lösung** $x = 0$. Die Gleichung $x^2 + 1 = 0$ bzw. äquivalent $x^2 = -1$ hat aber **keine Lösung**, da das Quadrat einer reellen Zahl nicht negativ sein kann.

Zusammenfassend ergibt sich die folgende Regel.

Regel

Die **reinquadratische Gleichung $x^2 = d$** hat
für $d > 0$ **zwei** Lösungen $x_{1;2} = \pm\sqrt{d}$,
für $d = 0$ **eine** Lösung $x = 0$,
für $d < 0$ **keine** Lösung.

Beispiel

Ermitteln Sie jeweils die Lösung der quadratischen Gleichung mit $x \in \mathbb{R}$.

a) $x^2 = 25$ b) $5x^2 - 35 = 0$ c) $x^2 + 16 = 0$

Lösung:

Da keine Brüche und Wurzeln auftreten, gilt jeweils $D = G = \mathbb{Q}$.

a) $x^2 = 25$

$x_{1;2} = \pm\sqrt{25} = \mathbf{\pm 5}$

Alternativ: Die Gleichung $x^2 - 25 = 0$ lässt sich als $(x-5) \cdot (x+5) = 0$ schreiben. Das Produkt wird 0, wenn entweder $x - 5$ oder $x + 5$ gleich 0 ist.

b) $5x^2 - 35 = 0 \quad | +35$

$5x^2 = 35 \quad | :5$

$x^2 = 7$

$x_{1;2} = \mathbf{\pm\sqrt{7}}$

Alternativ: Die Gleichung $x^2 - 7 = 0$ lässt sich als $(x - \sqrt{7}) \cdot (x + \sqrt{7}) = 0$ schreiben. Das Produkt wird 0, wenn entweder $x - \sqrt{7}$ oder $x + \sqrt{7}$ gleich 0 ist.

c) $x^2 + 16 = 0 \quad | -16$

$x^2 = -16$

keine Lösung

Das Quadrat einer reellen Zahl kann nicht negativ sein.

In der quadratischen Gleichung $x^2-5x=0$ kommt im Gegensatz zu den bislang betrachteten Gleichungen sowohl x^2 als auch x vor, aber keine Zahl ohne x. Um die Lösungen zu bestimmen, kann man hier auf der linken Seite **x ausklammern**: $x\cdot(x-5)=0$. Das Produkt wird genau dann gleich 0, wenn $x=0$ oder $x-5=0$ gilt. Die Gleichung hat also die beiden Lösungen $x_1=0$ und $x_2=5$.

Bei der Gleichung $(x-4)\cdot(x-7)=0$ kann man ähnlich vorgehen. Das Produkt $(x-4)\cdot(x-7)$ wird genau dann gleich 0, wenn $x-4=0$ oder $x-7=0$ gilt. Die Gleichung hat also die Lösungen $x_1=4$ und $x_2=7$. Ist die linke Seite der Gleichung ausmultipliziert, $(x-4)\cdot(x-7)=x^2-7x-4x+28=x^2-11x+28=0$, so erkennt man, dass die Zahl ohne x, 28, das Produkt $x_1\cdot x_2$ der beiden Lösungen $x_1=4$ und $x_2=7$ und der Koeffizient -11 von x die negative Summe $-(x_1+x_2)=-(4+7)$ ist. Um die linke Seite der quadratischen Gleichung $x^2-11x+28=0$ zu **faktorisieren**, zerlegt man die Zahl ohne x in ein Produkt $x_1\cdot x_2$ und überprüft, ob sich die linke Seite als Produkt schreiben lässt.

Regel

> Auf der linken Seite der quadratischen Gleichung $\mathbf{ax^2+bx=0}$ mit $a\neq 0$ kann man **x ausklammern** und aus der Form $\mathbf{x\cdot(ax+b)=0}$ die **zwei Lösungen** $x_1=0$ und $x_2=-\frac{b}{a}$ ablesen.
> Hat die quadratische Gleichung $\mathbf{x^2+bx+c=0}$ die Lösungen x_1 und x_2, so kann man **faktorisieren** und die Gleichung in der Form $\mathbf{(x-x_1)\cdot(x-x_2)=0}$ mit $\mathbf{x_1\cdot x_2=c}$ und $\mathbf{-(x_1+x_2)=b}$ schreiben.

Beispiel

Ermitteln Sie jeweils die Lösungen der quadratischen Gleichung mit $x\in\mathbb{R}$ durch Faktorisieren.

a) $x^2+2x=0$ b) $7x^2-35x=0$ c) $x^2-8x+15=0$

d) $x^2+x-6=0$ e) $x^2+10x+16=0$

Lösung:

a)
$$x^2+2x=0$$
$$\mathbf{x}\cdot(x+2)=0$$
$$x=0 \text{ oder } x+2=0$$
$$x_1=0; \quad x_2=-2$$

Ausklammern von **x** ergibt ein Produkt, das den Wert 0 hat. Also muss einer der Faktoren 0 sein.

Man erhält zwei Lösungen x_1 und x_2.

b)
$$7x^2-35x=0$$
$$\mathbf{7x}\cdot(x-5)=0$$
$$7x=0 \text{ oder } x-5=0$$
$$x_1=0; \quad x_2=5$$

Hier lässt sich **7x** ausklammern. Das Produkt wird 0, wenn entweder 7x oder $x-5$ gleich 0 ist.

Man erhält zwei Lösungen x_1 und x_2.

c)
$$x^2-8x+15=0$$
$$(x-3)\cdot(x-5)=0$$
$$x-3=0 \text{ oder } x-5=0$$
$$x_1=3; \quad x_2=5$$

$c=15$ lässt sich als Produkt $3\cdot 5$ schreiben, wobei $-(3+5)=-8=b$. Kontrolle: $(x-3)\cdot(x-5)=x^2-8x+15$

Man erhält zwei Lösungen x_1 und x_2.

d) $x^2 + x - 6 = 0$
$(x-2)\cdot(x+3) = 0$
$x - 2 = 0$ oder $x + 3 = 0$
$x_1 = 2; \quad x_2 = -3$

$c = -6$ lässt sich zwar als Produkt $(-2)\cdot 3$ schreiben, aber die Kontrolle $(x-(-2))\cdot(x-3) = (x+2)\cdot(x-3) = x^2 - x - 6$ zeigt, dass die Vorzeichen in den Klammern vertauscht werden müssen: $(x-2)\cdot(x+3) = x^2 + x - 6$. Da $b = 1$ positiv ist, muss das + zur „größeren" der beiden Zahlen in den Klammern geschrieben werden.

e) $x^2 + 10x + 16 = 0$
$(x+2)\cdot(x+8) = 0$
$x + 2 = 0$ oder $x + 8 = 0$
$x_1 = -2; \quad x_2 = -8$

$c = 16$ lässt sich als Produkt $2 \cdot 8$ oder $(-2)\cdot(-8)$ schreiben. Da nur Pluszeichen in der Gleichung auftreten, testet man $(x+2)\cdot(x+8) = x^2 + 10x + 16$.

Die allgemeine Form einer quadratischen Gleichung ist **$ax^2 + bx + c = 0$**. Dabei sind a, b und c reelle Zahlen mit $a \neq 0$. Für das letzte Beispiel $x^2 + 10x + 16 = 0$ ist also $a = 1$, $b = 10$ und $c = 16$. Hat eine quadratische Gleichung Lösungen, so lassen diese sich mit folgender Formel berechnen:

$$x_{1;2} = \frac{-b \pm \sqrt{b^2 - 4ac}}{2a}$$

Wie viele Lösungen auftreten, wird dabei durch den Term unter der Wurzel, der sogenannten **Diskriminante $D = b^2 - 4ac$** bestimmt. Im letzten Beispiel ist $D = 10^2 - 4 \cdot 1 \cdot 16 = 100 - 64 = 36 > 0$. Für die Lösungen erhält man

$$x_{1;2} = \frac{-10 \pm \sqrt{36}}{2 \cdot 1} = \frac{-10 \pm 6}{2} = -5 \pm 3 \text{ und somit}$$

$x_1 = -5 + 3 = -2$ und $x_2 = -5 - 3 = -8$ (wie oben berechnet).

In diesem Beispiel ist also **$D > 0$**, man kann $\sqrt{D}$ berechnen und erhält somit **zwei Lösungen** x_1 und x_2. Ist dagegen **$D = 0$**, so hat die Gleichung nur **eine Lösung**:

$$x_{1;2} = \frac{-b}{2a}$$

Man spricht hier von einer doppelten Lösung und nennt dagegen zwei verschiedene Lösungen x_1 und x_2 einer quadratischen Gleichung einfache Lösungen.

Ist bei einer quadratischen Gleichung die Diskriminante **$D < 0$**, so kann man $\sqrt{D}$ nicht berechnen und die Gleichung hat **keine Lösung**.

Regel

> Hat eine quadratische Gleichung **$ax^2 + bx + c = 0$** mit $a, b, c \in \mathbb{R}$ und $a \neq 0$ Lösungen, so kann man diese Lösungen $x_{1;2}$ mit der folgenden Formel berechnen:
>
> $$x_{1;2} = \frac{-b \pm \sqrt{b^2 - 4ac}}{2a}$$
>
> Die Anzahl der Lösungen wird durch die **Diskriminante $D = b^2 - 4ac$** bestimmt. Die quadratische Gleichung hat für **$D > 0$ zwei einfache Lösungen**, für **$D = 0$ eine doppelte Lösung** und für **$D < 0$ keine Lösung**.

Beispiel

Ermitteln Sie jeweils die Anzahl der Lösungen der quadratischen Gleichung $ax^2+bx+c=0$ mit $x \in \mathbb{R}$ und gegebenenfalls die Lösungen x_1 und x_2. Geben Sie die Vielfachheit der Lösung an.

a) $x^2-3{,}5x+1{,}5=0$

b) $4x^2+7x-2=0$

c) $2x^2+20x+50=0$

d) $3x^2+x+6=0$

Lösung:

a) $D=(-3{,}5)^2-4\cdot 1\cdot 1{,}5$
$=12{,}25-6=\mathbf{6{,}25>0}$,
also zwei einfache Lösungen:

$$x_{1;2}=\frac{-(-3{,}5)\pm\sqrt{\mathbf{6{,}25}}}{2\cdot 1}=\frac{3{,}5\pm 2{,}5}{2}$$

$$x_1=\frac{3{,}5+2{,}5}{2}=3$$

$$x_2=\frac{3{,}5-2{,}5}{2}=\frac{1}{2}=0{,}5$$

Man erkennt: $a=1$, $b=-3{,}5$, $c=1{,}5$. Zur Berechnung der Determinante $D=b^2-4ac$ werden diese Werte eingesetzt.

Mit den Lösungen $x_1=3$ und $x_2=0{,}5$ kann man die Gleichung auch in der Form $(x-3)(x-0{,}5)=0$ schreiben.

b) $D=7^2-4\cdot 4\cdot(-2)$
$=49+32=\mathbf{81>0}$,
also zwei einfache Lösungen:

$$x_{1;2}=\frac{-7\pm\sqrt{81}}{2\cdot 4}=\frac{-7\pm 9}{8}$$

$$x_1=\frac{-7+9}{8}=\frac{1}{4}=0{,}25$$

$$x_2=\frac{-7-9}{8}=-2$$

Man erkennt: $a=4$, $b=7$, $c=-2$. Diese Werte werden in $D=b^2-4ac$ eingesetzt.

Mit den Lösungen $x_1=0{,}25$ und $x_2=-2$ kann man die Gleichung auch in der Form $4(x-0{,}25)(x+2)=0$ schreiben.

c) $D=20^2-4\cdot 2\cdot 50=400-400=\mathbf{0}$,
also eine doppelte Lösung:

$$x_{1;2}=\frac{-20}{2\cdot 2}=-\frac{20}{4}=-5$$

Alternativ:

$$2(x^2+10x+25)=0$$
$$2(x+5)^2=0$$
$$x_{1;2}=-5$$

Man erkennt: $a=2$, $b=20$, $c=50$

Mit der Lösung $x_{1;2}=-5$ kann man die Gleichung auch in der Form $2(x+5)(x+5)=2\cdot(x+5)^2=0$ schreiben.

Nach Ausklammern von 2 kann man dies mithilfe einer binomischen Formel gleich erkennen.

d) $D=1^2-4\cdot 3\cdot 6=1-72=-71\mathbf{<0}$,
also keine Lösung.

Man erkennt: $a=3$, $b=1$, $c=6$

Mit den Lösungsmethoden für quadratische Gleichungen kann man auch spezielle Gleichungen vierten Grades lösen. So kann man eine sogenannte **biquadratische Gleichung** $x^4-6x^2+5=0$ durch die **Substitution** (Ersetzung) $\mathbf{z=x^2}$ und $z^2=x^4$ auf eine quadratische Gleichung mit der Variablen z zurückführen:
$z^2-6z+5=0$

Diese Gleichung kann mit der Lösungsformel oder durch Faktorzerlegung gelöst werden. Wegen der Zerlegung $5=1\cdot 5$ probiert man $(z-1)\cdot(z-5)=z^2-6z+5$. Also lässt sich die quadratische Gleichung als $(z-1)\cdot(z-5)=0$ schreiben und man erhält die Lösungen $z_1=1$ und $z_2=5$. Durch die **Resubstitution** (Zurückersetzung) $x^2=1$ und $x^2=5$ erhält man die Lösungen $x_{1;\,2}=\pm 1$ und $x_{3;\,4}=\pm\sqrt{5}$ der ursprünglichen Gleichung vierten Grades.

Regel

> Die **biquadratische Gleichung $x^4+bx^2+c=0$** mit $b, c \in \mathbb{R}$ lässt sich mithilfe der **Substitution $z=x^2$** auf die quadratische Gleichung $z^2+bz+c=0$ zurückführen. Hat diese Gleichung die Lösungen z_1 und z_2, so kann man durch die **Resubstitution $x^2=z_1$** und **$x^2=z_2$** die Lösungen der biquadratischen Gleichung bestimmen (falls es Lösungen gibt).

Beispiel

Ermitteln Sie jeweils die Lösungen der biquadratischen Gleichung $x^4+bx^2+c=0$ mit $x \in \mathbb{R}$, falls es welche gibt.

a) $x^4-11x^2+28=0$

b) $x^4-1{,}25x^2+0{,}25=0$

c) $x^4+5x^2-36=0$

Lösung:

a) Substitution: $\mathbf{z=x^2}$

$\mathbf{z^2}-11\mathbf{z}+28=0$

$(z-4)\cdot(z-7)=0$

$z_1=4;\quad z_2=7$

Resubstitution: $x^2=4;\quad x^2=7$

$x_{1;\,2}=\pm 2;\quad x_{3;\,4}=\pm\sqrt{7}$

Wegen $c=28=4\cdot 7$ berechnet man $(z-4)(z-7)=z^2-11z+28$. Natürlich kann man z_1 und z_2 mit der Lösungsformel berechnen, was aber nicht so elegant ist.

Man erhält also vier einfache Lösungen.

b) Substitution: $\mathbf{z=x^2}$

$\mathbf{z^2}-1{,}25\mathbf{z}+0{,}25=0$

$D=1{,}25^2-4\cdot 1\cdot 0{,}25=0{,}5625>0$,

also zwei Lösungen:

$z_{1;\,2}=\frac{1{,}25\pm\sqrt{0{,}5625}}{2\cdot 1}=\frac{1{,}25\pm 0{,}75}{2}$

$z_1=\frac{1{,}25+0{,}75}{2}=1$

$z_2=\frac{1{,}25-0{,}75}{2}=\frac{1}{4}=0{,}25$

Resubstitution: $x^2=1;\quad x^2=0{,}25$

$x_{1;\,2}=\pm 1;\quad x_{3;\,4}=\pm\sqrt{0{,}25}=\pm 0{,}5$

Man erkennt: $a=1$, $b=-1{,}25$, $c=0{,}25$. Eine Zerlegung wäre $c=1\cdot 0{,}25$. Mit $(z-1)(z-0{,}25)=z^2-1{,}25z+0{,}25$ könnte man z_1 und z_2 schneller als mit der Lösungsformel bestimmen.

Man erhält vier einfache Lösungen.

c) Substitution: $\mathbf{z = x^2}$

$\mathbf{z^2} + 5\mathbf{z} - 36 = 0$

$(z-4)\cdot(z+9) = 0$

$z_1 = 4;\; z_2 = -9$

Eine Faktorzerlegung ist $c = 4 \cdot (-9) = -36$. Mit $(z-4)(z+9) = z^2 + 5z - 36$ kann man z_1 und z_2 schneller als mit der Lösungsformel bestimmen.

Resubstitution: $x^2 = 4;\; x^2 = -9$

$x^2 = -9$ liefert keine Lösung.

$x_{1;\,2} = \pm 2$; keine weitere Lösung

Zwei einfache Lösungen.

Aufgaben

50. Ermitteln Sie jeweils die Lösung der quadratischen Gleichung mit $x \in \mathbb{R}$.

a) $x^2 = 81$	b) $x^2 - 36 = 0$	c) $x^2 + 36 = 0$
d) $x^2 = 4$	e) $x^2 = 5$	f) $x^2 + 144 = 0$
g) $x^2 + 1 = 0$	h) $x^2 = 7$	i) $x^2 - 18 = 0$
j) $x^2 = 200$	k) $x^2 = \frac{25}{4}$	l) $x^2 = \frac{81}{16}$
m) $x^2 = 1{,}44$	n) $5x^2 = 20$	o) $3x^2 - 147 = 0$

51. Ermitteln Sie jeweils die Lösungen der quadratischen Gleichung mit $x \in \mathbb{R}$ durch Faktorisieren.

a) $x^2 + 5x = 0$	b) $11x^2 - 66x = 0$
c) $2x^2 - 21x = 0$	d) $3x^2 + x = 0$
e) $x^2 - 16x + 55 = 0$	f) $x^2 - 5x + 4 = 0$
g) $x^2 - 18x + 72 = 0$	h) $x^2 + 3x - 10 = 0$
i) $x^2 + 4x - 21 = 0$	j) $x^2 - x - 72 = 0$
k) $x^2 + 14x + 13 = 0$	l) $x^2 + 17x + 42 = 0$
m) $x^2 + 13x + 42 = 0$	n) $x^2 - 18x + 81 = 0$

52. Ermitteln Sie jeweils die Anzahl der Lösungen der quadratischen Gleichung $ax^2 + bx + c = 0$ mit $x \in \mathbb{R}$ und gegebenenfalls die Lösungen x_1 und x_2. Geben Sie die Vielfachheit der Lösung an.

a) $x^2 - 6x + 8 = 0$	b) $3x^2 + 9x - 120 = 0$
c) $x^2 - 10x + 22 = 0$	d) $0{,}5x^2 + 0{,}5x - 9 = 0$
e) $-2x^2 - 2x + 88 = 0$	f) $x^2 - 6x + 7 = 0$
g) $6x^2 + 3x - 3 = 0$	h) $4x^2 - 12x + 9 = 0$
i) $x^2 - 7x = 0$	j) $8x^2 + 5x = 0$
k) $2x^2 + 7x + 15 = 0$	l) $4x^2 - 3x + 20 = 0$
m) $2x^2 + 15x + 25 = 0$	n) $3x^2 - 18x + 26 = 0$

o) $2x^2-17x+36=0$

p) $x^2+11x+30=0$

q) $-x^2+2x-2=0$

r) $5x^2-12x+11=0$

s) $2x^2-13x+21=0$

t) $2x^2-76x+722=0$

u) $3x^2-102x+867=0$

v) $-7x^2+10x-5=0$

53. Ermitteln Sie jeweils die Lösungen der biquadratischen Gleichung $x^4+bx^2+c=0$ mit $x \in \mathbb{R}$, falls es welche gibt.

a) $x^4-13x^2+36=0$

b) $x^4-29x^2+100=0$

c) $x^4-14x^2-45=0$

d) $x^4-18x^2+77=0$

e) $x^4-3x^2-28=0$

f) $x^4+34x^2+225=0$

g) $x^4-18x^2+81=0$

h) $x^4+2x^2+5=0$

* **54.** Ermitteln Sie jeweils die Lösungen der Gleichung mit $x \in \mathbb{R}$.

a) $3x(x+5)+2x=-(24+x)$

b) $16x^2-24x+9=25$

c) $-\frac{1}{16}x^2=2x$

d) $(4-3x)^2-(3-2x)^2-3=0$

e) $x\cdot(x+5)-(x-1)(x+1)=(x+1)(4-x)$

f) $(x-3)(1-x)-(x+2)x+6=4-x^2$

g) $5(x+2)^2-4(x-3)^2=2x(x+15)+29$

5.3 Bruchgleichungen

Kommt bei einer Gleichung die Variable x (auch) im Nenner vor, so spricht man von einer **Bruchgleichung**. Natürlich muss dann die Definitionsmenge D genau beachtet werden. So muss bei der Gleichung

$$\frac{2}{x}=\frac{1}{x-1}$$

die Grundmenge $G=\mathbb{R}$ eingeschränkt werden. Die Werte von x, für die einer der auftretenden Nenner 0 wird, müssen herausgenommen werden: $D=\mathbb{R}\setminus\{0; 1\}$

Um die Gleichung zu lösen, formt man sie so um, dass x aus den Nennern verschwindet, d. h., man multipliziert die Gleichung mit $x\cdot(x-1)$:

$$\frac{2}{x}=\frac{1}{x-1} \qquad |\cdot x\cdot(x-1)$$

$$\frac{2\cdot x\cdot(x-1)}{x}=\frac{1\cdot x\cdot(x-1)}{x-1}$$

Jetzt kann man beidseitig die jeweiligen Nenner kürzen und erhält:

$2 \cdot (x-1) = x$

$2x - 2 = x \quad | -x+2$

$x = 2$

Da $x=2 \in D$ ist, löst $x=2$ die Gleichung. Diese **Überprüfung** ist bei Bruchgleichungen besonders wichtig, da hier die Definitionsmenge gegenüber der Grundmenge in der Regel eingeschränkt ist.

Regel

> Da bei einer **Bruchgleichung** mit der Grundmenge G die Variable x im Nenner auftritt, muss man hier die in der Regel eingeschränkte **Definitionsmenge D bestimmen**. Zur Ermittlung der Lösung kann man beide Seiten **mit dem Hauptnenner multiplizieren** und die entstandene lineare oder quadratische **Gleichung lösen**. Damit die **erhaltenen x-Werte** Lösungen der Bruchgleichung sind, müssen sie **in der Definitionsmenge** D sein.

Beispiel

Ermitteln Sie jeweils die Definitionsmenge D und die Lösungen der Bruchgleichung mit $x \in G = \mathbb{R}$.

a) $\frac{2}{x} = \frac{-3}{x+1}$ b) $\frac{2}{x} = \frac{x}{x+2}$ c) $\frac{1}{x-2} + \frac{2}{x+2} = \frac{4}{x^2-4}$

Lösung:

a) $D = \mathbb{R} \setminus \{0; -1\}$

$\frac{2}{x} = \frac{-3}{x+1} \quad | \cdot \mathbf{x \cdot (x+1)}$

$\frac{2 \cdot \mathbf{x \cdot (x+1)}}{x} = \frac{-3 \cdot \mathbf{x \cdot (x+1)}}{x+1}$

$2 \cdot (x+1) = -3x \quad | +3x - 2$

$5x = -2 \quad | :5$

$x = -0{,}4 \in D$

Die Nullstellen $x=0$ und $x=-1$ der Nenner müssen aus G herausgenommen werden, dann wird mit dem Hauptnenner **x(x + 1)** multipliziert.

Nach dem Kürzen erhält man eine lineare Gleichung.

$x = -0{,}4$ ist also Lösung der Bruchgleichung.

b) $D = \mathbb{R} \setminus \{0; -2\}$

$\frac{2}{x} = \frac{x}{x+2} \quad | \cdot \mathbf{x \cdot (x+2)}$

$\frac{2 \cdot \mathbf{x \cdot (x+2)}}{x} = \frac{x \cdot \mathbf{x \cdot (x+2)}}{x+2}$

$2 \cdot (x+2) = x^2 \quad | -2x - 4$

$0 = x^2 - 2x - 4$

$x_{1;2} = \frac{2 \pm \sqrt{20}}{2 \cdot 1} = \frac{2 \pm 2\sqrt{5}}{2}$

$x_{1;2} = 1 \pm \sqrt{5} \in D$

Die Nullstellen $x=0$ und $x=-2$ der Nenner müssen aus G herausgenommen werden, dann wird mit dem Hauptnenner **x(x + 2)** multipliziert.

Nach dem Kürzen erhält man eine quadratische Gleichung mit der Diskriminante $D = (-2)^2 - 4 \cdot 1 \cdot (-4) = 20$.

$x_{1;2} = 1 \pm \sqrt{5}$ sind also Lösungen der Bruchgleichung.

c) $D = \mathbb{R} \setminus \{\pm 2\}$

$$\frac{1 \cdot \cancel{(x-2)}\,(x+2)}{\cancel{(x-2)}} + \frac{2 \cdot (x-2)\,\cancel{(x+2)}}{\cancel{x+2}} = \frac{4 \cdot \cancel{(x^2-4)}}{\cancel{x^2-4}}$$

$$x + 2 + 2x - 4 = 4$$

$$3x - 2 = 4 \quad | +2$$

$$3x = 6 \quad | :3$$

$$x = 2 \notin D$$

Die Bruchgleichung hat **keine Lösung**.

Die Nullstellen $x = 2$ und $x = -2$ der Nenner müssen aus G herausgenommen werden, dann wird mit dem Hauptnenner $(x-2)(x+2) = x^2 - 4$ multipliziert. Nach dem Kürzen erhält man eine lineare Gleichung mit der Lösung $x = 2 \notin D$.

Aufgabe 55. Ermitteln Sie jeweils die Definitionsmenge D und die Lösungen der Bruchgleichung mit $x \in G = \mathbb{R}$.

a) $\frac{5}{4x} = -\frac{7}{x} - 33$

b) $\frac{3}{2-x} = \frac{2}{3-x}$

c) $\frac{1}{2-3x} + \frac{2}{3+x} = \frac{3}{x+3}$

d) $\frac{7}{4-2x} = \frac{5}{2-x} + 3$

e) $\frac{2}{2+x} + \frac{3}{3-x} = 2$

f) $\frac{7x-4}{6x+4} = \frac{5x-6}{9x+6}$

g) $\frac{4}{3+x} - \frac{7}{2+x} = \frac{3}{4+2x} - \frac{5}{6+2x}$

h) $\frac{3+x}{x-7} = \frac{x^2}{x^2-49} + \frac{9}{x+7}$

i) $\frac{x}{10-2x} + \frac{1}{15+3x} = \frac{0{,}5x^2+x}{25-x^2}$

j) $\frac{5}{1-x} - \frac{3x}{1+x} = \frac{3x^2}{1-x^2} - \frac{3}{2+2x}$

k) $\frac{4x}{5+x} - \frac{4x}{2-x} = \frac{16x}{10+2x}$

l) $\frac{3}{x-5} + \frac{2}{2+x} = \frac{12}{3x+6} + \frac{1}{x}$

m) $\frac{1}{x-3} + \frac{3}{x} = \frac{6}{2x} + \frac{1}{2x-6}$

n) $\frac{1}{3+2x} - \frac{x}{9+12x+4x^2} = \frac{3{,}5}{21+14x}$

o) $\frac{12}{x^2-9} + \frac{2}{x+3} = \frac{3}{x-3}$

p) $\frac{x}{x-3} + \frac{x}{x-2} = \frac{-3}{x^2-5x+6}$

5.4 Betragsgleichungen

Treten in einer Gleichung Absolutbeträge auf, so spricht man von einer **Betragsgleichung**. Hilfreich sind dann meist Fallunterscheidungen zu dem Vorzeichen des Betragsinhalts, d. h. des Terms, der zwischen den Betragsstrichen steht. So kann man die Gleichung $|x| = 2$ mit der Grundmenge $G = \mathbb{R}$ durch eine Fallunterscheidung lösen. Ist nämlich der Betragsinhalt größer oder gleich 0, so kann man die Betragsstriche einfach weglassen; ist der Betragsinhalt negativ, so muss man beim Weglassen der Betragsstriche das Vorzeichen des Terms dazwischen ändern:

$x \geq 0$: $|x| = x = 2 \geq 0$ bzw.
$x < 0$: $|x| = -x = 2$; $x = -2 < 0$
$L = \{2; -2\}$

Anschaulich kann die Gleichung $|x| = \mathbf{2}$ so interpretiert werden: Gesucht sind alle Zahlen auf der Zahlengeraden, die vom Nullpunkt den Abstand **2** haben.

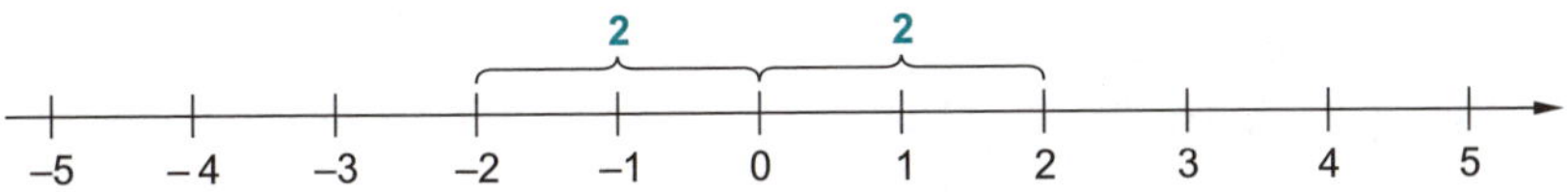

Entsprechend geht man vor, um die Gleichung $|x - 1| = 2$ zu lösen:
$x - 1 \geq 0$, d. h. $x \geq 1$: $|x - 1| = x - 1 = 2$; $x = 3 \geq 1$ bzw.
$x - 1 < 0$, d. h. $x < 1$: $|x - 1| = -(x - 1) = -x + 1 = 2$; $x = -1 < 1$
$L = \{3; -1\}$

Anschaulich kann die Gleichung $|x - 1| = \mathbf{2}$ so interpretiert werden: Gesucht sind alle Zahlen auf der Zahlengeraden, die von der Zahl 1 den Abstand **2** haben.

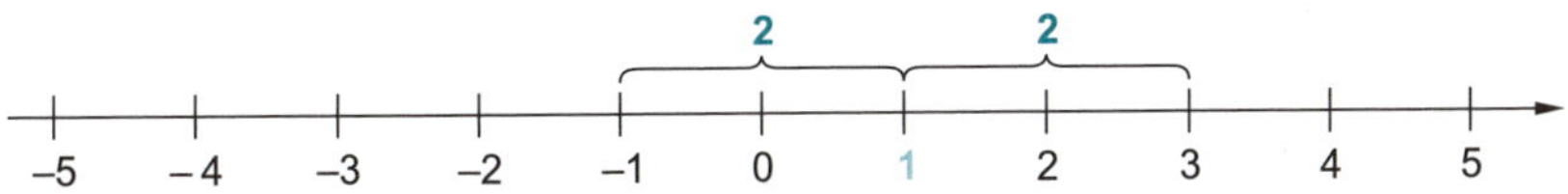

Regel

> Zur Bestimmung der Lösungsmenge der **Betragsgleichung $|ax + b| = c$** mit $x \in \mathbb{R}$ und $a, b, c \in \mathbb{R}$ kann man mit einer Fallunterscheidung die **Betragsstriche auflösen** und die beiden entstehenden **linearen Gleichungen lösen**. Deren Lösungen bilden dann die Lösungsmenge, sofern sie die jeweilige Bedingung der Fallunterscheidung erfüllen.

Beispiel

Ermitteln Sie jeweils die Lösungsmenge der Betragsgleichung mit der Grundmenge $G = \mathbb{R}$.

a) $|x| = 3$ b) $|x - 2| = 3$ c) $|3x - 9| = 3$

Lösung:

a) $D = G = \mathbb{R}$

$x \geq 0$: $|x| = x = 3 \in D$

$x < 0$: $|x| = -x = 3$; $x = -3 \in D$

$L = \{-3; 3\}$

Gesucht sind alle Zahlen auf der Zahlengeraden, die vom Nullpunkt den Abstand 3 haben, also +3 und –3.

b) $D = G = \mathbb{R}$

$x - 2 \geq 0$, d. h. $x \geq 2$:

$$|x-2| = x-2 = 3 \quad |+3$$
$$x = 5 \geq 2$$

$x - 2 < 0$, d. h. $x < 2$:

$$|x-2| = -(x-2) = 3$$
$$-x+2 = 3 \quad |+x-3$$
$$x = -1 < 2$$

$L = \{-1; 5\}$

Gesucht sind alle Zahlen auf der Zahlengeraden, die von der Zahl 2 den Abstand 3 haben, also $2+3=5$ und $2-3=-1$.

Die berechnete Lösung muss die jeweilige Bedingung der Fallunterscheidung erfüllen: $x = 5 \geq 2$ bzw. $x = -1 < 2$

c) $D = G = \mathbb{R}$

$3x - 9 \geq 0$, d. h. $x \geq 3$:

$$|3x-9| = 3x-9 = 3 \quad |+9$$
$$3x = 12 \quad |:3$$
$$x = 4 \geq 3$$

$3x - 9 < 0$, d. h. $x < 3$:

$$|3x-9| = -(3x-9) = -3x+9 = 3 \quad |-9$$
$$-3x = -6 \quad |:(-3)$$
$$x = 2 < 3$$

$L = \{2; 4\}$

Die Bedingungen werden jeweils erfüllt: $x = 4 \geq 3$ bzw. $x = 2 < 3$

Aufgabe 56. Ermitteln Sie jeweils die Lösungsmenge der Betragsgleichung mit der Grundmenge $G = \mathbb{R}$.

a) $|x| = 2$ b) $|x-3| = 2$ c) $|2x-5| = 4$

d) $|x+1| = 3$ e) $|x+5| = 1$ f) $|4x-7| = 5$

g) $|x-1| = 5$ h) $|x-1|+1 = 5$ i) $|4x+1| = 3$

j) $|4-5x| = 7$ k) $2 \cdot |x| - |x| = 2$ l) $2 + 5 \cdot |x| - 2 \cdot |x| = 4$

6 Reelle Funktionen

6.1 Grundbegriffe und grundlegende Eigenschaften

Durch die Gleichung $y = \frac{1}{2}x + 1$ wird jeder reellen Zahl $x \in \mathbb{R}$ genau eine reelle Zahl y zugeordnet. Eine solche Zuordnung kann mit einer Wertetabelle verdeutlicht werden. In dieser stehen ausgewählte x-Werte und zugehörige y-Werte untereinander.

Wertetabelle:

x	–4	–3	–2	–1	0	1	2	3	4
y	–1	–0,5	0	0,5	1	1,5	2	2,5	3

Dabei erhält man z. B. den y-Wert, der zum x-Wert –4 gehört, durch Einsetzen in obige Gleichung:

$y = \frac{1}{2} \cdot (-4) + 1 = -2 + 1 = -1$

Die Zuordnung kann auch grafisch dargestellt werden. Die zugeordneten Paare $(x \mid y)$ aus der Wertetabelle werden als Punkte in ein **kartesisches** oder **rechtwinkliges Koordinatensystem** eingetragen.

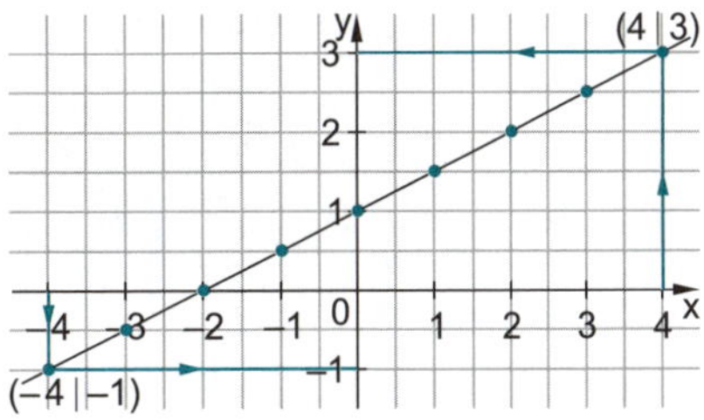

Durch die eingetragenen Punkte kann man eine Gerade zeichnen.
Die Gerade vermittelt, wie die obige Gleichung, die Zuordnung der x- und y-Werte:
Geht man vom x-Wert 4 senkrecht zur x-Achse nach oben bis zur Geraden und vom Schnittpunkt mit der Geraden waagrecht nach links zur y-Achse, so kommt man zum y-Wert 3. Dem x-Wert 4 wird also der y-Wert 3 zugeordnet. Kurz: $4 \mapsto 3$. Die Zahl 3 heißt dann **Funktionswert** an der Stelle $x = 4$.
Geht man analog vom x-Wert –4 senkrecht nach unten bis zur Geraden und vom Schnittpunkt mit der Geraden waagrecht nach rechts zur y-Achse, so kommt man zum y-Wert –1. Kurz: $-4 \mapsto -1$. Allgemein wird diese Zuordnung durch die Schreibweise $x \mapsto y = 0{,}5 \cdot x + 1$ ausgedrückt.

Eine solche Zuordnung $x \mapsto y = \frac{1}{2}x + 1$ heißt eine **reelle Funktion**. Funktionen werden meist mit dem Buchstaben f bezeichnet. Die Gerade heißt **Graph G_f** der Funktion f. Eine Funktion f ist festgelegt durch die Zuordnungsvorschrift und die Menge der zugelassenen x-Werte. Diese Menge heißt **Definitionsmenge D_f** der Funktion. Die Menge der auftretenden y-Werte heißt **Wertemenge W_f**.

Im betrachteten Beispiel gilt $D_f = \mathbb{R}$ und $W_f = \mathbb{R}$. Die Gleichung $y = \frac{1}{2}x + 1$ heißt **Funktionsgleichung** von f, der Term $f(x) = \frac{1}{2}x + 1$ **Funktionsterm** von f.

Setzt man $x = -2$ in den Funktionsterm ein, so erhält man als Funktionswert 0:
$f(-2) = 0$
Man bezeichnet $x_N = -2$ als **Nullstelle** der Funktion f: Dort schneidet die Gerade die x-Achse.

Definition

Eine **reelle Funktion** f ordnet jedem x-Wert aus einer vorgegebenen **Definitionsmenge D_f**, die in der Regel aus reellen Zahlen besteht, genau einen reellen y-Wert zu. Die Menge der zugeordneten y-Werte heißt **Wertemenge W_f**.

Erfolgt die Zuordnung durch eine Rechenvorschrift in einem Term, nennt man diesen den **Funktionsterm f(x)** und die Gleichung $y = f(x)$ wird dann als **Funktionsgleichung** bezeichnet.

Gilt $f(x_N) = 0$, so heißt die Zahl x_N **Nullstelle** der Funktion f.

Die Darstellung der Punkte $P(x \mid f(x))$ mit $x \in D_f$ in einem Koordinatensystem heißt **Funktionsgraph G_f**.

Beispiel

Ermitteln Sie für die Funktion $f: x \mapsto y = x - 1$ mit $D_f = \mathbb{R}$ eine Wertetabelle für die ganzzahligen x-Werte im Bereich $-4 \leq x \leq 4$, tragen Sie die entsprechenden Punkte $P(x \mid f(x))$ in ein Koordinatensystem ein und zeichnen Sie den Funktionsgraphen. Geben Sie die Nullstelle von f an.

Lösung:
Wertetabelle:

x	–4	–3	–2	–1	0	1	2	3	4
y	–5	–4	–3	–2	–1	0	1	2	3

Offensichtlich liegen alle eingezeichneten Punkte auf einer Geraden.

Da alle reellen Zahlen als y-Werte auftreten können, gilt: $W_f = \mathbb{R}$

Der Graph schneidet die x-Achse bei $x = 1$ und die y-Achse bei $y = -1$. Die Nullstelle von f ist also $x_N = 1$.

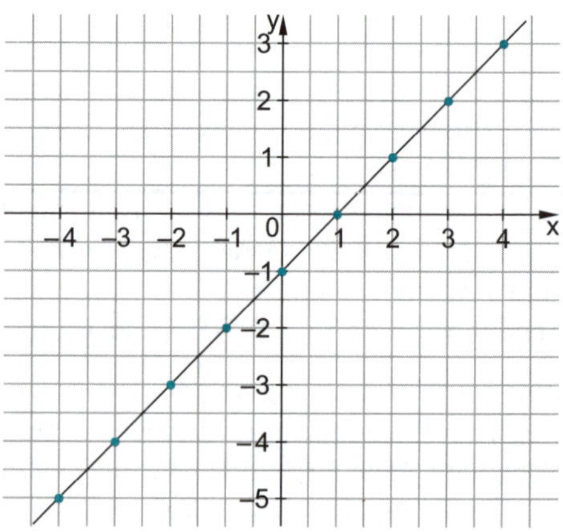

Die entsprechenden Untersuchungen kann man auch bei Funktionen mit einem Funktionsterm, in dem x^2 auftritt, durchführen. Für die Funktion f: $x \mapsto y = x^2 + 1$ mit $D_f = \mathbb{R}$ wird eine Wertetabelle für die ganzzahligen x-Werte im Bereich $-3 \leq x \leq 3$ ermittelt, die entsprechenden Punkte $P(x \mid f(x))$ in ein Koordinatensystem eingetragen und der Funktionsgraph gezeichnet.

Wertetabelle:

x	–3	–2	–1	0	1	2	3
y	10	5	2	1	2	5	10

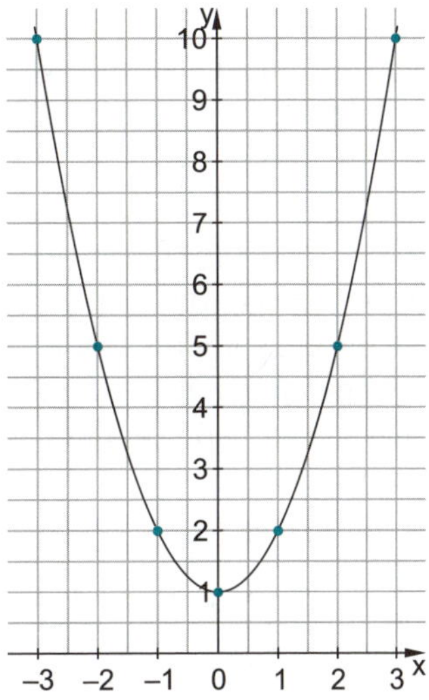

Die eingezeichneten Punkte liegen auf einer Kurve, die man **Parabel** nennt.

Da als y-Werte nur reelle Zahlen auftreten, die mindestens 1, d. h. größer oder gleich 1 sind, gilt: $W_f = [1; +\infty[$

Der Graph schneidet die x-Achse nicht und die y-Achse bei $y = 1$. Diese Zahl ist der **Funktionswert an der Stelle $x = 0$**:
$f(0) = 0^2 + 1 = 1$

Man sieht an der Zeichnung, dass der Graph **symmetrisch zur y-Achse** ist. Dies erkennt man auch an der Wertetabelle. Geht man nämlich von dem x-Wert 0 gleich weit nach links oder rechts, so erhält man den gleichen Funktionswert:
$f(-1) = f(1)$, $f(-2) = f(2)$ usw.
Es gilt also:
$f(-x) = f(x)$ für alle reellen Zahlen x

Auf die gefundenen Eigenschaften hin soll nun die Funktion f: $x \mapsto y = x^2 - 4$ mit $D_f = \mathbb{R}$ untersucht werden. Es sollen die Nullstellen, eine Zerlegung von f(x) in Faktoren, die Schnittstelle mit der y-Achse, das Symmetrieverhalten des Graphen, eine Wertetabelle von f für $-3 \leq x \leq 3$, eine Skizze des Graphen und die Wertemenge ermittelt werden.

Nullstellen:
$f(x) = 0 \;\Rightarrow\; x^2 - 4 = 0$
Faktorisierung mit binomischer Formel:
$(x-2)\cdot(x+2) = 0 \;\Rightarrow\; x-2=0$ oder $x+2=0 \;\Rightarrow\; x_1 = 2;\; x_2 = -2$

Damit ergibt sich die Faktorzerlegung des Funktionsterms:
$f(x) = (x-2)\cdot(x+2)$

Schnittpunkt T mit der y-Achse:
$f(0) = -4 \;\Rightarrow\; T(0 \mid -4)$

Symmetrie:
$f(-x) = (-x)^2 - 4 = x^2 - 4 = f(x)$ für alle $x \in \mathbb{R}$
Der Graph von f ist symmetrisch zur y-Achse.

Wertetabelle:

x	–3	–2	–1	0	1	2	3
y	5	0	–3	–4	–3	0	5

Wertemenge:
$y = f(x) = x^2 - 4 \geq -4$ für alle $x \in \mathbb{R}$, da x^2 nicht negativ ist, aber 0 sein kann. Außer für $x = 0$ wird also zu -4 eine positive Zahl addiert.
Es folgt:
$W_f = [-4; +\infty[$

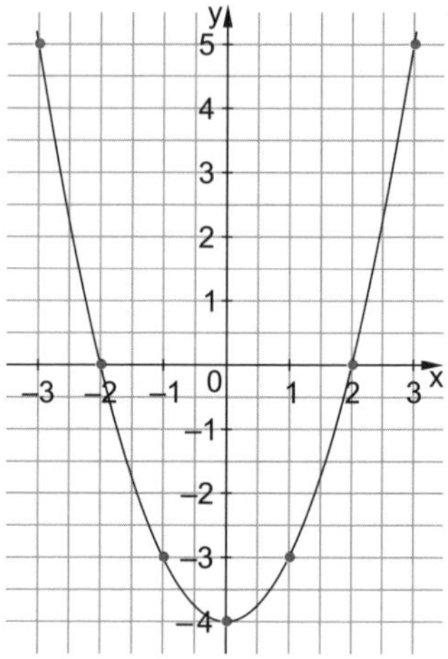

Die gleichen Eigenschaften und Größen sollen nun auch bei einer Funktion mit einem Funktionsterm, in dem x^3 auftritt, bestimmt werden:
Für die Funktion $f: x \mapsto y = x^3 - 5x$ mit $D_f = \mathbb{R}$ wird eine Wertetabelle für die x-Werte im Bereich $-3 \leq x \leq 3$ im Abstand von 0,5 ermittelt, die entsprechenden Punkte $P(x \mid f(x))$ in ein Koordinatensystem eingetragen und der Funktionsgraph gezeichnet.

Wertetabelle:

x	–3	–2,5	–2	–1,5	–1	–0,5	0	0,5	1	1,5	2	2,5	3
y	–12	–3,125	2	4,125	4	2,375	0	–2,375	–4	–4,125	–2	3,125	12

Die eingezeichneten Punkte liegen auf einer Kurve, deren Verlauf durch die berechneten Kurvenpunkte ungefähr zu erkennen ist.
Zur Berechnung der Nullstellen wird $y = f(x) = 0$ gesetzt:
$x^3 - 5x = 0$
Hier kann man den Funktionsterm, also die linke Seite der Gleichung, faktorisieren; x kann ausgeklammert werden:
$x \cdot (x^2 - 5) = 0 \Rightarrow x = 0$ oder $x^2 - 5 = 0$
Die erste Nullstelle ist daher $x_1 = 0$.
Der zweite Faktor lässt sich mithilfe der binomischen Formeln faktorisieren:
$x^2 - 5 = (x - \sqrt{5}) \cdot (x + \sqrt{5}) = 0$

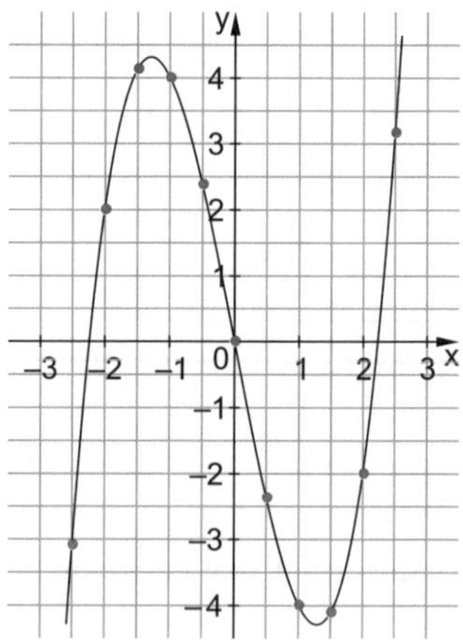

Damit erhält man die weiteren Nullstellen:
$x_2 = \sqrt{5} \approx 2,24$ und $x_3 = -\sqrt{5} \approx -2,24$

Die zugehörigen **Schnittpunkte mit der x-Achse** sind dann $N_1(0\,|\,0)$, $N_2(\sqrt{5}\,|\,0)$ und $N_3(-\sqrt{5}\,|\,0)$. N_1 ist hier gleichzeitig der Schnittpunkt mit der y-Achse.

Der Funktionsterm lässt sich also vollständig in ein Produkt zerlegen, wobei die Faktoren alle linear in x sind:

$f(x) = x \cdot (x-\sqrt{5}) \cdot (x+\sqrt{5})$

Diese Zerlegung von f(x) nennt man **Linearfaktorzerlegung**.

Da offensichtlich alle reellen Zahlen als y-Werte auftreten, gilt:

$W_f = \mathbb{R}$

Man sieht an der Zeichnung, dass der Graph **symmetrisch zum Koordinatenursprung** $O(0\,|\,0)$ ist. Dies erkennt man auch an der Wertetabelle: Geht man nämlich vom x-Wert 0 gleich weit nach links oder rechts, so erhält man Funktionswerte, die sich nur durch das Vorzeichen unterscheiden:

$f(-1) = -4 = -f(1)$, $f(-2) = 2 = -f(2)$ usw.

Es gilt:

$f(-x) = -f(x)$ für alle reellen Zahlen x

Definition

Für eine reelle Funktion f gelten folgende Bezeichnungen:
Die **Nullstellen von f** sind die x-Werte, bei denen der Graph von f die x-Achse schneidet. Für sie gilt: $\mathbf{y = f(x) = 0}$
Die Zerlegung $f(x) = a \cdot (x - x_1) \cdot (x - x_2) \cdot \ldots \cdot (x - x_n)$ mit $n \in \mathbb{N}$ und $a \in \mathbb{R}$ heißt **Linearfaktorzerlegung** von f(x). Die reellen Zahlen $x_1, x_2, \ldots, x_n$ sind dann die Nullstellen von f.
Für den **Schnittpunkt T** von G_f **mit der y-Achse** gilt $\mathbf{f(0) = y_T}$ mit $T(0\,|\,y_T)$.
Der Graph von f heißt **symmetrisch zur y-Achse**, wenn für alle x aus der Definitionsmenge von f gilt: $\mathbf{f(-x) = f(x)}$
Der Graph von f heißt **symmetrisch zum Koordinatenursprung**, wenn für alle x aus der Definitionsmenge von f gilt: $\mathbf{f(-x) = -f(x)}$

Beispiel

Ermitteln Sie jeweils für die Funktion $f\colon x \mapsto y = f(x)$ mit $D_f = \mathbb{R}$ die Nullstellen, falls möglich die Linearfaktorzerlegung von f(x), den Schnittpunkt mit der y-Achse, das Symmetrieverhalten des Graphen, eine Wertetabelle von f für $-3 \le x \le 3$, eine Skizze des Graphen und die Wertemenge.

a) $f\colon x \mapsto y = x^2 - 6{,}25$ b) $f\colon x \mapsto y = 0{,}5 \cdot (x^3 - 3x^2)$

Lösung:

a) **Nullstellen:**

$f(x) = 0 \;\Rightarrow\; x^2 - 6{,}25 = 0$

Faktorisierung mit binomischer Formel:

$(x - 2{,}5) \cdot (x + 2{,}5) = 0$

$x - 2{,}5 = 0$ oder $x + 2{,}5 = 0$

$x_1 = 2{,}5;$ $x_2 = -2{,}5$

Linearfaktorzerlegung:

$f(x) = (x - 2{,}5) \cdot (x + 2{,}5)$

Schnitt mit y-Achse:

$f(0) = -6{,}25 \quad \Rightarrow \quad T(0|-6{,}25)$

Symmetrie:

$f(-x) = (-x)^2 - 6{,}25 = x^2 - 6{,}25 = f(x)$ für alle $x \in \mathbb{R}$

Der Graph von f ist symmetrisch zur y-Achse.

Wertetabelle:

x	–3	–2	–1	0	1	2	3
y	2,75	–2,25	–5,25	–6,25	–5,25	–2,25	2,75

Wertemenge:

$y = f(x) = x^2 - 6{,}25 \geq -6{,}25$ für alle $x \in \mathbb{R}$, da x^2 positiv oder 0 ist. Außer für $x = 0$ wird also zu –6,25 eine positive Zahl addiert. Es folgt:

$W_f = [-6{,}25; +\infty[$

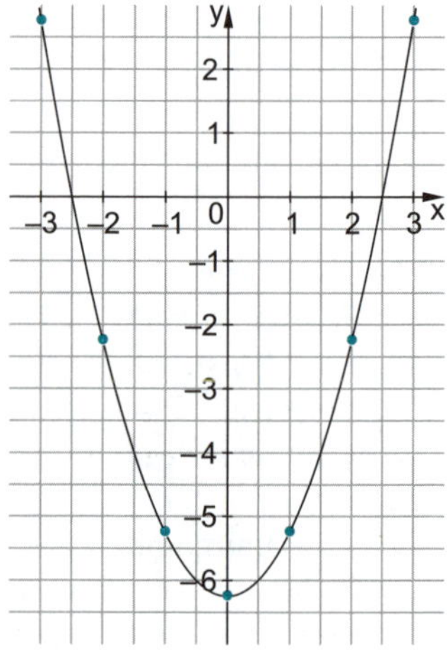

b) **Nullstellen:**

$$f(x) = 0 \quad \Rightarrow \quad x^3 - 3x^2 = 0$$

$$x^2 \cdot (x - 3) = 0 \qquad \text{Ausklammern}$$

$$x \cdot x \cdot (x - 3) = 0$$

$$x = 0; \; x = 0; \; x = 3 \qquad \text{ein Faktor gleich 0}$$

$$x_{1;2} = 0; \; x_3 = 3$$

$x_{1;2} = 0$ heißt doppelte Nullstelle, da diese Nullstelle zweimal auftritt.

Linearfaktorzerlegung:

$f(x) = 0{,}5 \cdot (x - 0) \cdot (x - 0) \cdot (x - 3) = 0{,}5 \cdot x^2 \cdot (x - 3)$

Schnitt mit y-Achse:

$f(0) = 0 \quad \Rightarrow \quad T(0|0)$

Symmetrie:

$f(-x) = 0{,}5 \cdot ((-x)^3 - 3(-x)^2) = 0{,}5 \cdot (-x^3 - 3x^2) \neq f(x)$ und $f(-x) \neq -f(x)$

Somit ist der Graph von f weder symmetrisch zur y-Achse noch symmetrisch zum Koordinatenursprung.

Wertetabelle:

x	−3	−2	−1	0	1	2	3
y	−27	−10	−2	0	−1	−2	0

Wertemenge:

$W_f = \mathbb{R}$

Anmerkung: Bei der doppelten Nullstelle x = 0 berührt der Graph die x-Achse.

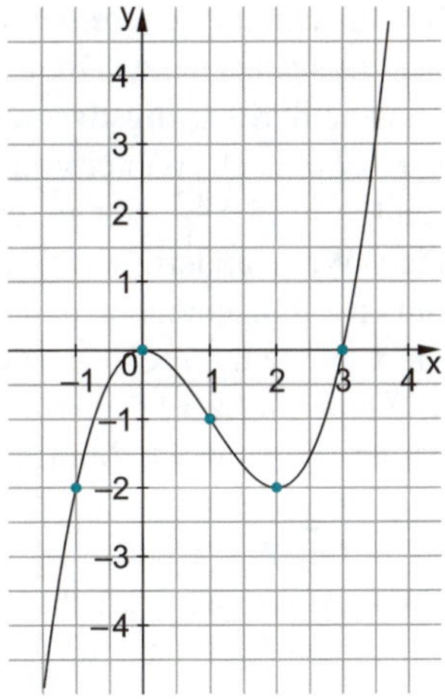

Aufgabe 57. Ermitteln Sie jeweils für die Funktion f: $x \mapsto y = f(x)$ mit $D_f = \mathbb{R}$ die Nullstellen, den Schnittpunkt mit der y-Achse, das Symmetrieverhalten des Graphen, eine Wertetabelle von f für $-3 \le x \le 3$, eine Skizze des Graphen und die Wertemenge.

a) $f(x) = x^2 - 1$ b) $f(x) = \frac{1}{2}x - 1$ c) $f(x) = x^2 + 2$

d) $f(x) = x^2 - 9$ e) $f(x) = x^2 - 2{,}25$ f) $f(x) = x^3 - 4x$

6.2 Lineare Funktionen

In diesem Abschnitt werden Funktionen mit einem Funktionsterm untersucht, in dem x nur linear vorkommt. Als Erstes wird die einfache Funktion f mit $f: x \mapsto y = \frac{3}{2}x,\ x \in \mathbb{R}$ betrachtet. Die Wertetabelle lässt sich schnell berechnen:

x	−3	−2	−1	0	1	2	3
y = f(x)	−4,5	−3	−1,5	0	1,5	3	4,5

Verbindet man die zugehörigen Punkte $P(x\,|\,f(x))$ im Koordinatensystem, so erhält man eine Gerade G_f, die durch den Koordinatenursprung geht. Der Schnittpunkt der Geraden mit der y-Achse ist also $T(0\,|\,0)$. Offensichtlich sind alle y-Werte jeweils Vielfache von $\frac{3}{2} = 1{,}5$. Die Zahl heißt **Steigung** m der Geraden. Geht man jeweils von einem Punkt der Geraden um 1 Einheit (z. B. 2 Kästchen) in x-Richtung nach rechts und 1,5 Einheiten (**3** Kästchen) in y-Richtung nach oben, so erhält man einen weiteren Punkt auf der Geraden. Das entstehende Dreieck in der Zeichnung heißt **Steigungsdreieck**. Das Dreieck kann aber auch so interpretiert werden: Die Zahl $m = 1{,}5 = \frac{1{,}5}{1}$ gibt an, um wie viel sich die y-Werte ändern, wenn sich die x-Werte um eine Längeneinheit ändern. Ändern sich die x-Werte um $\Delta x = 1$, so ändern sich die y-Werte um $\Delta y = 1{,}5$. Das erkennt man auch an der Wertetabelle. Man schreibt deshalb:

$$\mathbf{m = \frac{\Delta y}{\Delta x} = \frac{1{,}5}{1}}$$

Da die y-Werte mit wachsenden x-Werten zunehmen, sagt man, die Gerade G_f **steigt**.

Die Gerade G_f ist symmetrisch zum Koordinatenursprung. Es gilt für alle $x \in \mathbb{R}$:
$f(-x) = \frac{3}{2}(-x) = -\frac{3}{2}x = -f(x)$

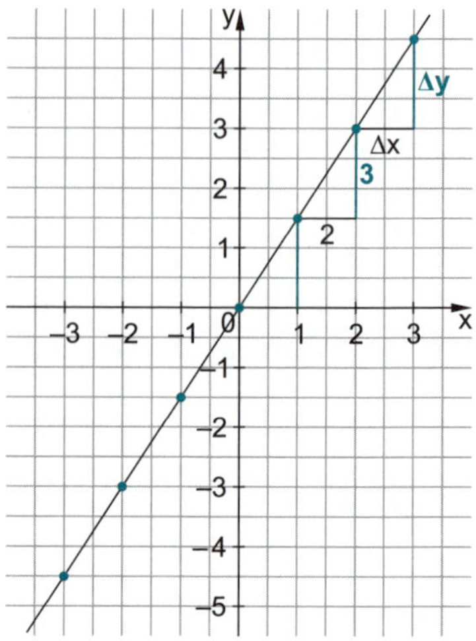

Addiert man zum Funktionsterm von f die Zahl 2,5, so erhält man die neue Funktion h: $x \mapsto y = \frac{3}{2}x + 2{,}5,\ x \in \mathbb{R}$. Die zugehörige Wertetabelle erhält man aus der von f, indem man zu jedem y-Wert 2,5 addiert:

x	−3	−2	−1	0	1	2	3
y = h(x)	−2	−0,5	1	2,5	4	5,5	7

Man erhält also einen Punkt von G_h, indem man von einem Punkt von G_f um 2,5 senkrecht nach oben geht. Man bekommt also die Gerade G_h, indem man die Gerade G_f um 2,5 in y-Richtung nach oben verschiebt. Die beiden Geraden sind **parallel**, sie haben die gleiche Steigung $m = \frac{3}{2}$. Der Schnittpunkt von G_h mit der y-Achse ist $T_h(0\,|\,2{,}5)$. Die Zahl $t_h = 2{,}5$ heißt **y-Achsenabschnitt** der Geraden G_h.

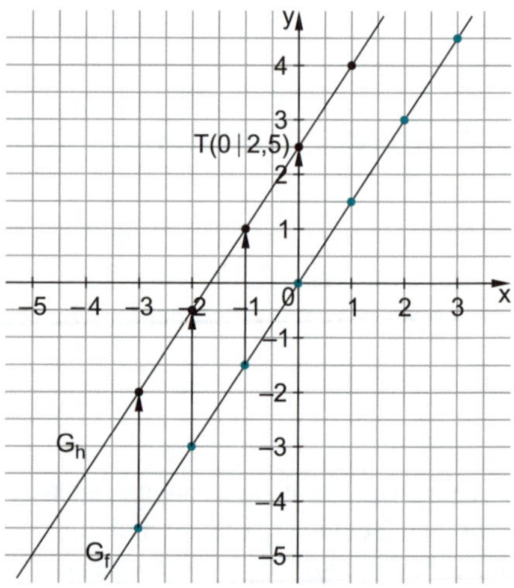

Funktionen der Form $x \mapsto y = mx + t$, $x \in \mathbb{R}$, heißen **lineare Funktionen**. Die zugehörigen Graphen sind Geraden. Dabei heißt die reelle Zahl m Steigung dieser Geraden und t ist der y-Achsenabschnitt. Für diese Funktionen lassen sich leicht Anwendungssituationen finden.

In einer Kleinstadt liefern die Stadtwerke Frischwasser zu einem Preis von 1,50 € pro Kubikmeter. Somit gibt $y = \frac{3}{2}x = 1{,}5 \cdot x$ den Zusammenhang zwischen der abgenommenen Menge x in Kubikmetern und dem zu zahlenden Preis y in € an. Verrechnen die Stadtwerke zusätzlich einen Grundpreis von 2,50 €, so gibt die Gerade G_h mit $y = \frac{3}{2}x + 2{,}5 = 1{,}5 \cdot x + 2{,}5$ den entsprechenden Zusammenhang an. Natürlich sind hier nur die Werte für $x \geq 0$ sinnvoll.

Bei der Funktion $g\colon x \mapsto y = -\frac{1}{4}x + 1$, $x \in \mathbb{R}$, tritt die negative Steigung $m = -\frac{1}{4}$ auf. Die Wertetabelle

x	–3	–2	–1	0	1	2	3
y = g(x)	1,75	1,50	1,25	1	0,75	0,50	0,25

zeigt, dass die y-Werte immer kleiner werden, je größer die x-Werte werden. Man sagt, die zugehörige Gerade G_g **fällt**. Genauer: Ändern sich die x-Werte um $\Delta x = 4$, so ändern sich die y-Werte um $\Delta y = -1$ (kurz: 4 nach rechts, 1 nach unten). Offensichtlich liegt die Abnahme der y-Werte an dem negativen Wert von m.

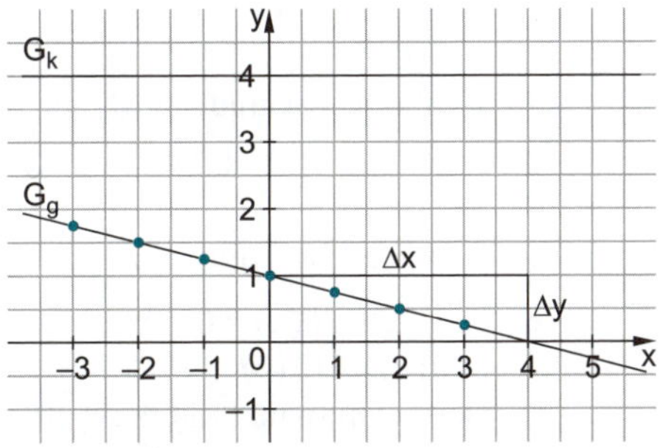

Bei der Funktion $k\colon x \mapsto y = 4$, $x \in \mathbb{R}$, ist die Steigung $m = 0$. Die Gerade G_k ist parallel zur x-Achse; weder steigt sie noch fällt sie.

Definition

Funktionen der Form $f\colon x \mapsto$ **$y = mx + t$**, $x \in \mathbb{R}$, heißen **lineare Funktionen**. Die Graphen von f sind **Geraden**.
Die Zahl m ist dabei die **Steigung** der Geraden. Die Zahl

$$\mathbf{m = \frac{\Delta y}{\Delta x}}$$

gibt an, um wie viel sich die y-Werte ändern, wenn sich die x-Werte um eine Längeneinheit ändern. Zwei Geraden mit der gleichen Steigung m sind **parallel**.
Für **$m > 0$ steigt** die Gerade, für **$m < 0$ fällt** die Gerade und für **$m = 0$** ist die Gerade **parallel zur x-Achse**.
Die Zahl **t** heißt **y-Achsenabschnitt** der Geraden, $T(0 \mid t)$ ist der Schnittpunkt der Geraden mit der y-Achse. Ist $t = 0$, so heißt die Gerade mit der Gleichung $y = mx$ **Ursprungsgerade**.

Beispiele

1. Ermitteln Sie jeweils für die Funktion f: $x \mapsto y = f(x)$ mit $D_f = \mathbb{R}$ die Nullstelle sowie die Schnittstelle der zugehörigen Geraden mit der y-Achse. Zeichnen Sie die Gerade in ein Koordinatensystem und zeichnen Sie, falls möglich, ein Steigungsdreieck ein.

   a) $f(x) = 2x$ b) $f(x) = \frac{1}{4}x + 1$ c) $f(x) = \frac{1}{2}x - 1$

   d) $f(x) = -x + 2$ e) $f(x) = -\frac{1}{4}x$ f) $f(x) = -3{,}5$

   Lösung:

   a) Nullstelle: $f(x) = 0 \;\Rightarrow\; 2x = 0 \;\Rightarrow\; x = \mathbf{0}$
   $N(\mathbf{0}|0) = T(0|0)$
   Der Schnittpunkt mit der x-Achse ist gleichzeitig der Schnittpunkt mit der y-Achse.

   b) Nullstelle: $f(x) = 0 \;\Rightarrow\; \frac{1}{4}x + 1 = 0 \;\Rightarrow\; \frac{1}{4}x = -1 \;\Rightarrow\; x = \mathbf{-4}$
   $N(\mathbf{-4}|0)$
   y-Achsenabschnitt: $t = 1 \;\Rightarrow\; T(0|1)$

   c) Nullstelle: $f(x) = 0 \;\Rightarrow\; \frac{1}{2}x - 1 = 0 \;\Rightarrow\; \frac{1}{2}x = 1 \;\Rightarrow\; x = \mathbf{2}$
   $N(\mathbf{2}|0)$
   y-Achsenabschnitt: $t = -1 \;\Rightarrow\; T(0|-1)$

   d) Nullstelle: $f(x) = 0 \;\Rightarrow\; -x + 2 = 0 \;\Rightarrow\; -x = -2 \;\Rightarrow\; x = \mathbf{2}$
   $N(\mathbf{2}|0)$
   y-Achsenabschnitt: $t = 2 \;\Rightarrow\; T(0|2)$

   e) Nullstelle: $f(x) = 0 \;\Rightarrow\; -\frac{1}{4}x = 0 \;\Rightarrow\; x = \mathbf{0}$
   $N(\mathbf{0}|0) = T(0|0)$
   Der Schnittpunkt mit der x-Achse ist gleichzeitig der Schnittpunkt mit der y-Achse.

   f) Nullstelle: $f(x) = 0 \;\Rightarrow\; -3{,}5 = 0$; keine Lösung, also **keine** Nullstelle
   y-Achsenabschnitt: $t = -3{,}5 \;\Rightarrow\; T(0|-3{,}5)$

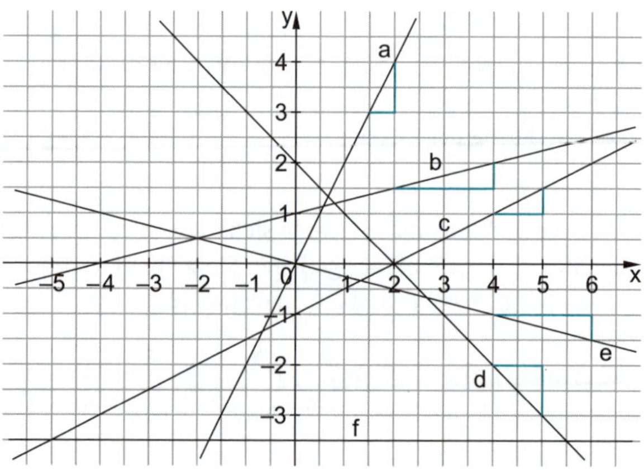

2. Bestimmen Sie für jede eingezeichnete Gerade a bis e einen Funktionsterm $y = f(x)$ für die zugehörige lineare Funktion $f\colon x \mapsto y = mx + t,\ x \in \mathbb{R}$, und zeichnen Sie, falls möglich, ein Steigungsdreieck ein.

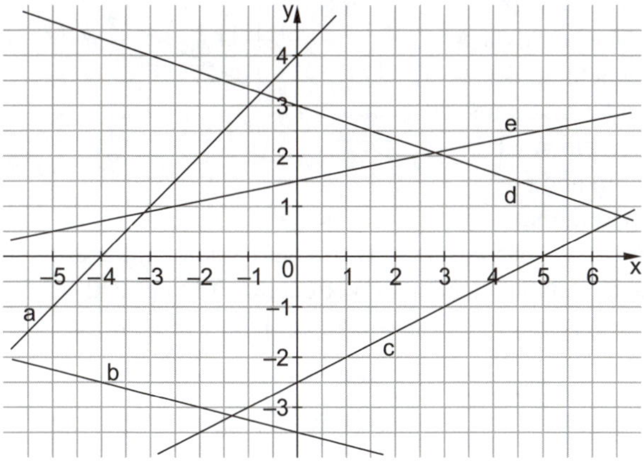

Lösung:

a) Ablesen: y-Achsenabschnitt $t = 4$
Steigung $m = \mathbf{1}$ („1 nach rechts, 1 nach oben") $\Rightarrow\ y = \mathbf{1} \cdot x + 4 = x + 4$

b) Ablesen: y-Achsenabschnitt $t = -3{,}5$
Steigung $m = -\frac{1}{4}$ („4 nach rechts, 1 nach unten") $\Rightarrow\ y = -\frac{1}{4}x - 3{,}5$

c) Ablesen: y-Achsenabschnitt $t = -2{,}5$
Steigung $m = \frac{1}{2}$ („2 nach rechts, 1 nach oben") $\Rightarrow\ y = \frac{1}{2}x - 2{,}5$

d) Ablesen: y-Achsenabschnitt $t = 3$
Steigung $m = -\frac{1}{3}$ („3 nach rechts, 1 nach unten") $\Rightarrow\ y = -\frac{1}{3}x + 3$

e) Ablesen: y-Achsenabschnitt $t = 1{,}5$
Steigung $m = \frac{1}{5}$ („5 nach rechts, 1 nach oben") $\Rightarrow\ y = \frac{1}{5}x + 1{,}5$

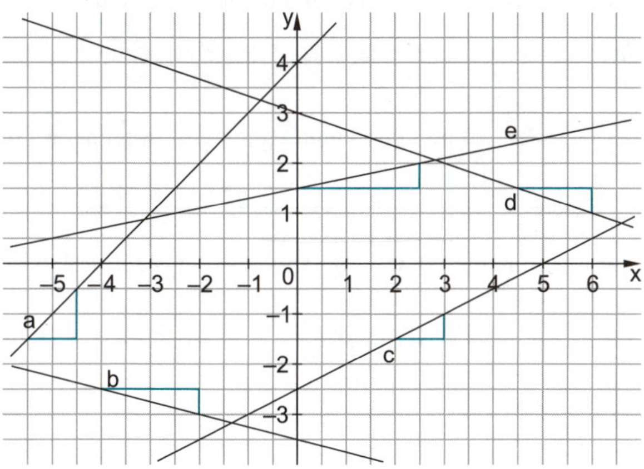

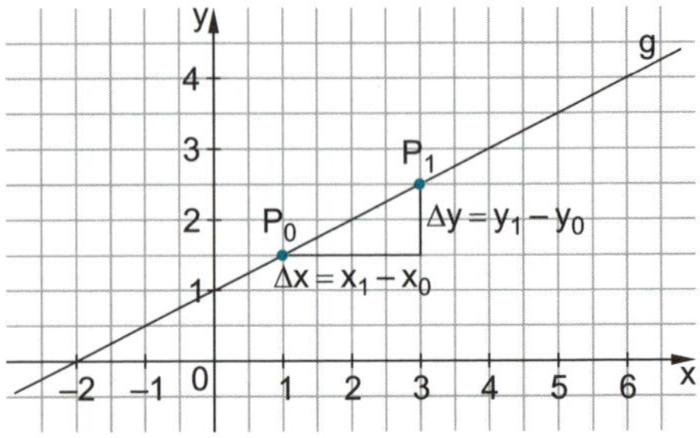

Gibt man zwei Punkte $P_0(x_0 | y_0)$ und $P_1(x_1 | y_1)$ vor, z. B. $P_0(1 | 1{,}5)$ und $P_1(3 | 2{,}5)$, so kann man durch diese zwei Punkte eindeutig eine Gerade g zeichnen. Man kann dazu auch die Funktionsgleichung der zugehörigen linearen Funktion bestimmen. In der allgemeinen Gleichung $y = mx + t$ sind m und t gesucht. Für die Steigung m muss man die Differenz $\Delta y = 2{,}5 - 1{,}5 = 1$ der y-Werte der beiden Punkte durch die Differenz $\Delta x = 3 - 1 = 2$ der entsprechenden x-Werte teilen. Man erhält:

$$m = \frac{\Delta y}{\Delta x} = \frac{1}{2}$$

Allgemein ergibt sich die Formel:

$$\mathbf{m = \frac{\Delta y}{\Delta x} = \frac{y_1 - y_0}{x_1 - x_0}}$$

Um den y-Achsenabschnitt t zu bestimmen, muss man in den Ansatz $y = \frac{1}{2}x + t$ die Koordinaten von P_0 (oder P_1) für y und x einsetzen und nach t auflösen:

$$1{,}5 = \frac{1}{2} \cdot 1 + t \quad \Rightarrow \quad t = 1$$

Allgemein erhält man:

$$y_0 = m \cdot x_0 + t \quad \Rightarrow \quad t = y_0 - m \cdot x_0$$

So ergibt sich für das betrachtete Beispiel $y = \frac{1}{2}x + 1$, was die Zeichnung bestätigt, bzw. allgemein $y = mx + y_0 - mx_0 = m(x - x_0) + y_0$.

Diese Gleichung $\mathbf{y = m(x - x_0) + y_0}$ kann also allgemein als Gleichung einer Geraden mit der Steigung m durch den Punkt $P_0(x_0 | y_0)$ verwendet werden.

Regel

> Für die Steigung m einer Geraden g durch die Punkte $P_0(x_0 | y_0)$ und $P_1(x_1 | y_1)$ mit $x_0 \neq x_1$ gilt:
>
> $$\mathbf{m = \frac{\Delta y}{\Delta x} = \frac{y_1 - y_0}{x_1 - x_0}}$$
>
> Für die Gleichung der Geraden g durch den Punkt P_0 mit der Steigung m gilt:
>
> **g: $y = m(x - x_0) + y_0$**

Beispiele

1. Bestimmen Sie jeweils eine Gleichung der Geraden g durch den Punkt P_0 mit der Steigung m.

   a) $P_0(1 | 0)$; $m = 2$ b) $P_0(-2 | 3)$; $m = -3$ c) $P_0(2{,}5 | -3)$; $m = 0{,}5$

   d) $P_0(0 | 2)$; $m = -1$ e) $P_0(1 | 3)$; $m = 0$

Lösung:

a) $y = 2 \cdot (x-1) + 0 = 2x - 2 + 0$ — Einsetzen von $x_0 = 1$, $y_0 = 0$ und $m = 2$ in $y = m(x - x_0) + y_0$

$g\colon y = 2x - 2$

Alternativ:

$0 = 2 \cdot 1 + t$ — Einsetzen von $x_0 = 1$ und $y_0 = 0$ in den Ansatz $y = 2x + t$ und Auflösen nach t

$t = \mathbf{-2}$

$g\colon y = 2x \mathbf{-2}$ — Ergebnis für t in den Ansatz einsetzen

b) $y = -3 \cdot (x - (-2)) + 3 = -3x - 6 + 3$ — $x_0 = -2$, $y_0 = 3$ und $m = -3$ einsetzen

$g\colon y = -3x - 3$

Alternativ:

$3 = -3 \cdot (-2) + t$ — $x_0 = -2$ und $y_0 = 3$ in den Ansatz $y = -3x + t$ einsetzen

$t = \mathbf{-3}$

$g\colon y = -3x \mathbf{-3}$ — Offenbar ist die erste Methode etwas schneller und weniger fehleranfällig.

c) $y = 0{,}5 \cdot (x - 2{,}5) - 3 = 0{,}5x - 1{,}25 - 3$ — $x_0 = 2{,}5$, $y_0 = -3$ und $m = 0{,}5$ einsetzen

$g\colon y = 0{,}5x - 4{,}25$

d) $g\colon y = -1 \cdot (x - 0) + 2 = -x + 2$ — $x_0 = 0$, $y_0 = 2$ und $m = -1$ einsetzen

Der gegebene Punkt $P_0(0\,|\,2)$ ist der Schnittpunkt der Geraden g mit der y-Achse, $t = 2$ kann also sofort abgelesen werden.

e) $g\colon y = 0 \cdot (x - 1) + 3 = 3$ — $x_0 = 1$, $y_0 = 3$ und $m = 0$ einsetzen

Wegen $m = 0$ ist g eine Parallele zur x-Achse.

2. Bestimmen Sie jeweils die Steigung und die Gleichung der Geraden g durch die Punkte P_0 und P_1. Zeichnen Sie die Geraden in ein Koordinatensystem ein.

a) $P_0(2\,|\,-2)$, $P_1(-4\,|\,1)$ b) $P_0(-1\,|\,-3{,}5)$, $P_1(4\,|\,-1)$

c) $P_0(1\,|\,3)$, $P_1(3\,|\,1)$ d) $P_0(-4\,|\,4)$, $P_1(3\,|\,4)$

e) $P_0(-4\,|\,0)$, $P_1(0\,|\,3)$

Lösung:

a) $\mathbf{m} = \frac{\Delta y}{\Delta x} = \frac{y_1 - y_0}{x_1 - x_0} = \frac{1-(-2)}{-4-2} = \frac{3}{-6} = \mathbf{-\frac{1}{2}}$ — $x_0 = 2$, $y_0 = -2$, $x_1 = -4$, $y_1 = 1$

$g\colon y = \mathbf{-\frac{1}{2}}(x - 2) - 2 = -\frac{1}{2}x + 1 - 2$ — $x_0 = 2$, $y_0 = -2$, $\mathbf{m = -\frac{1}{2}}$ in $y = m(x - x_0) + y_0$ einsetzen

$= -\frac{1}{2}x - 1$

Alternativ:

$-2 = \mathbf{-\frac{1}{2}} \cdot 2 + t \;\Rightarrow\; t = -1$ — $x_0 = 2$, $y_0 = -2$, $m = -\frac{1}{2}$ in $y = mx + t$ einsetzen und nach t auflösen

$g\colon y = -\frac{1}{2}x - 1$

b) $\mathbf{m} = \frac{\Delta y}{\Delta x} = \frac{y_1 - y_0}{x_1 - x_0} = \frac{-1-(-3{,}5)}{4-(-1)} = \frac{2{,}5}{5} = \mathbf{0{,}5}$ $\quad x_0 = -1,\ y_0 = -3{,}5,\ x_1 = 4,\ y_1 = -1$

g: $y = \mathbf{0{,}5}(x+1) - 3{,}5 = 0{,}5x + 0{,}5 - 3{,}5$
$= 0{,}5x - 3$ $\quad x_0 = -1,\ y_0 = -3{,}5,\ \mathbf{m = 0{,}5}$ in $y = m(x - x_0) + y_0$ einsetzen

c) $\mathbf{m} = \frac{\Delta y}{\Delta x} = \frac{y_1 - y_0}{x_1 - x_0} = \frac{1-3}{3-1} = \frac{-2}{2} = \mathbf{-1}$ $\quad x_0 = 1,\ y_0 = 3,\ x_1 = 3,\ y_1 = 1$

g: $y = \mathbf{-1}(x-1) + 3 = -x + 1 + 3 = -x + 4$ $\quad x_0 = 1,\ y_0 = 3,\ \mathbf{m = -1}$ in $y = m(x - x_0) + y_0$ einsetzen

d) $\mathbf{m} = \frac{\Delta y}{\Delta x} = \frac{y_1 - y_0}{x_1 - x_0} = \frac{4-4}{3-(-4)} = \frac{0}{7} = \mathbf{0}$ $\quad x_0 = -4,\ y_0 = 4,\ x_1 = 3,\ y_1 = 4$

g: $y = \mathbf{0}(x+4) + 4 = 4$ $\quad x_0 = -4,\ y_0 = 4,\ \mathbf{m = 0}$ in $y = m(x - x_0) + y_0$ einsetzen
(Parallele zur x-Achse)

e) $\mathbf{m} = \frac{\Delta y}{\Delta x} = \frac{y_1 - y_0}{x_1 - x_0} = \frac{3-0}{0-(-4)} = \frac{3}{4} = \mathbf{0{,}75}$ $\quad x_0 = -4,\ y_0 = 0,\ x_1 = 0,\ y_1 = 3$

g: $y = \mathbf{0{,}75}(x+4) - 0 = 0{,}75x + 3$ $\quad x_0 = -4,\ y_0 = 0,\ \mathbf{m = 0{,}75}$ in $y = m(x - x_0) + y_0$ einsetzen

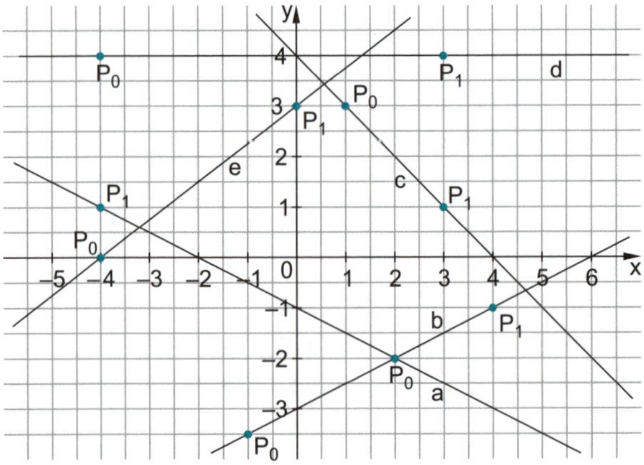

Aus der Zeichnung im letzten Beispiel kann man ungefähr den Schnittpunkt S(2|–2) der Geraden g_a und g_b ablesen. Um diese Koordinaten zu überprüfen, kann man den x-Wert $x_s = \mathbf{2}$ sowohl in die Gleichung von g_a als auch in die Gleichung von g_b einsetzen:

g_a: $y = -\frac{1}{2}x_s - 1 = -\frac{1}{2} \cdot \mathbf{2} - 1 = -1 - 1 = \mathbf{-2}$

g_b: $y = 0{,}5x_s - 3 = 0{,}5 \cdot \mathbf{2} - 3 = 1 - 3 = \mathbf{-2}$

Da sich beide Male der gleiche Wert $y_s = \mathbf{-2}$ ergibt, ist also S(2|–2) tatsächlich der Schnittpunkt von g_a und g_b.

Kennt man die Schnittstelle x_s noch nicht, so ermittelt man x_s, indem man die beiden zugehörigen Funktionsterme gleichsetzt und diese Gleichung nach x auflöst:
$g_a \cap g_b$: $-0{,}5x - 1 = 0{,}5x - 3 \;\Rightarrow\; -x = -2 \;\Rightarrow\; x = 2$
Den zugehörigen y-Wert y_s bekommt man wie oben durch Einsetzen von $x_s = 2$ in eine der beiden Geradengleichungen. Dabei entscheidet man sich für den „einfacheren" Term. Natürlich muss sich jeweils derselbe y-Wert ergeben, da x_s durch Gleichsetzen der Funktionsterme bestimmt wurde.

Auf diese Weise ermittelt man auch die Koordinaten des Schnittpunkts der Geraden g_b und g_c aus dem vorangehenden Beispiel:

$$g_b \cap g_c\text{: } g_b(x) = g_c(x) \;\Rightarrow\; \begin{aligned} 0{,}5x - 3 &= -x + 4 \\ 0{,}5x + x &= 4 + 3 \\ 1{,}5x &= 7 \\ x &= \tfrac{7}{1{,}5} = \tfrac{14}{3} \end{aligned}$$

Einsetzen von $x_s = \frac{14}{3}$:

$$g_c(x_s) = g_c\left(\tfrac{14}{3}\right) = -\tfrac{14}{3} + 4 = -\tfrac{2}{3} = y_s$$

Damit ergibt sich der Schnittpunkt $S\left(\frac{14}{3} \,\middle|\, -\frac{2}{3}\right)$ von g_b und g_c.

Regel

> Sind f: $x \mapsto y = m_1 \cdot x + t_1$, $x \in \mathbb{R}$ und g: $x \mapsto y = m_2 \cdot x + t_2$, $x \in \mathbb{R}$ zwei lineare Funktionen, so bestimmt man die **Schnittstelle x_s** der zugehörigen Geraden G_f und G_g durch **Gleichsetzen der Funktionsterme**:
> **$f(x) = g(x)$**, d. h. $m_1 \cdot x + t_1 = m_2 \cdot x + t_2$
> Die y-Koordinate y_s des Schnittpunkts erhält man durch Einsetzen in einen der beiden Funktionsterme: $y_s = f(x_s)$ oder $y_s = g(x_s)$
> Man wählt sich dazu den „einfacheren" der beiden Funktionsterme aus.

Beispiel

Bestimmen Sie jeweils die Koordinaten des Schnittpunkts der zu den linearen Funktionen f: $x \mapsto y = m_1 \cdot x + t_1$, $x \in \mathbb{R}$ und g: $x \mapsto y = m_2 \cdot x + t_2$, $x \in \mathbb{R}$ gehörenden Geraden G_f und G_g, falls er existiert.

a) $f(x) = x + 7$; $g(x) = -x + 9$
b) $f(x) = x + 3$; $g(x) = -\frac{2}{3}x + \frac{4}{3}$
c) $f(x) = \frac{1}{2}x + 2$; $g(x) = -\frac{5}{6}x + 6$
d) $f(x) = x + 7$; $g(x) = x + 3$

Lösung:

a) $$G_f \cap G_g\text{: } f(x) = g(x) \;\Rightarrow\; \begin{aligned} x + 7 &= -x + 9 \\ 2x &= 2 \\ x &= \mathbf{1} \end{aligned}$$

Für die x-Koordinate des Schnittpunkts gilt also $x_s = \mathbf{1}$.

$f(x_s) = f(\mathbf{1}) = \mathbf{1} + 7 = 8 = y_s$

Zur Bestimmung der y-Koordinate y_s wird x_s in den Funktionsterm von f eingesetzt.

$S(1 \,|\, 8)$

b) $G_f \cap G_g$: $f(x) = g(x) \;\Rightarrow\; x + 3 = -\frac{2}{3}x + \frac{4}{3}$

$$x + \frac{2}{3}x = \frac{4}{3} - 3$$
$$\frac{5}{3}x = -\frac{5}{3}$$
$$x_s = \mathbf{-1}$$

$f(x_s) = f(\mathbf{-1}) = \mathbf{-1} + 3 = 2 = y_s$

$S(-1\,|\,2)$

c) $G_f \cap G_g$: $f(x) = g(x) \;\Rightarrow\; \frac{1}{2}x + 2 = -\frac{5}{6}x + 6$

$$\frac{1}{2}x + \frac{5}{6}x = 6 - 2$$
$$\frac{4}{3}x = 4$$
$$x_s = \mathbf{3}$$

$f(x_s) = f(\mathbf{3}) = \frac{1}{2} \cdot \mathbf{3} + 2 = 3{,}5 = y_s$

$S(3\,|\,3{,}5)$

d) $G_f \cap G_g$: Da beide Geraden dieselbe Steigung $m = 1$, aber verschiedene Achsenabschnitte haben, sind die beiden Geraden (echt) parallel und haben keinen gemeinsamen Punkt. Dies ergibt auch die Rechnung:
$f(x) = g(x) \;\Rightarrow\; x + 7 = x + 3 \;\Rightarrow\; x - x = 3 - 7 \;\Rightarrow\; 0 = -4$
Da dies falsch ist, gibt es keine Lösung und damit keinen Schnittpunkt.

Die Gleichungen der Geraden G_f und G_g aus Beispiel a können auch als $y = x + 7$ und $y = -x + 9$ geschrieben werden. Addiert man bei der ersten Gleichung beidseitig $-x$ und bei der zweiten Gleichung $+x$, so ergeben sich die beiden Gleichungen:

(I) $\quad -x + y = 7$

(II) $\quad x + y = 9$

Führt man nun das Additionsverfahren zur Lösung von linearen Gleichungssystemen durch (siehe Seite 75), indem man die linken Seiten bzw. die rechten Seiten addiert, so erhält man $2y = 16$ und damit $y = 8$. Setzt man $y = 8$ in die Gleichung (I) oder (II) ein, so erhält man $x = 1$ – wie im Beispiel a auch berechnet wurde.

Das Bestimmen der Lösung eines linearen Gleichungssystems bedeutet also anschaulich die Bestimmung des Schnittpunkts der beiden Geraden, die zu den linearen Gleichungen gehören.

Sind die zugehörigen Geraden wie im Beispiel a **nicht parallel**, so haben sie genau einen gemeinsamen Punkt, nämlich den Schnittpunkt S. Das lineare Gleichungssystem hat also genau eine Lösung für x bzw. y.

Sind die beiden Geraden (echt) **parallel** (nicht identisch), so haben sie keinen Punkt gemeinsam bzw. das zugehörige Gleichungssystem hat keine Lösung. Addiert man beim Gleichungssystem

(I) $x - y = -5$

(II) $-x + y = 3$

die linken bzw. rechten Seiten der beiden Gleichungen, so erhält man $0 = -2$, also eine falsche Aussage. Das Gleichungssystem hat also keine Lösung. Löst man die Gleichungen (I) und (II) jeweils nach y auf, so erhält man:

$y = x + 5$ bzw. $y = x + 3$

Die zugehörigen Geraden sind also parallel und haben keinen gemeinsamen Punkt.

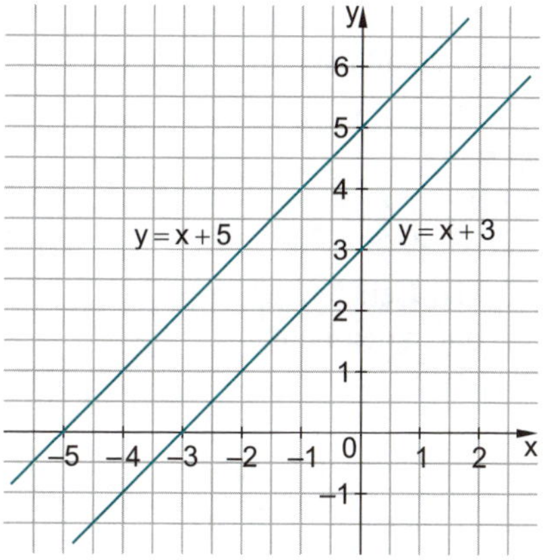

Die beiden Funktionsterme der obigen Geraden lassen sich auch durch folgenden Funktionsterm beschreiben:

$g_a(x) = x + \mathbf{a}$

Dabei steht der sogenannte **Parameter a** für eine beliebige reelle Zahl. Setzt man für $a = 5$, so erhält man die Gerade, die zur Gleichung (I) gehört, setzt man für $a = 3$, so erhält man die Gerade zur Gleichung (II). Für jeden Wert von a erhält man eine andere Gerade g_a.

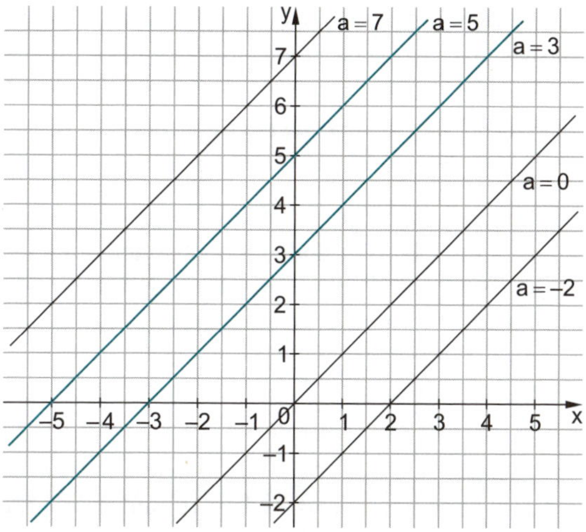

Alle diese Geraden g_a haben die gleiche Steigung $m = 1$ und sind somit parallel. Sie unterscheiden sich nur in ihrem y-Achsenabschnitt. Man sagt: Die Geraden g_a stellen eine **Geradenschar** dar oder genauer eine **Parallelenschar** von Geraden.

Durch den Funktionsterm $h_a(x) = a \cdot x - a + 3$ mit $x \in \mathbb{R}$ werden ebenfalls für jede reelle Zahl a Geraden h_a beschrieben. Allerdings haben diese Geraden für jedes a eine andere Steigung.

Für $a=-1$, $a=0$, $a=1$, $a=0{,}5$ erhält man:
$h_{-1}(x)=-x+4$,
$h_0(x)=3$,
$h_1(x)=x+2$,
$h_{0,5}(x)=0{,}5x+2{,}5$
Die vier Geraden gehen alle durch den Punkt $P(1\,|\,3)$.

Da $h_a(1)=a-a+3=3$ für jeden Wert a gilt, gehen alle Geraden h_a unabhängig von a durch P. Man spricht deshalb hier von einem **Geradenbüschel**.

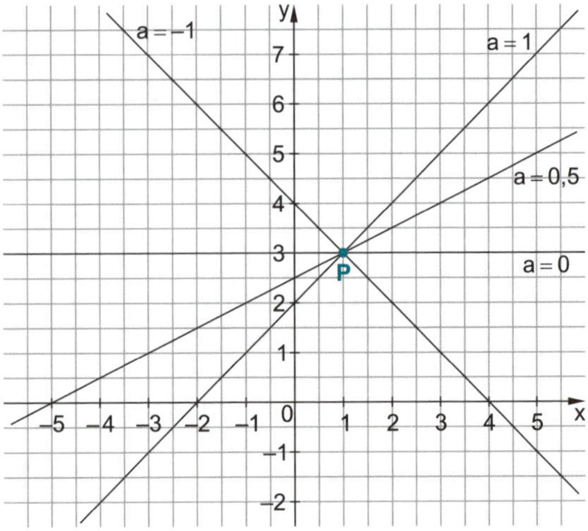

Regel

> Durch eine Funktion g_a: $x \mapsto g_a(x)$ mit $x \in \mathbb{R}$ und dem linearen Funktionsterm $g_a(x)$ wird für jede zugelassene reelle Zahl a eine Gerade g_a beschrieben.
> Haben alle Geraden g_a die gleiche Steigung, so liegt eine **Parallelenschar** von Geraden vor. Gehen alle Geraden unabhängig von a durch einen festen Punkt P, so handelt es sich um ein **Geradenbüschel**.

Beispiel

Gegeben ist die lineare Funktion g_a: $x \mapsto y=g_a(x)$ mit $x \in \mathbb{R}$ und dem Parameter $a \in \mathbb{R}$. Begründen Sie, ob eine Parallelenschar oder ein Geradenbüschel vorliegt, und ermitteln Sie die gemeinsame Steigung oder den gemeinsamen Punkt. Bestimmen Sie die Nullstelle von g_a in Abhängigkeit von a. Für welchen Wert von a geht die Gerade durch den Punkt $A(1\,|\,2)$? Zeichnen Sie die Geraden für $a \in \{-2, -1; 0; 1; 2\}$ und die Gerade durch A.

a) $g_a(x)=(a+1)\cdot x+2a+3$ b) $g_a(x)=0{,}5x+a+2$

Lösung:

a) Die Steigung **$m=a+1$** ist für unterschiedliche Werte von a verschieden. Man wählt zwei beliebige Werte von a, z. B. $a_1=0$ und $a_2=1$, und berechnet den Schnittpunkt der zugehörigen Geraden:

$$g_0(x)=g_1(x) \;\Rightarrow\; (0+1)x+0+3=(1+1)x+2+3$$
$$x-2x=5-3$$
$$-x=2$$
$$x=-2$$

$g_0(-2)=-2+3=1 \;\Rightarrow\; P(-2\,|\,1)$

$g_a(-2)=(a+1)(-2)+2a+3=-2a-2+2a+3=1$ ist unabhängig von a, also liegt ein Geradenbüschel vor. Der Punkt $P(-2\,|\,1)$ liegt auf allen Geraden.

Nullstelle:

$g_a(x) = 0 \;\Rightarrow\; (a+1)x + 2a + 3 = 0 \;\Rightarrow\; (a+1)x = -2a - 3$

$N\left(\frac{-2a-3}{a+1}\,\middle|\,0\right)$ für $a \neq -1$; keine Nullstelle für $a = -1$

Gerade durch A(1 | 2):

$g_a(1) = 2 \;\Rightarrow\; (a+1)\cdot 1 + 2a + 3 = 2 \;\Rightarrow\; 3a + 4 = 2 \;\Rightarrow\; a = -\frac{2}{3}$

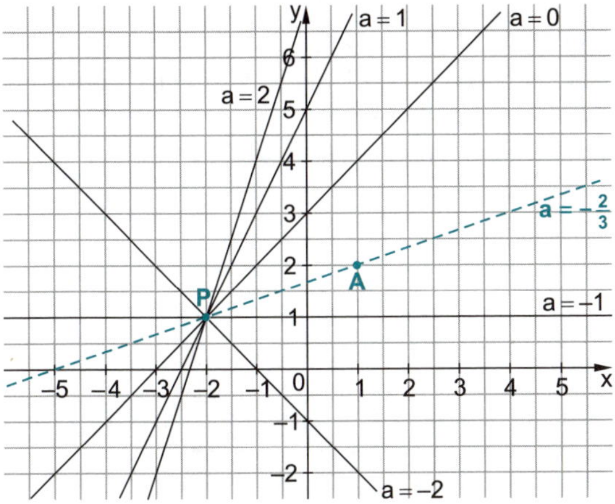

b) Alle Geraden haben die Steigung **m = 0,5** und sind deshalb parallel. Es liegt also eine Parallelenschar von Geraden vor.

Nullstelle:

$g_a(x) = 0 \;\Rightarrow\; 0{,}5x + a + 2 = 0 \;\Rightarrow\; 0{,}5x = -a - 2 \;\Rightarrow\; x = -2a - 4$

$N(-2a-4\,|\,0)$

Gerade durch A(1 | 2):

$g_a(1) = 2 \;\Rightarrow\; 0{,}5\cdot 1 + a + 2 = 2 \;\Rightarrow\; a + 2{,}5 = 2 \;\Rightarrow\; a = -0{,}5$

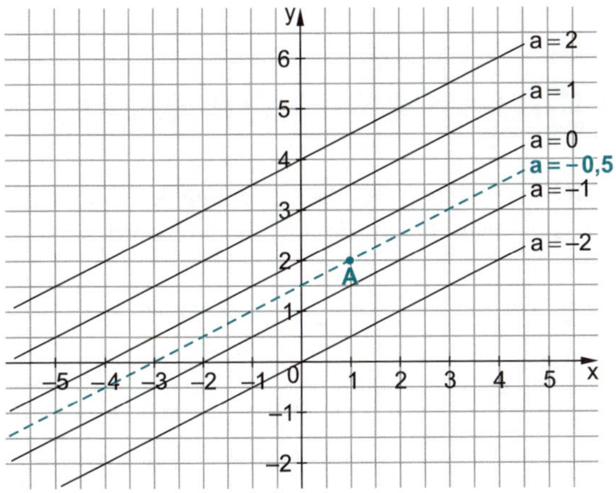

Aufgaben

58. Ermitteln Sie jeweils für die Funktion f: $x \mapsto y = f(x)$ mit $D_f = \mathbb{R}$ die Nullstelle sowie die Schnittstelle der zugehörigen Geraden mit der y-Achse. Zeichnen Sie die Gerade in ein Koordinatensystem und, falls möglich, ein Steigungsdreieck ein.

a) $f(x) = -\frac{2}{3}x$ b) $f(x) = 2x - 4$ c) $f(x) = -\frac{1}{3}x + 2$

d) $f(x) = \frac{1}{5}x - 1$ e) $f(x) = \frac{1}{2}x + 2{,}5$ f) $f(x) = -2x + 3$

59. Bestimmen Sie für jede eingezeichnete Gerade a bis f einen Funktionsterm $y = g(x)$ für die zugehörige lineare Funktion g: $x \mapsto y = mx + t$, $x \in \mathbb{R}$, und zeichnen Sie, falls möglich, ein Steigungsdreieck ein.

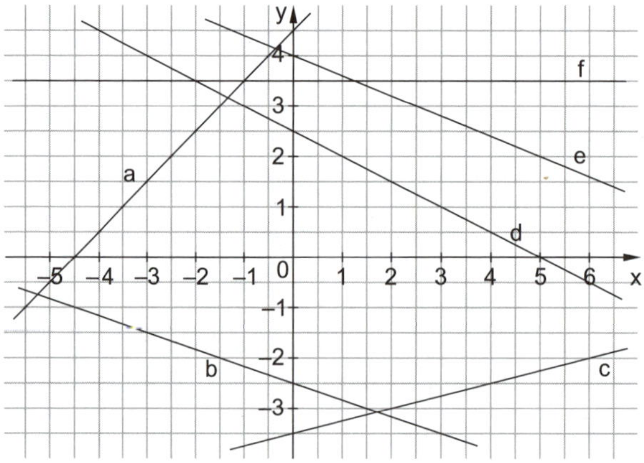

60. Bestimmen Sie jeweils die Gleichung der Geraden g durch den Punkt P_0 mit der Steigung m.

a) $P_0(2\,|\,1)$; $m = -\frac{1}{4}$ b) $P_0(-1\,|\,1)$; $m = \frac{3}{2}$

c) $P_0(4\,|\,-5)$; $m = -\frac{1}{4}$ d) $P_0(0\,|\,2)$; $m = -\frac{1}{3}$

e) $P_0\left(-3\,\middle|\,\frac{1}{2}\right)$; $m = \frac{1}{6}$ f) $P_0(\sqrt{7}\,|\,-4)$; $m = 0$

61. Bestimmen Sie jeweils die Steigung und die Gleichung der Geraden g durch die Punkte P_0 und P_1. Zeichnen Sie die Geraden in ein Koordinatensystem ein.

a) $P_0(1{,}5\,|\,4{,}5)$, $P_1(4{,}5\,|\,3{,}5)$ b) $P_0(-4\,|\,-2)$, $P_1(1\,|\,5{,}5)$

c) $P_0(-4\,|\,-1)$, $P_1(-1\,|\,-3)$ d) $P_0(-2\,|\,-3)$, $P_1(0{,}5\,|\,-3{,}5)$

e) $P_0(2\,|\,-4{,}5)$, $P_1(5\,|\,-3)$ f) $P_0(4\,|\,-3{,}5)$, $P_1(1{,}5\,|\,3)$

g) $P_0(-5\,|\,-1)$, $P_1(5\,|\,-1)$ h) $P_0(5\,|\,-3)$, $P_1(4{,}5\,|\,0)$

62. Bestimmen Sie jeweils die Koordinaten des Schnittpunkts der zu den linearen Funktionen f: $x \mapsto y = m_1 \cdot x + t_1$, $x \in \mathbb{R}$, und g: $x \mapsto y = m_2 \cdot x + t_2$, $x \in \mathbb{R}$, gehörenden Geraden G_f und G_g, falls er existiert. Zeichnen Sie jeweils die beiden Geraden in ein Koordinatensystem ein und kontrollieren Sie so das Ergebnis.

a) $f(x) = x + 6;\ g(x) = -\frac{1}{2}x$

b) $f(x) = -x + 4{,}5;\ g(x) = \frac{1}{2}x + 6$

c) $f(x) = 2x + 6;\ g(x) = \frac{1}{4}x - 1$

d) $f(x) = -3x + 6;\ g(x) = \frac{1}{6}x - 3{,}5$

e) $f(x) = \frac{1}{5}x - 2{,}5;\ g(x) = -\frac{2}{5}x + 0{,}5$

f) $f(x) = -\frac{4}{7}x + 4;\ g(x) = \frac{2}{7}x + 4$

g) $f(x) = \frac{1}{4}x + 2;\ g(x) = 4$

h) $f(x) = \frac{1}{3}x + 5;\ g(x) = \frac{1}{3}x + 6$

63. Gegeben ist die lineare Funktion g_a: $x \mapsto y = g_a(x)$ mit $x \in \mathbb{R}$ und dem Parameter $a \in \mathbb{R}$. Begründen Sie, ob eine Parallelenschar oder ein Geradenbüschel vorliegt, und ermitteln Sie die gemeinsame Steigung oder den gemeinsamen Punkt. Bestimmen Sie die Nullstelle von g_a in Abhängigkeit von a. Für welchen Wert von a geht die Gerade durch den Punkt $A(1\,|\,4)$? Zeichnen Sie die Geraden für $a \in \{-2; -1; 0; 1; 2\}$ und die Gerade durch A.

a) $g_a(x) = -x + 2a + 1$

b) $g_a(x) = (a-1) \cdot x - 3a + 5$

c) $g_a(x) = 2x - a + 2$

d) $g_a(x) = 2ax + 6a - 4$

64. Ermitteln Sie jeweils rechnerisch die Lösung des linearen Gleichungssystems mit $x, y \in \mathbb{Q}$. Überprüfen Sie Ihr Ergebnis, indem Sie die zu den Gleichungen (I) bzw. (II) gehörenden Geraden in ein Koordinatensystem eintragen und zeichnerisch den Schnittpunkt ermitteln.

a) (I) $-2x + y = -3$
(II) $x - y = 2$

b) (I) $0{,}5x + y = 2$
(II) $-x + y = -1$

c) (I) $2x + 4y = -4$
(II) $x + 2y = 4$

6.3 Quadratische Funktionen

In diesem Abschnitt werden Funktionen mit einem Funktionsterm, in dem x auch quadratisch vorkommt, untersucht. Als Erstes wird die einfache Funktion f mit $f\colon x \mapsto y = x^2,\ x \in \mathbb{R}$ betrachtet. Die Wertetabelle lässt sich schnell berechnen:

x	–3	–2	–1	0	1	2	3
y = f(x)	9	4	1	0	1	4	9

Verbindet man die zugehörigen Punkte $P(x \mid f(x))$ im Koordinatensystem, so erhält man eine Kurve, die **Normalparabel** genannt wird. Sie geht durch den Koordinatenursprung. Dieser Punkt ist der tiefste Punkt der Kurve. Man nennt ihn **Scheitel** oder **Scheitelpunkt** der Parabel und verwendet die Bezeichnung $S(0 \mid 0)$. Um die Form der Parabel zu beschreiben, sagt man: Die Parabel ist **nach oben geöffnet**.

Offensichtlich ist die Parabel **achsensymmetrisch** zur y-Achse. Es gilt:
$f(-x) = (-x)^2 = x^2 = f(x)$ für $x \in \mathbb{R}$

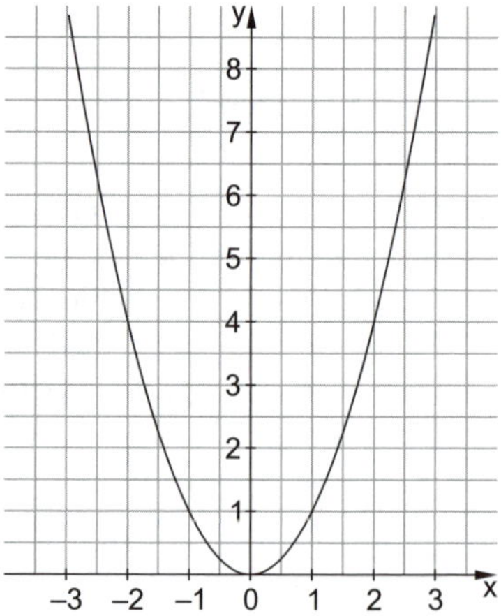

Definition

> Der Graph der Funktion $f\colon x \mapsto \mathbf{y = x^2},\ x \in \mathbb{R}$ heißt **Normalparabel**. Der Punkt $S(0 \mid 0)$ heißt **Scheitel** oder **Scheitelpunkt** der Parabel.
> Die Normalparabel ist **achsensymmetrisch** zur y-Achse und heißt **nach oben geöffnet**.

Addiert man zum Funktionsterm der Normalparabel die Zahl **1**, so erhält man eine neue Funktion $f\colon x \mapsto y = x^2 \mathbf{+ 1},\ x \in \mathbb{R}$. Die zugehörige Wertetabelle erhält man aus der von f, indem man zu jedem y-Wert **1 addiert**:

x	–3	–2	–1	0	1	2	3
y = f(x)	10	5	2	1	2	5	10

Der neue Graph G_f entsteht also dadurch, dass die Normalparabel um **eine Einheit nach oben** in Richtung der y-Achse verschoben wird. Der Scheitel der Parabel ist somit $S_f(0 \mid \mathbf{1})$. G_f verläuft vollständig oberhalb der x-Achse, hat also keine Schnittpunkte mit der x-Achse und somit hat f keine Nullstellen. Offensichtlich ist der Graph G_f auch wieder symmetrisch zur y-Achse. Es gilt:
$f(-x) = (-x)^2 + 1 = x^2 + 1 = f(x)$ für $x \in \mathbb{R}$

Addiert man zum Funktionsterm der Normalparabel die Zahl **–2**, so erhält man eine neue Funktion g: $x \mapsto y = x^2 - 2$, $x \in \mathbb{R}$. Die zugehörige Wertetabelle erhält man aus der von $y = x^2$, indem man von jedem y-Wert **2 subtrahiert**:

x	–3	–2	–1	0	1	2	3
y = g(x)	7	2	–1	–2	–1	2	7

Der neue Graph G_g entsteht also dadurch, dass die Normalparabel um **2 Einheiten nach unten** in Richtung der y-Achse verschoben wird. Der Scheitel der Parabel ist somit $S_g(0|-2)$, er liegt unterhalb der x-Achse und g hat somit Nullstellen:

$$g(x) = 0 \Rightarrow x^2 - 2 = 0$$
$$x^2 = 2$$
$$x_{1;2} = \pm\sqrt{2}$$

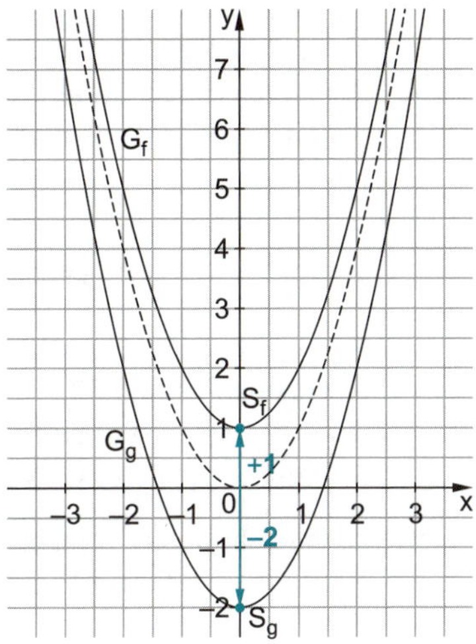

Offensichtlich ist der Graph G_g auch wieder symmetrisch zur y-Achse. Es gilt:
$g(-x) = (-x)^2 - 2 = x^2 - 2 = g(x)$ für $x \in \mathbb{R}$

Dies gilt allgemein für jede Funktion
h: $x \mapsto y = x^2 + c$, $x \in \mathbb{R}$ mit $c \in \mathbb{R}$:
$h(-x) = (-x)^2 + c = h(x)$ für $x \in \mathbb{R}$

Der Graph G_h ist eine um c Einheiten längs der y-Achse verschobene Normalparabel mit dem Scheitel $S_h(0|c)$.

Regel

> Der Graph der Funktion f: $x \mapsto$ **$y = x^2 + c$** mit $x \in \mathbb{R}$, $c \in \mathbb{R}$ ist eine **um c Einheiten** längs der y-Achse **verschobene Normalparabel** mit dem Scheitel **$S(0|c)$**.
> G_f ist symmetrisch zur y-Achse. Für $c > 0$ liegt die Parabel vollständig oberhalb der x-Achse, für $c < 0$ hat g zwei Nullstellen.

Beispiel

Geben Sie jeweils an, wie der Graph von f: $x \mapsto y = x^2 + c$ mit $x \in \mathbb{R}$, $c \in \mathbb{R}$ aus der Normalparabel entsteht, geben Sie den Scheitel der Parabel an und berechnen Sie gegebenenfalls die Nullstellen von f. Zeichnen Sie G_f.

a) $f(x) = x^2 + 3$ b) $f(x) = x^2 - 1$ c) $f(x) = x^2 + 2$

d) $f(x) = x^2 - 4$ e) $f(x) = x^2 + 5$ f) $f(x) = x^2 - 3$

Lösung:

a) G_f entsteht durch Verschiebung der Normalparabel um 3 Einheiten längs der y-Achse nach **oben** ($c = 3 > 0$). Scheitel $S_a(0|3)$; keine Nullstellen

b) G_f entsteht durch Verschiebung der Normalparabel um 1 Einheit längs der y-Achse nach **unten** ($c=-1<0$). Scheitel $S_b(0|-1)$; Nullstellen:
$f(x)=0 \Rightarrow x^2-1=0 \Rightarrow x^2=1 \Rightarrow x_{1;2}=\pm 1$

c) G_f entsteht durch Verschiebung der Normalparabel um 2 Einheiten längs der y-Achse nach **oben** ($c=2>0$). Scheitel $S_c(0|2)$; keine Nullstellen

d) G_f entsteht durch Verschiebung der Normalparabel um 4 Einheiten längs der y-Achse nach **unten** ($c=-4<0$). Scheitel $S_d(0|-4)$; Nullstellen:
$f(x)=0 \Rightarrow x^2-4=0$
$x^2=4$
$x_{1;2}=\pm 2$

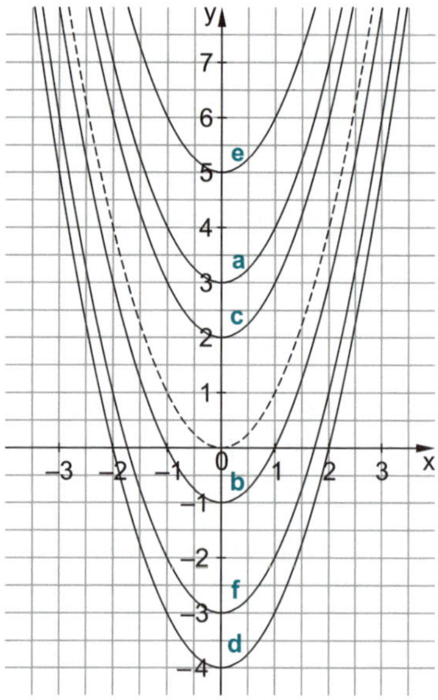

e) G_f entsteht durch Verschiebung der Normalparabel um 5 Einheiten längs der y-Achse nach **oben** ($c=5>0$). Scheitel $S_e(0|5)$; keine Nullstellen

f) G_f entsteht durch Verschiebung der Normalparabel um 3 Einheiten längs der y-Achse nach **unten** ($c=-3<0$). Scheitel $S_f(0|-3)$; Nullstellen:
$f(x)=0 \Rightarrow x^2-3=0$
$x^2=3$
$x_{1;2}=\pm\sqrt{3}$

Ersetzt man im Funktionsterm x^2 der Normalparabel x durch $\mathbf{x-3}$, so erhält man eine neue Funktion f: $x \mapsto y=(\mathbf{x-3})^2$, $x \in \mathbb{R}$. In der zugehörigen Wertetabelle treten die gleichen y-Werte wie bei der Normalparabel auf, allerdings um **drei x-Werte nach rechts** verschoben:

x	–3	–2	–1	0	1	2	3	4	5	6
y = f(x)	36	25	16	9	4	1	0	1	4	9

Der neue Graph G_f entsteht also dadurch, dass die Normalparabel um **3 Einheiten nach rechts** in Richtung der x-Achse verschoben wird. Der Scheitel der Parabel ist somit $S_f(\mathbf{3}|0)$. G_f verläuft oberhalb der x-Achse und berührt diese nur bei $x=3$, dies ist auch die einzige Nullstelle von f. Offensichtlich ist der Graph G_f nicht mehr symmetrisch zur y-Achse, sondern zur Parallelen zur y-Achse mit der Gleichung $x=3$.

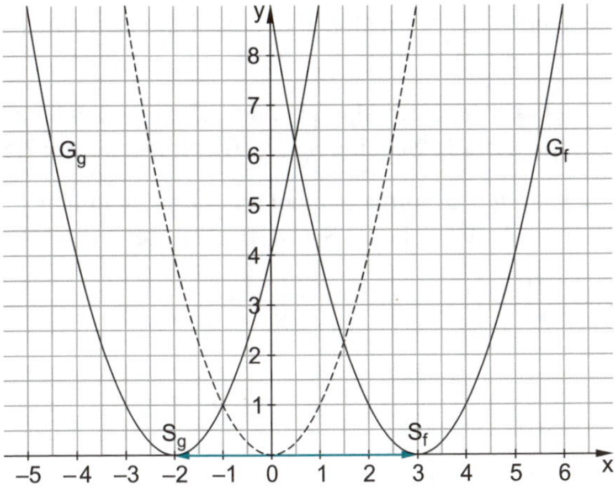

Ersetzt man im Funktionsterm x^2 der Normalparabel x durch **x + 2**, so erhält man die Funktion g: $x \mapsto y = (\mathbf{x+2})^2$, $x \in \mathbb{R}$. In der zugehörigen Wertetabelle treten wieder die gleichen y-Werte wie bei der Normalparabel auf, allerdings um **zwei x-Werte nach links** verschoben:

x	–5	–4	–3	–2	–1	0	1	2	3
y = g(x)	9	4	1	0	1	4	9	16	25

Der Graph G_g berührt die x-Achse bei x = –2, dies ist auch die einzige Nullstelle von g. Der Scheitel der Parabel ist $S_g(\mathbf{-2}\,|\,0)$.

Allgemein ist für jede Funktion h: $x \mapsto y = (x-p)^2$, $x \in \mathbb{R}$ der Graph G_h eine um p Einheiten längs der x-Achse verschobene Normalparabel mit dem Scheitel $S_h(p\,|\,0)$.

Regel

> Der Graph der Funktion f: $x \mapsto \mathbf{y = (x-p)^2}$, $x \in \mathbb{R}$ mit $p \in \mathbb{R}$ ist eine **um p Einheiten** längs der x-Achse **verschobene Normalparabel** mit dem Scheitel **S(p | 0)**.
> Für **p > 0** erfolgt eine **Verschiebung** der Normalparabel **nach rechts**, für **p < 0** eine Verschiebung **nach links**. Die Parabel berührt die x-Achse bei x = p, dies ist die einzige Nullstelle von f.

Beispiel

Geben Sie jeweils an, wie der Graph von f: $x \mapsto y = (x-p)^2$, $x \in \mathbb{R}$ mit $p \in \mathbb{R}$ aus der Normalparabel entsteht, geben Sie den Scheitel der Parabel und die Nullstelle von f an. Zeichnen Sie G_f.

a) $f(x) = (x-1)^2$ b) $f(x) = (x+3)^2$

c) $f(x) = (x-2{,}5)^2$ d) $f(x) = (x+4)^2$

Lösung:

a) G_f entsteht durch Verschiebung der Normalparabel um 1 Einheit längs der x-Achse nach **rechts** (p = 1 **> 0**). Scheitel $S_a(1\,|\,0)$; Nullstelle: x = 1

b) G_f entsteht durch Verschiebung der Normalparabel um 3 Einheiten längs der x-Achse nach **links** ($p=-3<0$). Scheitel $S_b(-3\,|\,0)$; Nullstelle: $x=-3$

c) G_f entsteht durch Verschiebung der Normalparabel um 2,5 Einheiten längs der x-Achse nach **rechts** ($p=2{,}5>0$). Scheitel $S_c(2{,}5\,|\,0)$; Nullstelle: $x=2{,}5$

d) G_f entsteht durch Verschiebung der Normalparabel um 4 Einheiten längs der x-Achse nach **links** ($p=-4<0$). Scheitel $S_d(-4\,|\,0)$; Nullstelle: $x=-4$

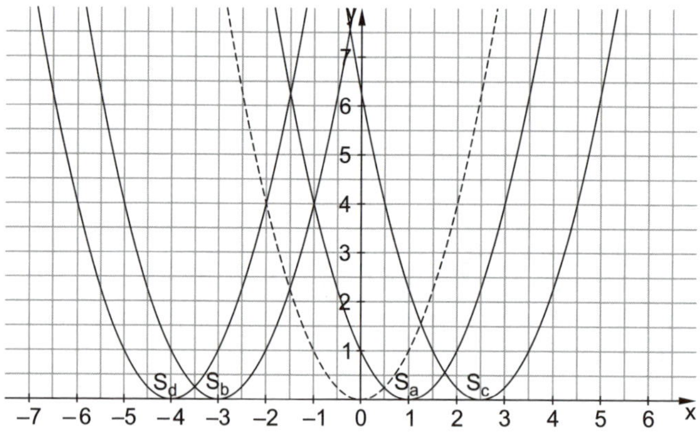

Ersetzt man im Funktionsterm x^2 der Normalparabel x durch $x-3$ und addiert 1,5, so erhält man die Funktion $f\colon x \mapsto y=(x-3)^2+1{,}5,\ x \in \mathbb{R}$. Die zugehörige Wertetabelle entsteht aus der von $(x-3)^2$, indem man zu jedem y-Wert 1,5 addiert:

x	0	1	2	3	4	5	6
y=f(x)	10,5	5,5	2,5	1,5	2,5	5,5	10,5

Der Graph G_f entsteht also dadurch, dass die Normalparabel um 3 Einheiten nach rechts in Richtung der x-Achse verschoben wird und danach noch 1,5 Einheiten in Richtung der y-Achse nach oben. Der Scheitel der Parabel ist somit $S_f(3\,|\,1{,}5)$. G_f verläuft vollständig oberhalb der x-Achse, f hat also keine Nullstelle.

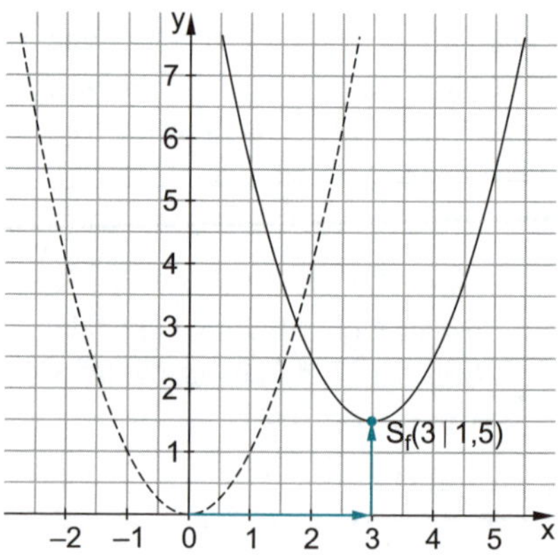

Allgemein ist für jede Funktion der Form $g\colon x \mapsto y=(x-p)^2+q,\ x \in \mathbb{R}$ mit $p, q \in \mathbb{R}$ der Graph G_g eine um p Einheiten längs der x-Achse und um q Einheiten längs der y-Achse verschobene Normalparabel mit dem Scheitel $S_g(p\,|\,q)$.

Regel

Der Graph der Funktion f: $x \mapsto \mathbf{y = (x - p)^2 + q}$, $x \in \mathbb{R}$ mit $p, q \in \mathbb{R}$ ist eine um p Einheiten längs der x-Achse und um q Einheiten längs der y-Achse **verschobene Normalparabel** mit dem Scheitel **S(p | q)**. Diese Form der Funktionsgleichung heißt **Scheitelform**, da der Scheitel S der Parabel sofort abgelesen werden kann. Für **p > 0** erfolgt eine **Verschiebung** der Normalparabel **nach rechts**, für **p < 0** eine Verschiebung **nach links**. Für **q > 0** erfolgt eine **Verschiebung** der Normalparabel **nach oben**, für **q < 0** eine Verschiebung **nach unten**.

Beispiel

Geben Sie jeweils an, wie der Graph von f: $x \mapsto y = (x - p)^2 + q$, $x \in \mathbb{R}$ mit $p, q \in \mathbb{R}$ aus der Normalparabel entsteht, geben Sie den Scheitel der Parabel an und zeichnen Sie G_f.

a) $f(x) = (x - 2)^2 - 1$ b) $f(x) = (x + 2)^2 + 2$

c) $f(x) = (x - 4)^2 + 1$ d) $f(x) = (x + 5)^2 - 2$

Lösung:

a) Aus der Gleichung liest man ab: p = **2**, q = −1 und somit S_a(**2** | −1). G_f entsteht also durch Verschiebung der Normalparabel um **2** Einheiten längs der x-Achse nach **rechts** und um 1 Einheit längs der y-Achse nach unten.

b) Aus der Gleichung liest man ab: p = **−2**, q = 2 und somit S_b(**−2** | 2). G_f entsteht also durch Verschiebung der Normalparabel um **2** Einheiten längs der x-Achse nach **links** und um 2 Einheiten längs der y-Achse nach oben.

c) Der Gleichung entnimmt man: p = **4**, q = 1 und somit S_c(**4** | 1). G_f entsteht also durch Verschiebung der Normalparabel um **4** Einheiten längs der x-Achse nach **rechts** und um 1 Einheit längs der y-Achse nach oben.

d) Der Gleichung entnimmt man: p = **−5**, q = −2 und somit S_d(**−5** | −2). G_f entsteht also durch Verschiebung der Normalparabel um **5** Einheiten längs der x-Achse nach **links** und um 2 Einheiten längs der y-Achse nach unten.

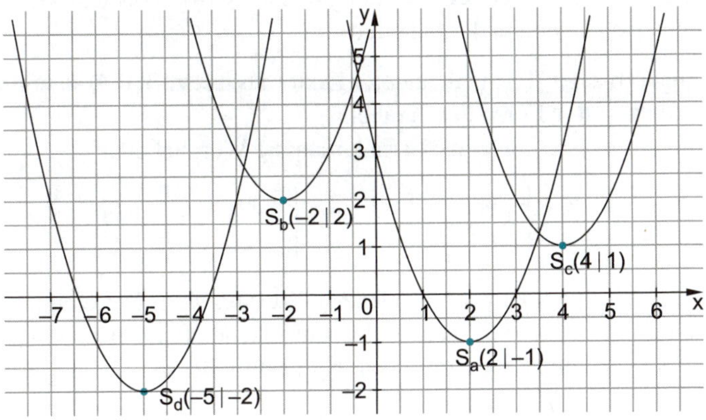

Eine andere Auswirkung auf die Lage der Parabel ergibt sich, wenn ein **Minuszeichen** vor dem Term x^2 steht. Für die Funktion f: $x \mapsto y = -x^2$, $x \in \mathbb{R}$ erhält man die Wertetabelle:

x	–3	–2	–1	0	1	2	3
y = f(x)	–9	–4	–1	0	–1	–4	–9

Im Vergleich zur Normalparabel wechselt jeder y-Wert das Vorzeichen. Der Graph von f entsteht somit durch **Spiegeln** der Normalparabel an der x-Achse. Die entstehende Parabel ist **nach unten geöffnet**.

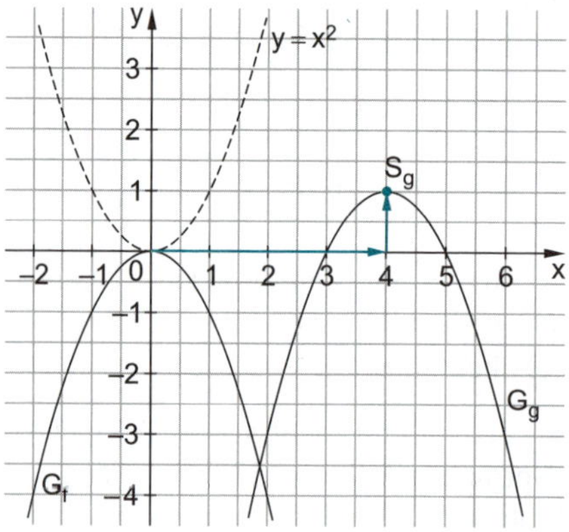

Für die Funktion g: $x \mapsto y = -(x-4)^2 + 1$, $x \in \mathbb{R}$ erhält man die Wertetabelle:

x	–3	–2	–1	0	1	2	3	4	5
y = g(x)	–48	–35	–24	–15	–8	–3	0	1	0

Der Graph von g entsteht aus der Normalparabel durch Spiegeln an der x-Achse, Verschiebung um 4 Einheiten längs der x-Achse nach rechts und um 1 Einheit längs der y-Achse nach oben. Für den Scheitel gilt also: $S_g(4 \mid 1)$. Den Scheitel liest man also genauso ab wie bei der Scheitelform.

Steht vor dem quadratischen Term ein anderer Faktor als ±1, z. B. 0,5, so ergibt sich eine **Veränderung der Form** der Parabel.
Für die Funktion f: $x \mapsto y = \frac{1}{2}x^2$, $x \in \mathbb{R}$ erhält man die Wertetabelle:

x	–3	–2	–1	0	1	2	3
y = f(x)	4,5	2	0,5	0	0,5	2	4,5

Im Vergleich zur Normalparabel wird also jeder y-Wert halbiert. Der Graph von f verläuft daher unterhalb der Normalparabel. Die entstehende Parabel hat eine breitere Öffnung, sie ist gegenüber der Normalparabel **gestaucht**.

Wählt man als Faktor vor x^2 die Zahl 2, so ergibt sich die Funktion g: $x \mapsto 2x^2$, $x \in \mathbb{R}$ mit der Wertetabelle:

x	–3	–2	–1	0	1	2	3
y = g(x)	18	8	2	0	2	8	18

Im Vergleich zur Normalparabel wird also jeder y-Wert verdoppelt. Der Graph von f verläuft somit oberhalb der Normalparabel. Die entstehende Parabel hat eine schmalere Öffnung, sie ist gegenüber der Normalparabel **gestreckt**.

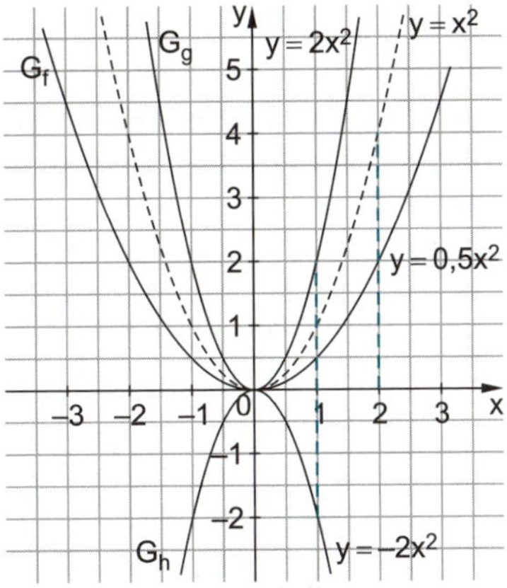

Durch Multiplikation mit –1 erhält man die Funktion h: $x \mapsto -2x^2$, $x \in \mathbb{R}$. Der Graph G_h entsteht durch Spiegelung von G_g an der y-Achse. Die entstehende Parabel ist nach unten geöffnet.
Entsprechend wirkt sich ein Faktor a vor dem quadratischen Term bei einer verschobenen Parabel aus.
Für die Funktion f: $x \mapsto -\frac{1}{2}(x-3)^2 - 1$, $x \in \mathbb{R}$, erhält man die Wertetabelle:

x	0	1	2	3	4	5	6
y = f(x)	–5,5	–3	–1,5	–1	–1,5	–3	–5,5

Der Graph G_f von f entsteht aus der Normalparabel durch Stauchung (Faktor 0,5) in y-Richtung, Spiegelung an der x-Achse, Verschiebung um 3 Einheiten längs der x-Achse nach rechts und um 1 Einheit längs der y-Achse nach unten.

Die Parabel G_f ist nach unten geöffnet. Den Wert des Faktors a kann man hier auch an der Parabel erkennen: Geht man bei der Parabel, die zu $y = 0{,}5x^2$ gehört, vom Scheitel aus um eine Einheit nach rechts oder links, so muss man um $a = 0{,}5$ Einheiten nach oben gehen, um zu einem Punkt der Parabel zu gelangen. Bei G_f muss man wegen des Minuszeichens um 0,5 nach unten gehen ($a = -0{,}5$).

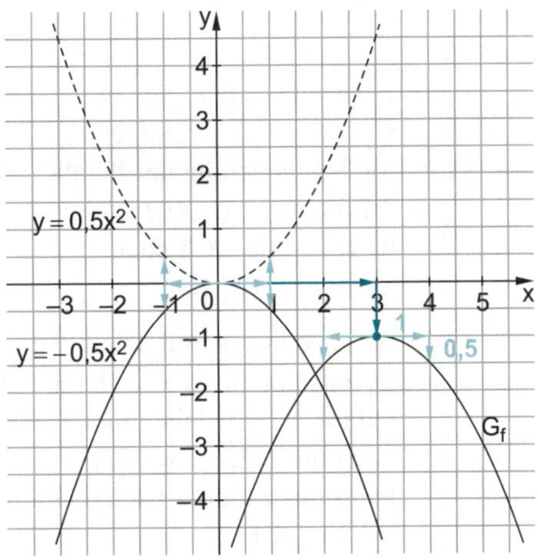

Regel

Der Graph der Funktion f: $x \mapsto \mathbf{y = a \cdot (x - p)^2 + q}$, $x \in \mathbb{R}$ mit a, p, $q \in \mathbb{R}$, $a \neq 0$ ist eine um p Einheiten längs der x-Achse und um q Einheiten längs der y-Achse **verschobene Parabel** mit dem Scheitel **S(p | q)**.
Für $\mathbf{a > 0}$ ist die Parabel **nach oben geöffnet**, für $\mathbf{a < 0}$ ist sie **nach unten geöffnet**.
Für $\mathbf{a > 1}$ bzw. $\mathbf{a < -1}$ ist die Parabel in y-Richtung **gestreckt**, hat also eine schmalere Öffnung als die Normalparabel. Für $\mathbf{-1 < a < 1}$ ist die Parabel **gestaucht**, hat also eine breitere Öffnung als die Normalparabel. Auch diese Form der Funktionsgleichung heißt **Scheitelform**. Geht man von dem Scheitel der Parabel um **1 Einheit nach rechts oder links**, so muss man um **a Einheiten nach oben** ($a > 0$) **oder unten** ($a < 0$) gehen, um zu einem Punkt der Parabel zu kommen.

Beispiele

1. Geben Sie jeweils an, wie der Graph von f: $x \mapsto y = a \cdot (x - p)^2 + q$, $x \in \mathbb{R}$ mit a, p, $q \in \mathbb{R}$, $a \neq 0$ aus der Normalparabel entsteht, geben Sie den Scheitel der Parabel an und zeichnen Sie G_f.

a) $f(x) = 2 \cdot (x - 1)^2 + 2$
b) $f(x) = 0{,}5 \cdot (x + 3)^2 - 2$
c) $f(x) = -3 \cdot (x - 4)^2 + 2$
d) $f(x) = -0{,}25 \cdot (x + 2)^2 - 2$

Lösung:

a) Ablesen aus der Gleichung: $a = 2$, $p = 1$, $q = 2$
G_f entsteht durch Streckung ($a > 1$) der Normalparabel mit dem Faktor 2, Verschiebung um 1 Einheit längs der x-Achse nach rechts und um 2 Einheiten längs der y-Achse nach oben.
Scheitel $S_a(1 | 2)$

b) Ablesen aus der Gleichung: $a = 0{,}5$, $p = -3$, $q = -2$
G_f entsteht durch Stauchung ($-1 < a < 1$) der Normalparabel mit dem Faktor 0,5, Verschiebung um 3 Einheiten längs der x-Achse nach links und um 2 Einheiten längs der y-Achse nach unten.
Scheitel $S_b(-3 | -2)$

c) Ablesen aus der Gleichung: $a = -3$, $p = 4$, $q = 2$
G_f entsteht durch Streckung ($a < -1$) der Normalparabel mit dem Faktor 3, Spiegelung der Parabel an der x-Achse ($a < 0$), Verschiebung um 4 Einheiten längs der x-Achse nach rechts und um 2 Einheiten längs der y-Achse nach oben.
Scheitel $S_c(4 | 2)$

d) Ablesen aus der Gleichung: $a = -0{,}25$, $p = -2$, $q = -2$
G_f entsteht durch Stauchung ($-1 < a < 1$) der Normalparabel mit dem Faktor 0,25, Spiegelung der Parabel an der x-Achse ($a < 0$), Verschiebung um 2 Einheiten längs der x-Achse nach links und um 2 Einheiten längs der y-Achse nach unten.
Scheitel $S_d(-2 | -2)$

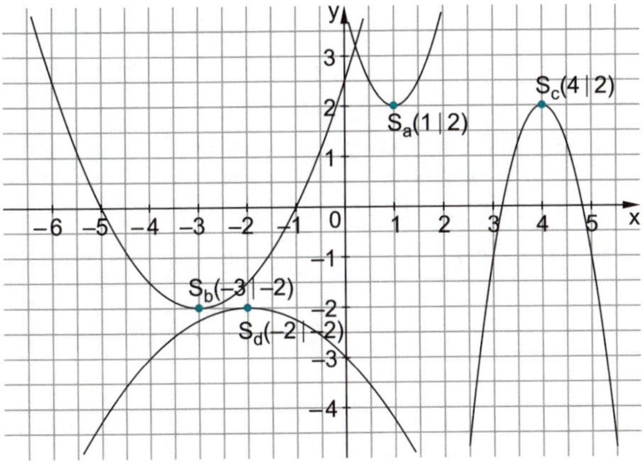

2. Bestimmen Sie jeweils die Gleichung für die entsprechende Parabel.

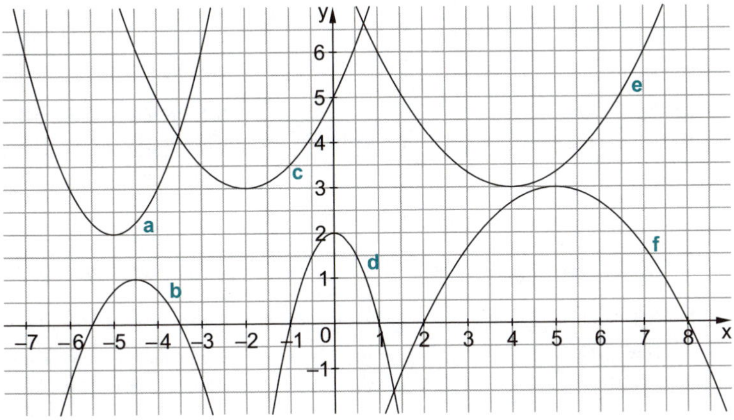

Lösung:

a) $S_a(-5\,|\,2)$ — Scheitel aus der Zeichnung ablesen

a = 1 — 1 nach rechts und 1 nach oben

Alternativ:

$3 = a \cdot (-4+5)^2 + 2 \quad \Rightarrow \quad 3 = a + 2$ — abgelesenen Punkt $P_a(-4\,|\,3)$ in den Ansatz $y = a \cdot (x+5)^2 + 2$ einsetzen

a = 1

$g_a(x) = y = \mathbf{1} \cdot (x+5)^2 + 2$ — Gleichung in Scheitelform

b) $S_b(-4{,}5\,|\,1)$ — Scheitel aus der Zeichnung ablesen

a = –1 — 1 nach rechts und 1 nach unten

Alternativ:

$0 = a \cdot (-3{,}5+4{,}5)^2 + 1 \quad \Rightarrow \quad 0 = a + 1$ — abgelesenen Punkt $P_b(-3{,}5\,|\,0)$ in den Ansatz $y = a \cdot (x+4{,}5)^2 + 1$ einsetzen

a = –1

$g_b(x) = y = \mathbf{-1} \cdot (x+4{,}5)^2 + 1$ — Gleichung in Scheitelform

c) $S_c(-2\|3)$	Scheitel aus der Zeichnung ablesen
$\mathbf{a=0{,}5}$	1 nach rechts und 0,5 nach oben
Alternativ:	
$5=a\cdot(0+2)^2+3 \Rightarrow 5=4a+3$ $2=4a$ $\mathbf{a=0{,}5}$	abgelesenen Punkt $P_c(0\|5)$ in den Ansatz $y=a\cdot(x+2)^2+3$ einsetzen
$g_c(x)=y=\mathbf{0{,}5}\cdot(x+2)^2+3$	Gleichung in Scheitelform
d) $S_d(0\|2)$	Scheitel aus der Zeichnung ablesen
$\mathbf{a=-2}$	1 nach rechts und 2 nach unten
Alternativ:	
$0=a\cdot(1+0)^2+2 \Rightarrow 0=a+2$ $\mathbf{a=-2}$	abgelesenen Punkt $P_d(1\|0)$ in den Ansatz $y=a\cdot(x+0)^2+2$ einsetzen
Weitere Alternative:	
Nullstellen: $x_1=1$, $x_2=-1$ $2=a\cdot(-1)\cdot 1 \Rightarrow \mathbf{a=-2}$	Nullstellenansatz: S_d in den Ansatz $g_d(x)=y=a\cdot(x-1)(x+1)$ einsetzen
$g_d(x)=y=\mathbf{-2}\cdot(x+0)^2+2$	Gleichung in Scheitelform
e) $S_e(4\|3)$	Scheitel aus der Zeichnung ablesen
$6=a\cdot(1-4)^2+3 \Rightarrow 6=9a+3$ $3=9a$ $\mathbf{a=\frac{1}{3}}$	Weil a nicht gut ablesbar ist, wird der abgelesene Punkt $P_e(1\|6)$ in den Ansatz $y=a\cdot(x-4)^2+3$ eingesetzt.
$g_e(x)=y=\mathbf{\frac{1}{3}}\cdot(x-4)^2+3$	Gleichung in Scheitelform
f) $S_f(5\|3)$	Scheitel aus der Zeichnung ablesen
$0=a\cdot(8-5)^2+3 \Rightarrow 0=9a+3$ $-3=9a$ $\mathbf{a=-\frac{1}{3}}$	Weil a nicht gut ablesbar ist, wird der abgelesene Punkt $P_f(8\|0)$ in den Ansatz $y=a\cdot(x-5)^2+3$ eingesetzt.
Alternativ:	
Nullstellen: $x_1=2$, $x_2=8$ $3=a\cdot 3\cdot(-3) \Rightarrow 3=-9a \Rightarrow \mathbf{a=-\frac{1}{3}}$	Nullstellenansatz: S_f in den Ansatz $g_f(x)=y=a\cdot(x-2)(x-8)$ einsetzen
$g_f(x)=y=\mathbf{-\frac{1}{3}}\cdot(x-5)^2+3$	Gleichung in Scheitelform

Wie kann man andererseits den Scheitelpunkt der zugehörigen Parabel bestimmen, wenn der Funktionsterm $f(x)=x^2-6x+8$ der quadratischen Funktion f nicht bereits in Scheitelform gegeben ist?

Die Scheitelform von f(x) kann z. B. durch **quadratische Ergänzung** erreicht werden. Dazu wird der Koeffizient von x, hier die Zahl 6, **halbiert**: $6:\mathbf{2}=3$, danach **quadriert**: $3^{\mathbf{2}}=9$, sowie zum Funktionsterm **addiert** und **subtrahiert**:

$f(x)=x^2-6x\mathbf{+9-9}+8$

Dadurch wird der Funktionsterm nicht verändert, da man die Zahl 9 addiert und gleich wieder subtrahiert. Der Funktionsterm kann nun mithilfe der binomischen Formeln umgeformt werden:

$f(x) = (x^2 - 6x + 9) - 9 + 8 = (x-3)^2 - 1$

Damit ist die Scheitelform von f(x) erreicht und man kann die Koordinaten $x_s = 3$ und $y_s = -1$ des Scheitelpunkts der zugehörigen Parabel ablesen:

$S(3\,|\,-1)$

Da die Parabel die Form der Normalparabel hat, kann G_f schnell gezeichnet werden.

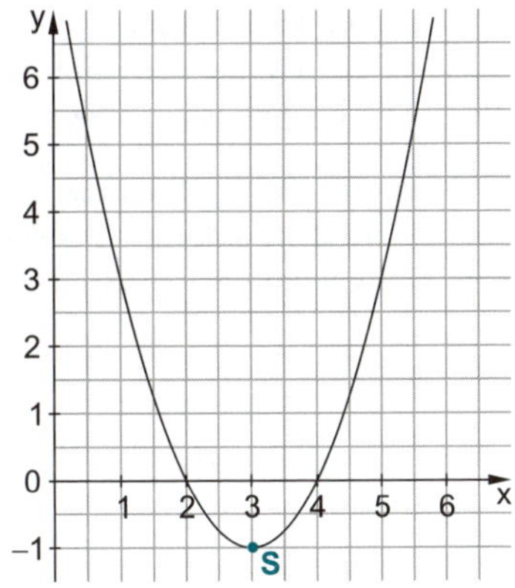

Wegen der Achsensymmetrie der Parabel liegt x_s genau in der Mitte zwischen den beiden Nullstellen $x_1 = 2$ und $x_2 = 4$, d. h., es gilt:

$\mathbf{x_s = \frac{1}{2}(x_1 + x_2)} = \frac{1}{2}(2+4) = 3$

Da jede Parabel achsensymmetrisch ist, kann man diese Beziehung immer zur Berechnung des Scheitelpunkts verwenden, falls Nullstellen vorhanden sind. Man kann also zur Bestimmung von S auch zuerst die Nullstellen bestimmen (sofern vorhanden):

$f(x) = 0 \;\Rightarrow\; x^2 - 6x + 8 = 0 \;\Rightarrow\; (x-2)\cdot(x-4) = 0 \;\Rightarrow\; x_1 = 2;\, x_2 = 4$

Damit ergibt sich für die x-Koordinate:

$x_s = \frac{1}{2}(2+4) = 3$

Die y-Koordinate y_s erhält man dann durch Einsetzen von x_s in f(x):

$y_s = f(x_s) = 3^2 - 6 \cdot 3 + 8 = -1$

Die Tatsache, dass x_s immer in der Mitte zwischen den beiden Nullstellen liegt, sieht man auch in der Lösungsformel für quadratische Gleichungen der Form $ax^2 + bx + c = 0$, der sogenannten Mitternachtsformel (siehe Seite 80):

$$x_{1;2} = \frac{-b \pm \sqrt{b^2 - 4ac}}{2a} = \frac{-b}{2a} \pm \frac{\sqrt{b^2 - 4ac}}{2a}$$

Mit $\mathbf{x_s = \frac{-b}{2a}}$ ergibt sich:

$$x_{1;2} = x_s \pm \frac{\sqrt{b^2 - 4ac}}{2a}$$

Geht man von x_s um $\frac{\sqrt{b^2 - 4ac}}{2a}$ nach links oder rechts, so erhält man die beiden Nullstellen x_1 und x_2. Bei obigem Beispiel $f(x) = x^2 - 6x + 8$ ergibt sich:

$$x_s = \frac{-b}{2a} = \frac{-(-6)}{2 \cdot 1} = 3$$

Die Beziehung $x_s = \frac{-b}{2a}$ gilt für jede quadratische Funktion f mit $f(x) = ax^2 + bx + c$, $x \in \mathbb{R}$.

Am Beispiel der Funktion f mit $f(x)=2x^2-2x-4$, $x \in \mathbb{R}$ werden die drei Methoden zur Bestimmung der Koordinaten x_s und y_s des Scheitels der zugehörigen Parabel G_f nochmals aufgezeigt.

1. Quadratische Ergänzung

Zuerst wird der Faktor $a=2$ ausgeklammert, danach wird obige Methode (Koeffizient von x halbieren, quadrieren, addieren und subtrahieren) angewendet:

$$f(x) = 2\cdot(x^2-x-2) = 2\cdot\left(x^2-x+\left(\tfrac{1}{2}\right)^2-\left(\tfrac{1}{2}\right)^2-2\right)$$
$$= 2\cdot\left(\left(x^2-x+\left(\tfrac{1}{2}\right)^2\right)-\tfrac{1}{4}-2\right) = 2\cdot\left(\left(x-\tfrac{1}{2}\right)^2-\tfrac{9}{4}\right)$$
$$= 2\cdot\left(x-\tfrac{1}{2}\right)^2-\tfrac{9}{2} = 2\cdot(x-\mathbf{0{,}5})^2\,\mathbf{-4{,}5}$$

Man liest $x_s=\mathbf{0{,}5}$ und $y_s=\mathbf{-4{,}5}$ ab und erhält damit $S(0{,}5\,|\,-4{,}5)$.

2. Aus den Nullstellen von f

$f(x)=0 \;\Rightarrow\; 2x^2-2x-4=0 \;\Rightarrow\; 2\cdot(x^2-x-2)=0 \;\Rightarrow\; 2\cdot(x+1)(x-2)=0$

Man liest ab: $x_1=\mathbf{-1}$; $x_2=\mathbf{2}$

Berechnung von x_s und y_s:

$$x_s = \tfrac{1}{2}(x_1+x_2) = \tfrac{1}{2}(\mathbf{-1}+\mathbf{2}) = \tfrac{1}{2} = 0{,}5$$
$$y_s = f(x_s) = f(0{,}5) = 2\cdot(0{,}5)^2-2\cdot 0{,}5 \quad 4 = -4{,}5$$

3. Aus dem Term von f(x)

$$x_s = \frac{-b}{2a} = \frac{-(-2)}{2\cdot 2} = \frac{1}{2} = 0{,}5;\quad y_s = f(x_s) = f(0{,}5) = 2\cdot(0{,}5)^2-2\cdot 0{,}5-4 = -4{,}5$$

Die dritte Methode ist die kürzeste, wenn man nur die Koordinaten des Scheitels sucht. Muss man auch die Nullstellen berechnen, so empfiehlt sich die zweite Methode. Die quadratische Ergänzung ist nur dann schnell, wenn $a=1$ ist.

Regel

> Jede quadratische Funktion $f\colon x \mapsto \mathbf{y = ax^2+bx+c}$, $x \in \mathbb{R}$ mit $a, b, c \in \mathbb{R}$, $a \neq 0$ lässt sich als $f(x) = \mathbf{y = a\cdot(x-p)^2+q}$, mit $p, q \in \mathbb{R}$ darstellen. Der Graph G_f ist eine Parabel mit dem Scheitel $\mathbf{S(p\,|\,q)}$.
> Die Scheitelform erhält man z. B. mithilfe der **quadratischen Ergänzung**. Dazu wird beim Funktionsterm f(x) der Faktor a ausgeklammert, danach der Koeffizient von x **halbiert**, **quadriert**, **addiert** und **subtrahiert**, der entstehende Term wird zusammengefasst.
> Die x-Koordinate x_s des Scheitels kann man auch aus den Nullstellen x_1 und x_2 von f mit der Formel $\mathbf{x_s = \tfrac{1}{2}(x_1+x_2)}$ oder mit der Beziehung $\mathbf{x_s = \tfrac{-b}{2a}}$ direkt aus dem Funktionsterm bestimmen.
> Die y-Koordinate y_s erhält man durch Einsetzen von x_s in f(x): $\mathbf{y_s = f(x_s)}$

Beispiel

Bestimmen Sie für die quadratische Funktion f möglichst auf drei verschiedene Arten die Koordinaten des Scheitelpunkts der Parabel G_f. Zeichnen Sie G_f.

a) $f(x) = x^2 + 8x + 15;\ x \in \mathbb{R}$ b) $f(x) = -2x^2 - 14x - 20;\ x \in \mathbb{R}$

c) $f(x) = 2x^2 - 4x - 2;\ x \in \mathbb{R}$ d) $f(x) = -0{,}5x^2 + 5x - 14{,}5;\ x \in \mathbb{R}$

Lösung:

a) **Quadratische Ergänzung**

$f(x) = x^2 + 8x + 15 = x^2 + 8x \mathbf{+ 4^2 - 4^2} + 15 = (x+4)^2 - 1 \Rightarrow S(-4|-1)$

Nullstellen

$f(x) = 0 \Rightarrow x^2 + 8x + 15 = 0 \Rightarrow (x+5)(x+3) = 0 \Rightarrow x_1 = -5;\ x_2 = -3$

$x_s = \frac{1}{2}(x_1 + x_2) = \frac{1}{2}(-5-3) = -4$

$y_s = f(x_s) = f(-4) = 16 - 32 + 15 = -1$

Aus f(x)

$x_s = \frac{-b}{2a} = \frac{-8}{2 \cdot 1} = -4;\ y_s = f(x_s) = -1$ (siehe oben)

b) **Quadratische Ergänzung**

$f(x) = -2x^2 - 14x - 20 = -2(x^2 + 7x + 10) = -2(x^2 + 7x \mathbf{+ 3{,}5^2 - 3{,}5^2} + 10)$

$= -2((x+3{,}5)^2 - 2{,}25) = -2(x+3{,}5)^2 + 4{,}5 \Rightarrow S(-3{,}5|4{,}5)$

Nullstellen

$f(x) = 0 \Rightarrow -2(x^2 + 7x + 10) = 0 \Rightarrow (x+5)(x+2) = 0$

$x_1 = -5;\ x_2 = -2$

$x_s = \frac{1}{2}(x_1 + x_2) = \frac{1}{2}(-5-2) = -\frac{7}{2} = -3{,}5$

$y_s = f(x_s) = f(-3{,}5) = -24{,}5 + 49 - 20 = 4{,}5$

Aus f(x)

$x_s = \frac{-b}{2a} = \frac{-(-14)}{2 \cdot (-2)} = -3{,}5;\ y_s = f(x_s) = 4{,}5$ (siehe oben)

c) **Quadratische Ergänzung**

$f(x) = 2x^2 - 4x - 2 = 2(x^2 - 2x - 1) = 2(x^2 - 2x \mathbf{+ 1^2 - 1^2} - 1)$

$= 2((x-1)^2 - 2) = 2(x-1)^2 - 4 \Rightarrow S(1|-4)$

Nullstellen

$f(x) = 0 \Rightarrow 2(x^2 - 2x - 1) = 0 \Rightarrow x^2 - 2x - 1 = 0$

Diskriminante berechnen und die Lösungsformel anwenden:

$D = b^2 - 4ac = (-2)^2 - 4 \cdot 1 \cdot (-1) = 4 + 4 = \mathbf{8} > 0$

$x_{1;2} = \frac{1}{2}(2 \pm \sqrt{\mathbf{8}}) = \frac{1}{2}(2 \pm 2\sqrt{2}) = 1 \pm \sqrt{2} \Rightarrow x_1 = 1 + \sqrt{2};\ x_2 = 1 - \sqrt{2}$

$x_s = \frac{1}{2}(x_1 + x_2) = \frac{1}{2}(1 + \sqrt{2} + 1 - \sqrt{2}) = 1$

$y_s = f(x_s) = f(1) = 2 - 4 - 2 = -4$

Aus f(x)

$x_s = \frac{-b}{2a} = \frac{-(-4)}{2 \cdot 2} = 1;\ y_s = f(x_s) = -4$ (siehe oben)

d) **Quadratische Ergänzung**

$f(x) = -0{,}5x^2 + 5x - 14{,}5 = -0{,}5(x^2 - 10x + 29) = -0{,}5(x^2 - 10x + 5^2 - 5^2 + 29)$

$= -0{,}5((x-5)^2 + 4) = -0{,}5(x-5)^2 - 2 \;\Rightarrow\; S(5\,|\,-2)$

Nullstellen

$f(x) = 0 \;\Rightarrow\; -0{,}5(x^2 - 10x + 29) = 0 \;\Rightarrow\; x^2 - 10x + 29 = 0$

Diskriminante berechnen:

$D = b^2 - 4ac = 100 - 4 \cdot 29 = -16 < 0$

Es gibt **keine Nullstellen**, also liefert diese Variante keine Lösung.

Aus f(x)

$x_s = \frac{-b}{2a} = \frac{-5}{2 \cdot (-0{,}5)} = 5;\; y_s = f(x_s) = -12{,}5 + 25 - 14{,}5 = -2$

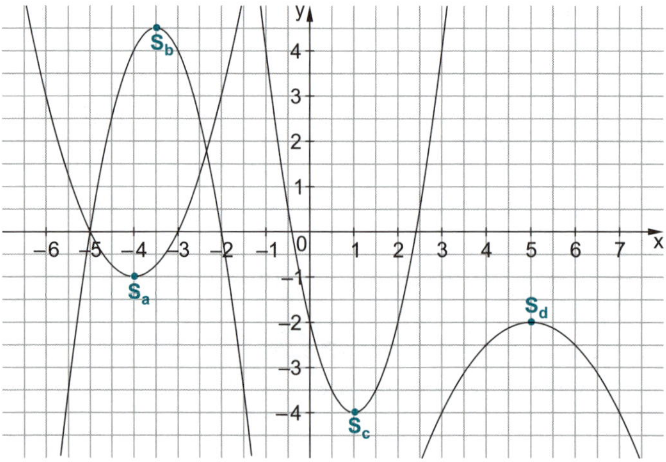

Fügt man in einen quadratischen Funktionsterm einen Platzhalter a für eine reelle Zahl ein, einen sogenannten Parameter, so erhält man wie bei den linearen Funktionen eine Schar von quadratischen Funktionen f_a und analog zur Geradenschar als Graphen eine **Parabelschar:**

$f_a\colon x \mapsto x^2 - 2ax + 1,\; x \in \mathbb{R},\; a \in \mathbb{R}$

Setzt man $a = 1$, so erhält man:

$f_1(x) = x^2 - 2x + 1 = (x-1)^2$

Der zugehörige Graph ist eine verschobene Normalparabel mit dem Scheitelpunkt $S_1(1\,|\,0)$.

In Abhängigkeit von a erhält man z. B. durch quadratische Ergänzung

$f_a(x) = x^2 - 2ax + a^2 - a^2 + 1 = (x-a)^2 - a^2 + 1$

und damit als Scheitel $S_a(a\,|\,-a^2 + 1)$. Die Parabelschar besteht also aus verschobenen Normalparabeln jeweils mit dem Scheitel S_a.

Den Scheitel kann man auch über die Formel für x_s (siehe Seite 122) berechnen:

$x_s = \frac{+2a}{2} = a$

Die y-Koordinate y_s erhält man wieder durch Einsetzen:

$f_a(a) = a^2 - 2a^2 + 1 = -a^2 + 1$

Die Zeichnung der Parabeln für die Parameterwerte $a \in \{-2; -1; 0; 1; 2\}$ legt die Vermutung nahe, dass alle Parabeln der Schar durch den Punkt P(0 | 1) gehen. Die Überprüfung $f_a(0) = 1$ zeigt, dass der Punkt P unabhängig von a auf allen Parabeln der Schar liegt.

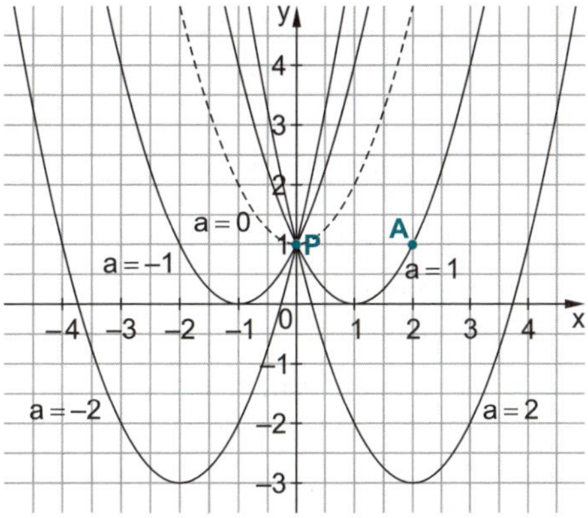

Um rechnerisch den Wert von a zu bestimmen, für den die zugehörige Parabel durch den Punkt A(2 | 1) geht, setzt man die Koordinaten von A in den Funktionsterm ein:

$f_a(2) = 1 \quad \Rightarrow \quad 2^2 - 2a \cdot 2 + 1 = 1 \quad \Rightarrow \quad -4a = 1 - 5 \quad \Rightarrow \quad -4a = -4 \quad \Rightarrow \quad a = 1$

Dies bestätigt die Zeichnung.

Zur Bestimmung der Nullstellen von f_a setzt man $f_a(x) = 0$. Für diese quadratische Gleichung $x^2 - 2ax + 1 = 0$ liefert die Lösungsformel:

$x_{1;\,2} = \frac{+2a \pm \sqrt{D}}{2}$ mit $D = (-2a)^2 - 4 \cdot 1 \cdot 1 = 4a^2 - 4 = 4(a^2 - 1)$

Nur eine Lösung liegt genau dann vor, wenn die Diskriminante D gleich null ist (siehe Seite 80).

D = 0 $\Rightarrow \quad 4(a^2 - 1) = 0$

Dies ist offenbar genau dann der Fall, wenn $a = \pm 1$ ist. Dies erkennt man auch in obiger Zeichnung an den Parabeln für $a = 1$ und $a = -1$.

Man erhält zwei Nullstellen für **D > 0**. Die Diskriminante $D = 4(a^2 - 1)$ ist offenbar dann positiv, wenn $a > 1$ oder $a < -1$ ist. Man erkennt in der Zeichnung, dass die Parabeln für $a = 2\ (> 1)$ und für $a = -2\ (< -1)$ zwei Nullstellen haben.

D < 0 gilt offenbar, wenn $-1 < a < 1$ ist. Dann gibt es keine Nullstelle wie in der Zeichnung die Parabel für $a = 0$. Sie liegt vollständig oberhalb der x-Achse.

Regel

> Durch eine Funktion f_a: $x \mapsto f_a(x)$ mit $x \in \mathbb{R}$ und dem quadratischen Funktionsterm $f_a(x)$ wird für jede zugelassene reelle Zahl a eine Parabel G_a beschrieben. Die Parabeln G_a dieser **Parabelschar** schneiden die x-Achse bei den Nullstellen von f_a. Ist D(a) die Diskriminante der Gleichung $f_a(x) = 0$, so ergeben sich für diejenigen Werte a zwei Nullstellen, für die **D(a) > 0** gilt, eine Nullstelle für **D(a) = 0** und keine Nullstelle für **D(a) < 0**.

Beispiel

Gegeben ist die quadratische Funktion $f_a\colon x \mapsto y = f_a(x)$ mit $x \in \mathbb{R}$ und dem Parameter $a \in \mathbb{R}$. Ermitteln Sie für die Parabeln G_a der zugehörigen Parabelschar den Scheitelpunkt $S_a(x_s \mid y_s)$ in Abhängigkeit von a. Bestimmen Sie die Anzahl und Lage der Nullstellen von f_a in Abhängigkeit von a. Für welche Werte von a geht die Parabel G_a durch den Punkt A(1 | 2)? Geben Sie S_a für $a \in \{-2; -1; 0; 1; 2\}$ an und zeichnen Sie die zugehörigen Parabeln G_a.

a) $f_a(x) = x^2 - 4ax + 4a^2 + a$ b) $f_a(x) = x^2 - 2(a+1)x + 2a^2 + 2a$

Lösung:

a) **Scheitel:**

$$x_s = \frac{-(-4a)}{2} = 2a;\quad y_s = f_a(2a) = (2a)^2 - 4a(2a) + 4a^2 + a = a \quad\Rightarrow\quad S_a(2a \mid a)$$

Nullstellen:

$$f_a(x) = 0 \quad\Rightarrow\quad x^2 - 4ax + 4a^2 + a = 0 \quad\Rightarrow\quad D(a) = (-4a)^2 - 4(4a^2 + a) = -4a$$

Genau eine Nullstelle für $D(a) = 0$, also für $a = 0$: G_0 berührt die x-Achse (siehe S_0).

Zwei Nullstellen für $D(a) > 0$, also für $a < 0$: G_a schneidet die x-Achse an zwei Stellen (siehe S_{-1}).

Keine Nullstellen für $D(a) < 0$, also für $a > 0$: G_a liegt wegen $y_s > 0$ vollständig oberhalb der x-Achse (siehe S_1).

Für $a \leq 0$ ergibt sich:

$$x_{1;2} = \frac{-(-4a) \pm \sqrt{-4a}}{2} = \frac{4a \pm 2\sqrt{-a}}{2} = 2a \pm \sqrt{-a}$$

$A(1 \mid 2) \in G_a$:

$$f_a(1) = 2 \quad\Rightarrow\quad 1^2 - 4a \cdot 1 + 4a^2 + a = 2 \quad\Rightarrow\quad 4a^2 - 3a - 1 = 0$$

Mit der Lösungsformel erhält man:

$$a_{1;2} = \frac{-(-3) \pm \sqrt{9 - 4 \cdot 4 \cdot (-1)}}{2 \cdot 4} = \frac{3 \pm 5}{8} \quad\Rightarrow\quad a_1 = 1 \text{ (siehe Zeichnung)};\ a_2 = -\frac{1}{4}$$

S_a für $a \in \{-2; -1; 0; 1; 2\}$:

$S_{-2}(-4 \mid -2)$; $S_{-1}(-2 \mid -1)$; $S_0(0 \mid 0)$; $S_1(2 \mid 1)$; $S_2(4 \mid 2)$

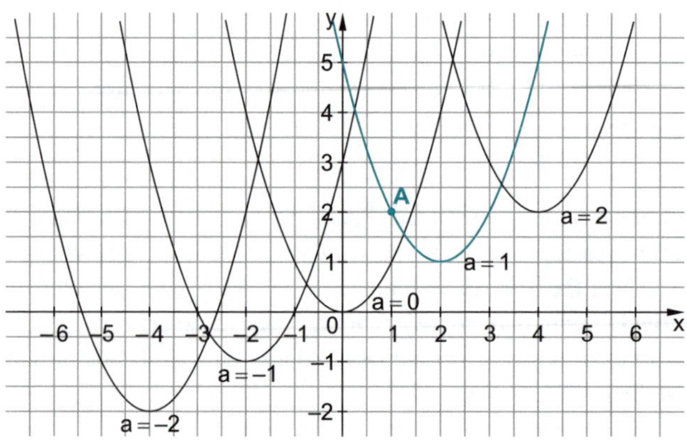

b) **Scheitel:**

$$\left.\begin{aligned} x_s &= \frac{-(-2(a+1))}{2} = a+1 \\ y_s &= f_a(a+1) = (a+1)^2 - 2(a+1)(a+1) + 2a^2 + 2a \\ &= a^2 + 2a + 1 - 2a^2 - 4a - 2 + 2a^2 + 2a = a^2 - 1 \end{aligned}\right\} \Rightarrow S_a(a+1 \,|\, a^2-1)$$

Nullstellen:

$f_a(x)=0 \;\Rightarrow\; x^2-2(a+1)x+2a^2+2a=0$

$D(a)=(2(a+1))^2-4(2a^2+2a)=4a^2+8a+4-8a^2-8a=-4a^2+4=4(1-a^2)$

Genau eine Nullstelle für $D(a)=0$, also für $a=\pm1$: G_1 und G_{-1} berühren die x-Achse (siehe S_{-1} und S_1).

Zwei Nullstellen für $D(a)>0$, also für $-1<a<1$: G_a schneidet die x-Achse an zwei Stellen (siehe S_0).

Keine Nullstellen für $D(a)<0$, also für $a>1$ und für $a<-1$: G_a liegt wegen $y_s>0$ vollständig oberhalb der x-Achse (siehe S_{-2} und S_2).

Für $-1 \le a \le 1$ ergibt sich:

$$x_{1;\,2} = \frac{-(-2(a+1)) \pm \sqrt{4(1-a^2)}}{2} = \frac{2(a+1) \pm 2\sqrt{1-a^2}}{2} = a+1 \pm \sqrt{1-a^2}$$

A(1 | 2) ∈ G_a:

$$\begin{aligned} f_a(1) &= 2 \\ 1^2 - 2(a+1)\cdot 1 + 2a^2 + 2a &= 2 \\ 2a^2 - 1 &= 2 \\ 2a^2 &= 3 \\ a^2 &= \tfrac{3}{2} \\ a_{1;\,2} &= \pm\sqrt{\tfrac{3}{2}} \end{aligned}$$

S_a für a ∈ {–2; –1; 0; 1; 2}:

$S_{-2}(-1\,|\,3)$; $S_{-1}(0\,|\,0)$; $S_0(1\,|\,-1)$;
$S_1(2\,|\,0)$; $S_2(3\,|\,3)$

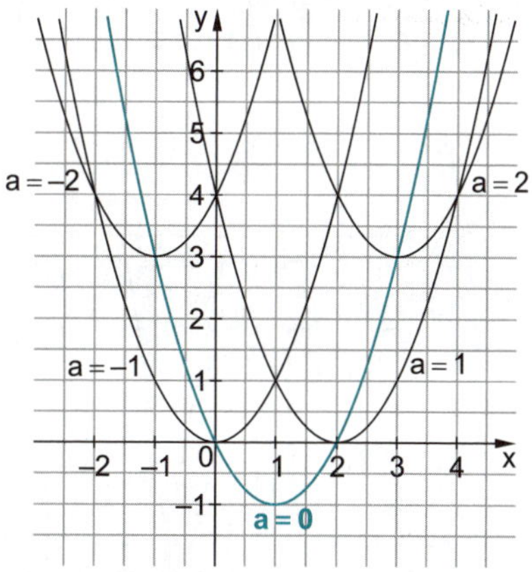

Aufgaben **65.** Geben Sie jeweils an, wie der Graph von f: $x \mapsto y = a\cdot(x-p)^2+q$, $x \in \mathbb{R}$ mit $a, p, q \in \mathbb{R}$, $a \neq 0$ aus der Normalparabel entsteht, geben Sie den Scheitel der Parabel an und zeichnen Sie G_f.

a) $f(x)=-x^2+1$; $x \in \mathbb{R}$
b) $f(x)=-x^2+4$; $x \in \mathbb{R}$
c) $f(x)=-(x+2)^2$; $x \in \mathbb{R}$
d) $f(x)=-(x-2{,}5)^2$; $x \in \mathbb{R}$
e) $f(x)=-(x-2)^2+4$; $x \in \mathbb{R}$
f) $f(x)=-(x+1)^2+2$; $x \in \mathbb{R}$
g) $f(x)=0{,}5\cdot x^2-2$; $x \in \mathbb{R}$
h) $f(x)=0{,}25\cdot x^2+1$; $x \in \mathbb{R}$

i) $f(x) = 0{,}5 \cdot (x - 2{,}5)^2;\ x \in \mathbb{R}$

j) $f(x) = 0{,}5 \cdot (x + 1{,}5)^2;\ x \in \mathbb{R}$

k) $f(x) = 0{,}5 \cdot (x - 2)^2 - 2;\ x \in \mathbb{R}$

l) $f(x) = -0{,}5 \cdot (x + 2)^2 + 2;\ x \in \mathbb{R}$

m) $f(x) = -0{,}5 \cdot (x - 1)^2 + 4{,}5;\ x \in \mathbb{R}$

n) $f(x) = -0{,}25 \cdot (x - 1)^2 + 1;\ x \in \mathbb{R}$

o) $f(x) = 2 \cdot x^2 - 2;\ x \in \mathbb{R}$

p) $f(x) = -2 \cdot x^2 + 4;\ x \in \mathbb{R}$

q) $f(x) = 2 \cdot (x + 2)^2;\ x \in \mathbb{R}$

r) $f(x) = -2 \cdot (x - 3)^2;\ x \in \mathbb{R}$

s) $f(x) = 2 \cdot (x - 2)^2 - 2;\ x \in \mathbb{R}$

t) $f(x) = -2 \cdot (x + 2)^2 + 2;\ x \in \mathbb{R}$

66. Bestimmen Sie für jede Parabel jeweils die Funktionsgleichung für die zugehörige quadratische Funktion f.

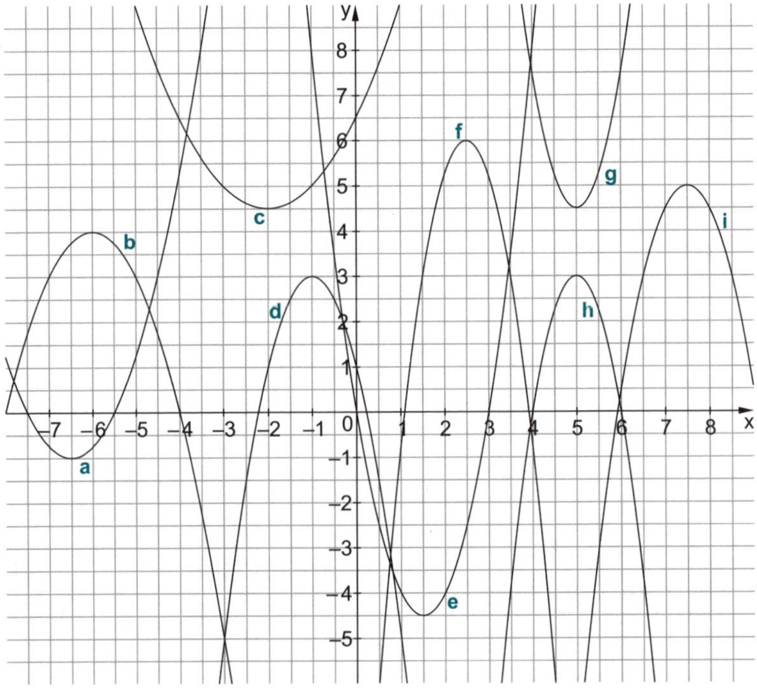

67. Bestimmen Sie jeweils die Nullstellen (falls vorhanden) für die quadratische Funktion f und die Koordinaten des Scheitelpunkts der Parabel G_f. Skizzieren Sie G_f.

a) $f(x) = x^2 - 1;\ x \in \mathbb{R}$

b) $f(x) = x^2 + 1{,}5;\ x \in \mathbb{R}$

c) $f(x) = x^2 + 2x + 1;\ x \in \mathbb{R}$

d) $f(x) = x^2 + 5x + 6{,}25;\ x \in \mathbb{R}$

e) $f(x) = x^2 - 8x + 16;\ x \in \mathbb{R}$

f) $f(x) = x^2 + 4x + 3;\ x \in \mathbb{R}$

g) $f(x) = x^2 - 6x + 11;\ x \in \mathbb{R}$

h) $f(x) = x^2 + 5x + 7{,}75;\ x \in \mathbb{R}$

i) $f(x) = x^2 - 3x + 0{,}25;\ x \in \mathbb{R}$

j) $f(x) = x^2 + 6x + 7;\ x \in \mathbb{R}$

k) $f(x) = -x^2 + 1;\ x \in \mathbb{R}$

l) $f(x) = -x^2 + 4;\ x \in \mathbb{R}$

m) $f(x) = -x^2 - 4x - 4;\ x \in \mathbb{R}$

n) $f(x) = -x^2 + 5x - 6{,}25;\ x \in \mathbb{R}$

o) $f(x) = -x^2 + 4x;\ x \in \mathbb{R}$

p) $f(x) = -x^2 - 2x + 1;\ x \in \mathbb{R}$

q) $f(x) = 0{,}5x^2 - 2;\ x \in \mathbb{R}$

r) $f(x) = 0{,}25x^2 + 1;\ x \in \mathbb{R}$

s) $f(x) = 0{,}5x^2 - 2{,}5x + 3{,}125;\ x \in \mathbb{R}$

t) $f(x) = 0{,}5x^2 + 1{,}5x + 1{,}125;\ x \in \mathbb{R}$

u) $f(x) = 0{,}5x^2 - 2x;\ x \in \mathbb{R}$

v) $f(x) = -0{,}5x^2 - 2x;\ x \in \mathbb{R}$

w) $f(x) = -0{,}5x^2 + x + 4;\ x \in \mathbb{R}$

x) $f(x) = -0{,}25x^2 + 0{,}5x + 0{,}75;\ x \in \mathbb{R}$

y) $f(x) = 2x^2 - 8x + 6;\ x \in \mathbb{R}$

z) $f(x) = -2x^2 - 8x - 6;\ x \in \mathbb{R}$

✱ **68.** Gegeben ist die Parabel P durch $p(x) = -7x^2 + 42x - 56$ mit $x \in \mathbb{R}$. Ermitteln Sie die Nullstellen der Funktion p und die Koordinaten des Scheitelpunkts der Parabel P.

✱ **69.** Ermitteln Sie für jeden der Graphen A, B und C, ob er zu keinem, einem oder mehreren der Funktionsterme f(x), g(x), h(x) und k(x) gehört, geben Sie diese gegebenenfalls an und begründen Sie Ihre Auswahl jeweils kurz.

$f(x) = 2x^2 - x - 2$

$g(x) = -0{,}5(x+1)^2 + 3$

$h(x) = x^2 - 4x$

$k(x) = -0{,}5x^2 - x + 2{,}5$

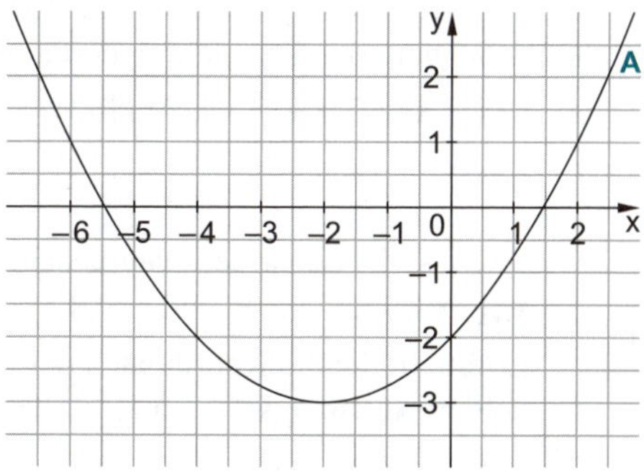

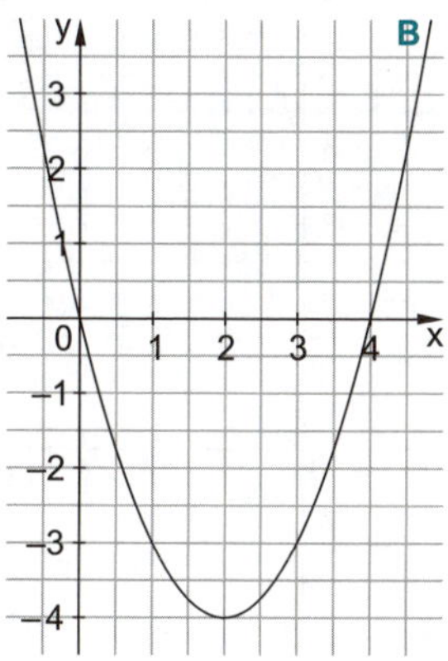

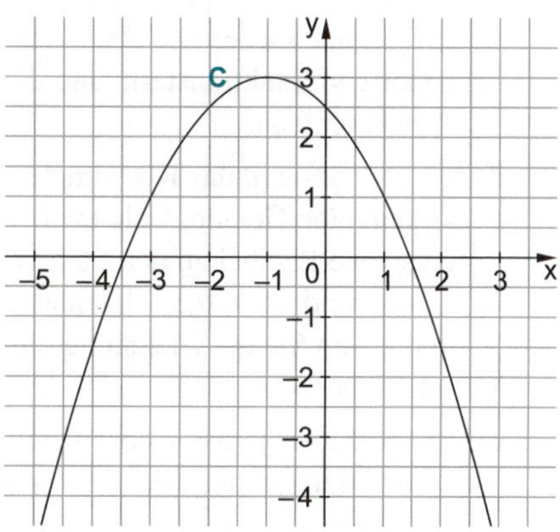

✳ **70.** Geben Sie jeweils für die drei Graphen A, B und C die zugehörigen Funktionsterme an.

Graph A:
$f(x) =$ ________________

Graph B:
$g(x) =$ ________________

Graph C:
$h(x) =$ ________________

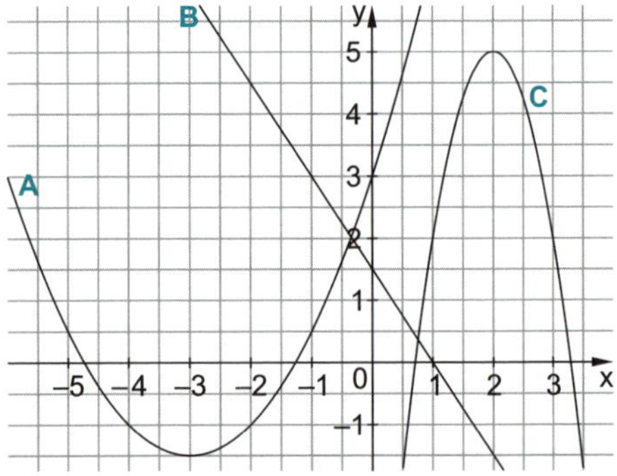

71. Gegeben ist die quadratische Funktion $f_a\colon x \mapsto y = f_a(x)$ mit $x \in \mathbb{R}$ und dem Parameter $a \in \mathbb{R}$ (Teilaufgaben a, b, c) bzw. $a \in \mathbb{R} \setminus \{0\}$ (Teilaufgabe d). Ermitteln Sie für die Parabeln G_a der zugehörigen Parabelschar den Scheitelpunkt $S_a(x_s \mid y_s)$ in Abhängigkeit von a. Bestimmen Sie die Anzahl und Lage der Nullstellen von f_a in Abhängigkeit von a. Für welche Werte von a geht die Parabel G_a durch den Punkt A? Geben Sie S_a für $a \in \{-2; -1; 0; 1; 2\}$ an und zeichnen Sie die zugehörigen Parabeln G_a.

a) $f_a(x) = x^2 + 2ax + a^2 - 4$, $A(1 \mid -3)$
b) $f_a(x) = x^2 - ax + 0{,}5a^2$, $A(1 \mid 1)$
c) $f_a(x) = x^2 - 4ax + 2a^2 + 2$, $A(1 \mid 3)$
d) $f_a(x) = ax^2 - 2a^2x + a^3 + a^2$, $A(1 \mid 1)$

✳ **72.** Gegeben ist die Schar der quadratischen Funktionen f_a durch die Gleichung $y = x^2 + ax + 4$ mit $a \in \mathbb{R}$ und $x \in \mathbb{R}$.

a) Ermitteln Sie die Koordinaten der Scheitelpunkte der dazugehörigen Parabeln in Abhängigkeit von a.

b) Berechnen Sie a so, dass der Graph von f_a durch den Punkt $A(4 \mid 4)$ verläuft.

c) Im nebenstehenden Koordinatensystem ist ein Graph der Schar eingezeichnet. Geben Sie den dazugehörigen Funktionsterm und den Parameter a an.

d) Zeichnen Sie in das Koordinatensystem eine Gerade, welche die gegebene Parabel an den Stellen $x_1 = -2$ und $x_2 = -0{,}5$ schneidet, und geben Sie die Gleichung dieser Geraden an.

e) Zeichnen Sie in das Koordinatensystem den Graphen der Funktion g mit $g(x) = -(x-2)^2 + 1$, $x \in \mathbb{R}$ ein.

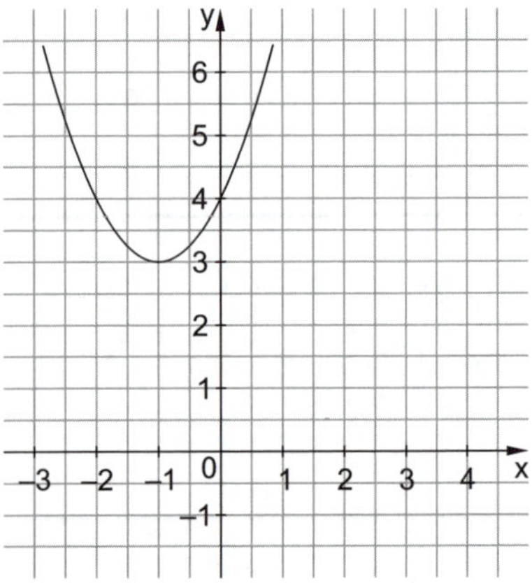

6.4 Schnitt von Parabeln und Geraden

Die Graphen der Funktionen f: $x \mapsto x^2 + 2x - 1$, $x \in \mathbb{R}$ und g: $x \mapsto -x^2 + 4x - 1$, $x \in \mathbb{R}$ sind Parabeln mit den Scheitelpunkten $S_f(-1 \mid -2)$ und $S_g(2 \mid 3)$.

Aus der Zeichnung der beiden Parabeln erkennt man, dass die beiden Parabeln einander in zwei **Schnittpunkten P_1** und **P_2** treffen. Um die Koordinaten der Schnittpunkte zu berechnen, geht man wie bei dem Schnitt von Geraden vor (siehe Seite 103). Man setzt die Funktionsterme gleich und löst die entstehende Gleichung:

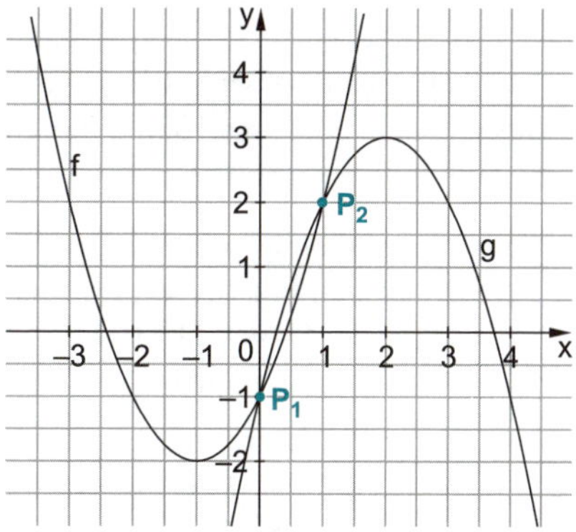

$$f(x) = g(x) \quad \Rightarrow \quad x^2 + 2x - 1 = -x^2 + 4x - 1$$
$$2x^2 - 2x = 0$$
$$2x \cdot (x - 1) = 0$$
$$x_1 = 0; \; x_2 = 1$$

Setzt man die beiden Werte in eine der beiden Funktionen ein, so erhält man die y-Koordinaten der Schnittpunkte:

$y_1 = f(0) = -1$; $y_2 = f(1) = 1 + 2 - 1 = 2$

Damit ergeben sich die Schnittpunkte $P_1(0 \mid -1)$ und $P_2(1 \mid 2)$ in Übereinstimmung mit der Zeichnung.

Wählt man als Funktion f: $x \mapsto x^2 + 1$, $x \in \mathbb{R}$ und obige Funktion g, so scheinen sich die zugehörigen Parabeln zu berühren. Setzt man die Funktionsterme wieder gleich, so erhält man:

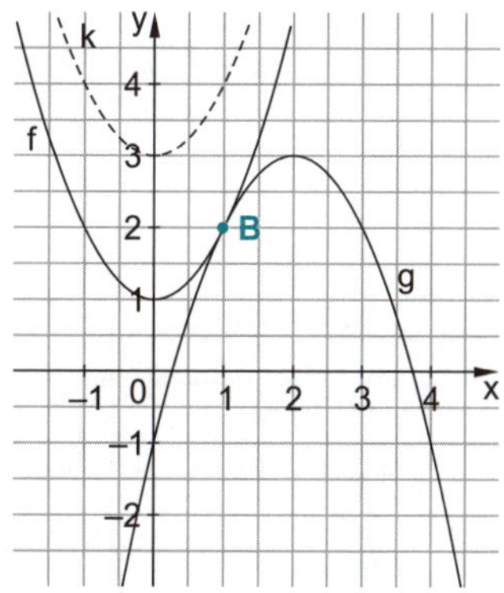

$$f(x) = g(x) \quad \Rightarrow \quad x^2 + 1 = -x^2 + 4x - 1$$
$$2x^2 - 4x + 2 = 0$$
$$2 \cdot (x^2 - 2x + 1) = 0$$
$$2 \cdot (x - 1)^2 = 0$$
$$x_{1;2} = 1$$

Die doppelte Nullstelle der Gleichung zeigt, dass hier tatsächlich ein **Berührpunkt B** vorliegt. Mit $y = f(1) = 2$ erhält man $B(1 \mid 2)$.

Schiebt man die Parabel G_f um 2 Einheiten nach oben, so erhält man G_k mit $k(x) = x^2 + 3$ und es gibt keinen gemeinsamen Punkt mehr mit der Parabel G_g:

$k(x) = g(x) \quad \Rightarrow \quad x^2 + 3 = -x^2 + 4x - 1 \quad \Rightarrow \quad 2x^2 - 4x + 4 = 0$

Diskriminante $D = (-4)^2 - 4 \cdot 2 \cdot 4 = 16 - 32 = -16 < 0$

Die Gleichung hat also keine Lösung.

Regel

> Sind f: $x \mapsto f(x)$, $x \in \mathbb{R}$ und g: $x \mapsto g(x)$, $x \in \mathbb{R}$ zwei quadratische Funktionen, so bestimmt man die **gemeinsamen Punkte** der zugehörigen Parabeln G_f und G_g durch **Gleichsetzen der Funktionsterme: $f(x) = g(x)$**.
> Hat diese Gleichung zwei Lösungen, so liegen zwei **Schnittpunkte P_1** und **P_2** vor, bei einer doppelten Nullstelle liegt ein **Berührpunkt B** der Parabeln vor, bei keiner Lösung haben die Parabeln keinen gemeinsamen Punkt, bei einer einfachen Lösung liegt genau ein Schnittpunkt vor. Die jeweiligen y-Koordinaten der gemeinsamen Punkte erhält man durch Einsetzen in einen der beiden Funktionsterme.

Beispiel

Bestimmen Sie jeweils die Koordinaten der gemeinsamen Punkte der zu den quadratischen Funktionen f: $x \mapsto f(x)$, $x \in \mathbb{R}$ und g: $x \mapsto g(x)$, $x \in \mathbb{R}$ gehörenden Parabeln G_f und G_g. Geben Sie die Art der gemeinsamen Punkte, falls sie existieren, an. Zeichnen Sie die Parabeln.

a) $f(x) = (x+5)^2 - 1$; $g(x) = -(x+2)^2 + 4$

b) $f(x) = (x-1)^2 + 1$; $g(x) = -(x+1)^2 + 3$

c) $f(x) = (x-1)^2 + 2$; $g(x) = x^2 + 1$

d) $f(x) = 2 \cdot (x-1)^2 + 1$; $g(x) = (x-1)^2$

Lösung:

a) $G_f \cap G_g$: $f(x) = g(x)$

$$x^2 + 10x + 24 = -x^2 - 4x$$
$$2x^2 + 14x + 24 = 0$$
$$x^2 + 7x + 12 = 0$$
$$(x+4)(x+3) = 0$$
$$x_1 = \mathbf{-4};\quad x_2 = \mathbf{-3}$$

$y_1 = f(\mathbf{-4}) = 1^2 - 1 = 0$;

$y_2 = f(\mathbf{-3}) = 2^2 - 1 = 3$

Schnittpunkte $P_1(-4\,|\,0)$ und $P_2(-3\,|\,3)$

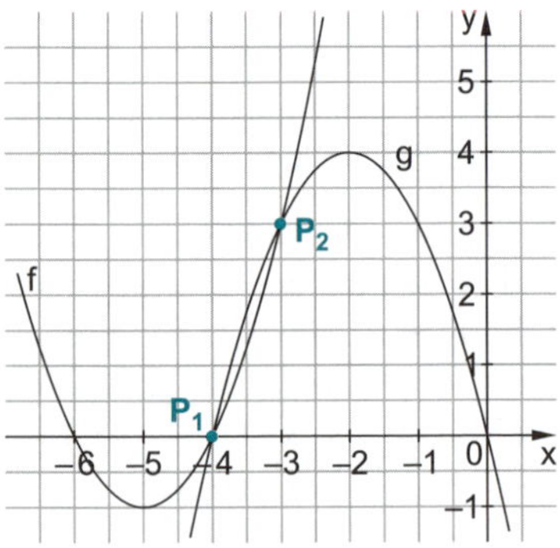

b) $G_f \cap G_g$: $f(x) = g(x)$

$$x^2 - 2x + 2 = -x^2 - 2x + 2$$
$$2x^2 = 0$$
$$x_{1;2} = \mathbf{0}$$

$y = f(\mathbf{0}) = 1^2 + 1 = 2$

Berührpunkt $B(0\,|\,2)$

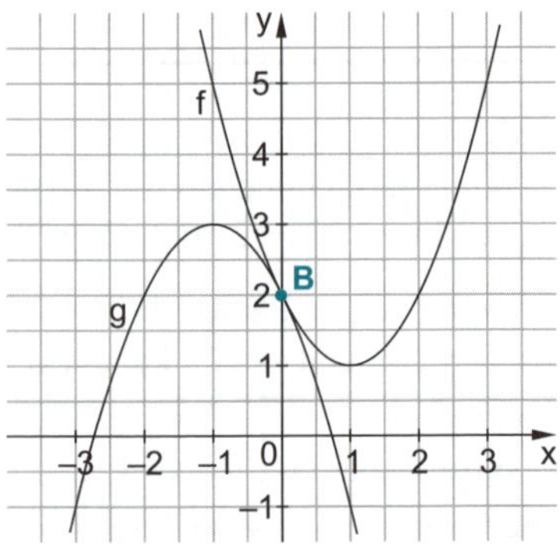

c) $G_f \cap G_g$: $f(x) = g(x)$

$$x^2 - 2x + 3 = x^2 + 1$$
$$-2x = -2$$
$$x = \mathbf{1}$$

$y = g(\mathbf{1}) = 1^2 + 1 = 2$

Schnittpunkt $P(1\,|\,2)$

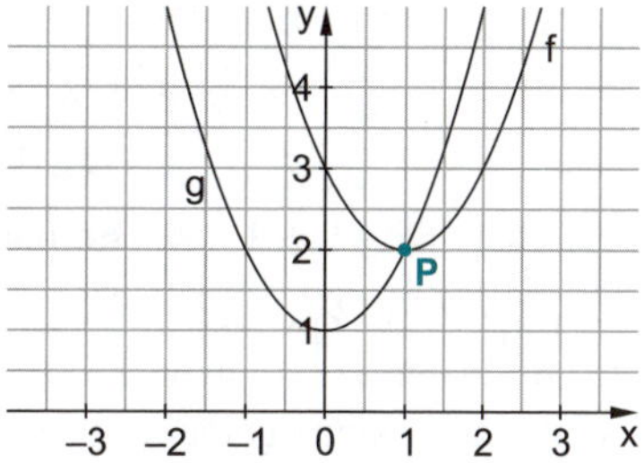

d) $G_f \cap G_g$: $f(x) = g(x)$

$$2x^2 - 4x + 3 = x^2 - 2x + 1$$
$$x^2 - 2x + 2 = 0$$

Diskriminante $D = 4 - 8 = -4 < \mathbf{0}$

Es gibt keine Lösung, also auch keinen gemeinsamen Punkt der Parabeln.

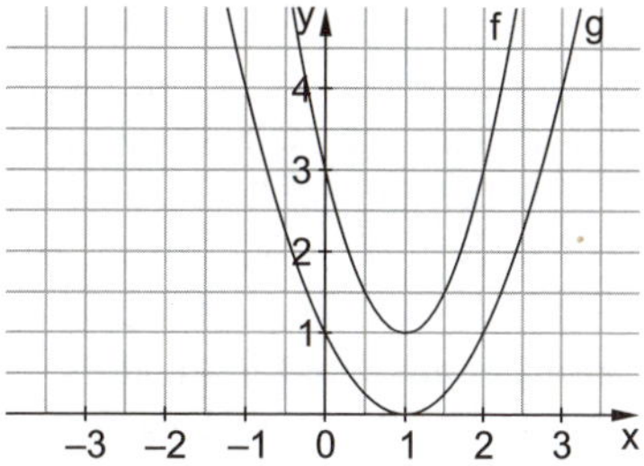

Trifft eine Gerade auf eine Parabel, so kann die Gerade die Parabel in zwei Punkten schneiden und heißt dann **Sekante**, oder die Gerade berührt die Parabel in einem Punkt und heißt **Tangente**, oder sie hat keinen Punkt mit der Parabel gemeinsam und heißt **Passante**.

In der Zeichnung ist die Parabel der Graph von f: $x \mapsto x^2 - 2$, $x \in \mathbb{R}$, die Gerade g der Graph von g: $x \mapsto x$, $x \in \mathbb{R}$, die Gerade h der Graph von h: $x \mapsto 2x - 3$, $x \in \mathbb{R}$ und die Gerade k der Graph von k: $x \mapsto -2x - 9$, $x \in \mathbb{R}$.

Zur Berechnung der gemeinsamen Punkte werden wieder die entsprechenden Funktionsterme gleichgesetzt und die erhaltene Gleichung gelöst:

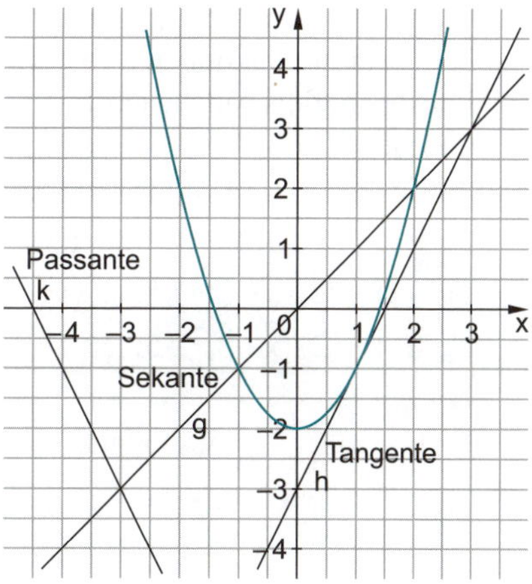

$\mathbf{G_f \cap G_g}$: $f(x) = g(x) \Rightarrow x^2 - 2 = x$

$$x^2 - x - 2 = 0$$
$$(x + 1)(x - 2) = 0$$
$$x_1 = \mathbf{-1};\; x_2 = \mathbf{2}$$

$y_1 = g(\mathbf{-1}) = -1$; $y_2 = g(\mathbf{2}) = 2 \Rightarrow$ Schnittpunkte $P_1(-1\,|\,-1)$ und $P_2(2\,|\,2)$

g ist Sekante.

Das Einsetzen in den Funktionsterm g(x) der Geraden ist meist einfacher als das Einsetzen in den quadratischen Funktionsterm f(x).

$$G_f \cap G_h: \; f(x) = h(x) \;\Rightarrow\; x^2 - 2 = 2x - 3$$
$$x^2 - 2x + 1 = 0$$
$$(x-1)^2 = 0 \;\Rightarrow\; x_{1;2} = \mathbf{1}$$

$y_{1;2} = h(\mathbf{1}) = 2 - 3 = -1 \;\Rightarrow\;$ Berührpunkt $B(1|-1)$. h ist Tangente.

$G_f \cap G_k$: $f(x) = k(x) \;\Rightarrow\; x^2 - 2 = -2x - 9 \;\Rightarrow\; x^2 + 2x + 7 = 0$
Diskriminante $D = 4 - 4 \cdot 1 \cdot 7 = -24 < \mathbf{0}$, also keine Lösung
Es gibt daher keine gemeinsamen Punkte von Parabel und Gerade; k ist Passante.

Regel

> Sind $f: x \mapsto f(x)$, $x \in \mathbb{R}$ eine quadratische Funktion und $g: x \mapsto g(x)$, $x \in \mathbb{R}$ eine lineare Funktion, so bestimmt man die **gemeinsamen Punkte** der zugehörigen Parabel G_f und der Geraden G_g durch **Gleichsetzen der Funktionsterme: $f(x) = g(x)$** und Lösen der Gleichung.
> Hat diese Gleichung zwei Lösungen, ist also die Diskriminante **$D > 0$**, so liegen zwei **Schnittpunkte P_1** und **P_2** vor und G_g ist eine **Sekante**. Ist **$D = 0$**, so liegt eine doppelte Nullstelle und damit ein **Berührpunkt B** der Parabel und der Geraden vor, die Gerade ist eine **Tangente** der Parabel. Ist **$D < 0$**, so haben die Parabel und die Gerade keinen gemeinsamen Punkt, die Gerade ist **Passante**.
> Die jeweiligen y-Koordinaten der gemeinsamen Punkte erhält man am einfachsten durch Einsetzen in den linearen Funktionsterm g(x).

Beispiel

Bestimmen Sie jeweils die Koordinaten der gemeinsamen Punkte der Parabel G_f und der Geraden G_g mit der quadratischen Funktion $f: x \mapsto f(x)$, $x \in \mathbb{R}$ und der linearen Funktion $g: x \mapsto g(x)$, $x \in \mathbb{R}$. Geben Sie die Art der gemeinsamen Punkte an, falls welche existieren. Zeichnen Sie jeweils die Parabel und die Gerade.

a) $f(x) = (x-2)^2 - 2$; $g(x) = -x + 2$

b) $f(x) = -0{,}5 \cdot (x+1)^2 + 3$; $g(x) = -2x + 3$

c) $f(x) = -2 \cdot (x+2)^2 + 5$; $g(x) = -3x + 3$

d) $f(x) = -2 \cdot (x+2)^2 + 5$; $g(x) = 3$

Lösung:

a) $G_f \cap G_g$: $\quad f(x) = g(x)$

$$x^2 - 4x + 2 = -x + 2$$
$$x^2 - 3x = 0$$
$$x(x-3) = 0$$
$$x_1 = \mathbf{0}; \; x_2 = \mathbf{3}$$

$y_1 = g(\mathbf{0}) = 2$; $y_2 = g(\mathbf{3}) = -3 + 2 = -1$
Schnittpunkte $P_1(0|2)$ und $P_2(3|-1)$
g ist Sekante.

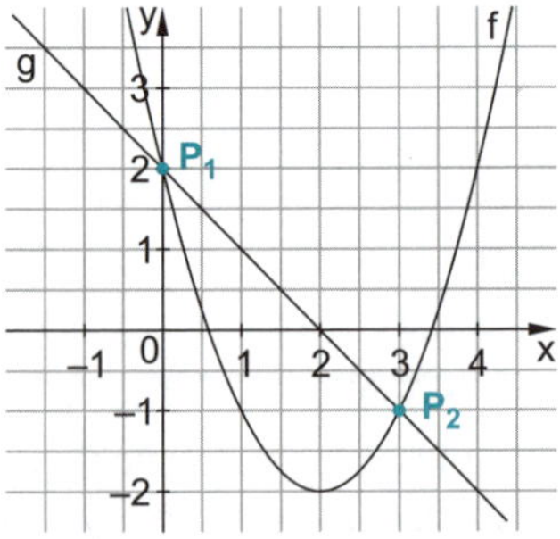

b) $G_f \cap G_g$: $\quad f(x) = g(x)$

$$-0{,}5x^2 - x + 2{,}5 = -2x + 3$$
$$-0{,}5x^2 + x - 0{,}5 = 0$$
$$x^2 - 2x + 1 = 0$$
$$(x-1)^2 = 0$$
$$x_{1;2} = \mathbf{1}$$

$y = g(\mathbf{1}) = -2 + 3 = 1$

Berührpunkt B(1 | 1)

g ist Tangente.

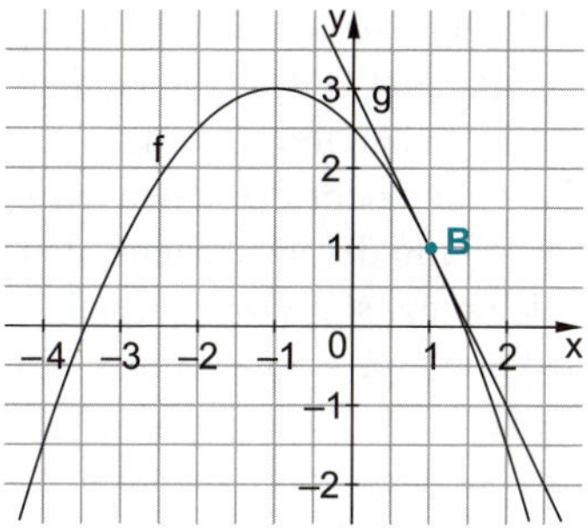

c) $G_f \cap G_g$: $\quad f(x) = g(x)$

$$-2x^2 - 8x - 3 = -3x + 3$$
$$-2x^2 - 5x - 6 = 0$$

Diskriminante $D = 25 - 4 \cdot (-2) \cdot (-6)$
$= -23 \mathbf{< 0}$

Es gibt keine Lösung, also auch keine gemeinsamen Punkte.

g ist Passante.

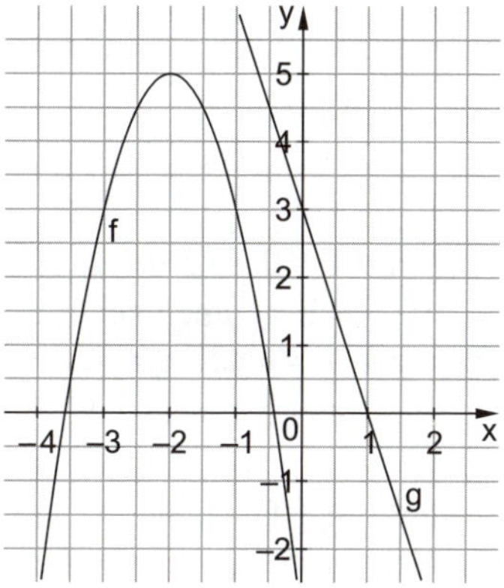

d) $G_f \cap G_g$: $\quad f(x) = g(x)$

$$-2x^2 - 8x - 3 = 3$$
$$-2x^2 - 8x - 6 = 0$$
$$x^2 + 4x + 3 = 0$$
$$(x+3)(x+1) = 0$$
$$x_1 = \mathbf{-3}; \quad x_2 = \mathbf{-1}$$

$y_1 = g(\mathbf{-3}) = 3; \quad y_2 = g(\mathbf{-1}) = 3$

Schnittpunkte $P_1(-3 \mid 3)$ und $P_2(-1 \mid 3)$

g ist Sekante.

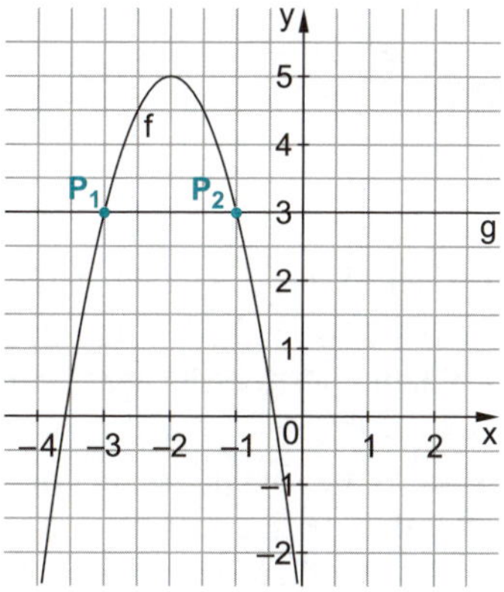

Trifft eine Schar von Geraden g_a auf eine Parabel G_f, so können die Geraden in Abhängigkeit von a Sekanten, Tangenten oder Passanten der Parabel sein. In der nebenstehenden Zeichnung ist $f(x) = x^2 - 2$ mit $x \in \mathbb{R}$ und $g_a(x) = a \cdot x - a - 5$ mit $x \in \mathbb{R}$ und $a \in \mathbb{R}$.

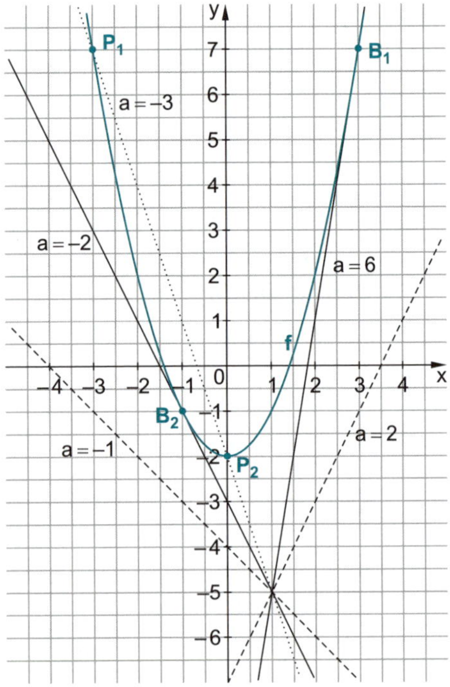

Um herauszubekommen, für welche Werte von a gemeinsame Punkte auftreten, setzt man die Funktionsterme gleich:

$f(x) = g_a(x) \quad \Rightarrow \quad x^2 - 2 = a \cdot x - a - 5$

$x^2 - ax + a + 3 = 0$

Für die Diskriminante D gilt:

$D = a^2 - 4 \cdot 1 \cdot (a+3) = a^2 - 4a - 12$

Setzt man **$D = 0$**, so erhält man $(a-6) \cdot (a+2) = 0$ und damit die Lösungen $a_1 = 6$ und $a_2 = -2$.

Für diese Werte von a ist die Diskriminante also 0, die Nullstellen der quadratischen Gleichung $x^2 - ax + a + 3 = 0$ sind somit doppelte Nullstellen und die Geraden g_6 und g_{-2} sind **Tangenten** an die Parabel, wie man in der Zeichnung erkennen kann. Es werden noch die Koordinaten der Berührpunkte berechnet:

$a = 6$: $x^2 - 6x + 9 = 0 \quad \Rightarrow \quad (x-3)^2 = 0 \quad \Rightarrow \quad x_{1;\,2} = 3$

$f(3) = 9 - 2 = 7$ ist dann die y-Koordinate von dem **Berührpunkt $B_1(3\,|\,7)$**.

$a = -2$: $x^2 + 2x + 1 = 0 \quad \Rightarrow \quad (x+1)^2 = 0 \quad \Rightarrow \quad x_{1;\,2} = -1$

$f(-1) = 1 - 2 = -1$ ist dann die y-Koordinate von dem **Berührpunkt $B_2(-1\,|\,-1)$**.

Aus der Skizze des Graphen G_D der Diskriminante $D = a^2 - 4a - 12 = (a-6) \cdot (a+2)$ in einem a-D-Koordinatensystem erkennt man, dass **$D > 0$** für $a < -2$ und für $a > 6$ ist. Für diese Werte von a sind die zugehörigen Geraden g_a **Sekanten** der Parabel mit den Schnittpunkten P_1 und P_2. In obiger Zeichnung ist die Gerade g_{-3} als Beispiel eingetragen. Entsprechend erkennt man aus dem Graphen G_D, dass für $-2 < a < 6$ die Diskriminante **$D < 0$** ist. Für diese Werte von a sind die zugehörigen Geraden g_a **Passanten** der Parabel. In obiger Zeichnung sind die Geraden g_{-1} und g_2 als Beispiele eingetragen.

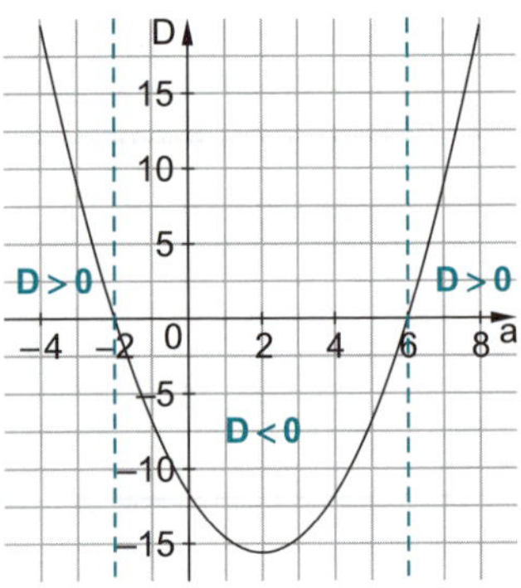

Regel

Sind f: $x \mapsto f(x)$, $x \in \mathbb{R}$ eine quadratische Funktion und g_a: $x \mapsto g_a(x)$, $x \in \mathbb{R}$, $a \in \mathbb{R}$ eine Schar von linearen Funktionen, so bestimmt man die **gemeinsamen Punkte** der zugehörigen Parabel G_f und der Geraden g_a durch **Gleichsetzen der Funktionsterme: $f(x) = g_a(x)$** und Lösen der Gleichung.
Ist die Diskriminante **$D(a) = 0$**, so liegt für diese Werte von a eine doppelte Nullstelle und damit ein **Berührpunkt B** der Parabel und der Geraden g_a vor, die Gerade g_a ist eine **Tangente** der Parabel. Ist **$D(a) > 0$**, so liegen für diese Werte von a zwei **Schnittpunkte P_1** und **P_2** vor und g_a ist eine **Sekante**. Ist **$D(a) < 0$**, so haben die Parabel und die Gerade g_a keinen gemeinsamen Punkt, die Gerade g_a ist **Passante**.

Beispiel

Gegeben sind die quadratische Funktion f: $x \mapsto f(x) = (x+2)^2 + 2$, $x \in \mathbb{R}$ und die Schar der linearen Funktion g_a: $x \mapsto g_a(x) = 2x + a$, $x \in \mathbb{R}$, $a \in \mathbb{R}$. Ermitteln Sie jeweils, für welche Werte von a die Gerade g_a Tangente, Sekante und Passante der Parabel G_f ist. Berechnen Sie die Koordinaten der auftretenden Berührpunkte. Zeichnen Sie G_f sowie die Geraden g_2, g_5 und g_6.

Lösung:

Gemeinsame Punkte:

$f(x) = g_a(x) \;\Rightarrow\; x^2 + 4x + 4 + 2 = 2x + a \;\Rightarrow\; x^2 + 2x + 6 - a = 0$

Diskriminante $D(a) = 4 - 4 \cdot 1 \cdot (6 - a) = 4a - 20$

$D(a) = 0$ $\Rightarrow$ $4a = 20$ $\Rightarrow$ $a = 5$

g_5 ist Tangente von G_f.

Die Koordinaten des Berührpunkts werden durch Einsetzen von $a = 5$ in obige quadratische Gleichung berechnet:

$x^2 + 2x + 1 = 0 \;\Rightarrow\; (x+1)^2 = 0$

$x_{1;\,2} = -1$

$y = f(-1) = (-1+2)^2 + 2 = 3$

Berührpunkt $B(-1\,|\,3)$

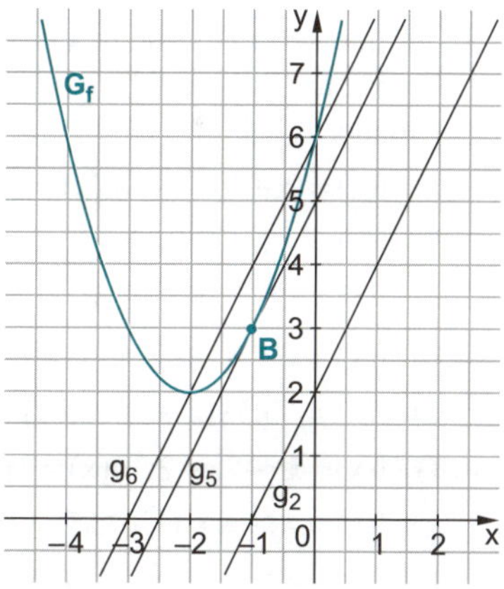

$D(a) > 0$ für $a > 5$:

g_a ist Sekante für $a > 5$.

$D(a) < 0$ für $a < 5$:

g_a ist Passante für $a < 5$.

Aufgaben

73. Bestimmen Sie jeweils die Koordinaten der gemeinsamen Punkte der zu den quadratischen Funktionen f: $x \mapsto f(x)$, $x \in \mathbb{R}$ und g: $x \mapsto g(x)$, $x \in \mathbb{R}$ gehörenden Parabeln G_f und G_g. Geben Sie die Art der gemeinsamen Punkte, falls sie existieren, an. Zeichnen Sie die Parabeln.

a) $f(x)=(x+3)^2+2;\ \ g(x)=-(x+3)^2+4$

b) $f(x)=x^2+4x+6;\ \ g(x)=-(x+1)^2+7$

c) $f(x)=(x-4)^2-3;\ \ g(x)=-(x-3)^2+2$

d) $f(x)=(x-2)^2+2;\ \ g(x)=-(x-4)^2+3$

e) $f(x)=(x-5)^2-1;\ \ g(x)=-0{,}5(x-4)^2+3{,}5$

f) $f(x)=(x+1)^2+1;\ \ g(x)=-3(x+1)^2+5$

g) $f(x)=-(x+2)^2+3;\ \ g(x)=-0{,}5(x+1)^2+4$

h) $f(x)=(x+4)^2;\ \ g(x)=-2(x+2)^2+3$

i) $f(x)=x^2-4x+4;\ \ g(x)=4(x-2)^2-3$

j) $f(x)=(x-1)^2-1;\ \ g(x)=-2(x+2)^2+5$

k) $f(x)=x^2+3;\ \ g(x)=-(x+3)^2+5$

l) $f(x)=-2(x+2)^2+3;\ \ g(x)=-0{,}5(x+1)^2+4$

74. Bestimmen Sie jeweils die Koordinaten der gemeinsamen Punkte der Parabel G_f und der Geraden G_g mit der quadratischen Funktion f: $x \mapsto f(x)$, $x \in \mathbb{R}$ und der linearen Funktion g: $x \mapsto g(x)$, $x \in \mathbb{R}$. Geben Sie die Art der gemeinsamen Punkte an, falls welche existieren. Zeichnen Sie jeweils die Parabel und die Gerade.

a) $f(x)=(x+1)^2-4;\ \ g(x)=x-1$

b) $f(x)=-(x-1)^2+3;\ \ g(x)=-0{,}5x+2$

c) $f(x)=-2\cdot(x+2)^2+5;\ \ g(x)=-2x+3$

d) $f(x)=x^2-4x+5;\ \ g(x)=2x-4$

e) $f(x)=-0{,}5\cdot(x+2)^2+5;\ \ g(x)=-0{,}75x$

f) $f(x)=x^2-2x-2;\ \ g(x)=2x-5$

g) $f(x)=-3\cdot(x-1)^2+2{,}5;\ \ g(x)=-0{,}5x+4$

h) $f(x)=-2x^2-4x+1;\ \ g(x)=4x+9$

i) $f(x)=-(x+3)^2+4;\ \ g(x)=-2x+1$

j) $f(x)=-2\cdot(x+4)^2+4;\ \ g(x)=-4x-10$

75. Gegeben sind die quadratische Funktion f: $x \mapsto f(x)$, $x \in \mathbb{R}$ und die Schar der linearen Funktion g_a: $x \mapsto g_a(x)$, $x \in \mathbb{R}$, $a \in \mathbb{R}$. Ermitteln Sie jeweils, für welche Werte von a die Gerade g_a Tangente, Sekante und Passante der Parabel G_f ist. Berechnen Sie die Koordinaten der auftretenden Berührpunkte. Zeichnen Sie G_f sowie die angegebenen Geraden.

a) $f(x)=(x-2)^2+2$; $g_a(x)=2x+a$; Zeichnung von G_f, g_{-5}, g_{-3}, g_{-1}

b) $f(x)=-(x+1)^2+3$; $g_a(x)=ax-a$; Zeichnung von G_f, g_{-3}, g_{-2}, $g_{-1,5}$

c) $f(x)=(x-2)^2-3$; $g_a(x)=ax-2a-4$; Zeichnung von G_f, g_{-2}, g_2, $g_{-0,5}$

d) $f(x)=-(x-3)^2+3$; $g_a(x)=ax-2a+3$; Zeichnung von G_f, g_{-1}, g_0, g_2

e) $f(x)=-0{,}5x^2+x+2{,}5$; $g_a(x)=ax+2a+0{,}5$; Zeichnung von G_f, $g_{0,5}$, g_1, g_2

* **76.** Gegeben sind die quadratische Funktion f: $x \mapsto f(x)=-(x+2)^2+4$, $x \in \mathbb{R}$ und die Schar der linearen Funktion g_a: $x \mapsto g_a(x)=ax+4$, $x \in \mathbb{R}$, $a \in \mathbb{R}$. Ermitteln Sie, für welche Werte von a die Gerade g_a genau einen Punkt mit der Parabel G_f gemeinsam hat.

* **77.** Die Parabel P ist der Graph der Funktion p: $x \mapsto 0{,}5x^2-5x+8$ mit $D_p=\mathbb{R}$.

a) Ermitteln Sie die Koordinaten des Scheitelpunktes von P und die Wertemenge von p.

b) Zwei Ursprungsgeraden g und h sind Tangenten an P. Bestimmen Sie deren Gleichungen und die Koordinaten der zugehörigen Berührpunkte.

6.5 Potenzfunktionen

Die bislang betrachteten linearen bzw. quadratischen Funktionen können noch etwas verallgemeinert werden. Ähnlich gut zu verstehen ist auch der Verlauf von Graphen von Funktionen, in deren Term nur eine Potenz von x, also z. B. x^1, x^2, x^3, x^4, x^{-1}, x^{-2} usw. vorkommt. Solche Funktionen f der Form f: $x \mapsto f(x) = \mathbf{a \cdot x^n}$ heißen **Potenzfunktionen**, wobei hier $n \neq 0$ aus den ganzen Zahlen gewählt wird und $a \neq 0$ eine reelle Zahl ist.

Bei $n=2$ und $a=1$ erhält man beispielsweise den Term $f(x)=1 \cdot x^2=x^2$. Der zugehörige Graph ist die Normalparabel. Als maximale Definitionsmenge kann man hier $D_f=\mathbb{R}$ wählen. Dies gilt für alle natürlichen Zahlen n = 1, 2, 3, … als Hochzahl.

Bei $n=-1$ und $a=1$ erhält man $f(x)=1 \cdot x^{-1}=\frac{1}{x}$. Dabei muss $x \neq 0$ sein. Als maximale Definitionsmenge kann man hier nur $D_f=\mathbb{R}\setminus\{0\}$ wählen. Dies gilt für alle negativen ganzen Zahlen n = –1, –2, –3, … als Hochzahl.

Definition

Funktionen der Form f: $x \mapsto$ **$f(x) = a \cdot x^n$** mit $n \in \mathbb{Z} \setminus \{0\}$, $a \in \mathbb{R} \setminus \{0\}$ und $D_f = \mathbb{R}$ für $n \geq 1$ sowie $D_f = \mathbb{R} \setminus \{0\}$ für $n \leq -1$ heißen **Potenzfunktionen**.

Der Graph von f mit $f(x) = x^2$, $D_f = \mathbb{R}$ wird als Normalparabel bezeichnet (siehe Seite 110). Die Normalparabel ist achsensymmetrisch zur y-Achse, denn es gilt:
$f(-x) = (-x)^2 = x^2 = f(x)$ für $x \in \mathbb{R}$

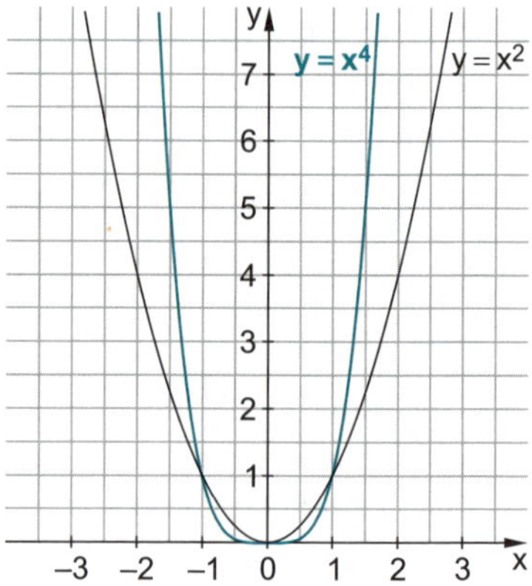

Die einzige Nullstelle ist $x = 0$, sie ist eine doppelte Nullstelle und der zugehörige Punkt $N(0|0)$ ist ein Berührpunkt der Parabel mit der x-Achse.

Der Graph von g mit $g(x) = x^4$, $D_f = \mathbb{R}$ ist ebenfalls achsensymmetrisch zur y-Achse, denn es gilt:
$g(-x) = (-x)^4 = x^4 = g(x)$ für $x \in \mathbb{R}$

Die einzige Nullstelle ist $x = 0$, sie ist eine vierfache Nullstelle und der zugehörige Punkt $N(0|0)$ ist ein Berührpunkt des Graphen mit der x-Achse. Der Graph wird auch als **Parabel 4. Ordnung** bezeichnet.

Ist bei $f(x) = x^n$ die Hochzahl $n \in \mathbb{N}$ gerade, so sind die zugehörigen Parabeln n-ter Ordnung jeweils nach oben geöffnet und achsensymmetrisch zur y-Achse, denn für gerade n gilt:
$(-x)^n = x^n$ für $x \in \mathbb{R}$

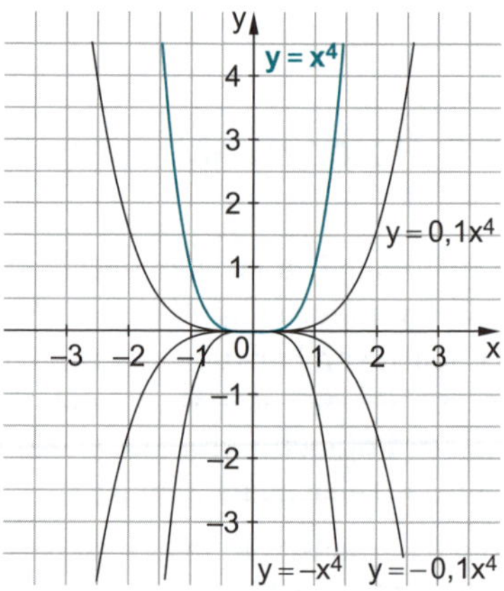

Außerdem berühren sie die x-Achse im Punkt $N(0|0)$. $x = 0$ ist eine n-fache Nullstelle von f.

Diese Eigenschaften bleiben für G_f auch für $f(x) = a \cdot x^n$ erhalten, falls a positiv ist.

Für $a < 0$, z. B. $f(x) = -x^4$, ist G_f nach unten geöffnet. G_f erhält man durch Spiegelung der Parabel zu $y = x^4$ an der x-Achse wie bei den Parabeln 2. Ordnung (siehe Seite 116).

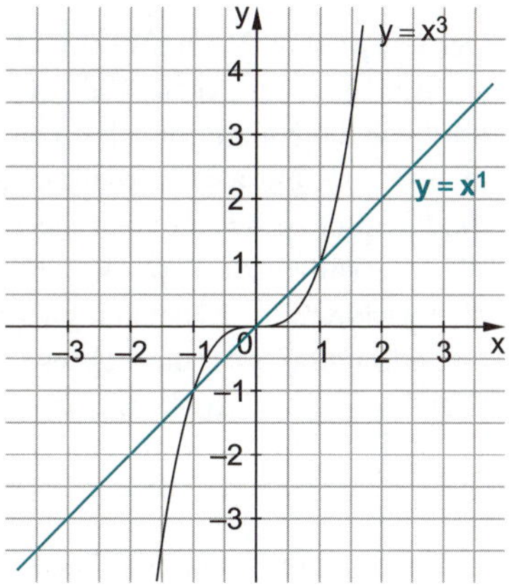

Der Graph von f mit $f(x) = x^3$, $D_f = \mathbb{R}$ ist dagegen punktsymmetrisch zum Ursprung, denn es gilt:
$f(-x) = (-x)^3 = -x^3 = -f(x)$ für $x \in \mathbb{R}$

Die einzige Nullstelle ist $x = 0$, sie ist eine dreifache Nullstelle und beim zugehörigen Punkt $N(0 \mid 0)$ durchdringt der Graph die x-Achse. Der Graph wird auch als **Parabel 3. Ordnung** bezeichnet und geht von links unten nach rechts oben.

Die entsprechenden Eigenschaften hat auch der Graph von g mit $g(x) = x^1$, $D_f = \mathbb{R}$. Er ist ebenfalls symmetrisch zum Ursprung, denn es gilt:
$g(-x) = (-x)^1 = -x^1 = -g(x)$ für $x \in \mathbb{R}$

Die einzige Nullstelle ist $x = 0$, sie ist eine einfache Nullstelle und der zugehörige Punkt $N(0 \mid 0)$ ist ein Schnittpunkt des Graphen mit der x-Achse. Den Graphen könnte man analog auch als Parabel 1. Ordnung bezeichnen, er geht ebenfalls von links unten nach rechts oben.

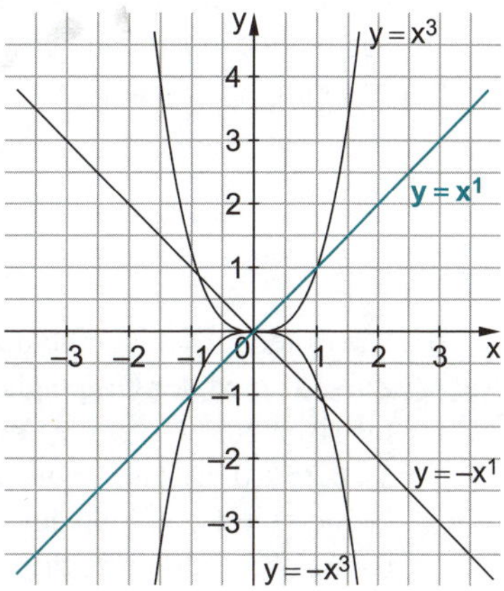

Ist bei $f(x) = x^n$ die Hochzahl $n \in \mathbb{N}$ ungerade, so sind die zugehörigen Parabeln n-ter Ordnung jeweils punktsymmetrisch zum Ursprung, denn für ungerade n gilt:
$(-x)^n = -x^n$ für $x \in \mathbb{R}$

Sie gehen von links unten nach rechts oben. Außerdem durchdringen sie die x-Achse im Punkt $N(0 \mid 0)$. $x = 0$ ist eine n-fache Nullstelle von f.

Diese Eigenschaften bleiben für G_f auch für $f(x) = a \cdot x^n$ erhalten, falls a positiv ist. Für $a < 0$, z. B. $f(x) = -x^3$, erhält man G_f durch Spiegelung der Parabel zu $y = x^3$ an der x-Achse. G_f geht dann von links oben nach rechts unten. Analog verläuft der Graph von $y = -x$.

Regel

Der **Graph der Potenzfunktion** f der Form f: $x \mapsto$ **$f(x) = a \cdot x^n$** mit $n \in \mathbb{N}$, $D_f = \mathbb{R}$, $a \in \mathbb{R} \setminus \{0\}$ ist für **gerade** Zahlen **n achsensymmetrisch zur y-Achse**, kommt für **$a > 0$ wie** die **Normalparabel** von oben und geht nach oben und berührt bei $x = 0$ die x-Achse. Für **$a < 0$** verläuft G_f an der x-Achse gespiegelt, d. h., G_f kommt **wie die Parabel zu $y = -x^2$** von links unten und geht nach rechts unten.
Für **ungerade n** ist G_f **punktsymmetrisch zum Ursprung**, kommt für **$a > 0$** wie die **Gerade** mit der Gleichung **$y = x$** von links unten und geht nach rechts oben und durchdringt bei $x = 0$ die x-Achse. Für **$a < 0$** kommt G_f **wie** die **Gerade** mit der Gleichung **$y = -x$** von links oben und geht nach rechts unten.
$x = 0$ ist die einzige Nullstelle von f und hat die Vielfachheit n.

Beispiel

Geben Sie für den Graphen G_f der Potenzfunktion f: $x \mapsto f(x) = a \cdot x^n$ mit $n \in \mathbb{N}$, $D_f = \mathbb{R}$, $a \in \mathbb{R} \setminus \{0\}$ die Symmetrie, den Grobverlauf und die Art der Nullstelle $x = 0$ an. Zeichnen Sie G_f.

a) $f(x) = 0{,}5x^2$ b) $f(x) = 0{,}25x^3$

c) $f(x) = -0{,}5x^4$ d) $f(x) = -0{,}25x^5$

Lösung:

a) Die Potenz $n = \mathbf{2}$ ist eine gerade Zahl, also ist der Graph G_f symmetrisch zur y-Achse. Wegen $a = \mathbf{0{,}5} > 0$ verläuft er wie die Normalparabel von links oben nach rechts oben und berührt im Ursprung die x-Achse.

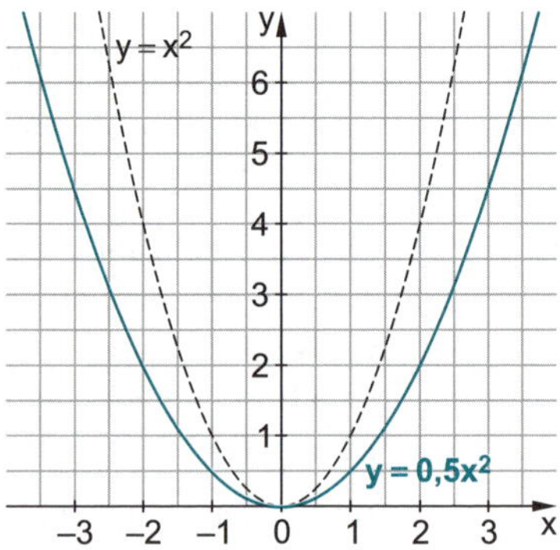

b) Die Potenz $n = \mathbf{3}$ ist eine ungerade Zahl, also ist der Graph G_f symmetrisch zum Ursprung. Wegen $a = \mathbf{0{,}25} > 0$ verläuft er wie die Gerade $y = x$ von links unten nach rechts oben und durchdringt im Ursprung die x-Achse.

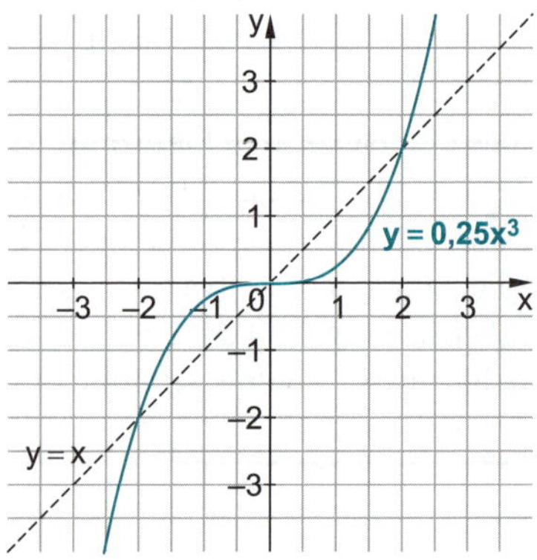

c) Die Potenz $n=\mathbf{4}$ ist eine gerade Zahl, also ist der Graph G_f symmetrisch zur y-Achse. Wegen $a=\mathbf{-0{,}5}<0$ verläuft er wie die Parabel zu $y=-x^2$ von links unten nach rechts unten und berührt im Ursprung die x-Achse.

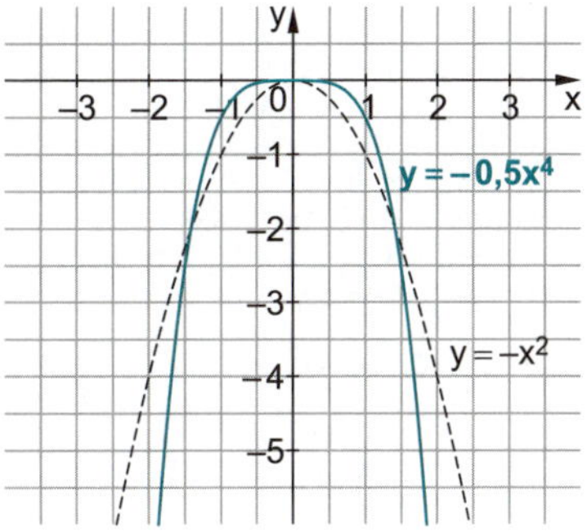

d) Die Potenz $n=\mathbf{5}$ ist eine ungerade Zahl, also ist der Graph G_f symmetrisch zum Ursprung. Wegen $a=\mathbf{-0{,}25}<0$ verläuft er wie die Gerade $y=-x$ von links oben nach rechts unten und durchdringt im Ursprung die x-Achse.

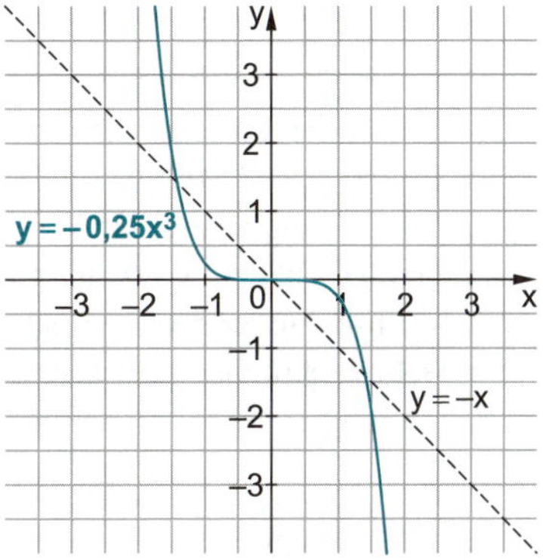

Die Graphen der Potenzfunktionen $f\colon x \mapsto f(x)=a\cdot x^n$ mit $n\in\{-1;-2;-3;\ldots\}$, $a\in\mathbb{R}\setminus\{0\}$ und $D_f=\mathbb{R}\setminus\{0\}$ zeigen wesentliche Unterschiede zu den Graphen mit $n\in\mathbb{N}$. Diese Funktionen sind für $x=0$ nicht definiert, sie haben dort eine Definitionslücke. An dieser tritt eine **Unendlichkeitsstelle** auf, d. h., die Funktionswerte $f(x)$ gehen gegen $+\infty$ bzw. gegen $-\infty$. G_f nähert sich bei $x=0$ der y-Achse und geht dort steil nach oben bzw. nach unten. Geht x gegen $\pm\infty$, nähert sich G_f der x-Achse.

Der Graph von $f\colon x\mapsto x^{-1}=\frac{1}{x}$ ist symmetrisch zum Ursprung, denn es gilt:

$$f(-x)=\frac{1}{-x}=-\frac{1}{x}=-f(x) \text{ für } x\neq 0$$

Diese Symmetrie liegt entsprechend bei allen Funktionen f mit $f(x)=x^{-n}$ mit $n\in\mathbb{N}$ und n ungerade vor. Der Graph von f heißt **Hyperbel**.

Der Graph von $f\colon x\mapsto x^{-2}=\frac{1}{x^2}$ ist dagegen symmetrisch zur y-Achse, denn es gilt:

$$f(-x)=\frac{1}{(-x)^2}=\frac{1}{x^2}=f(x) \text{ für } x\neq 0$$

Diese Symmetrie liegt entsprechend bei allen Funktionen f mit $f(x)=x^{-n}$ mit $n\in\mathbb{N}$ und n gerade vor.

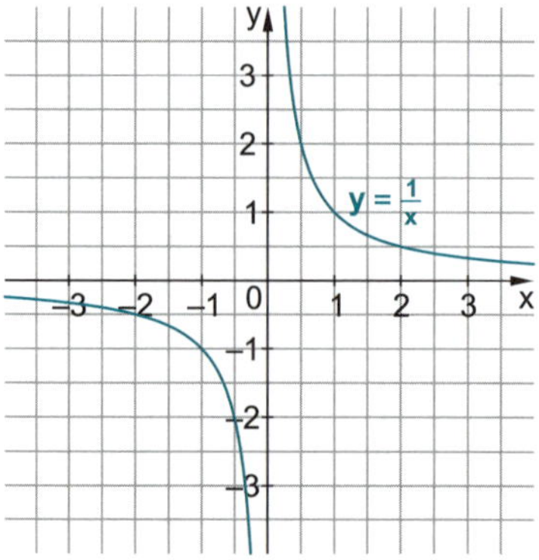

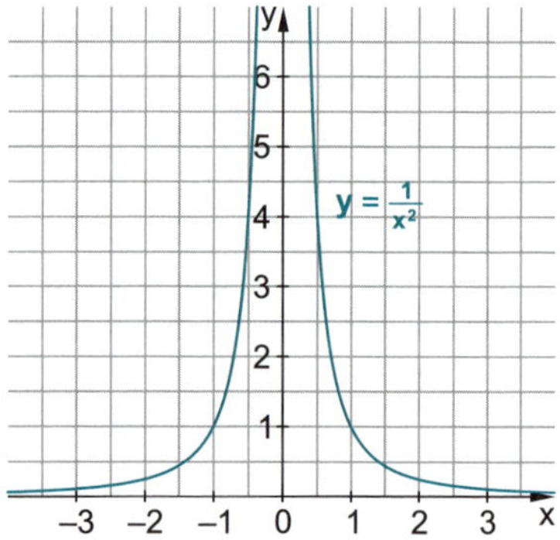

Regel

Der **Graph der Potenzfunktion** f der Form f: $x \mapsto$ **$f(x) = a \cdot x^{-n}$** mit $n \in \mathbb{N}$, $D_f = \mathbb{R} \setminus \{0\}$, $a \in \mathbb{R} \setminus \{0\}$ ist für **gerade** Zahlen **n achsensymmetrisch zur y-Achse.** Für **ungerade n** ist G_f **punktsymmetrisch zum Ursprung.**
Der Graph G_f hat bei **$x = 0$** eine **Unendlichkeitsstelle** und nähert sich bei $x = 0$ der y-Achse. Für x gegen $\pm\infty$ nähert sich G_f der x-Achse.
Für **$a < 0$** verläuft G_f an der x-Achse gespiegelt.

Beispiel

Geben Sie für den Graphen G_f der Potenzfunktion f: $x \mapsto f(x) = a \cdot x^{-n}$ mit $n \in \mathbb{N}$, $D_f = \mathbb{R} \setminus \{0\}$, $a \in \mathbb{R} \setminus \{0\}$ die Symmetrie an und zeichnen Sie G_f.

a) $f(x) = 2 \cdot x^{-2}$
b) $f(x) = 0{,}5 \cdot x^{-1}$
c) $f(x) = -2 \cdot x^{-2}$
d) $f(x) = -0{,}5 \cdot x^{-1}$

Lösung:

a) Die Potenz $n = 2$ ist eine gerade Zahl, also ist der Graph G_f symmetrisch zur y-Achse. Er nähert sich der x-Achse, wenn x gegen $\pm\infty$ geht.

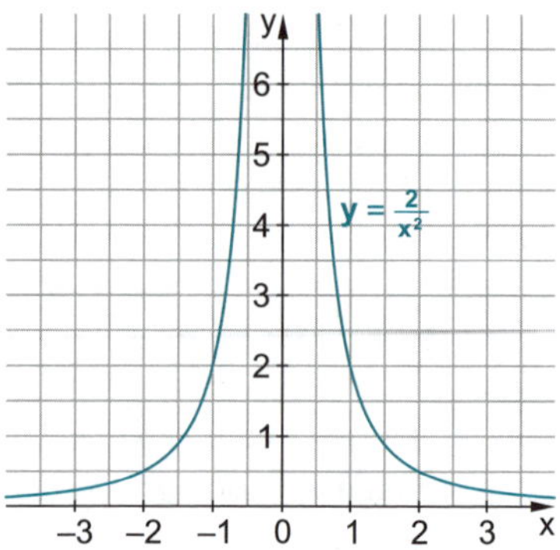

b) Die Potenz n = **1** ist eine ungerade Zahl, also ist der Graph G_f symmetrisch zum Ursprung. Er nähert sich der x-Achse, wenn x gegen $\pm\infty$ geht.

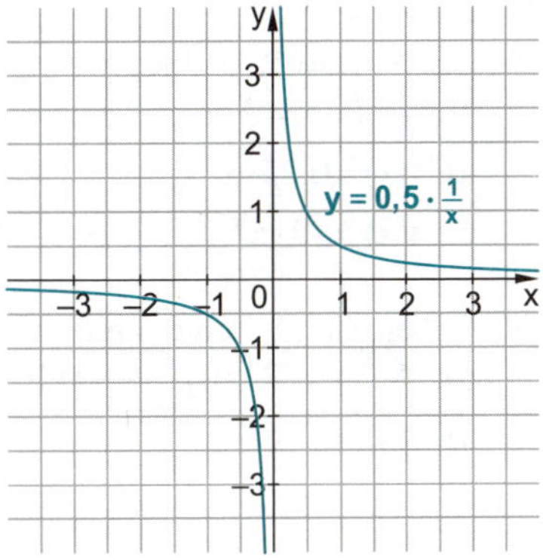

c) Die Potenz n = **2** ist eine gerade Zahl, also ist der Graph G_f symmetrisch zur y-Achse. Er nähert sich der x-Achse, wenn x gegen $\pm\infty$ geht.
Wegen des negativen Werts von a erhält man G_f durch Spiegelung des Graphen von Teilaufgabe a an der x-Achse.

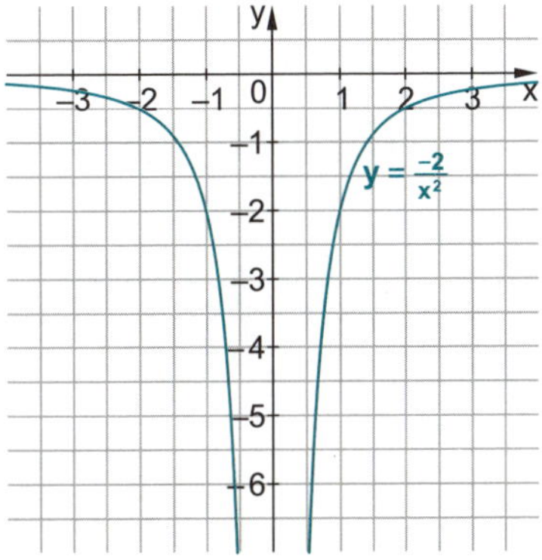

d) Die Potenz n = **1** ist eine ungerade Zahl, also ist der Graph G_f symmetrisch zum Ursprung. Er nähert sich der x-Achse, wenn x gegen $\pm\infty$ geht.
Wegen des negativen Werts von a erhält man G_f durch Spiegelung des Graphen von Teilaufgabe b an der x-Achse.

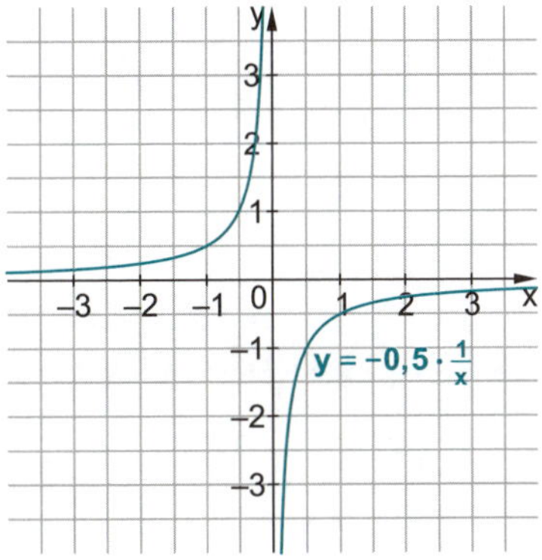

Aufgaben

78. Geben Sie für den Graphen G_f der Potenzfunktion $f\colon x \mapsto f(x) = a \cdot x^n$ mit $n \in \mathbb{N}$, $D_f = \mathbb{R}$, $a \in \mathbb{R} \setminus \{0\}$ die Symmetrie, den Grobverlauf und die Art der Nullstelle $x = 0$ an. Zeichnen Sie G_f.

a) $f(x) = 0{,}25 \cdot x^2$

b) $f(x) = 0{,}5 \cdot x^3$

c) $f(x) = -2 \cdot x^4$

d) $f(x) = -0{,}25 \cdot x^3$

79. Geben Sie für den Graphen G_f der Potenzfunktion $f\colon x \mapsto f(x) = a \cdot x^{-n}$ mit $n \in \mathbb{N}$, $D_f = \mathbb{R} \setminus \{0\}$, $a \in \mathbb{R} \setminus \{0\}$ die Symmetrie an und zeichnen Sie G_f.

a) $f(x) = 3 \cdot x^{-2}$

b) $f(x) = 2 \cdot x^{-1}$

c) $f(x) = -0{,}5 \cdot x^{-2}$

d) $f(x) = -2 \cdot x^{-1}$

7 Ungleichungen

7.1 Lineare Ungleichungen

Ersetzt man in der linearen Gleichung $2x+3=7$ mit der Grundmenge $G=\mathbb{R}$ und der Definitionsmenge $D=\mathbb{R}$ das Gleichheitszeichen durch eines der Zeichen „<" (kleiner) oder „≤" (kleiner oder gleich) oder „>" (größer) oder „≥" (größer oder gleich), so erhält man eine **lineare Ungleichung** der Form

$2x+3<7$ oder $2x+3\leq 7$ oder $2x+3>7$ oder $2x+3\geq 7$

mit der zugehörigen Grundmenge $G=\mathbb{R}$. Da keine Brüche und Wurzeln auftreten, kann man alle reellen Zahlen für x einsetzen und es gilt $D=\mathbb{R}$. Die **Lösungsmenge L** der Ungleichung besteht dann aus allen x-Werten der Definitionsmenge $D=\mathbb{R}$, welche die Ungleichung beim Einsetzen in eine wahre Aussage überführen.

Die Lösungsmenge der Ungleichung

$2x+3<7$

kann man einerseits wie bei den Gleichungen dann erkennen, wenn auf einer Seite der Gleichung nur x allein ohne Faktor steht. Subtrahiert man beidseitig die Zahl 3, so ergibt sich $2x<4$. Teilt man nun beidseitig durch 2, so erhält man $x<2$. Die Lösungsmenge L besteht also aus allen reellen Zahlen, die kleiner als 2 sind. Kurzschreibweise: $L=]-\infty;\ 2[$. Die Zahl 2 ist also nicht in L enthalten.

Für die Ungleichung

$2x+3\leq 7$

ergibt sich entsprechend $x\leq 2$, das sind alle reellen Zahlen, die kleiner oder gleich 2 sind, mit der Kurzschreibweise $L=]-\infty;\ 2]$. Hier ist die Zahl 2 in der Lösungsmenge eingeschlossen, was durch die Richtung der eckigen Klammer ausgedrückt wird. Hat man zur Lösung der Ungleichung $2x+3\leq 7$ beidseitig 2x und 7 subtrahiert, so erhält man $-4\leq -2x$. Um die Lösungsmenge abzulesen, kann man durch die negative Zahl –2 teilen. Allerdings muss man beachten, dass man dabei das Ungleichheitszeichen umdreht. Dann erhält man dasselbe Ergebnis wie oben:

$2\geq x$

Um die Ungleichung nach x aufzulösen, formt man die Ungleichung so um wie die Gleichungen, wobei man allerdings beim Multiplizieren oder Dividieren mit einer negativen Zahl das Ungleichheitszeichen umdrehen muss.

Regel

Um die Lösungsmenge einer **linearen Ungleichung** zu bestimmen, formt man die Ungleichung wie eine Gleichung so um, dass **auf einer Seite** der Ungleichung **nur Terme mit x** stehen. Bei den Umformungen darf man
a) auf beiden Seiten die gleichen Zahlen oder Terme addieren oder subtrahieren,
b) beide Seiten mit der gleichen positiven Zahl multiplizieren oder dividieren,
c) beide Seiten mit der gleichen negativen Zahl multiplizieren oder dividieren, wobei das Kleiner- bzw. Größerzeichen umgedreht werden muss.

Beispiel

Bestimmen Sie jeweils die Lösungsmenge der Ungleichung in der Grundmenge $G = \mathbb{R}$.

a) $\frac{1}{2}x + 2 > 0$ b) $-\frac{1}{3}x + 2 \le 0{,}5$

c) $2x - 3 < 1$ d) $-\frac{1}{4}x + 4 \ge 3$

Lösung:
Da keine Brüche und Wurzeln auftreten, gilt jeweils $D = G = \mathbb{R}$.

a) $\frac{1}{2}x + 2 > 0 \quad | -2$

Die Terme ohne x werden nach rechts gebracht.

$\frac{1}{2}x > -2 \quad | \cdot 2$

$x > -4$

Durch den Koeffizienten von x wird dividiert, hier also mit dem Kehrwert multipliziert.

$L =]-4; +\infty[$

Die Lösungsmenge L kann auf der Zahlengeraden veranschaulicht werden:

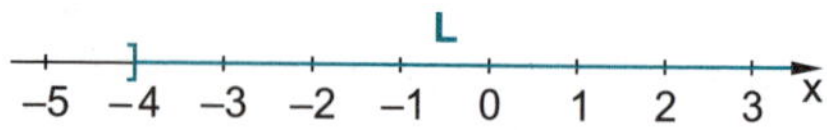

b) $-\frac{1}{3}x + 2 \le 0{,}5 \quad | -2$

Die Terme ohne x werden nach rechts gebracht.

$-\frac{1}{3}x \le -1{,}5 \quad | \cdot (-3)$

$x \ge 4{,}5$

Mit –3 wird multipliziert, das „≤"-Zeichen wird umgedreht.

$L = [4{,}5; +\infty[$

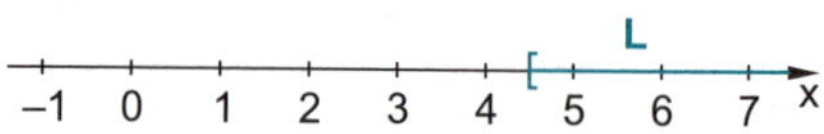

c) $2x - 3 < 1 \quad | +3$

Die Terme ohne x werden nach rechts gebracht.

$2x < 4 \quad | : 2$

$x < 2$

$L =]-\infty; 2[$

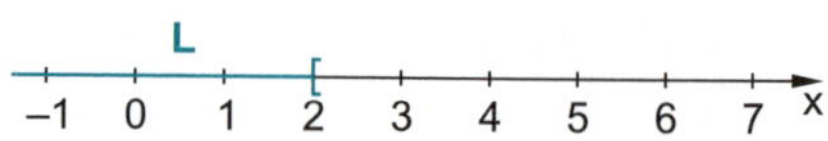

d) $-\frac{1}{4}x + 4 \ge 3 \quad | -4$

Die Terme ohne x werden nach rechts gebracht.

$-\frac{1}{4}x \ge -1 \quad | \cdot (-4)$

$x \le 4$

Mit –4 wird multipliziert, das „≥"-Zeichen wird umgedreht.

$L =]-\infty; 4]$

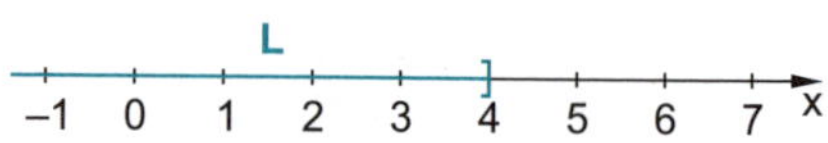

Die Lösungsmenge einer linearen Ungleichung kann auch grafisch bestimmt werden, indem man eine geeignete Gerade betrachtet. Die zu Beginn des Kapitels untersuchte Ungleichung $2x + 3 < 7$ kann auch in der Form $2x - 4 < 0$ geschrieben werden.

Betrachtet wird jetzt die Gerade g mit der Gleichung $y = 2x - 4$. Diese Gerade g schneidet die x-Achse bei $x_N = 2$ und hat den y-Achsenabschnitt $t = -4$. Die Gerade schneidet also die Koordinatenachsen in den Punkten N(2|0) und T(0|−4).

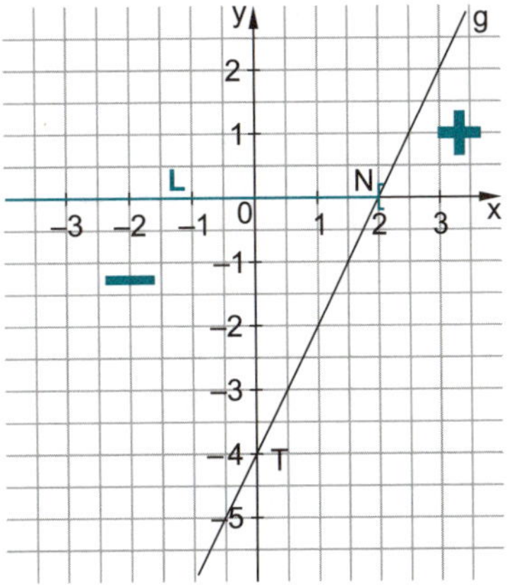

Mithilfe der Punkte N und T kann die Gerade g sofort skizziert werden. Die Punkte der Geraden oberhalb der x-Achse haben positive y-Koordinaten, die Punkte unterhalb der x-Achse haben negative y-Koordinaten. Die Ungleichung $(y =) \, 2x - 4 < 0$ kann also so interpretiert werden:
Gesucht sind die x-Werte aller Punkte auf der Geraden, die unterhalb der x-Achse liegen, d. h. alle x-Werte, für welche die Gerade g unterhalb der x-Achse verläuft. Man entnimmt der Zeichnung, dass für alle $x < 2$ die Gerade g unterhalb der x-Achse verläuft. Man erhält als Lösungsmenge $L =]-\infty; 2[$, wie in der Zeichnung markiert.

Die Ungleichung $(y =) \, 2x - 4 \geq 0$ kann entsprechend also so interpretiert werden: Gesucht sind die x-Werte aller Punkte auf der Geraden, die oberhalb der x-Achse oder auf der x-Achse liegen, d. h. alle x-Werte, für welche die Gerade g oberhalb oder auf der x-Achse verläuft. Aus dem Verlauf der Geraden g erkennt man, dass dies für alle x-Werte mit $x \geq 2$ zutrifft: $L = [2; +\infty[$. Die Bestimmung der Lösungsmenge mithilfe des Graphen wird als **grafische Lösung** bezeichnet.

Regel

Um die Lösungsmenge einer **linearen Ungleichung** grafisch zu bestimmen, kann man sie

a) auf die Form $\mathbf{ax + b > 0}$ bzw. $\mathbf{ax + b < 0}$ bzw. $\mathbf{ax + b \geq 0}$ bzw. $\mathbf{ax + b \leq 0}$ bringen,
b) die **Lösung x_N** der Gleichung $\mathbf{ax + b = 0}$ berechnen,
c) die **Gerade g** mit der Gleichung $\mathbf{y = ax + b}$ **zeichnen** und
d) die **Lösungsmenge L** aus der Zeichnung ablesen:
Für $\mathbf{ax + b > 0}$ enthält L alle **x-Werte**, für die **g oberhalb** der x-Achse,
für $\mathbf{ax + b \geq 0}$ enthält L alle **x-Werte**, für die **g oberhalb oder auf** der x-Achse,
für $\mathbf{ax + b < 0}$ enthält L alle **x-Werte**, für die **g unterhalb** der x-Achse,
für $\mathbf{ax + b \leq 0}$ enthält L alle **x-Werte**, für die **g unterhalb oder auf** der x-Achse verläuft.

Beispiel

Bestimmen Sie jeweils grafisch die Lösungsmenge der Ungleichung in der Grundmenge $G=\mathbb{R}$.

a) $\frac{1}{2}x+2>0$ b) $-\frac{1}{3}x+2\leq 0{,}5$ c) $2x-3<1$ d) $-\frac{1}{4}x+4\geq 3$

Lösung:

Da keine Brüche und Wurzeln auftreten, gilt jeweils $D=G=\mathbb{R}$.

a) $\frac{1}{2}x+2>0$ Ungleichung

$\frac{1}{2}x+2=0 \quad |-2$ Lösung der zugehörigen Gleichung

$\frac{1}{2}x=-2 \quad |\cdot 2$

$x_N=\mathbf{-4}$

Gerade g: $y=\frac{1}{2}x+2$ mit N(**−4**|0), T(0|2), Steigung $m=\frac{1}{2}$

Die Lösungsmenge umfasst alle x-Werte, für die g oberhalb der x-Achse verläuft: L =]**−4**; +∞[

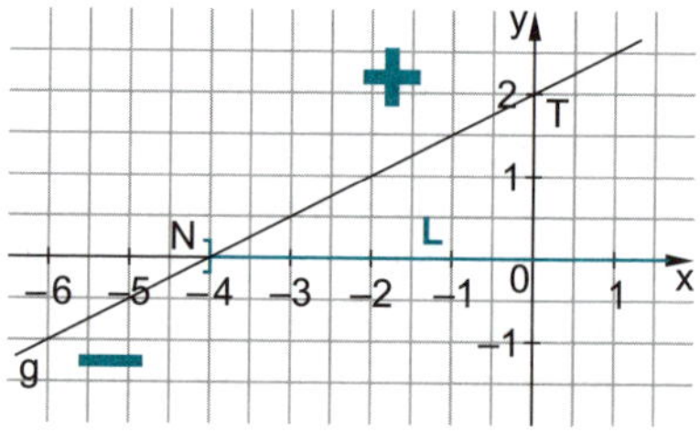

b) $-\frac{1}{3}x+2\leq 0{,}5 \quad |-0{,}5$ Ungleichung

$-\frac{1}{3}x+1{,}5\leq 0$

$-\frac{1}{3}x+1{,}5=0 \quad |-1{,}5$ Lösung der zugehörigen Gleichung

$-\frac{1}{3}x=-1{,}5 \quad |\cdot(-3)$

$x_N=\mathbf{4{,}5}$

Gerade g: $y=-\frac{1}{3}x+1{,}5$ mit N(**4,5**|0), T(0|1,5), Steigung $m=-\frac{1}{3}$

Die Lösungsmenge umfasst alle x-Werte, für die g unterhalb oder auf der x-Achse verläuft: L = [**4,5**; +∞[

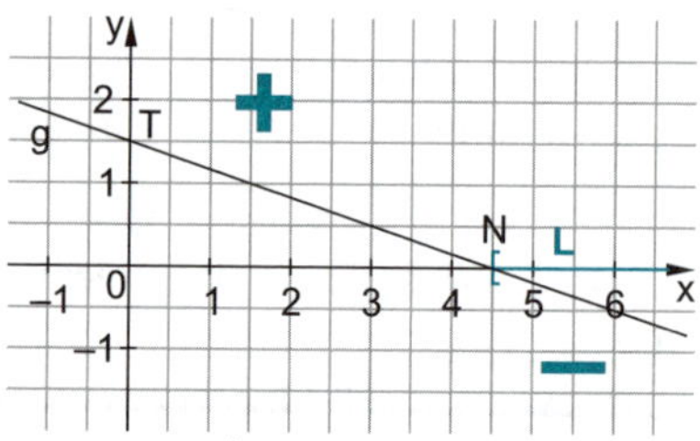

c) $2x-3<1 \quad |-1$ Ungleichung

$2x-4<0$

$2x-4=0 \quad |+4$ Lösung der zugehörigen Gleichung

$2x=4 \quad |:2$

$x_N=\mathbf{2}$

Gerade g: $y = 2x - 4$ mit $N(\mathbf{2}|0)$, $T(0|-4)$, Steigung $m = 2$

Die Lösungsmenge umfasst alle x-Werte, für die g unterhalb der x-Achse verläuft: $L =]-\infty; \mathbf{2}[$

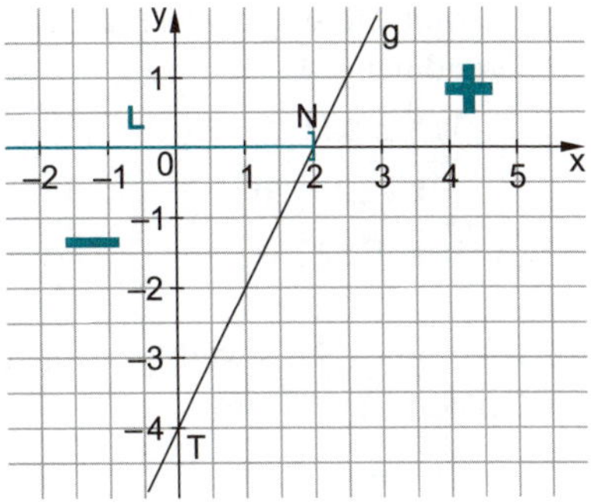

d) $-\frac{1}{4}x + 4 \geq 3 \quad |-3$ Ungleichung

$-\frac{1}{4}x + 1 \geq 0$

$-\frac{1}{4}x + 1 = 0 \quad |-1$ Lösung der zugehörigen Gleichung

$-\frac{1}{4}x = -1 \quad |\cdot(-4)$

$x_N = \mathbf{4}$

Gerade g: $y = -\frac{1}{4}x + 1$ mit $N(\mathbf{4}|0)$, $T(0|1)$, Steigung $m = -\frac{1}{4}$

Die Lösungsmenge umfasst alle x-Werte, für die g oberhalb oder auf der x-Achse verläuft: $L =]-\infty; \mathbf{4}]$

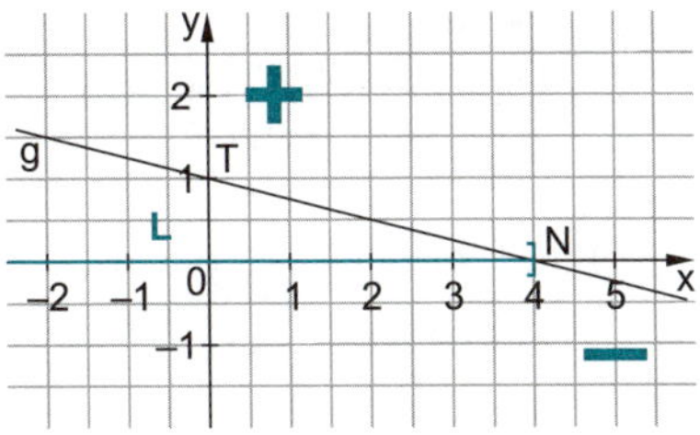

Aufgaben **80.** Bestimmen Sie jeweils rechnerisch die Lösungsmenge der Ungleichung in der Grundmenge $G = \mathbb{R}$.

a) $5x + 3 \leq -7$

b) $4 + 4x > -16$

c) $3x - 5 \leq 23$

d) $25x - 12 < 20x + 28$

e) $3x + 5 < 5x - 7$

f) $x - 3 < 2x + 5$

g) $2x - \frac{1}{5} < 4x + 3$

h) $2x + 2{,}5 \geq 6x - 1{,}5$

i) $\frac{1}{2}x - 7 + x^2 \leq -2x - 8 + x^2$

j) $-1{,}5(x - 3) + x \geq 2x - \frac{3}{8}$

k) $2{,}5x - 7 > 1{,}7x - 2{,}6$

l) $0{,}5(x + 6) + 1{,}5 \leq 2x - 1$

m) $-2(x - 2) + x > -x + 1$

n) $\frac{1}{2}x - 3 \geq \frac{1}{3}x + 5$

81. Bestimmen Sie jeweils rechnerisch die Lösungsmenge der Ungleichung in der Grundmenge $G=\mathbb{N}$.

a) $3x+2\leq 11$
b) $5x-7\leq 23$
c) $-2x+21>26$
d) $4x+20\geq 8$
e) $3x+4<22$
f) $6x+20>8x+9$

82. Bestimmen Sie jeweils grafisch die Lösungsmenge der Ungleichung in der Grundmenge $G=\mathbb{R}$.

a) $\frac{1}{2}x-3\leq -2$
b) $-\frac{1}{3}x-2>-1$
c) $2x-1\geq 3$
d) $-2x+5<3$
e) $\frac{1}{4}x+4\leq 5$
f) $\frac{1}{5}x+3\geq 2$
g) $\frac{5}{4}x-1<1$
h) $-3x+1<-3$

✳ **83.** Bestimmen Sie jeweils die Lösungsmenge der Ungleichung in der Grundmenge $G=\mathbb{R}$.

a) $3(x-2)^2+(x-1)\cdot(x+1)>4x\cdot(x-3)+12$
b) $21-7x\leq 0$
c) $(2-x)^2-(-2-x)^2\leq 10$
d) $-x^2-8x<2-x^2$

✳ **84.** Ermitteln Sie rechnerisch, für welche **kleinste ganze Zahl x** die folgende Beziehung wahr ist:
$\frac{8}{9}<\frac{x}{29}$

7.2 Bruchungleichungen

Ersetzt man in der Bruchgleichung $\frac{x-5}{x}=0$ mit der Grundmenge $G=\mathbb{R}$ und der Definitionsmenge $D=\mathbb{R}\setminus\{0\}$ das Gleichheitszeichen durch eines der Zeichen „<" oder „≤" oder „>" oder „≥", so erhält man eine **Bruchungleichung** der Form
$\frac{x-5}{x}<0$ oder $\frac{x-5}{x}\leq 0$ usw.
mit der zugehörigen Grundmenge $G=\mathbb{R}$ und der Definitionsmenge $D=\mathbb{R}\setminus\{0\}$.

Um die **Lösungsmenge L** der Bruchungleichung $\frac{x-5}{x} < 0$ zu bestimmen, kann man beide Seiten der Ungleichung mit dem Nenner x des Bruchs multiplizieren und die entstehende Ungleichung lösen. Bei der Multiplikation der Ungleichung muss allerdings beachtet werden, ob der Faktor x positiv oder negativ ist.

x > 0:

$$\frac{x-5}{x} < 0 \quad |\cdot x$$
$$\frac{x-5}{x} \cdot x < 0 \cdot x$$
$$x-5 < 0$$
$$x < 5$$

Also erfüllen die x-Werte mit $0 < x < 5$ die Ungleichung: $L_1 =]0; 5[$

x < 0:

$$\frac{x-5}{x} < 0 \quad |\cdot x$$
$$\frac{x-5}{x} \cdot x > 0 \cdot x$$
$$x-5 > 0$$
$$x > 5$$

Da keine Zahl beide Bedingungen $x < 0$ und $x > 5$ erfüllt, folgt $L_2 = \{\}$.

Als Lösungsmenge L der Ungleichung erhält man $L = L_1 \cup L_2 =]0; 5[$.

Die Lösung der **Bruchungleichung** $\frac{Z}{N} < 0$ kann man auch durch folgenden Ansatz bestimmen: Der Wert eines Bruchterms $\frac{Z}{N}$ ist dann kleiner als 0, wenn **Zähler Z und Nenner N verschiedenes Vorzeichen** haben, d. h., wenn $Z < 0$ und $N > 0$ *oder* $Z > 0$ und $N < 0$ gilt.

Wendet man diese Regel auf obige Ungleichung mit $Z = x - 5$ und $N = x$ an, so erhält man:

Z < 0 und N > 0: $x - 5 < 0$ und $x > 0$, d. h. $x < 5$ und $x > 0$, also: $L_1 =]0; 5[$
Z > 0 und N < 0: $x - 5 > 0$ und $x < 0$, d. h. $x > 5$ und $x < 0$, also: $L_2 = \{\}$
$\Rightarrow \quad L = L_1 \cup L_2 =]0; 5[$

Um L_1 und L_2 zu ermitteln, kann man die jeweiligen Bereiche auf der Zahlengeraden markieren und die Bereiche L_1 bzw. L_2 ablesen, für welche die Bedingungen für Z **und** für N erfüllt sind:

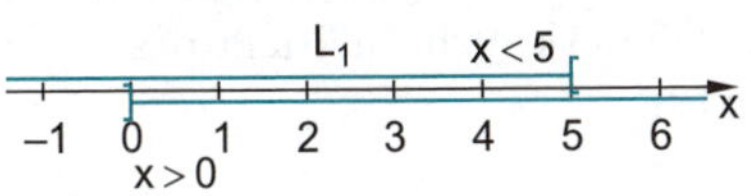

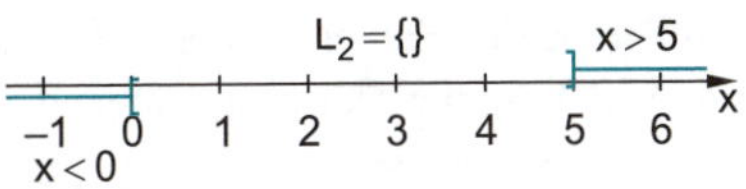

Noch etwas schneller geht es, wenn man die Bruchungleichung grafisch löst. Dazu skizziert man die Zählergerade Z: $y = x - 5$ und die Nennergerade N: $y = x$ in einem Koordinatensystem und bestimmt den Bereich auf der x-Achse, für den die beiden Geraden Z und N verschiedenes Vorzeichen haben, d. h. auf verschiedenen Seiten der x-Achse verlaufen. Zusätzlich kann man noch das Vorzeichen des Zählers oberhalb der x-Achse notieren und das Vorzeichen des Nenners unterhalb der x-Achse.

Aus der Zeichnung erkennt man sehr schnell, dass nur für die x-Werte zwischen 0 und 5 die beiden Geraden auf verschiedenen Seiten der x-Achse verlaufen und somit dort verschiedenes Vorzeichen haben. Die Lösungsmenge L =]0; 5[kann man sofort ablesen.

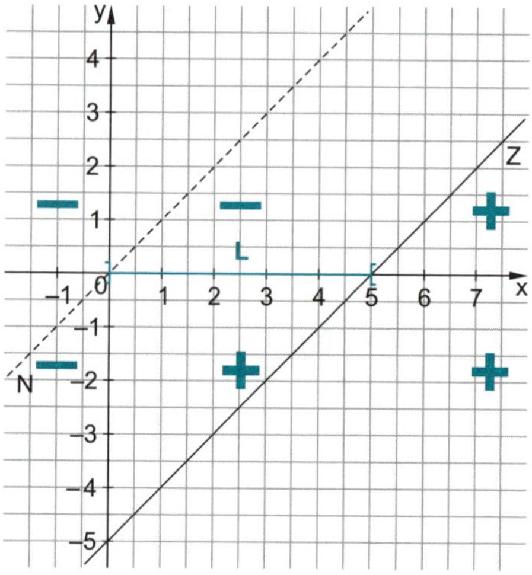

Entsprechend kann man bei der Bestimmung der Lösungsmenge der **Bruchungleichung $\frac{Z}{N} > 0$** vorgehen: Der Wert eines Bruchterms ist dann größer als 0, wenn **Zähler Z und Nenner N gleiches Vorzeichen** haben, d. h. wenn $Z > 0$ und $N > 0$ *oder* $Z < 0$ und $N < 0$ gilt.

Z > 0 und N > 0: $x - 5 > 0$ und $x > 0$, d. h. $x > 5$ und $x > 0$, also: $L_1 =]5; +\infty[$
Z < 0 und N < 0: $x - 5 < 0$ und $x < 0$, d. h. $x < 5$ und $x < 0$, also: $L_2 =]-\infty; 0[$
$\Rightarrow$ $L =]-\infty; 0[\cup]5; +\infty[$

Schneller erhält man die Lösungsmenge aus der Zeichnung. Nur für die Bereiche $L_1 =]5; +\infty[$ und $L_2 =]-\infty; 0[$ verlaufen die beiden Geraden auf der gleichen Seite der x-Achse und haben somit gleiches Vorzeichen.

Regel

> Um die Lösungsmenge L der **Bruchungleichung $\frac{ax + b}{cx + d} < 0$** zu bestimmen, ermittelt man die x-Werte, für welche der **Zähler Z** = ax + b und der **Nenner N** = cx + d jeweils **verschiedene Vorzeichen** haben.
> Um die Lösungsmenge L der **Bruchungleichung $\frac{ax + b}{cx + d} > 0$** zu bestimmen, ermittelt man die x-Werte, für welche der **Zähler Z** = ax + b und der **Nenner N** = cx + d jeweils das **gleiche Vorzeichen** haben.
> Steht anstelle des Kleiner- oder Größerzeichens ein „≤" oder „≥", so ist auch noch die Nullstelle des Zählers in der Lösungsmenge, sofern sie nicht Nullstelle des Nenners, d. h. in der Definitionsmenge enthalten ist.

Beispiel

Ermitteln Sie jeweils für die Bruchungleichung für die Grundmenge $G = \mathbb{R}$ die Definitionsmenge D und die Lösungsmenge L.

a) $\frac{-2x + 4}{\frac{1}{2}x + 2} > 0$

b) $\frac{\frac{1}{2}x + 1}{-x + 2} \leq 0$

c) $\frac{2x - 4}{x - 3} > 3$

d) $\frac{-x + 3}{-2x - 4} < 0$

Lösung:

a) **Definitionsmenge:**

$$N = 0 \Rightarrow 0{,}5x + 2 = 0$$
$$0{,}5x = -2$$
$$x = -4$$

Der Nenner N darf nicht 0 werden.

$D = \mathbb{R} \setminus \{-4\}$

Lösungsmenge:

$$Z = 0 \Rightarrow -2x + 4 = 0$$
$$-2x = -4$$
$$x = 2$$

Berechnung der Zählernullstelle

Z: $y = -2x + 4$ mit $N_Z(2\,|\,0)$, $T_Z(0\,|\,4)$, Steigung $m_Z = -2$

Gleichung der Zählergeraden

N: $y = 0{,}5x + 2$ mit $N_N(-4\,|\,0)$, $T_N(0\,|\,2)$, Steigung $m_N = 0{,}5$

Gleichung der Nennergeraden

Die Lösungsmenge enthält alle x-Werte aus D, für welche Zähler und Nenner gleiches Vorzeichen haben, d. h., die Zählergerade Z und die Nennergerade N auf der gleichen Seite der x-Achse verlaufen. Aus der Zeichnung erkennt man, dass dies für alle x-Werte aus dem Bereich $]-4;\,2[$ der Fall ist. Für diese x-Werte verlaufen beide Geraden oberhalb der x-Achse. Also folgt:
$L =]-4;\,2[$

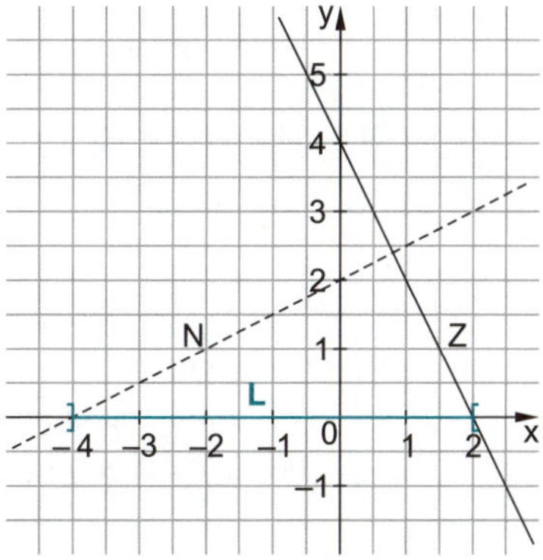

b) **Definitionsmenge:**

$$N = 0 \Rightarrow -x + 2 = 0$$
$$-x = -2$$
$$x = 2$$

Der Nenner N darf nicht 0 werden.

$D = \mathbb{R} \setminus \{2\}$

Lösungsmenge:

$$Z = 0 \Rightarrow 0{,}5x + 1 = 0$$
$$0{,}5x = -1$$
$$x = -2$$

Berechnung der Zählernullstelle

Z: $y = 0{,}5x + 1$ mit $N_Z(-2\,|\,0)$, $T_Z(0\,|\,1)$, Steigung $m_Z = 0{,}5$

Gleichung der Zählergeraden

N: $y = -x + 2$ mit $N_N(2\,|\,0)$, $T_N(0\,|\,2)$, Steigung $m_N = -1$

Gleichung der Nennergeraden

Die Lösungsmenge enthält alle x-Werte aus D, für welche Zähler und Nenner verschiedenes Vorzeichen haben, d. h,. die Zählergerade Z und die Nennergerade N auf verschiedenen Seite der x-Achse verlaufen. Aus der Zeichnung erkennt man, dass dies für alle x-Werte aus $]-\infty; -2[$ bzw. $]2; +\infty[$ der Fall ist. Für die x-Werte aus $L_1 =]-\infty; -2]$ verläuft Z unterhalb der x-Achse bzw. auf der x-Achse und N oberhalb der x-Achse, für die x-Werte aus $L_2 =]2; +\infty[$ verläuft Z oberhalb und N unterhalb der x-Achse. Die Zählernullstelle gehört zu D und zu L, die Nennernullstelle liegt nicht in D und L. Also folgt:

$L = L_1 \cup L_2 =]-\infty; -2] \cup]2; +\infty[$

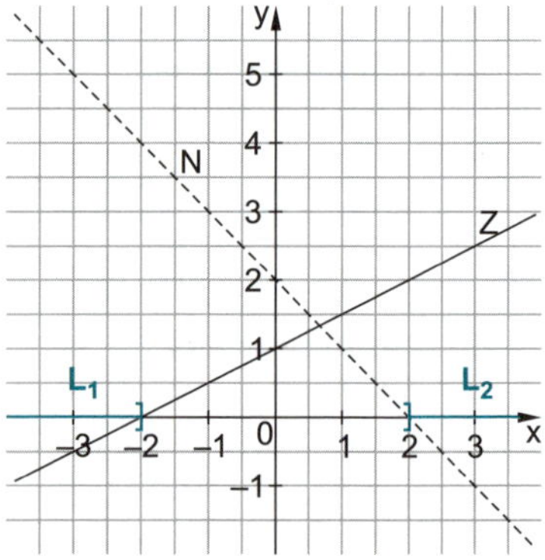

c) **Definitionsmenge:**

$N = 0 \;\Rightarrow\; x - 3 = 0 \;\Rightarrow\; x = 3$

Der Nenner N darf nicht 0 werden.

$D = \mathbb{R} \setminus \{3\}$

Lösungsmenge:

Zuerst wird die Bruchungleichung auf die Form $\frac{ax + b}{cx + d} > 0$ gebracht:

$$\frac{2x - 4}{x - 3} > 3 \quad \vert -3$$

$$\frac{2x - 4}{x - 3} - 3 > 0$$

$$\frac{2x - 4}{x - 3} - \frac{3(x - 3)}{x - 3} > 0$$

Hauptnenner bilden

$$\frac{2x - 4 - 3x + 9}{x - 3} > 0$$

Vorzeichen beachten

$$\frac{-x + 5}{x - 3} > 0$$

$Z = 0 \;\Rightarrow\; -x + 5 = 0$

Berechnung der Zählernullstelle

$-x = -5$

$x = 5$

Z: $y = -x + 5$ mit $N_Z(5 \vert 0)$, $T_Z(0 \vert 5)$, Steigung $m_Z = -1$

Gleichung der Zählergeraden

N: $y = x - 3$ mit $N_N(3 \vert 0)$, $T_N(0 \vert -3)$, Steigung $m_N = 1$

Gleichung der Nennergeraden

Die Lösungsmenge enthält alle x-Werte aus D, für welche Zähler und Nenner gleiches Vorzeichen haben, d. h., die Zählergerade Z und die Nennergerade N auf der gleichen Seite der x-Achse verlaufen.
Aus der Zeichnung erkennt man, dass dies für alle x-Werte aus dem Bereich $]3; 5[$ der Fall ist. Für diese x-Werte verlaufen Z und N oberhalb der x-Achse. Dagegen verläuft für $x < 3$ Z oberhalb und N unterhalb der x-Achse. Für $x > 5$ verläuft Z unterhalb und N oberhalb der x-Achse.
Also folgt: $L =]3; 5[$

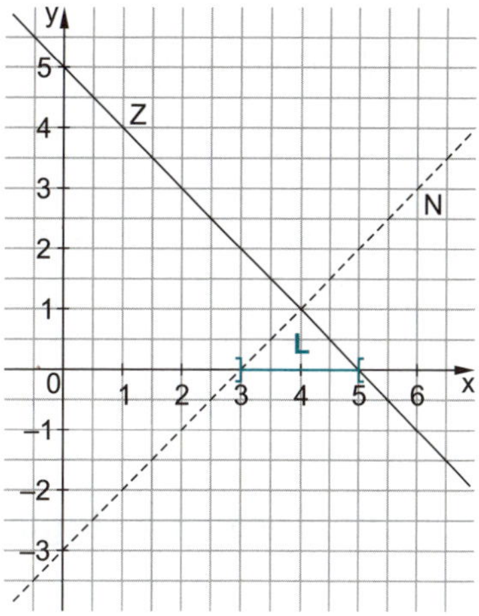

Zur Bestimmung der Lösungsmenge kann man anstelle der genauen Zeichnung der Zählergeraden Z und der Nennergeraden N eine Grobskizze der Geraden anfertigen, bei der neben den Nullstellen nur verwendet wird, ob die beiden Geraden eine positive oder negative Steigung haben, also ob die Geraden steigen oder fallen.

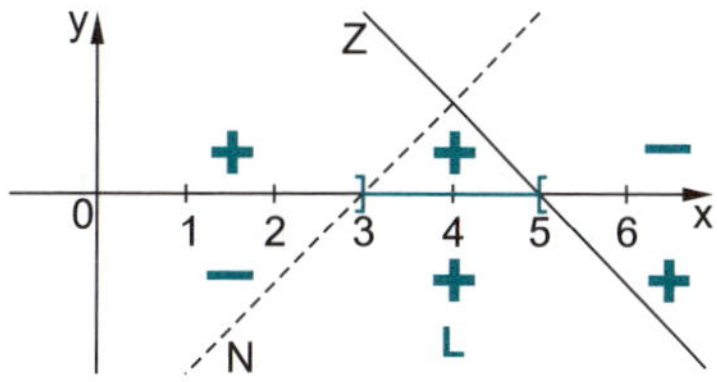

d) **Definitionsmenge:**

$N = 0 \;\Rightarrow\; -2x - 4 = 0$ Der Nenner N darf nicht 0 werden.

$-2x = 4 \;\Rightarrow\; x = -2$

$D = \mathbb{R} \setminus \{-2\}$

Lösungsmenge:

$Z = 0 \;\Rightarrow\; -x + 3 = 0$ Berechnung der Zählernullstelle

$-x = -3 \;\Rightarrow\; x = 3$

Z: $y = -x + 3$ mit $N_Z(3\,|\,0)$, $m_Z < 0$ Gleichung der Zählergeraden

N: $y = -2x - 4$ mit $N_N(-2\,|\,0)$, $m_N < 0$ Gleichung der Nennergeraden

Die Lösungsmenge enthält alle x-Werte aus D, für welche Zähler und Nenner verschiedenes Vorzeichen haben. Aus der Grobskizze erkennt man, dass dies für alle x-Werte aus dem Intervall $]-2; 3[$ der Fall ist: $L =]-2; 3[$

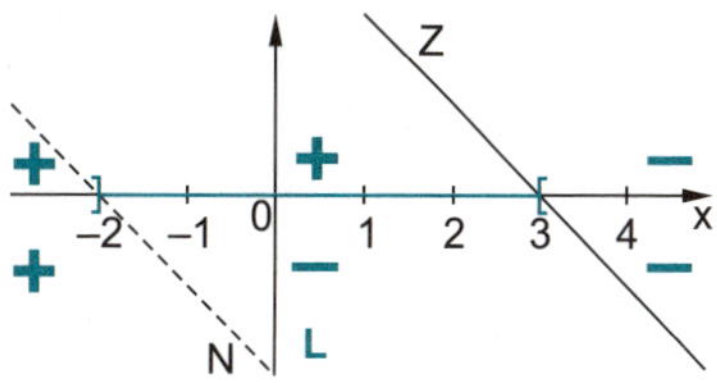

Aufgabe 85. Ermitteln Sie jeweils für die Bruchungleichung mit der Grundmenge $G=\mathbb{R}$ die Definitionsmenge D und die Lösungsmenge L.

a) $\frac{x+2}{x}>0$ b) $\frac{3-x}{x}>0$ c) $\frac{x-4}{2x}\leq 0$

d) $\frac{2x+5}{x-4}\geq 0$ e) $\frac{2x-7}{2x+1}<0$ f) $\frac{5-3x}{5x+2}>0$

g) $\frac{4x+5}{3-x}<2$ h) $\frac{x-7}{3-x}\geq 1$ i) $\frac{6x+3}{-2x+3}>0$

7.3 Quadratische Ungleichungen

Um die Lösungsmenge der **quadratischen Ungleichung $x^2-x-2>0$** mit der Grundmenge $G=\mathbb{R}$ und der Definitionsmenge $D=\mathbb{R}$ zu ermitteln, kann man die Ungleichung nicht so leicht wie bei den linearen Ungleichungen umformen, um eine Bedingung für x zu erhalten. Wie man bei einer linearen Ungleichung die zugehörige Gerade untersucht, so kann man hier die Lage der **Parabel p** mit der Gleichung $y=x^2-x-2$ bestimmen und die zugehörige Parabel zeichnen.

Als Erstes bestimmt man die Schnittstellen der Parabel p mit der x-Achse:
$x^2-x-2=0$
Dazu kann man die linke Seite der Gleichung faktorisieren, $(x+1)\cdot(x-2)=0$, und erhält die beiden **Nullstellen** $x_1=-1$ und $x_2=2$. Die x-Koordinate x_s des Scheitels S der Parabel p erhält man z. B. durch (siehe Seite 122):
$x_s=0{,}5(x_1+x_2)=0{,}5(-1+2)=0{,}5$

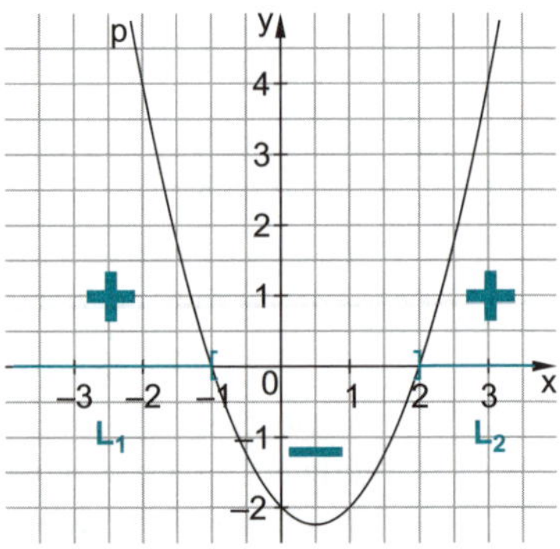

Die y-Koordinate y_s ermittelt man durch Einsetzen von x_s in die Parabelgleichung:
$y_s=0{,}5^2-0{,}5-2=-2{,}25$

Die Parabel p hat die Form der Normalparabel und ist nach oben geöffnet.

Die **Lösungsmenge L** enthält alle **x-Werte** aus D, für welche die y-Werte der Punkte auf der Parabel positiv sind, d. h. für welche die **Parabel oberhalb der x-Achse** verläuft. Dies trifft offensichtlich für alle x-Werte mit $x<-1$ oder $x>2$ zu. Damit erhält man:
$L=L_1\cup L_2=]-\infty;-1[\,\cup\,]2;+\infty[$

Regel

> Um die Lösungsmenge einer **quadratischen Ungleichung $ax^2 + bx + c > 0$** oder **$ax^2 + bx + c < 0$** zu bestimmen,
> a) berechnet man die **Nullstellen** der quadratischen Gleichung **$ax^2 + bx + c = 0$**,
> b) skizziert die **Parabel p** mit der Gleichung **$y = ax^2 + bx + c$** und
> c) kann die **Lösungsmenge L** aus der Zeichnung ablesen:
> Für **$ax^2 + bx + c > 0$** enthält L alle **x-Werte**, für die **p oberhalb** der x-Achse verläuft; für **$ax^2 + bx + c < 0$** enthält L alle **x-Werte**, für die **p unterhalb** der x-Achse verläuft; für **$ax^2 + bx + c \geq 0$** bzw. **$ax^2 + bx + c \leq 0$** enthält L zusätzlich noch die Nullstellen von p, sofern vorhanden.

Beispiel

Bestimmen Sie jeweils die Lösungsmenge der quadratischen Ungleichung in der Grundmenge $G = \mathbb{R}$.

a) $x^2 - 3x < 0$ b) $-0{,}5x^2 + 0{,}5x + 3 \geq 0$ c) $-x^2 + 2x + 2 \leq 0$

d) $x^2 - 4x + 5 > 0$ e) $-x^2 - 2x - 2 > 0$ f) $x^2 - 4x + 4 \leq 0$

Lösung:

Da keine Brüche und Wurzeln auftreten, gilt jeweils $D = G = \mathbb{R}$.

a) $x^2 - 3x < 0$ — Ungleichung

$p: y = x^2 - 3x$ — zugehörige Parabelgleichung

$x^2 - 3x = 0 \Rightarrow x \cdot (x - 3) = 0$ — Berechnung der Nullstellen

$x_1 = \mathbf{0};\ x_2 = \mathbf{3}$

$x_s = 0{,}5(x_1 + x_2) = 0{,}5(\mathbf{0} + \mathbf{3}) = 1{,}5$ — Berechnung des Scheitels S

$y_s = 1{,}5^2 - 3 \cdot 1{,}5 = -2{,}25$

$S(1{,}5 \mid -2{,}25)$

Form: Die Parabel p ist eine nach oben geöffnete Normalparabel.

Die Lösungsmenge L enthält alle x-Werte aus D, für welche die Parabel unterhalb der x-Achse verläuft.

Aus der Zeichnung erkennt man, dass dies für alle x-Werte aus dem Intervall $]\mathbf{0}; \mathbf{3}[$ der Fall ist. Also folgt: $L =]0; 3[$

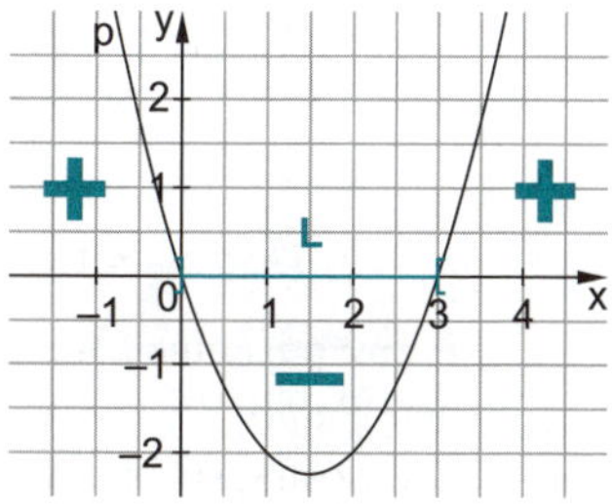

b) $-0{,}5x^2 + 0{,}5x + 3 \geq 0$ — Ungleichung

$p: y = -0{,}5x^2 + 0{,}5x + 3$ — zugehörige Parabelgleichung

$-0{,}5x^2 + 0{,}5x + 3 = 0 \quad | \cdot (-2)$ — Berechnung der Nullstellen

$x^2 - x - 6 = 0$

$(x + 2) \cdot (x - 3) = 0$

$x_1 = \mathbf{-2};\ x_2 = \mathbf{3}$

$x_s = 0{,}5(x_1 + x_2) = 0{,}5(\mathbf{-2} + \mathbf{3})$
$= 0{,}5$

Berechnung des Scheitels S

$y_s = -0{,}5 \cdot 0{,}5^2 + 0{,}5 \cdot 0{,}5 + 3$
$= 3{,}125$

$S(0{,}5 \mid 3{,}125)$

Form: p ist eine nach unten geöffnete Parabel.

Die Lösungsmenge L enthält alle x-Werte aus D, für welche die Parabel oberhalb oder auf der x-Achse verläuft.

Aus der Zeichnung erkennt man, dass dies für alle x-Werte aus dem Intervall [**–2**; **3**] der Fall ist. Also folgt: L = [–2; 3]

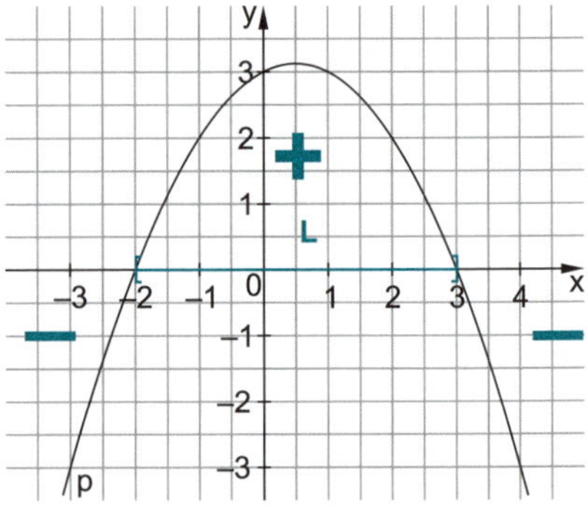

Zur Bestimmung der Lösungsmenge L aus der Zeichnung genügt auch eine Grobskizze der Parabel p nur unter Verwendung der Nullstellen und der Form der Parabel.

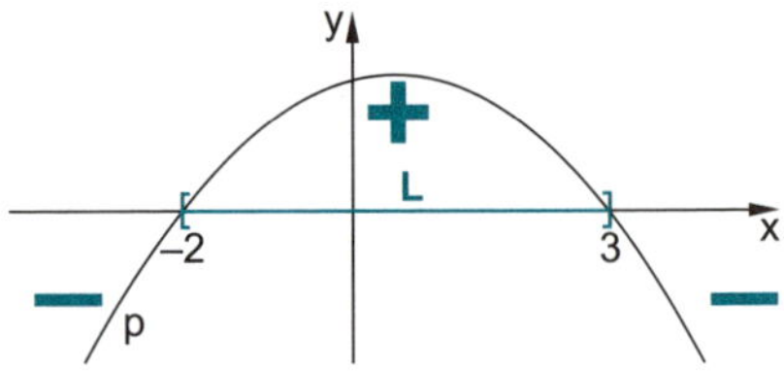

c) $-x^2 + 2x + 2 \leq 0$ — Ungleichung

$p: y = -x^2 + 2x + 2$ — zugehörige Parabelgleichung

$-x^2 + 2x + 2 = 0$ — Berechnung der Nullstellen mit der Lösungsformel

$$x_{1;2} = \frac{-2 \pm \sqrt{4 - 4 \cdot (-1) \cdot 2}}{2 \cdot (-1)} = \frac{-2 \pm 2\sqrt{3}}{-2}$$
$$= 1 \pm \sqrt{3}$$

$x_1 = \mathbf{1 - \sqrt{3}}$; $x_2 = \mathbf{1 + \sqrt{3}}$

Form: p ist eine nach unten geöffnete Parabel.
Die Lösungsmenge L enthält alle x-Werte aus D, für welche die Parabel unterhalb oder auf der x-Achse verläuft. Aus der Grobskizze erkennt man, dass dies für alle x-Werte aus den Intervallen]–∞; $\mathbf{1 - \sqrt{3}}$] bzw. [$\mathbf{1 + \sqrt{3}}$; +∞[der Fall ist. Also folgt:
$L = \,]-\infty; 1 - \sqrt{3}] \cup [1 + \sqrt{3}; +\infty[$

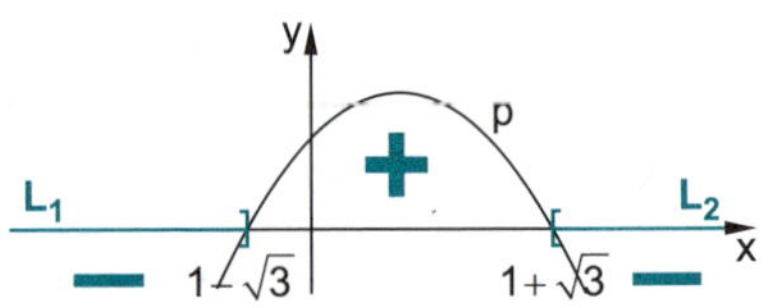

d) $x^2 - 4x + 5 > 0$ — Ungleichung

$p: y = x^2 - 4x + 5$ — zugehörige Parabelgleichung

$x^2 - 4x + 5 = 0$ — Berechnung der Nullstellen

$D = 16 - 4 \cdot 1 \cdot 5 = -4 < \mathbf{0}$, — Diskriminante
also keine Nullstellen

Form: p ist eine nach oben geöffnete Parabel. Da es keine Nullstellen gibt, muss der Scheitel und damit die ganze Parabel oberhalb der x-Achse liegen.

Kontrolle:
$x_s = \frac{-(-4)}{2} = 2;\ y_s = 4 - 8 + 5 = 1$
S(2 | 1)

Die Lösungsmenge L enthält alle x-Werte aus D, für welche die Parabel oberhalb der x-Achse verläuft. Aus der Grobskizze erkennt man, dass dies für alle x-Werte aus $\mathbb{R}$ der Fall ist. Also folgt: $L = \mathbb{R}$

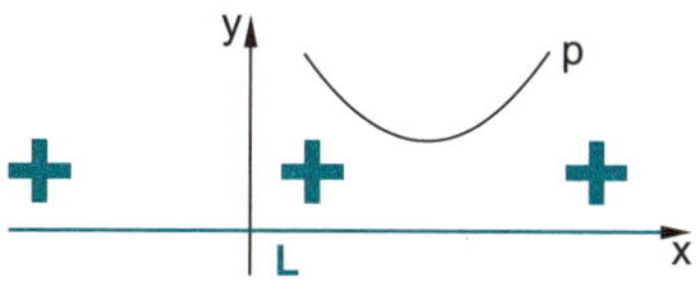

e) $-x^2 - 2x - 2 > 0$ — Ungleichung

$p: y = -x^2 - 2x - 2$ — zugehörige Parabelgleichung

$-x^2 - 2x - 2 = 0$ — Berechnung der Nullstellen

$D = 4 - 4 \cdot (-1) \cdot (-2) = -4 < \mathbf{0}$, — Diskriminante
also keine Nullstellen

Form: p ist eine nach unten geöffnete Parabel. Da es keine Nullstellen gibt, muss der Scheitel und damit die ganze Parabel unterhalb der x-Achse liegen.

Kontrolle:
$x_s = \frac{-(-2)}{-2} = -1;\ y_s = -1 + 2 - 2 = -1$
S(−1 | −1)

Die Lösungsmenge L enthält alle x-Werte aus D, für welche die Parabel oberhalb der x-Achse verläuft. Aus der Grobskizze erkennt man, dass dies für keinen x-Wert aus $\mathbb{R}$ der Fall ist. Also folgt: $L = \{\}$

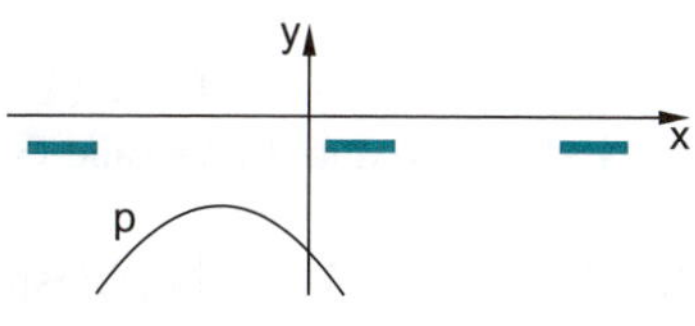

f) $x^2 - 4x + 4 \leq 0$ — Ungleichung

$p: y = x^2 - 4x + 4$ — zugehörige Parabelgleichung

$x^2 - 4x + 4 = 0 \quad \Rightarrow \quad (x-2)^2 = 0$ — Berechnung der Nullstellen

$x_{1;2} = \mathbf{2}$

Form: p ist eine nach oben geöffnete Parabel mit dem Scheitel S(2|0). Der Scheitel der Parabel liegt auf der x-Achse.

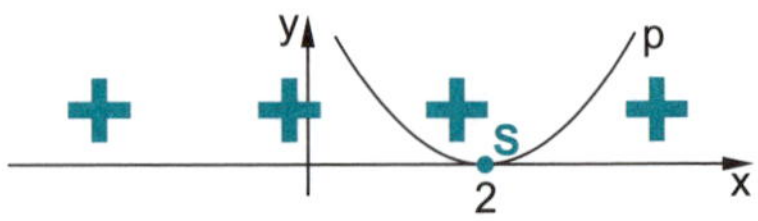

Die Lösungsmenge L enthält alle x-Werte aus D, für welche die Parabel unterhalb oder auf der x-Achse verläuft. Aus der Grobskizze erkennt man, dass dies nur für den x-Wert 2 der Fall ist. Also folgt: $L = \{2\}$

Aufgaben

86. Bestimmen Sie jeweils die Lösungsmenge der quadratischen Ungleichung in der Grundmenge $\mathbb{R}$.

a) $x^2 - 1 > 0$
b) $x^2 - x - 6 < 0$
c) $x^2 - 4 \leq 0$
d) $x^2 - 3x - 4 \geq 0$
e) $-x^2 - 2x + 3 > 0$
f) $-x^2 + 1{,}5x + 7 < 0$
g) $-x^2 + 4x - 1 \geq 0$
h) $\frac{1}{2}x^2 - x - 4 < 0$
i) $-2x^2 + 8x + 2 \geq 0$
j) $x^2 - 4x + 4 \geq 0$
k) $x^2 - 6x + 9 \leq 0$
l) $x^2 - 6x + 10 < 0$
m) $x^2 + 6x + 11 \geq 0$
n) $-x^2 - 2x - 2 \leq 0$
o) $x^2 + x - 9 < 2x + 3$
p) $-2x^2 + 4x + 7 \geq x^2 - 2x - 2$

87. Berechnen Sie, für welche Werte von $a \in \mathbb{R}$ die Gleichung $x^2 = a^2 - 2a$ in der Grundmenge $G = \mathbb{R}$ eine Lösung, zwei Lösungen oder keine Lösung hat.

88. Ermitteln Sie, für welche Werte von $a \in \mathbb{R}$ die Gleichung $x^2 + ax + 2a - 3 = 0$ in der Grundmenge $G = \mathbb{R}$ eine Lösung, zwei Lösungen oder keine Lösung hat.

89. Gegeben sind die Funktionen f mit $f(x) = -x^2 + 2x + 3$ und $D_f = \mathbb{R}$ und g mit $g(x) = -2x + a$ und $D_g = \mathbb{R}$. Ermitteln Sie, für welche Werte von $a \in \mathbb{R}$ die Parabel G_f und die Gerade G_g einander in zwei Punkten schneiden.

* **90.** Bestimmen Sie die Lösungsmenge der Ungleichung $x^2 < 5x$ für $x \in \mathbb{R}$.

Lösungen

1. a)

$$
\begin{array}{r@{}l}
231 : 14 = 16{,}5 & \\
\underline{-224} & \\
70 & \\
\underline{-70} & \\
0 &
\end{array}
$$

Man dividiert den Zähler schriftlich durch den Nenner.

b)

$$
\begin{array}{l}
1 : 4 = 0{,}25 \\
\underline{-0} \\
\;10 \\
\underline{\;-8} \\
\;\;20 \\
\underline{\;-20} \\
\;\;\;0
\end{array}
$$

c)

$$
\begin{array}{l}
13 : 5 = 2{,}6 \\
\underline{-10} \\
\;\;30 \\
\underline{\;-30} \\
\;\;\;0
\end{array}
\qquad -13 : 5 = -2{,}6
$$

Das Minuszeichen zieht man vor den Bruch und wandelt diesen um. Das Ergebnis muss dann mit dem negativen Vorzeichen versehen werden.

d)

$$
\begin{array}{l}
2 : 7 = 0{,}\overline{285714} \\
\underline{-0} \\
\;20 \\
\underline{-14} \\
\;\;60 \\
\underline{\;-56} \\
\;\;\;40 \\
\underline{\;\;-35} \\
\;\;\;\;50 \\
\underline{\;\;\;-49} \\
\;\;\;\;\;10 \\
\underline{\;\;\;\;\;-7} \\
\;\;\;\;\;\;30 \\
\underline{\;\;\;\;\;-28} \\
\;\;\;\;\;\;\;20
\end{array}
$$

Sobald ein Rest zum zweiten Mal auftaucht, signalisiert dies das Ende der Periode. Die bis dahin ermittelten Nachkommastellen muss man nur noch mit dem Querstrich versehen.

2. a) $0{,}112 = 0\frac{112}{1\,000} = \frac{112}{1\,000} = \frac{14}{125}$ Regel 2 auf Seite 3 und Kürzen durch 8

b) $4{,}\overline{2} = \frac{42-4}{9} = \frac{38}{9}$ Regel 3, Bruch ist bereits gekürzt

c) $7{,}222\overline{1} = \frac{72\,221-7\,222}{9\,000} = \frac{64\,999}{9\,000}$ Regel 3, Bruch ist bereits gekürzt

d) $0{,}99999999 = \frac{99\,999\,999}{100\,000\,000}$ Regel 2, Bruch ist bereits gekürzt

3. a) Da $9=3^2$ und $4=2^2$ Quadratzahlen sind, kann $\sqrt{\frac{9}{4}} = \frac{3}{2}$ in einen Bruch ganzer Zahlen umgewandelt werden. Somit ist die kleinste Zahlenmenge, die die Zahl enthält, die Menge $\mathbb{Q}$ der rationalen Zahlen.

b) $\sqrt{\pi^2} = \pi$ ist eine irrationale Zahl. Somit ist die kleinste Zahlenmenge, die die Zahl enthält, die Menge $\mathbb{R}$ der reellen Zahlen.

c) Die Zahl $0{,}\overline{242136}$ lässt sich (Regel 3 auf Seite 3) in einen Bruch ganzer Zahlen umwandeln und ist damit nicht irrational. Somit ist die kleinste Zahlenmenge, die die Zahl enthält, die Menge $\mathbb{Q}$ der rationalen Zahlen.

d) 0,2133456… ist eine irrationale Zahl, da es sich um eine unendlich-nicht-periodische Dezimalzahl handelt. Somit ist die kleinste Zahlenmenge, die die Zahl enthält, die Menge $\mathbb{R}$ der reellen Zahlen.

4. Ganze Zahlen, die keine natürlichen Zahlen sind: –1; –2
Rationale Zahlen, die keine ganzen Zahlen sind: $\frac{1}{3}$; –2,5
Reelle Zahlen, die keine rationalen Zahlen sind: 2π; $\sqrt{3}$

5. a) $\sqrt{2(\pi+1)-2\pi} = \sqrt{2\pi+2-2\pi} = \sqrt{2}$
Da 2 keine Quadratzahl ist, lässt sich die Wurzel nicht ziehen. Somit ist die kleinste Zahlenmenge, die die gegebene Zahl enthält, die Menge $\mathbb{R}$ der reellen Zahlen.

b) $3-4=-1$
Es handelt sich bei dem Ergebnis um eine negative ganze Zahl, die Antwort lautet also $\mathbb{Z}$.

c) $1{,}5 \cdot 3 = 4{,}5$
Das Ergebnis der Rechnung ist eine Dezimalzahl mit genau einer Stelle hinter dem Komma und damit eine rationale Zahl. Als Antwort ergibt sich die Menge $\mathbb{Q}$ der rationalen Zahlen.

d) $\sqrt{2 \cdot 17+2}=\sqrt{34+2}=\sqrt{36}=6$
Da das Ergebnis eine natürliche Zahl ist, ist die gesuchte Zahlenmenge $\mathbb{N}$.

e) $17-17=0$
Die Zahl null ist, wie zu Beginn dieses Buches vereinbart wurde, keine natürliche Zahl, sondern eine ganze Zahl. Die gesuchte Zahlenmenge ist also die Menge $\mathbb{Z}$ der ganzen Zahlen.

f) $56:8=7$
Die kleinste Zahlenmenge, die die Zahl sieben enthält, ist die Menge $\mathbb{N}$ der natürlichen Zahlen.

g) $5:2=2{,}5$
Die gesuchte Zahlenmenge ist also $\mathbb{Q}$.

h) $12\pi-3$
Die kleinste Zahlenmenge, die die Zahl π enthält, ist $\mathbb{R}$. Also ist auch das Ergebnis der Rechnung $12\pi-3$ nur in $\mathbb{R}$ enthalten.

6. a) $\left|\frac{7}{10}\right|=\frac{7}{10}$ Der Betrag einer positiven Zahl ist die Zahl selbst.

b) $|-0{,}7|=0{,}7$ Der Betrag einer negativen Zahl ist ihre Gegenzahl.

c) $|1\,329\,469|=1\,329\,469$

d) $|\sqrt{17}|=\sqrt{17}$ Die Wurzel einer positiven Zahl ist stets positiv.

e) $|-\sqrt{19}|=\sqrt{19}$

f) $\left|-\frac{11}{2}\right|=\frac{11}{2}$

g) $|-1|=1$

h) $|-222|=222$

7. a) $-5+(-4)=-(|-5|+|-4|)=-(5+4)=-9$

b) $-3{,}2\cdot(-5)=+(|-3{,}2|\cdot|-5|)=+(3{,}2\cdot 5)=+16=16$

c) $-0{,}99:(-0{,}33)=+(|-0{,}99|:|-0{,}33|)=+(0{,}99:0{,}33)=+3=3$

d) $3-(-2{,}2)=3+2{,}2=5{,}2$ Subtraktion bedeutet Addition mit der Gegenzahl.

e) $3{,}2\cdot 5=+(3{,}2\cdot 5)=+16=16$

f) $63:9=+(63:9)=+7=7$

g) $-7,4+5=-(|-7,4|-|5|)=-(7,4-5)=-2,4$

h) $4,2:(-1,2)=-(4,2:1,2)=-3,5$

i) $3-11=-(11-3)=-8$ Die 11 hat einen größeren Betrag als die 3.

j) $1,7\cdot(-2)=-(1,7\cdot 2)=-3,4$

k) $-4,2:2=-(4,2:2)=-2,1$

l) $-3,2\cdot 5=-(3,2\cdot 5)=-16$

8. a) $-5+3-11-10+3-5=-(5+11+10+5)+(3+3)=-31+6=-25$

b) $-3-17-1-2=-(3+17+1+2)=-23$

c) $-3+2-7,25+6,5-3,5-3,75+5,5$
$=-(3+7,25+3,5+3,75)+(2+6,5+5,5)=-17,5+14=-3,5$

d) $12:4:3=+(12:4:3)=1$

e) $-2,5+0,5-1,8-0,75-7,25-3,9+9,3$
$=-(2,5+1,8+0,75+7,25+3,9)+(0,5+9,3)=-16,2+9,8=-6,4$

f) $-1+2-3-4-5+6+7-8+9+10=-(1+3+4+5+8)+(2+6+7+9+10)$
$=-21+34=13$

g) $60:10:3:2=+(60:10:3:2)=1$

h) $6,2+3,75-11,7+4,1-17,2-4,4+3,5$
$=+(6,2+3,75+4,1+3,5)-(11,7+17,2+4,4)=17,55-33,3=-15,75$

i) $5,2-7,4+3,2-4,3-5,3+3,4=+(5,2+3,2+3,4)-(7,4+4,3+5,3)$
$=11,8-17=-5,2$

j) $60-10-12-8-6-14=60-(10+12+8+6+14)=60-50=10$

9. a) $2\cdot 1,5+1,5=3+1,5=4,5$ Punkt vor Strich

b) $1,5:3+0,5=0,5+0,5=1$ Punkt vor Strich

c) $3-7\cdot 3+21=3-21+21=3$ Punkt vor Strich

d) $-8:4+2\cdot6-3:0{,}5+1=-2+12-6+1=-8+13=5$

e) $-5-7-16:4+11-2\cdot8=-(5+7+16:4+2\cdot8)+11=-(5+7+4+16)+11$
$=-32+11=-21$

f) $16:2:4-2+16=2-2+16=16$

10. a) $-3\cdot(-4)\cdot(-2)\cdot4=-(3\cdot4\cdot2\cdot4)=-96$ drei Minuszeichen, also ungerade Anzahl

b) $20:(-5):0{,}75=-(20:5:0{,}75)$
$=-(4:0{,}75)=-\left(4:\frac{3}{4}\right)$
$=-\left(4\cdot\frac{4}{3}\right)=-\frac{16}{3}=-5{,}\overline{3}$ Division bedeutet Multiplikation mit dem Kehrwert.

c) $-1\cdot2\cdot(-3)\cdot(-4)\cdot(-5)\cdot6\cdot7\cdot(-8)=-(1\cdot2\cdot3\cdot4\cdot5\cdot6\cdot7\cdot8)=-40\,320$

d) $-26:(-4):(-6)=-(26:4:6)=-\left(\frac{26}{4}:6\right)=-\frac{26}{4\cdot6}=-\frac{26}{24}=-\frac{13}{12}=-1{,}08\overline{3}$

e) $-24:3:(-2):2=+(24:3:2:2)=+2=2$

f) $-2{,}5\cdot(-4)\cdot(-1)\cdot(-0{,}5)\cdot3\cdot(-1)=-(2{,}5\cdot4\cdot1\cdot0{,}5\cdot3\cdot1)=-15$

11. a) $2\cdot(3{,}3+1)=2\cdot4{,}3=8{,}6$ Immer zuerst die Klammer ausrechnen!

b) $(3{,}5+7)\cdot4=10{,}5\cdot4=42$

c) $(1+1+1)\cdot6=3\cdot6=18$

d) $(12{,}5+0{,}5+3)\cdot3=16\cdot3=48$

e) $(7{,}66+2{,}34)\cdot10=10\cdot10=100$

f) $(-5+4)\cdot8=(-1)\cdot8=-8$

g) $9\cdot(13+(-3)+(-5))=9\cdot\big(13-(3+5)\big)$
$=9\cdot(13-8)=9\cdot5$
$=45$
Zunächst werden die beiden negativen Zahlen in der Klammer addiert.

h) $(-5+(-3)+1+(-7))\cdot5$
$=\big(-(5+3+7)+1\big)\cdot5$
$=(-15+1)\cdot5=(-14)\cdot5=-70$
Zunächst werden die drei negativen Zahlen in der Klammer addiert.

12. a) $-0{,}75+3+7+(-0{,}25)+(-10)=-(0{,}75+0{,}25+10)+(3+7)$
$=-11+10=-1$

b) $\frac{1}{2}\cdot 3\cdot(-2)=-\left(\frac{1}{2}\cdot 2\cdot 3\right)$
$=-(1\cdot 3)=-3$

Vertauschen der letzten beiden Faktoren, um auszunutzen, dass das Produkt einer Zahl mit ihrem Kehrwert 1 ergibt.

c) $5+(-7)+7+3+(-3)+12+11$
$=-(7+3)+(7+3)+5+12+11=28$

Die positiven Zahlen werden so „umsortiert“, dass die Gegenzahl von $-(7+3)$ auftritt.

d) $\frac{1}{6}\cdot 3\cdot 1\cdot 2=\frac{1}{6}\cdot(3\cdot 2)\cdot 1=\frac{1}{6}\cdot 6\cdot 1=1$

e) $11\cdot(-7)\cdot 5\cdot\frac{1}{11}\cdot\frac{-1}{35}=+\left(11\cdot\frac{1}{11}\cdot(7\cdot 5)\cdot\frac{1}{35}\right)$
$=+(1\cdot 1)=+1=1$

f) $0{,}33+1+0{,}67+(-2)$
$=((\mathbf{0{,}33}+\mathbf{0{,}67})+1)-2$
$=(1+1)-2=2-2=0$

Ausnutzen, dass die Summe der beiden Dezimalzahlen genau 1 ergibt.

13. a) $64:7=9$ Rest 1, denn $7\cdot 9=63$ und $64-63=1$

b) $27:5=5$ Rest 2, denn $5\cdot 5=25$ und $27-25=2$

c) $33:6=5$ Rest 3, denn $6\cdot 5=30$ und $33-30=3$

d) $44:8=5$ Rest 4, denn $8\cdot 5=40$ und $44-40=4$

14. a) $2^6=2\cdot 2\cdot 2\cdot 2\cdot 2\cdot 2=64$ — sechs Faktoren 2

b) $4^4=4\cdot 4\cdot 4\cdot 4=256$ — vier Faktoren 4

c) $1^3=1\cdot 1\cdot 1=1$ — drei Faktoren 1

d) $2^{-3}=\frac{1}{2^3}=\frac{1}{2\cdot 2\cdot 2}=\frac{1}{8}$ — $a^{-n}=\frac{1}{a^n}$ für $a\in\mathbb{R}\setminus\{0\}$ und $n\in\mathbb{N}$

e) $3^{-2}=\frac{1}{3^2}=\frac{1}{3\cdot 3}=\frac{1}{9}$

f) $5^{-2}=\frac{1}{5^2}=\frac{1}{5\cdot 5}=\frac{1}{25}$

g) $6^{-3}=\frac{1}{6^3}=\frac{1}{6\cdot 6\cdot 6}=\frac{1}{216}$

h) $1^{-5} = \frac{1}{1^5} = \frac{1}{1 \cdot 1 \cdot 1 \cdot 1 \cdot 1} = \frac{1}{1} = 1$

i) $2^{-1} = \frac{1}{2^1} = \frac{1}{2}$ — $a^1 = a$ für $a \in \mathbb{R}$

j) $1^0 = 1$ — $a^0 = 1$ für $a \in \mathbb{R} \setminus \{0\}$

k) $1\,000^0 = 1$

l) $\left(\frac{1}{10}\right)^{-1} = \frac{1}{\frac{1}{10}} = 1 \cdot \frac{10}{1} = 10$ — Division durch einen Bruch bedeutet Multiplikation mit dem Kehrwert.

m) $(-1)^3 = (-1) \cdot (-1) \cdot (-1) = -1^3 = -1$ — Die Hochzahl ist ungerade, also ist das Ergebnis negativ.

n) $(-1)^{10} = 1^{10} = 1$ — Die Hochzahl ist gerade, also kann das Minuszeichen weggelassen werden.

o) $(-2)^2 = 2^2 = 4$

p) $(-2)^3 = -2^3 = -8$

q) $(-2)^4 = 2^4 = 16$

r) $(-2)^5 = -2^5 = -32$

s) $(-2)^{-2} = \frac{1}{(-2)^2} = \frac{1}{2^2} = \frac{1}{4}$ — $a^{-n} = \frac{1}{a^n}$ für $a \in \mathbb{R} \setminus \{0\}$ und $n \in \mathbb{N}$

t) $(-2)^{-3} = \frac{1}{(-2)^3} = -\frac{1}{2^3} = -\frac{1}{8}$

u) $(-3)^{-2} = \frac{1}{(-3)^2} = \frac{1}{3^2} = \frac{1}{9}$

15. a) $\mathbf{3}^2 \cdot \mathbf{3}^3 = \mathbf{3}^{2+3} = 3^5$ — Potenzgesetz (1)

b) $\mathbf{4}^2 \cdot \mathbf{4}^3 = \mathbf{4}^{2+3} = 4^5$ — Potenzgesetz (1)

$= (\mathbf{2}^2)^5 = \mathbf{2}^{2 \cdot 5} = 2^{10}$ — Potenzgesetz (5)

c) $\mathbf{4}^2 \cdot \mathbf{4}^{-3} = \mathbf{4}^{2+(-3)} = 4^{2-3} = 4^{-1} = \frac{1}{4}$ — Potenzgesetz (1)

d) $\mathbf{5}^2 \cdot \mathbf{5}^2 = \mathbf{5}^{2+2} = 5^4$ oder — Potenzgesetz (1)

$5^2 \cdot 5^2 = (\mathbf{5}^2)^2 = \mathbf{5}^{2 \cdot 2} = 5^4$ — Potenzgesetz (5)

e) $\mathbf{5}^2 \cdot \mathbf{5}^{-2} = \mathbf{5}^{2-2} = 5^0 = 1$ — $a^0 = 1$ für $a \in \mathbb{R} \setminus \{0\}$

f) $2^5 \cdot 2^{-5} = 2^{5-5} = 2^0 = 1$

g) $3^8 \cdot 3^{-7} = 3^{8-7} = 3^1 = 3$ $\quad a^1 = a$ für $a \in \mathbb{R}$

h) $7^{-4} \cdot 7^3 = 7^{-4+3} = 7^{-1} = \frac{1}{7}$

i) $2^5 \cdot 2^{-3} = 2^{5-3} = 2^2$

j) $\frac{3^5}{3^4} = 3^{5-4} = 3^1 = 3$ $\quad$ Potenzgesetz (2)

k) $\frac{5^4}{5^5} = 5^{4-5} = 5^{-1} = \frac{1}{5}$

l) $\frac{3^2}{3^{-2}} = 3^{2-(-2)} = 3^{2+2} = 3^4$

m) $\frac{2^{-2}}{2^{-3}} = 2^{-2-(-3)} = 2^{-2+3} = 2^1 = 2$

n) $3^2 \cdot 2^2 = (3 \cdot 2)^2 = 6^2$ $\quad$ Potenzgesetz (3)

o) $(-2)^3 \cdot (-1)^3 = ((-2) \cdot (-1))^3 = 2^3$

p) $2^4 \cdot \left(\frac{1}{2}\right)^4 = \left(2 \cdot \frac{1}{2}\right)^4 = 1^4 = 1$

q) $4^2 \cdot 3^2 = (4 \cdot 3)^2 = 12^2$

r) $4^5 \cdot \left(\frac{1}{2}\right)^5 = \left(4 \cdot \frac{1}{2}\right)^5 = 2^5$

s) $3^3 \cdot \left(\frac{1}{9}\right)^3 = \left(3 \cdot \frac{1}{9}\right)^3 = \left(\frac{1}{3}\right)^3 = (3^{-1})^3 = 3^{-3}$

t) $22^5 \cdot \left(\frac{1}{11}\right)^5 = \left(22 \cdot \frac{1}{11}\right)^5 = \left(\frac{22}{11}\right)^5 = 2^5$

u) $\frac{4^6}{2^6} = \left(\frac{4}{2}\right)^6 = 2^6$ $\quad$ Potenzgesetz (4)

v) $\frac{15^4}{5^4} = \left(\frac{15}{5}\right)^4 = 3^4$

w) $\frac{0{,}5^{10}}{2^{10}} = \left(\frac{0{,}5}{2}\right)^{10} = \left(\frac{1}{2} \cdot \frac{1}{2}\right)^{10} = \left(\frac{1}{2 \cdot 2}\right)^{10}$ $\quad$ Potenzgesetz (4)

$= \left(\frac{1}{2^2}\right)^{10} = (2^{-2})^{10} = 2^{-2 \cdot 10}$ $\quad$ Potenzgesetz (5)

$= 2^{-20}$

x) $\frac{1^{-1}}{2^{-1}} = \left(\frac{1}{2}\right)^{-1} = \frac{2}{1} = 2$

y) $3^2 : \left(\frac{1}{3}\right)^2 = \frac{3^2}{\left(\frac{1}{3}\right)^2} = \left(\frac{3}{\frac{1}{3}}\right)^2 = (3 \cdot 3)^2$ Potenzgesetz (4)

$= (3^2)^2 = 3^{2 \cdot 2} = 3^4$ Potenzgesetz (5)

z) $4^3 : 4^{-3} = \frac{4^3}{4^{-3}} = 4^{3-(-3)} = 4^6$ Potenzgesetz (4)

$= (2^2)^6 = 2^{2 \cdot 6} = 2^{12}$ Potenzgesetz (5)

α) $(3^2)^4 = 3^{2 \cdot 4} = 3^8$ Potenzgesetz (5)

β) $(3^4)^2 = 3^{4 \cdot 2} = 3^8$

γ) $(0{,}99^4)^0 = 0{,}99^{4 \cdot 0} = 0{,}99^0 = 1$ $a^0 = 1$ für $a \in \mathbb{R} \setminus \{0\}$

δ) $(0{,}99^0)^4 = 0{,}99^{0 \cdot 4} = 0{,}99^0 = 1$ $a^0 = 1$ für $a \in \mathbb{R} \setminus \{0\}$

ε) $((-1)^3)^2 = (-1)^{3 \cdot 2} = (-1)^6 = 1$ gerade Hochzahl

ζ) $(3^3)^2 = 3^{3 \cdot 2} = 3^6$

η) $(5^{-3})^4 = 5^{(-3) \cdot 4} = 5^{-12}$

16. a) $\frac{8^2}{2^5} = \frac{(2^3)^2}{2^5} = \frac{2^{3 \cdot 2}}{2^5} = \frac{2^6}{2^5} = 2^{6-5} = 2$ erst Potenzgesetz (5), dann (4)

b) $\left(\frac{1}{2}\right)^2 \cdot 8^4 = (2^{-1})^2 \cdot (2^3)^4 = 2^{-1 \cdot 2} \cdot 2^{3 \cdot 4}$ zweimal Potenzgesetz (5)

$= 2^{-2} \cdot 2^{12} = 2^{-2+12} = 2^{10}$ Potenzgesetz (1)

c) $(3^4)^{-2} \cdot (9^2)^3 = 3^{4 \cdot (-2)} \cdot \left((3^2)^2\right)^3$ Potenzgesetz (5) und $9 = 3^2$

$= 3^{-8} \cdot (3^{2 \cdot 2})^3$ Potenzgesetz (5)

$= 3^{-8} \cdot (3^4)^3 = 3^{-8} \cdot 3^{4 \cdot 3}$ Potenzgesetz (5)

$= 3^{-8} \cdot 3^{12} = 3^{-8+12} = 3^4$ Potenzgesetz (1)

d) $(-2)^8 \cdot 2^{-8} \cdot (-2)^4 \cdot \left(\frac{1}{2^2}\right)^5 \cdot (-2)^5$ Bei geraden Hochzahlen kann man bei der Basis das Minuszeichen weglassen, bei ungeraden nicht.

$= -1 \cdot 2^8 \cdot 2^{-8} \cdot 2^4 \cdot (2^{-2})^5 \cdot 2^5$

$= -1 \cdot 2^{8-8} \cdot 2^4 \cdot 2^{-2 \cdot 5} \cdot 2^5$ Potenzgesetze (1) und (5)

$= -1 \cdot 1 \cdot 2^4 \cdot 2^{-10} \cdot 2^5 = -1 \cdot 2^{4-10+5}$ Potenzgesetz (1)

$= -2^{-1} = -\frac{1}{2}$

e) $(4^2)^{-2} \cdot \left(-\frac{1}{2}\right)^{-5} \cdot (-8)^3 \cdot (16^{-2})^2 \cdot \left(-\frac{1}{2}\right)^4 \cdot (9^0)^8$

$= \left((2^2)^2\right)^{-2} \cdot (-1) \cdot (2^{-1})^{-5} \cdot (-1) \cdot (2^3)^3 \cdot \left((2^4)^{-2}\right)^2 \cdot (-2^{-1})^4 \cdot 1^8$

$= (2^{2 \cdot 2})^{-2} \cdot (-1) \cdot 2^{-1 \cdot (-5)} \cdot (-1) \cdot 2^{3 \cdot 3} \cdot (2^{4 \cdot (-2)})^2 \cdot (2^{-1})^4 \cdot 1$

$= (2^4)^{-2} \cdot (-1)^2 \cdot 2^5 \cdot 2^9 \cdot (2^{-8})^2 \cdot 2^{-1 \cdot 4} = 2^{4 \cdot (-2)} \cdot 1 \cdot 2^{5+9} \cdot 2^{-8 \cdot 2} \cdot 2^{-4}$

$= 2^{-8} \cdot 2^{14} \cdot 2^{-16} \cdot 2^{-4} = 2^{-8+14-16-4} = 2^{-14}$

17. a) $(7^{\frac{1}{2}})^2 = 7^{\frac{1}{2} \cdot 2} = 7^1 = 7$ Potenzgesetz (5)

b) $4^{0,5} = (2^2)^{0,5} = 2^{2 \cdot 0,5} = 2^1 = 2$

c) $216^{\frac{1}{3}} = (6^3)^{\frac{1}{3}} = 6^{3 \cdot \frac{1}{3}} = 6^1 = 6$

d) $\sqrt[4]{625} = 625^{\frac{1}{4}} = (5^4)^{\frac{1}{4}} = 5^{4 \cdot \frac{1}{4}} = 5^1 = 5$ $\sqrt[n]{a} = a^{\frac{1}{n}}$ für $a \geq 0$ und $n \in \mathbb{N}$

e) $\sqrt[3]{343} = 343^{\frac{1}{3}} = (7^3)^{\frac{1}{3}} = 7^{3 \cdot \frac{1}{3}} = 7^1 = 7$

f) $216^{-\frac{1}{3}} = (6^3)^{-\frac{1}{3}} = 6^{3 \cdot (-\frac{1}{3})} = 6^{-1} = \frac{1}{6}$ $a^{-1} = \frac{1}{a}$ für $a \in \mathbb{R} \setminus \{0\}$

g) $81^{-\frac{1}{4}} = (3^4)^{-\frac{1}{4}} = 3^{4 \cdot (-\frac{1}{4})} = 3^{-1} = \frac{1}{3}$

h) $8^{\frac{2}{3}} = (2^3)^{\frac{2}{3}} = 2^{3 \cdot \frac{2}{3}} = 2^2 = 4$

i) $16^{\frac{5}{4}} = (2^4)^{\frac{5}{4}} = 2^{4 \cdot \frac{5}{4}} = 2^5 = 32$

j) $32^{0,2} = (2^5)^{0,2} = 2^{5 \cdot 0,2} = 2^1 = 2$

k) $\left(\frac{27}{8}\right)^{\frac{2}{3}} = \left(\frac{3^3}{2^3}\right)^{\frac{2}{3}} = \left(\left(\frac{3}{2}\right)^3\right)^{\frac{2}{3}} = \left(\frac{3}{2}\right)^{3 \cdot \frac{2}{3}}$ Potenzgesetz (4)

$= \left(\frac{3}{2}\right)^2 = \frac{3^2}{2^2} = \frac{9}{4} = 2,25$ Potenzgesetz (4)

l) $(625^{\frac{1}{8}})^2 = \left((5^4)^{\frac{1}{8}}\right)^2 = \left(5^{4 \cdot \frac{1}{8}}\right)^2$ Potenzgesetz (5)

$= \left(5^{\frac{1}{2}}\right)^2 = 5^{\frac{1}{2} \cdot 2} = 5^1 = 5$ Potenzgesetz (5)

m) $27^{\frac{5}{3}} \cdot 128^{\frac{5}{7}} = (3^3)^{\frac{5}{3}} \cdot (2^7)^{\frac{5}{7}} = 3^{3 \cdot \frac{5}{3}} \cdot 2^{7 \cdot \frac{5}{7}}$ Potenzgesetz (5) bei beiden Faktoren

$= 3^5 \cdot 2^5 = (3 \cdot 2)^5 = 6^5 = 7\,776$ Potenzgesetz (3)

n) $(\sqrt[4]{7})^8 = (7^{\frac{1}{4}})^8 = 7^{\frac{1}{4}\cdot 8} = 7^2 = 49$

o) $\sqrt[4]{(-12)^2} \cdot \sqrt{12} = (12^2)^{\frac{1}{4}} \cdot 12^{\frac{1}{2}}$ — Bei gerader Hochzahl entfällt das Minuszeichen.

$= 12^{2\cdot\frac{1}{4}} \cdot 12^{\frac{1}{2}}$

$= \mathbf{12^{\frac{1}{2}} \cdot 12^{\frac{1}{2}} = 12^{\frac{1}{2}+\frac{1}{2}}}$ — Potenzgesetz (1)

$= 12^1 = 12$

18. a) $\sqrt{81} = 9$ — $9^2 = 81$

b) $\sqrt{0{,}81} = 0{,}9$ — $0{,}9^2 = 0{,}81$

c) $\sqrt{144} = 12$ — $12^2 = 144$

d) $\sqrt{1{,}44} = 1{,}2$ — $1{,}2^2 = 1{,}44$

e) $\sqrt{-144}$ ist nicht definiert. — Der Radikand darf nicht negativ sein.

f) $(\sqrt{64})^2 = 64$ — $(\sqrt{a})^2 = a$ für $a \geq 0$

g) $\sqrt{64^2} = 64$ — $\sqrt{a^2} = a$ für $a \geq 0$

h) $\sqrt{(-64)^2} = \sqrt{64^2} = 64$ — gerade Hochzahl

i) $\sqrt{8^2} = 8$

j) $(\sqrt{2\,014})^2 = 2\,014$

k) $3\cdot\sqrt{5} + 3\cdot\sqrt{7} - 5\cdot\sqrt{7} + \sqrt{5}$

$= 3\cdot\sqrt{5} + \sqrt{5} + 3\cdot\sqrt{7} - 5\cdot\sqrt{7}$ — Kommutativgesetz

$= (3+1)\cdot\sqrt{5} + (3-5)\cdot\sqrt{7}$ — Distributivgesetz

$= 4\cdot\sqrt{5} - 2\cdot\sqrt{7}$

l) $\sqrt{63}\cdot\sqrt{7} = \sqrt{63\cdot 7} = \sqrt{9\cdot 7\cdot 7}$ — Produkt von Wurzeln

$= \sqrt{3^2\cdot 7^2} = \sqrt{(3\cdot 7)^2}$ — Potenzgesetz (3)

$= 3\cdot 7 = 21$

m) $\sqrt{3}\cdot\sqrt{3} = \sqrt{3\cdot 3} = \sqrt{3^2} = 3$ oder

$\sqrt{3}\cdot\sqrt{3} = (\sqrt{3})^2 = 3$

n) $\sqrt{7}\cdot\sqrt{14}\cdot\sqrt{18}=\sqrt{7}\cdot\sqrt{7\cdot 2}\cdot\sqrt{2\cdot 3\cdot 3}$

$=\sqrt{7\cdot 7\cdot 2\cdot 2\cdot 3\cdot 3}$ Produkt von Wurzeln

$=\sqrt{7^2}\cdot\sqrt{2^2}\cdot\sqrt{3^2}$ Assoziativgesetz

$=7\cdot 2\cdot 3=42$ $\sqrt{a^2}=a$ für $a\geq 0$

o) $\sqrt{28}=\sqrt{4\cdot 7}=\sqrt{2^2\cdot 7}=2\cdot\sqrt{7}$ teilweise radizieren

p) $\sqrt{108}=\sqrt{4\cdot 9\cdot 3}=\sqrt{4}\cdot\sqrt{9}\cdot\sqrt{3}$ Produkt von Wurzeln

$=2\cdot 3\cdot\sqrt{3}=6\cdot\sqrt{3}$ $4=2^2$ und $9=3^2$

q) $2\cdot\sqrt{2}+\sqrt{18}-\sqrt{50}+\sqrt{8}$

$=2\cdot\sqrt{2}+\sqrt{9\cdot 2}-\sqrt{25\cdot 2}+\sqrt{4\cdot 2}$

$=2\cdot\sqrt{2}+3\cdot\sqrt{2}-5\cdot\sqrt{2}+2\cdot\sqrt{2}$ teilweise radizieren

$=(2+3-5+2)\cdot\sqrt{2}=2\cdot\sqrt{2}$ Distributivgesetz

r) $\sqrt{20}+\sqrt{50}-4\cdot\sqrt{5}-7\cdot\sqrt{2}+\sqrt{45}$

$=\sqrt{4\cdot 5}+\sqrt{25\cdot 2}-4\cdot\sqrt{5}-7\cdot\sqrt{2}+\sqrt{9\cdot 5}$

$=2\cdot\sqrt{5}+5\cdot\sqrt{2}-4\cdot\sqrt{5}-7\cdot\sqrt{2}+3\cdot\sqrt{5}$ teilweise radizieren

$=(2-4+3)\cdot\sqrt{5}+(5-7)\cdot\sqrt{2}$ Distributivgesetz

$=\sqrt{5}-2\cdot\sqrt{2}$

s) $\frac{\sqrt{44}}{\sqrt{11}}=\frac{\sqrt{4\cdot 11}}{\sqrt{11}}=\frac{2\cdot\sqrt{11}}{\sqrt{11}}=2$ oder teilweise radizieren

$\frac{\sqrt{44}}{\sqrt{11}}=\sqrt{\frac{44}{11}}=\sqrt{4}=2$ Quotient von Wurzeln

t) $\frac{\sqrt{54}}{\sqrt{6}}=\frac{\sqrt{9\cdot 6}}{\sqrt{6}}=\frac{3\cdot\sqrt{6}}{\sqrt{6}}=3$ oder teilweise radizieren

$\frac{\sqrt{54}}{\sqrt{6}}=\sqrt{\frac{54}{6}}=\sqrt{9}=3$ Quotient von Wurzeln

u) $\sqrt{2^4}=2^2=4$ Gerade Exponenten werden halbiert.

v) $\sqrt{7^{10}}=7^5=16\,807$

w) $\sqrt{(-11)^8}=|-11|^4=11^4=14\,641$

x) $\sqrt{5^4\cdot 2^6}=\sqrt{5^4}\cdot\sqrt{2^6}=5^2\cdot 2^3$

$=25\cdot 8=200$

y) $\sqrt{27}+5\cdot\sqrt{3}=\sqrt{9\cdot 3}+5\cdot\sqrt{3}=3\cdot\sqrt{3}+5\cdot\sqrt{3}=(3+5)\cdot\sqrt{3}=8\cdot\sqrt{3}$

z) $$\begin{aligned}\sqrt{8}+12\cdot\sqrt{2}+\sqrt{50}-6\cdot\sqrt{2}&=\sqrt{4\cdot 2}+12\cdot\sqrt{2}+\sqrt{25\cdot 2}-6\cdot\sqrt{2}\\&=2\cdot\sqrt{2}+12\cdot\sqrt{2}+5\cdot\sqrt{2}-6\cdot\sqrt{2}\\&=(2+12+5-6)\cdot\sqrt{2}=13\cdot\sqrt{2}\end{aligned}$$

19. a) 5x, –2x und 7x sowie 2y und 5y sind jeweils gleichartig.

b) $2x^2$, $5x^2$ und $2{,}5x^2$ sowie 2x und 1,5x sind jeweils gleichartig.

c) 2a, –2a und 3a, 3b und –2b sowie 2ab und 5ab sind jeweils gleichartig.

d) Gleichartig sind jeweils $8ab^2$ und $3ab^2$ sowie 8ab und –3ab; zu $-8a^2b$ gibt es keinen zweiten gleichartigen Term.

e) Gleichartig sind jeweils $5x^2$ und $-2x^2$, 5x und 2x, $3y^2$ und $2y^2$ sowie 3xy und 5xy.

f) Gleichartig sind jeweils 7ab und –2ab sowie 3abc und 9abc; zu $3a^2b^2$ gibt es keinen zweiten gleichartigen Term.

g) Gleichartig sind jeweils 3z, 5z und –2z sowie $8z^2$, $-11z^2$ und $4z^2$; zu $3z^3$ gibt es keinen zweiten gleichartigen Term.

h) Gleichartig sind 3a und 7a; zu 4ab, $5ab^2$ sowie $6a^2b^2$ gibt es jeweils keinen zweiten gleichartigen Term.

20. a) $\underline{3x^2}+\underline{7x^2}-\underline{14x^2}+\underline{35x^2}=45x^2-14x^2=31x^2$

b) $\underline{33a}-\underline{\underline{7b}}-\underline{10a}+\underline{\underline{8b}}-\underline{17a}+\underline{\underline{22b}}=6a+23b$

c) $\underline{13x}+\underline{\underline{5xy}}-4z-\underline{6x}+\underline{\underline{14xy}}+16z-7z=7x+19xy+5z$

d) $\underline{18x^2}+\underline{\underline{14u}}-\underline{13x^2}-2x+\underline{\underline{2u}}+4x-\underline{\underline{u}}=5x^2+15u+2x$

e) $\underline{12a^2}+\underline{\underline{4a^3}}+\underline{\underline{17a^3}}-\underline{3a^2}-5x=9a^2+21a^3-5x$

f) $25ax-13x+12x^2$ kann nicht vereinfacht werden, da keine gleichartigen Terme vorhanden sind.

g) $\underline{14uvw} + 5uv - \underline{\underline{22w}} + 35uw - \underline{13uvw} + \underline{\underline{21w}} - 35uw + 25u^2 - \mathbf{12v^2} - 24u^2 + \mathbf{13v^2} = uvw + 5uv - w + u^2 + v^2$

h) $\underline{17xy} + \underline{\underline{13x^2}} - 14ax^2 - \underline{\underline{7x^2}} + 20ax^2 + 15bx - \underline{13xy} + 10bx - \underline{4xy} = 6x^2 + 6ax^2 + 25bx$

i) $\underline{2a^2} - \underline{\underline{2b^2}} - 3a^2b + \underline{\underline{5b^2}} + \underline{10a^2} - \underline{6a^2} + 6a^2b = 6a^2 + 3b^2 + 3a^2b$

j) $\underline{0{,}8x^2} + \underline{\underline{0{,}2a^2}} - 1{,}2a - \underline{1{,}7x^2} - 0{,}3a + \underline{\underline{0{,}7a^2}} + \underline{1{,}9x^2} + \underline{\underline{a^2}} + 2a = x^2 + 1{,}9a^2 + 0{,}5a$

21. a) $4 \cdot 7x = 28x$

b) $3x \cdot 20y = 60xy$

c) $14u \cdot 2v = 28uv$

d) $4a \cdot 7c \cdot 2x = 56acx$

e) $3s \cdot 4t \cdot 5s = 60s^2t$

f) $7s \cdot 2s \cdot 3t = 42s^2t$

g) $2x \cdot 3y \cdot 4x \cdot 2y = 48x^2y^2$

h) $3x \cdot y \cdot 5x \cdot 3y = 45x^2y^2$

i) $5x \cdot 3y \cdot 4xy = 60x^2y^2$

j) $3xy \cdot 7xz = 21x^2yz$

k) $3xz \cdot 4y \cdot 3yz = 36xy^2z^2$

l) $2x^2 \cdot 4y \cdot 2y \cdot 3x = 48x^3y^2$

m) $3a^2 \cdot 4ab \cdot 2ab^2 = 24a^4b^3$

n) $2a \cdot 3x^2 \cdot 4ax \cdot 5xz \cdot 2a^3 = 240a^5x^4z$

o) $7b^2 \cdot 2a \cdot 3x^2 \cdot a^4 = 42a^5b^2x^2$

p) $s^3 \cdot t^2 \cdot 3s \cdot 4s \cdot 2t^3 \cdot a^2 \cdot a^5 = 24a^7s^5t^5$

q) $2c^2 \cdot 2b \cdot 3b^3 \cdot a^2 \cdot c^4 \cdot 3a^3 = 36a^5b^4c^6$

r) $2u^3 \cdot 1{,}5t \cdot 4u^4 \cdot 2{,}5t^2 = 30t^3u^7$

22. a) $3a \cdot 2b - 4ab + 3x \cdot 5y - 2x \cdot 3y = \underline{6ab} - \underline{4ab} + \underline{\underline{15xy}} - \underline{\underline{6xy}} = 2ab + 9xy$

b) $4x \cdot 3y + 2u \cdot 2v + 2u \cdot 4v - 3y \cdot 2x = \underline{12xy} + \underline{\underline{4uv}} + \underline{\underline{8uv}} - \underline{6xy} = 6xy + 12uv$

c) $2y \cdot 3z - 2x^2 \cdot 4z + 3yz + 2x \cdot 5xz + 4z \cdot 5y$
$= \underline{6yz} - \underline{\underline{8x^2z}} + \underline{3yz} + \underline{\underline{10x^2z}} + \underline{20yz} = 29yz + 2x^2z$

d) $3x \cdot 4y^2 + 10x \cdot 3a - 5a \cdot 2ab - 2y \cdot 2xy + 7ax - x \cdot 2a + 15a^2 \cdot 2b$
$= \underline{12xy^2} + \underline{\underline{30ax}} - 10a^2b - \underline{4xy^2} + \underline{\underline{7ax}} - \underline{\underline{2ax}} + 30a^2b = 8xy^2 + 35ax + 20a^2b$

e) $3u^2 \cdot 7 - 12a^2 \cdot 2b + 8x \cdot 5y \cdot 3z - 7x \cdot 4y - 2y^2 - 7u \cdot 3u - 15yz \cdot 8x$
$+ y \cdot 3y + 14y \cdot 2x$
$= \underline{21u^2} - 24a^2b + \underline{\underline{120xyz}} - 28xy - 2y^2 - \underline{21u^2} - \underline{\underline{120xyz}} + 3y^2 + 28xy$
$= -24a^2b + y^2$

f) $3x^2 \cdot 2x^2 - x \cdot 5x^3 + 2x \cdot 5x \cdot 2x \cdot 10x - 2x^3 \cdot 3x + 10x^4$
$= \underline{6x^4} - \underline{5x^4} + \underline{200x^4} - \underline{6x^4} + \underline{10x^4} = 205x^4$

g) $17xyz - 5x \cdot 3y + y \cdot 20x - 2yz \cdot 3x + z \cdot 5xy + 5y \cdot 10x$
$= \underline{17xyz} - \underline{\underline{15xy}} + \underline{\underline{20xy}} - \underline{6xyz} + \underline{5xyz} + \underline{\underline{50xy}} = 16xyz + 55xy$

h) $3a^2 \cdot 4ab + 10a \cdot 2ab - 6b \cdot 2a^3 - 3a \cdot 2a^3b^2 + a^2b \cdot 6ab + 3a^2b \cdot 4a$
$= \underline{12a^3b} + 20a^2b - \underline{12a^3b} - 6a^4b^2 + 6a^3b^2 + \underline{12a^3b}$
$= 12a^3b + 20a^2b - 6a^4b^2 + 6a^3b^2$

23. a) $D =]0; +\infty[$

Der Radius eines Kreises ist größer als 0.

b) $D_r = D_h =]0; +\infty[$

Die Grundfläche des Zylinders ist ein Kreis mit dem Radius r. Der Radius eines Kreises und die Höhe eines Zylinders sind größer als 0.

c) $D_r = D_h =]0; +\infty[$

Die Grundfläche des Zylinders ist ein Kreis mit dem Radius r. Der Radius eines Kreises und die Höhe eines Zylinders sind größer als 0.

24. a) $D_x = D_y = \mathbb{R}$;
$T(-1; 1) = 5 \cdot (-1)^2 - 2 \cdot 1 = 5 - 2 = 3$

b) $D_x = D_y = \mathbb{R}$;
$T(-2; 3) = 2 \cdot (-2)^2 \cdot 3 - 2 \cdot 3^2 = 24 - 18 = 6$

c) $D_a = \mathbb{R},\ D_b = \mathbb{R}\setminus\{0\};$ — Der Nenner darf nicht 0 werden.

$T(4;\ 2) = \frac{4}{2} + 2 \cdot 4 \cdot 2^2 = 2 + 32 = 34$

d) $D_a = [0; +\infty[,\ D_b = \mathbb{R};$ — Der Radikand darf nicht negativ werden.

$T(9;\ 3) = \sqrt{9} + (9 - 3)^2 = 3 + 6^2 = 39$

e) $D_x = D_y = \mathbb{R};$

$T(-1;\ 2) = (-1 + 2)^2 + 2 \cdot 2^2 = 1 + 8 = 9$

f) $D_a = D_b = D_c = \mathbb{R};$

$T(1;\ 2;\ 3) = (1 - 2)^2 + (2 - 3)^3 = 1 - 1 = 0$

25. a) $G = \mathbb{N}:\ D = \mathbb{N}$

Die Nenner dürfen nicht 0 werden. Wegen $0 \notin \mathbb{N}$ und $\sqrt{2} \notin \mathbb{N}$ muss aus G keine Zahl ausgenommen werden.

b) $G = \mathbb{Z}:\ D = \mathbb{Z}\setminus\{0\}$

Nur die Null muss ausgenommen werden, da $\sqrt{2} \notin \mathbb{Z}$.

c) $G = \mathbb{Q}:\ D = \mathbb{Q}\setminus\{0\}$

Auch hier muss nur die Null ausgenommen werden, da $\sqrt{2} \notin \mathbb{Q}$.

d) $G = \mathbb{R}:\ D = \mathbb{R}\setminus\{0;\ \sqrt{2}\}$

26. a) $7 + (x - 12) = \underline{7} + x - \underline{12} = -5 + x$

b) $10x + (-5x + 2) = \underline{10x} - \underline{5x} + 2 = 5x + 2$

c) $2s - (4s - 4) = \underline{2s} - \underline{4s} + 4 = -2s + 4$

d) $3t - (-2 + 4t - 2s) = \underline{3t} + 2 - \underline{4t} + 2s = -t + 2 + 2s$

e) $(3x - 2y) - (4x - 5 - 5y) = \underline{3x} - \underline{\underline{2y}} - \underline{4x} + 5 + \underline{\underline{5y}} = -x + 3y + 5$

f) $24k^2 - (40k + 16k^2 - 4) - (24k + 6) = \underline{24k^2} - \underline{\underline{40k}} - \underline{16k^2} + 4 - \underline{\underline{24k}} - 6$

$= 8k^2 - 64k - 2$

g) $2x - [5x^2 - (5x - 2)] + (-3x + 2) + 5x^2$

$= 2x - [5x^2 - 5x + 2] - 3x + 2 + 5x^2$

$= \underline{2x} - \underline{\underline{5x^2}} + \underline{5x} - 2 - \underline{3x} + 2 + \underline{\underline{5x^2}}$

$= 4x$

Die Klammern werden von innen nach außen aufgelöst.

h) $4t-[3s-(2t-3s)+6]-6=4t-[3s-2t+3s+6]-6$

$=\underline{4t}-\underline{\underline{3s}}+\underline{2t}-\underline{\underline{3s}}-6-6=6t-6s-12$

i) $-(4a-3)-[(3x^2+x)-(4x+4x^2)-(-3x-x^2)]$

$=-4a+3-[3x^2+x-4x-4x^2+3x+x^2]$

$=-4a+3-\underline{3x^2}-\underline{\underline{x}}+\underline{\underline{4x}}+\underline{4x^2}-\underline{\underline{3x}}-\underline{x^2}=-4a+3$

j) $-(-3x+2x^2+5)-(4x^2+2x+5)+(6x^2-10)$

$=+\underline{3x}-\underline{\underline{2x^2}}-5-\underline{\underline{4x^2}}-\underline{2x}-5+\underline{\underline{6x^2}}-10=x-20$

27. a) $5\cdot(3x-2)=15x-10$

b) $7\cdot(4s-3t)-8\cdot(2s+t)=\underline{28s}-\underline{\underline{21t}}-\underline{16s}-\underline{\underline{8t}}$

$=12s-29t$

Vorzeichen beachten!

c) $-4t\cdot(2s-3)+2s\cdot(4t-3)=-\underline{8st}+12t+\underline{8st}-6s$

$=12t-6s$

Die Variablen werden alphabetisch sortiert.

d) $(5k-4)\cdot5-2\cdot(8k-10)=\underline{25k}-20-\underline{16k}+20=9k$

e) $2x\cdot(2-2x+5y)-2y\cdot(5x-2)=4x-4x^2+\underline{10xy}-\underline{10xy}+4y$

$=4x-4x^2+4y$

f) $-3\cdot(4a-3b-3b^2+2a^2)-4\cdot(-3a-1{,}5a^2)$

$=-\underline{12a}+9b+9b^2-\underline{\underline{6a^2}}+\underline{12a}+\underline{\underline{6a^2}}=9b+9b^2$

g) $4x\cdot(x-y)-[3x\cdot(x+y)-2x\cdot(x-y)]$

$=4x\cdot(x-y)-[3x^2+3xy-2x^2+2xy]$

$=\underline{4x^2}-\underline{\underline{4xy}}-\underline{3x^2}-\underline{\underline{3xy}}+\underline{2x^2}-\underline{\underline{2xy}}=3x^2-9xy$

von innen nach außen

h) $5\cdot(-2a+b)-2\cdot[(3a-5b)\cdot4+(12-9a)\cdot a]$

$=-10a+5b-2\cdot[12a-20b+12a-9a^2]$

$=-\underline{10a}+\underline{\underline{5b}}-\underline{24a}+\underline{\underline{40b}}-\underline{24a}+18a^2=-58a+45b+18a^2$

i) $4\cdot[4s\cdot(t-s)-(s+4t)\cdot3]-7s\cdot(s+8)=4\cdot[4st-4s^2-3s-12t]-7s^2-56s$

$=16st-\underline{16s^2}-\underline{\underline{12s}}-48t-\underline{7s^2}-\underline{\underline{56s}}$

$=16st-23s^2-68s-48t$

j) $(-2)\cdot[(-3t)\cdot(2a-b)-(-4a)\cdot(10-2t)]-(-6)\cdot(3a+7t)$
$=(-2)\cdot[-6at+3bt+40a-8at]+18a+42t$
$=\underline{12at}-6bt-\underline{\underline{80a}}+\underline{16at}+\underline{\underline{18a}}+42t=28at-6bt-62a+42t$

28. a) $(7t+8e)\cdot(x+1)=7tx+7t+8ex+8e$

b) $(5t^2-8t)\cdot(2t^2+4)=10t^4+20t^2-16t^3-32t$

c) $(4x^2+2{,}5y)\cdot(-x-2y)=-4x^3-8x^2y-2{,}5xy-5y^2$

d) $(2x-3y-2)\cdot(4-2x+2y)$
$=\underline{8x}-4x^2+\underline{\underline{4xy}}-12y+\underline{\underline{6xy}}-6y^2-8+\underline{4x}-4y$
$=12x-4x^2+10xy-16y-6y^2-8$

e) $(x-2)\cdot(-3x-5-y)=-3x^2-\underline{5x}-xy+\underline{6x}+10+2y$
$=-3x^2+x-xy+10+2y$

f) $(2x+y)\cdot(x-y)-[(x+3)\cdot(2x-4y)+3\cdot(4y-2x)]$
$=2x^2-2xy+xy-y^2-[2x^2-4xy+6x-12y+12y-6x]$
$=\underline{2x^2}-\underline{\underline{2xy}}+\underline{\underline{xy}}-y^2-\underline{2x^2}+\underline{\underline{4xy}}-6x+12y-12y+6x=3xy-y^2$

g) $(a+b)\cdot(2a-1)\cdot b=(2a^2-a+2ab-b)\cdot b=2a^2b-ab+2ab^2-b^2$

h) $(x-1)\cdot(x^2+2x-1)-(x^2-2x+1)\cdot(x+2)$
$=x^3+2x^2-x-x^2-2x+1-(x^3+2x^2-2x^2-4x+x+2)$
$=\underline{x^3}+\underline{\underline{2x^2}}-x-\underline{\underline{x^2}}-2x+1-\underline{x^3}-\underline{\underline{2x^2}}+\underline{\underline{2x^2}}+4x-x-2=x^2-1$

i) $a\cdot(3a-b+2ab-1)-(a-b)\cdot(3a-b)$
$=3a^2-ab+2a^2b-a-(3a^2-ab-3ab+b^2)$
$=\underline{3a^2}-\underline{\underline{ab}}+2a^2b-a-\underline{3a^2}+\underline{\underline{ab}}+\underline{\underline{3ab}}-b^2=3ab+2a^2b-a-b^2$

j) $(-3x)\cdot(2x+3y)\cdot(3+4x-2y)$
$=(-3x)\cdot(6x+8x^2-4xy+9y+12xy-6y^2)$
$=-18x^2-24x^3+\underline{12x^2y}-27xy-\underline{36x^2y}-18xy^2$
$=-18x^2-24x^3-24x^2y-27xy-18xy^2$

Aufgrund des Kommutativgesetzes kann auch erst das Produkt der beiden letzten Faktoren gebildet werden.

29. a) $4xy+2x-6xy=\underline{2x}\cdot 2y+\underline{2x}-\underline{2x}\cdot 3y$
$=\underline{2x}\cdot(2y+1-3y)$

Beachte: $2x=2x\cdot 1$

b) $\frac{2}{3}a + \frac{5}{3}b - \frac{1}{3}c = \frac{1}{3} \cdot (2a + 5b - c)$

c) $42abc^2 - 30ab^2c - 28a^2bc$
$= 2abc \cdot (21c - 15b - 14a)$

Das Produkt abc steckt in jedem Variablenanteil.

d) $a^3 - 2a^2 + 4a = a \cdot (a^2 - 2a + 4)$

Aus jedem Summanden kann ein a ausgeklammert werden, die Exponenten verringern sich alle um 1.

e) $-a - b = -1 \cdot (a + b)$

Das Minuszeichen ist der Faktor –1.

f) $a \cdot \underline{(5x - 2y)} - b \cdot \underline{(5x - 2y)} = \underline{(5x - 2y)} \cdot (a - b)$

g) $x \cdot (3a - b) + y \cdot (-3a + b) + 3az - bz = x \cdot \underline{(3a - b)} - y \cdot \underline{(3a - b)} + z \cdot \underline{(3a - b)}$
$= \underline{(3a - b)} \cdot (x - y + z)$

h) $3at - 5bt + 3as - 5bs = t \cdot \underline{(3a - 5b)} + s \cdot \underline{(3a - 5b)} = \underline{(3a - 5b)} \cdot (t + s)$

i) $3bx - 7ax + 6b^2 - 14ab - 12ab + 28a^2$
$= x \cdot \underline{(3b - 7a)} + 2b \cdot \underline{(3b - 7a)} - 4a \cdot \underline{(3b - 7a)}$
$= \underline{(3b - 7a)} \cdot (x + 2b - 4a)$

j) $sx^2y - tx^2y + 3ps - 3pt - 4as + 4at = x^2y \cdot \underline{(s - t)} + 3p \cdot \underline{(s - t)} - 4a \cdot \underline{(s - t)}$
$= \underline{(s - t)} \cdot (x^2y + 3p - 4a)$

30. a) $(s + t)^2 = s^2 + 2st + t^2$

b) $(12s + 4t)^2 = (12s)^2 + 2 \cdot 12s \cdot 4t + (4t)^2 = 144s^2 + 96st + 16t^2$

c) $(5x + 6y)^2 = (5x)^2 + 2 \cdot 5x \cdot 6y + (6y)^2 = 25x^2 + 60xy + 36y^2$

d) $(9a + 6b)^2 = (9a)^2 + 2 \cdot 9a \cdot 6b + (6b)^2 = 81a^2 + 108ab + 36b^2$

e) $4s^2 + 12st + 9t^2 = (2s)^2 + 2 \cdot 2s \cdot 3t + (3t)^2 = (2s + 3t)^2$

f) $9x^2 + 4y^2 + 12xy = (3x)^2 + (2y)^2 + 2 \cdot 3x \cdot 2y = (3x + 2y)^2$

g) $t^2 + 2t + 1 = (t + 1)^2$

h) $400n^2 + 9m^2 + 120mn = (20n)^2 + (3m)^2 + 2 \cdot 20n \cdot 3m = (20n + 3m)^2$

i) $(1{,}2x + 5y)^2 = (1{,}2x)^2 + 2 \cdot 1{,}2x \cdot 5y + (5y)^2 = 1{,}44x^2 + 12xy + 25y^2$

j) $(s-t)^2 = s^2 - 2st + t^2$

k) $(8n-0{,}5m)^2 = (8n)^2 - \mathbf{2 \cdot 8n \cdot 0{,}5m} + (0{,}5m)^2 = 64n^2 - 8mn + 0{,}25m^2$

l) $k^2 - 24k\ell + 144\ell^2 = k^2 - \mathbf{2 \cdot k \cdot 12\ell} + (12\ell)^2 = (k-12\ell)^2$

m) $16s^2 + 25t^2 - 40st = (4s)^2 + (5t)^2 - \mathbf{2 \cdot 4s \cdot 5t} = (4s-5t)^2$

n) $x^2 - x + 0{,}25 = x^2 - \mathbf{2 \cdot x \cdot 0{,}5} + 0{,}5^2 = (x-0{,}5)^2$

o) $x^2 - 2x + 1 = (x-1)^2$

p) $25d^2 + 36c^2 - 60cd = (5d)^2 + (6c)^2 - \mathbf{2 \cdot 5d \cdot 6c} = (5d-6c)^2$

q) $9x^2 + 64y^2 - 24xy = (3x)^2 + (8y)^2 - \mathbf{3x \cdot 8y}$; keine binomische Formel

r) $x^4 + 100 - 20x^2 = (x^2)^2 + 10^2 - \mathbf{2 \cdot x^2 \cdot 10} = (x^2-10)^2$

s) $4x^2 + 0{,}25y^2 - xy = (2x)^2 + (0{,}5y)^2 - \mathbf{2x \cdot 0{,}5y}$; keine binomische Formel

t) $(2s+5t) \cdot (2s-5t) = (2s)^2 - (5t)^2 = 4s^2 - 25t^2$

u) $(x+12s) \cdot (x-12s) = x^2 - (12s)^2 = x^2 - 144s^2$

v) $(16x-11y) \cdot (16x+12y) = 256x^2 + 192xy - 176xy - 132y^2$
$= 256x^2 + 16xy - 132y^2$

w) $9y^2 - 25 = (3y)^2 - 5^2 = (3y+5) \cdot (3y-5)$

x) $169 - 144x^2 = 13^2 - (12x)^2 = (13+12x) \cdot (13-12x)$

y) $196a^2 - 225b^2 = (14a)^2 - (15b)^2 = (14a+15b) \cdot (14a-15b)$

z) $256p^2 - 16pq + 0{,}25q^2 = (16p)^2 - \mathbf{2 \cdot 16p \cdot 0{,}5q} + (0{,}5q)^2 = (16p-0{,}5q)^2$

α) $\frac{1}{9}x^2 - \frac{1}{16}y^2 = \left(\frac{1}{3}x\right)^2 - \left(\frac{1}{4}y\right)^2 = \left(\frac{1}{3}x + \frac{1}{4}y\right) \cdot \left(\frac{1}{3}x - \frac{1}{4}y\right)$

β) $36a^2 - 4ab + \frac{1}{9}b^2 = (6a)^2 - \mathbf{2 \cdot 6a \cdot \frac{1}{3}b} + \left(\frac{1}{3}b\right)^2 = \left(6a - \frac{1}{3}b\right)^2$

γ) $\frac{1}{100} + 2x + 100x^2 = \left(\frac{1}{10}\right)^2 + \mathbf{2 \cdot \frac{1}{10} \cdot 10x} + (10x)^2 = \left(\frac{1}{10} + 10x\right)^2$

δ) $\left(\frac{1}{12}x^2 - 6x\right)^2 = \frac{1}{144}x^4 - 2 \cdot \frac{1}{12}x^2 \cdot 6x + 36x^2 = \frac{1}{144}x^4 - x^3 + 36x^2$

ε) $x^4 - y^4 = (x^2)^2 - (y^2)^2 = (x^2+y^2) \cdot (x^2-y^2)$

ζ) $4x^4 - 25x^2 = (2x^2)^2 - (5x)^2 = (2x^2 + 5x) \cdot (2x^2 - 5x)$
$= \mathbf{x} \cdot (2x + 5) \cdot \mathbf{x} \cdot (2x - 5) = \mathbf{x^2} \cdot (2x + 5) \cdot (2x - 5)$

η) $\frac{1}{25}a^2 - 2\frac{1}{4}b^2 = \left(\frac{1}{5}a\right)^2 - \left(\frac{3}{2}b\right)^2 = \left(\frac{1}{5}a + \frac{3}{2}b\right) \cdot \left(\frac{1}{5}a - \frac{3}{2}b\right)$

31. a) $3as + 5at - 6bs - 10bt = \mathbf{a} \cdot (3s + 5t) - \mathbf{2b} \cdot (3s + 5t) = (3s + 5t) \cdot (a - 2b)$

b) $15a^2 + 30ab + 15b^2 = 15 \cdot (a^2 + 2ab + b^2) = 15(a + b)^2$

c) $8g^2 - 8h^2 = 8 \cdot (g^2 - h^2) = 8(g + h) \cdot (g - h)$

d) $18x + 12ux + 2u^2x - 27y - 18uy - 3u^2y$
$= \mathbf{2x} \cdot (9 + 6u + u^2) - \mathbf{3y} \cdot (9 + 6u + u^2) = (3 + u)^2 \cdot (2x - 3y)$

e) $18s^3 - 60s^2t + 50st^2 = 2s \cdot (9s^2 - 30st + 25t^2) = 2s \cdot (3s - 5t)^2$

f) $6a^2xz + 12a^2vx + 6a^2yz + 12a^2vy = \mathbf{6a^2x} \cdot (z + 2v) + \mathbf{6a^2y} \cdot (z + 2v)$
$= (z + 2v) \cdot (6a^2x + 6a^2y)$
$= (z + 2v) \cdot 6a^2 \cdot (x + y)$

g) $5a^2 - 5b^2 + 4a^2 + 8ab + 4b^2 = 5 \cdot (a^2 - b^2) + 4 \cdot (a^2 + 2ab + b^2)$
$= 5 \cdot \mathbf{(a + b)} \cdot (a - b) + 4 \cdot \mathbf{(a + b)}^2$
$= \mathbf{(a + b)} \cdot (5 \cdot (a - b) + 4 \cdot (a + b))$
$= (a + b) \cdot (5a - 5b + 4a + 4b) = (a + b) \cdot (9a - b)$

h) $4x^2 - 2xy + 12x^2 + 3y^2 - 12xy = 2x \cdot (2x - y) + 3 \cdot (4x^2 + y^2 - 4xy)$
$= 2x \cdot \mathbf{(2x - y)} + 3 \cdot \mathbf{(2x - y)}^2$
$= \mathbf{(2x - y)} \cdot (2x + 3 \cdot (2x - y))$
$= (2x - y) \cdot (2x + 6x - 3y)$
$= (2x - y) \cdot (8x - 3y)$

i) $4x^5 - 24x^4 + 36x^3 = x^3 \cdot (4x^2 - 24x + 36) = x^3 \cdot (2x - 6)^2$

j) $3x^3 - 48x = 3x \cdot (x^2 - 16) = 3x \cdot (x + 4) \cdot (x - 4)$

32. a) $(a + \boxed{2b})^2 = a^2 + 4ab + \boxed{4b^2}$

b) $(\boxed{3} + b)^2 = \boxed{9} + 6b + b^2$

c) $(3a + \boxed{2b})^2 = \boxed{9a^2} + 12ab + \boxed{4b^2}$

d) $(4x - \boxed{3y})^2 = \boxed{16x^2} - 24xy + \boxed{9y^2}$

e) $(\boxed{7x} - \boxed{5y})^2 = \boxed{49x^2} - 70xy + 25y^2$

f) $(11x - \boxed{1{,}5y})^2 = \boxed{121x^2} - \boxed{33xy} + 2{,}25y^2$

g) $(\boxed{5x} + 12y) \cdot (5x - \boxed{12y}) = \boxed{25x^2} - \boxed{144y^2}$

h) $(13xz + \boxed{4{,}5y}) \cdot (\boxed{13xz} - \boxed{4{,}5y}) = \boxed{169x^2z^2} - 20{,}25y^2$

i) $(\boxed{\tfrac{1}{2}xy} + \boxed{4uw}) \cdot (\boxed{\tfrac{1}{2}xy} - 4uw) = \tfrac{1}{4}x^2y^2 - \boxed{16u^2w^2}$

j) $(\boxed{\tfrac{1}{3}x^2y} - 2{,}5ab^2) \cdot (\boxed{\tfrac{1}{3}x^2y} - \boxed{2{,}5ab^2}) = \tfrac{1}{9}x^4y^2 - \boxed{6{,}25a^2b^4}$

33. a) $D = \mathbb{Q} \setminus \{\mathbf{3}\}$ $\quad 3 - x = 0 \Leftrightarrow x = \mathbf{3}$

b) $D = \mathbb{Q} \setminus \{\mathbf{-4}\}$ $\quad a + 4 = 0 \Leftrightarrow a = \mathbf{-4}$

c) $D = \mathbb{Q} \setminus \{\mathbf{0}\}$ $\quad 2x = 0 \Leftrightarrow x = \mathbf{0}$

d) $D = \mathbb{Q} \setminus \left\{\mathbf{\tfrac{3}{8}}\right\}$ $\quad 3 - 8a = 0 \Leftrightarrow a = \mathbf{\tfrac{3}{8}}$

e) $a^2 - 7a = a \cdot (a - 7) \Rightarrow D = \mathbb{Q} \setminus \{\mathbf{0}; \mathbf{7}\}$ $\quad a(a-7) = 0 \Leftrightarrow a = \mathbf{0}$ oder $a = \mathbf{7}$

f) $D = \mathbb{Q}$ $\quad b^2 + 4 > 0$ für alle $b \in \mathbb{Q}$

g) $D = \mathbb{Q} \setminus \{\mathbf{0}\}$ $\quad 4x = 0 \Leftrightarrow x = \mathbf{0}$

h) $12x^2 - 20x = 4x \cdot (3x - 5) \Rightarrow D = \mathbb{Q} \setminus \left\{\mathbf{0}; \mathbf{\tfrac{5}{3}}\right\}$ $\quad 4x(3x-5) = 0 \Leftrightarrow x = \mathbf{0}$ oder $x = \mathbf{\tfrac{5}{3}}$

i) $x^2 - 2x + 1 = (x-1)^2 \Rightarrow D = \mathbb{Q} \setminus \{\mathbf{1}\}$ $\quad x - 1 = 0 \Leftrightarrow x = \mathbf{1}$

j) $9x^2 + 30x + 25 = (3x+5)^2 \Rightarrow D = \mathbb{Q} \setminus \left\{\mathbf{-\tfrac{5}{3}}\right\}$ $\quad 3x + 5 = 0 \Leftrightarrow x = \mathbf{-\tfrac{5}{3}}$

34. a) $\dfrac{(2x+7) \cdot \mathbf{2x}}{(3x-4) \cdot \mathbf{2x}} = \dfrac{4x^2 + 14x}{6x^2 - 8x}$

b) $\frac{(a-3b)\cdot\mathbf{(2a-4)}}{2a\cdot\mathbf{(2a-4)}}=\frac{2a^2-4a-6ab+12b}{4a^2-8a}$

c) $\frac{(3xy+2)\cdot\mathbf{(3xy-2)}}{10x^2\cdot\mathbf{(3xy-2)}}=\frac{9x^2y^2-4}{30x^3y-20x^2}$ binomische Formel im Zähler

d) $\frac{(a-b)\cdot\mathbf{(a-b)}}{(a+b)\cdot\mathbf{(a-b)}}=\frac{a^2-2ab+b^2}{a^2-b^2}$ binomische Formeln in Zähler und Nenner

e) $\frac{(a^2-2ab)\cdot\mathbf{(a+b)}}{(a-b)\cdot\mathbf{(a+b)}}=\frac{a^3+a^2b-2a^2b-2ab^2}{a^2-b^2}$ binomische Formel im Nenner

$$=\frac{a^3-a^2b-2ab^2}{a^2-b^2}$$

35. a) $\frac{3x\cdot\mathbf{5}}{(2b-3)\cdot\mathbf{5}}=\frac{15x}{10b-15}$

b) $\frac{3x\cdot\mathbf{5ab}}{(2b-3)\cdot\mathbf{5ab}}=\frac{15abx}{10ab^2-15ab}$

c) $\frac{(3z+1)\cdot\mathbf{6xz}}{(2x+3z)\cdot\mathbf{6xz}}=\frac{18xz^2+6xz}{12x^2z+18xz^2}$

d) $\frac{(x+4)\cdot\mathbf{(a-b)}}{(a+b)\cdot\mathbf{(a-b)}}=\frac{ax-bx+4a-4b}{a^2-b^2}$ binomische Formel

e) $\frac{(a+1)\cdot\mathbf{(3a+b)}}{(3a+b)\cdot\mathbf{(3a+b)}}=\frac{3a^2+ab+3a+b}{9a^2+6ab+b^2}$ binomische Formel

36. a) $\frac{3ab}{6a}=\frac{\cancel{3a}b}{2\cdot\cancel{3a}}=\frac{b}{2}$

b) $\frac{3ax+3bx}{9x^2}=\frac{\cancel{3x}(a+b)}{\cancel{3x}\cdot 3x}=\frac{a+b}{3x}$

c) $\frac{12a^2+4a}{8a^2}=\frac{\cancel{4a}(3a+1)}{\cancel{4a}\cdot 2a}=\frac{3a+1}{2a}$

d) $\frac{11a+11b}{a^2+2ab+b^2}=\frac{11\cancel{(a+b)}}{\cancel{(a+b)}(a+b)}=\frac{11}{a+b}$ binomische Formel im Nenner

e) $\frac{4a^2-12ab+9b^2}{10a-15b}=\frac{(2a-3b)^{\cancel{2}}}{5\cancel{(2a-3b)}}=\frac{2a-3b}{5}$ binomische Formel im Zähler

f) $\dfrac{9x^2-9y^2}{5x-5y}=\dfrac{9(x+y)\cancel{(x-y)}}{5\cancel{(x-y)}}=\dfrac{9(x+y)}{5}$ binomische Formel im Zähler

g) $\dfrac{9x^2-9y^2}{9x^2-18xy+9y^2}=\dfrac{(3x+3y)\cancel{(3x-3y)}}{(3x-3y)^{\cancel{2}}}$ binomische Formeln

$=\dfrac{3x+3y}{3x-3y}=\dfrac{\cancel{3}(x+y)}{\cancel{3}(x-y)}=\dfrac{x+y}{x-y}$

h) $\dfrac{49s^2-25t^2}{14s+10t}=\dfrac{\cancel{(7s+5t)}(7s-5t)}{2\cancel{(7s+5t)}}=\dfrac{7s-5t}{2}$

i) $\dfrac{8x^2-18y^2}{12x^2-36xy+27y^2}=\dfrac{2(4x^2-9y^2)}{3(4x^2-12xy+9y^2)}$

$=\dfrac{2(2x+3y)\cancel{(2x-3y)}}{3(2x-3y)^{\cancel{2}}}=\dfrac{2(2x+3y)}{3(2x-3y)}$

j) $\dfrac{\frac{1}{4}a^2+\frac{1}{3}ab+\frac{1}{9}b^2}{\frac{5}{4}a^2-\frac{5}{9}b^2}=\dfrac{\left(\frac{1}{2}a+\frac{1}{3}b\right)^{\cancel{2}}}{5\cancel{\left(\frac{1}{2}a+\frac{1}{3}b\right)}\left(\frac{1}{2}a-\frac{1}{3}b\right)}=\dfrac{\frac{1}{2}a+\frac{1}{3}b}{5\left(\frac{1}{2}a-\frac{1}{3}b\right)}$

k) $\dfrac{x^2-y^2}{x-y+1}=\dfrac{(x+y)(x-y)}{x-y+1}$; kein Kürzen möglich

l) $\dfrac{2a^2+2ab+3a+3b}{5a+5b}=\dfrac{\mathbf{2a}(a+b)+\mathbf{3}(a+b)}{5(a+b)}$ erst ausklammern

$=\dfrac{\cancel{(a+b)}(2a+3)}{5\cancel{(a+b)}}=\dfrac{2a+3}{5}$

m) $\dfrac{36x^2-100y^2}{15x+25y}=\dfrac{(6x+10y)(6x-10y)}{5(3x+5y)}=\dfrac{2\cancel{(3x+5y)}(6x-10y)}{5\cancel{(3x+5y)}}=\dfrac{2(6x-10y)}{5}$

37. a) $\dfrac{3x}{x-1}=\dfrac{3x\cdot(x+2)}{(x-1)\cdot(x+2)}=\dfrac{3x^2+6x}{\mathbf{(x-1)(x+2)}}$; $\dfrac{2x}{x+2}=\dfrac{2x\cdot(x-1)}{(x+2)\cdot(x-1)}=\dfrac{2x^2-2x}{\mathbf{(x+2)(x-1)}}$

b) $\dfrac{a+1}{3x}=\dfrac{(a+1)\cdot(y+1)}{3x\cdot(y+1)}=\dfrac{ay+a+y+1}{\mathbf{3x(y+1)}}$; $\dfrac{2a-1}{y+1}=\dfrac{(2a-1)\cdot 3x}{(y+1)\cdot 3x}=\dfrac{6ax-3x}{\mathbf{3x(y+1)}}$

c) $\dfrac{2x+y}{x+y}=\dfrac{(2x+y)\cdot(x-y)}{(x+y)\cdot(x-y)}=\dfrac{2x^2-2xy+xy-y^2}{(x+y)(x-y)}=\dfrac{2x^2-xy-y^2}{\mathbf{(x+y)(x-y)}}$;

$\dfrac{3x}{x-y}=\dfrac{3x\cdot(x+y)}{(x-y)\cdot(x+y)}=\dfrac{3x^2+3xy}{\mathbf{(x-y)(x+y)}}$

d) $\frac{3a}{2x+2y} = \frac{3a \cdot 2}{(2x+2y) \cdot 2} = \frac{6a}{\mathbf{4x+4y}}$; $\frac{5}{\mathbf{4x+4y}}$ nur einen Term erweitern

e) $\frac{2x}{4x^2-9y^2} = \frac{2x}{\mathbf{(2x+3y)(2x-3y)}}$; binomische Formel im Nenner

$\frac{2y}{2x+3y} = \frac{2y \cdot (2x-3y)}{(2x+3y) \cdot (2x-3y)} = \frac{4xy-6y^2}{\mathbf{(2x+3y)(2x-3y)}}$

f) $\frac{2x}{3x+2y} = \frac{2x \cdot 4x}{(3x+2y) \cdot 4x} = \frac{8x^2}{\mathbf{12x^2+8xy}}$; $\frac{2y}{\mathbf{12x^2+8xy}}$ nur einen Term erweitern

38. a) $\frac{2x^2}{7} + \frac{5x^2}{7} = \frac{2x^2+5x^2}{7} = \frac{\cancel{7}x^2}{\cancel{7}} = x^2$

b) $\frac{x-y}{z} - \frac{y-z}{z} = \frac{x-y-(y-z)}{z} = \frac{x-2y+z}{z}$

c) $\frac{3}{a^2} - \frac{2a-b}{a^2} - \frac{3+b}{a^2} = \frac{3-(2a-b)-(3+b)}{a^2} = \frac{3-2a+b-3-b}{a^2} = \frac{-2\cancel{a}}{a^{\cancel{2}}} = \frac{-2}{a}$

d) $\frac{3x-z}{10z} - \frac{z+3x}{10z} - \frac{5x-12z}{10z} = \frac{3x-z-(z+3x)-(5x-12z)}{10z} = \frac{3x-z-z-3x-5x+12z}{10z}$

$= \frac{-5x+10z}{10z} = \frac{\cancel{5}(-x+2z)}{\cancel{5} \cdot 2z} = \frac{-x+2z}{2z}$

e) $\frac{5a^2-2a+1}{3a} - \frac{2a-5a^2-1}{3a} - \frac{2-a^2+a}{3a} = \frac{5a^2-2a+1-(2a-5a^2-1)-(2-a^2+a)}{3a}$

$= \frac{5a^2-2a+1-2a+5a^2+1-2+a^2-a}{3a}$

$= \frac{11a^2-5a}{3a} = \frac{\cancel{a}(11a-5)}{3\cancel{a}} = \frac{11a-5}{3}$

39. a) Gegebene Nenner:
$6 = \underline{2} \cdot \underline{3}$
$15 = 3 \cdot \underline{5}$

Erweiterungsfaktoren:
$\mathbf{30} : 6 = 5$
$\mathbf{30} : 15 = 2$

Hauptnenner: $\underline{2} \cdot \underline{3} \cdot \underline{5} = \mathbf{30}$

$\frac{x}{6} + \frac{y}{15} = \frac{x \cdot 5}{\mathbf{30}} + \frac{y \cdot 2}{\mathbf{30}} = \frac{5x+2y}{30}$

b) Hauptnenner: **2a**

$\frac{3a}{2} - \frac{4}{2a} = \frac{3a \cdot a}{\mathbf{2a}} - \frac{4}{\mathbf{2a}} = \frac{3a^2-4}{2a}$

c) Gegebene Nenner:

$3x = 3 \cdot x$

$9 = 3 \cdot 3 = \underline{3^2}$

$x^2 = x \cdot x = \underline{x^2}$

Erweiterungsfaktoren:

$\mathbf{9x^2} : 3x = 3x$

$\mathbf{9x^2} : 9 = x^2$

$\mathbf{9x^2} : x^2 = 9$

Hauptnenner: $\underline{3^2} \cdot \underline{x^2} = \mathbf{9x^2}$

$$\frac{5x^2}{3x} - \frac{11x}{9} - \frac{4}{x^2} = \frac{5x^2 \cdot 3x - 11x \cdot x^2 - 4 \cdot 9}{\mathbf{9x^2}} = \frac{15x^3 - 11x^3 - 36}{9x^2} = \frac{4x^3 - 36}{9x^2}$$

d) Hauptnenner: $\mathbf{a \cdot b}$

$$\frac{x+y}{a} - \frac{x+y}{b} = \frac{(x+y) \cdot b}{\mathbf{ab}} - \frac{(x+y) \cdot a}{\mathbf{ab}} = \frac{bx + by - ax - ay}{ab}$$

e) Hauptnenner: $\mathbf{2x \cdot (x+5)}$

$$\frac{x+5}{2x} + \frac{4-x}{x+5} = \frac{(x+5) \cdot (x+5)}{\mathbf{2x \cdot (x+5)}} + \frac{(4-x) \cdot 2x}{\mathbf{(x+5) \cdot 2x}} = \frac{x^2 + 10x + 25 + 8x - 2x^2}{\mathbf{2x \cdot (x+5)}}$$

$$= \frac{-x^2 + 18x + 25}{2x \cdot (x+5)}$$

f) Hauptnenner: $\mathbf{a - b}$

$$\frac{x+y}{a-b} + \frac{x-y}{b-a} = \frac{x+y}{\mathbf{a-b}} + \frac{(x-y) \cdot (-1)}{\mathbf{(b-a) \cdot (-1)}} = \frac{x+y-x+y}{\mathbf{a-b}} = \frac{2y}{a-b}$$

g) Hauptnenner: $\mathbf{2(a-b)}$

$$\frac{5}{a-b} + \frac{3}{2b-2a} = \frac{5 \cdot 2}{\mathbf{2(a-b)}} + \frac{3 \cdot (-1)}{\mathbf{(2b-2a) \cdot (-1)}} = \frac{10-3}{\mathbf{2(a-b)}} = \frac{7}{2(a-b)}$$

h) Hauptnenner: $a^2 - b^2 = \mathbf{(a+b)(a-b)}$

$$\frac{2a}{a+b} - \frac{3b+1}{a-b} + \frac{3b^2}{a^2-b^2} = \frac{2a \cdot (a-b)}{\mathbf{(a+b) \cdot (a-b)}} - \frac{(3b+1) \cdot (a+b)}{\mathbf{(a-b) \cdot (a+b)}} + \frac{3b^2}{\mathbf{(a+b)(a-b)}}$$

$$= \frac{2a^2 - 2ab - 3ab - 3b^2 - a - b + 3b^2}{\mathbf{(a+b)(a-b)}} = \frac{2a^2 - 5ab - a - b}{(a+b)(a-b)}$$

i) Hauptnenner: $\mathbf{a^2 - 2ab + b^2} = (a-b)(a-b)$

$$\frac{4ab}{a^2 - 2ab + b^2} - \frac{a+b}{a-b} = \frac{4ab - (a+b) \cdot (a-b)}{\mathbf{a^2 - 2ab + b^2}} = \frac{4ab - (a^2 - b^2)}{a^2 - 2ab + b^2} = \frac{4ab - a^2 + b^2}{a^2 - 2ab + b^2}$$

j) Gegebene Nenner:

$2x + 2y = \underline{2} \cdot (x+y)$

$3x^2 + 6xy + 3y^2 = \underline{3} \cdot \underline{(x+y)^2}$

Erweiterungsfaktoren:

$\mathbf{6 \cdot (x+y)^2} : 2(x+y) = 3(x+y)$

$\mathbf{6 \cdot (x+y)^2} : 3(x+y)^2 = 2$

Hauptnenner: $\underline{2} \cdot \underline{3} \cdot \underline{(x+y)^2} = \mathbf{6 \cdot (x+y)^2}$

$$\frac{3}{2x+2y} - \frac{x-y}{3x^2+6xy+3y^2} = \frac{3 \cdot 3(x+y)}{2(x+y)\cdot 3(x+y)} - \frac{(x-y)\cdot 2}{3(x+y)^2\cdot 2} = \frac{9x+9y-2x+2y}{\mathbf{6\cdot(x+y)^2}}$$
$$= \frac{7x+11y}{6(x+y)^2}$$

k) Hauptnenner: $x^2+3x+2 = \mathbf{(x+1)(x+2)}$

$$\frac{2}{x+1} - \frac{3x}{x^2+3x+2} + \frac{4}{x+2} = \frac{2\cdot(x+2)}{\mathbf{(x+1)\cdot(x+2)}} - \frac{3x}{\mathbf{(x+1)(x+2)}} + \frac{4\cdot(x+1)}{\mathbf{(x+2)\cdot(x+1)}}$$
$$= \frac{2x+4-3x+4x+4}{\mathbf{(x+1)(x+2)}} = \frac{3x+8}{(x+1)(x+2)}$$

l) Hauptnenner: $a^2-b^2 = \mathbf{(a+b)(a-b)} = -(b^2-a^2)$

$$\frac{3a}{a-b} + \frac{2b+1}{b^2-a^2} = \frac{3a\cdot(a+b)}{\mathbf{(a-b)\cdot(a+b)}} + \frac{(2b+1)\cdot(-1)}{\mathbf{(a+b)(a-b)}} = \frac{3a^2+3ab-2b-1}{\mathbf{(a+b)(a-b)}}$$

m) Gegebene Nenner:

$2x-10 = \underline{2}\cdot\underline{(x-5)}$

$2x+14 = 2\cdot\underline{(x+7)}$

$x^2+2x-35 = (x-5)\cdot(x+7)$

Erweiterungsfaktoren:

$\mathbf{2(x-5)(x+7)} : 2(x-5) = x+7$

$\mathbf{2(x-5)(x+7)} : 2(x+7) = x-5$

$\mathbf{2(x-5)(x+7)} : (x-5)(x+7) = 2$

Hauptnenner: $\underline{2}\cdot\underline{(x-5)}\cdot\underline{(x+7)}$

$$\frac{x+7}{2x-10} - \frac{x-5}{2x+14} + \frac{1}{x^2+2x-35} = \frac{(x+7)\cdot(x+7)-(x-5)\cdot(x-5)+1\cdot 2}{\mathbf{2(x-5)(x+7)}}$$
$$= \frac{x^2+14x+49-x^2+10x-25+2}{2(x-5)(x+7)}$$
$$= \frac{24x+26}{2(x-5)(x+7)} = \frac{\cancel{2}(12x+13)}{\cancel{2}(x-5)(x+7)} = \frac{12x+13}{(x-5)(x+7)}$$

n) Gegebene Nenner:

$7x-21 = \underline{7}\cdot(x-3)$

$21 = \underline{3}\cdot 7$

$x^2-6x+9 = \underline{(x-3)^2}$

$7x = 7\cdot\underline{x}$

Erweiterungsfaktoren:

$\mathbf{21x(x-3)^2} : 7(x-3) = 3x(x-3)$

$\mathbf{21x(x-3)^2} : 21 = x(x-3)^2$

$\mathbf{21x(x-3)^2} : (x-3)^2 = 21x$

$\mathbf{21x(x-3)^2} : 7x = 3(x-3)^2$

Hauptnenner: $\underline{3}\cdot\underline{7}\cdot\underline{x}\cdot\underline{(x-3)^2} = \mathbf{21x(x-3)^2}$

$$\frac{x+2}{7x-21} - \frac{1}{21} + \frac{x-4}{x^2-6x+9} - \frac{x-1}{7x}$$
$$= \frac{(x+2)\cdot 3x(x-3) - 1\cdot x(x-3)^2 + (x-4)\cdot 21x - (x-1)\cdot 3(x-3)^2}{\mathbf{21x(x-3)^2}}$$
$$= \frac{3x^3-3x^2-18x-x^3+6x^2-9x+21x^2-84x-3x^3+21x^2-45x+27}{21x(x-3)^2}$$
$$= \frac{-x^3+45x^2-156x+27}{21x(x-3)^2}$$

o) Gegebene Nenner:

$a+b$

$\underline{a-b}$

$a^2+2ab+b^2=\underline{(a+b)^2}$

$a^2-b^2=(a+b)(a-b)$

Erweiterungsfaktoren:

$\mathbf{(a+b)^2(a-b)}:(a+b)=(a+b)(a-b)$

$\mathbf{(a+b)^2(a-b)}:(a-b)=(a+b)^2$

$\mathbf{(a+b)^2(a-b)}:(a+b)^2=a-b$

$\mathbf{(a+b)^2(a-b)}:(a+b)(a-b)=a+b$

Hauptnenner: $\underline{(a+b)^2}\cdot\underline{(a-b)}$

$$\frac{a}{a+b}-\frac{b}{a-b}+\frac{a}{a^2+2ab+b^2}-\frac{b}{a^2-b^2}$$

$$=\frac{a\cdot(a+b)(a-b)-b\cdot(a+b)^2+a\cdot(a-b)-b\cdot(a+b)}{\mathbf{(a+b)^2(a-b)}}$$

$$=\frac{a^3-ab^2-a^2b-2ab^2-b^3+a^2-ab-ab-b^2}{(a+b)^2(a-b)}=\frac{a^3-3ab^2-a^2b-b^3+a^2-2ab-b^2}{(a+b)^2(a-b)}$$

40. a) $\frac{4u}{5x}\cdot 20xy=\frac{4u\cdot 20xy}{5x}=\frac{4u\cdot 4y\cdot\cancel{5x}}{\cancel{5x}}=16uy$

b) $\frac{35a}{4x}\cdot\frac{8xy}{7b}=\frac{35a\cdot 8xy}{4x\cdot 7b}=\frac{\cancel{7}\cdot 5a\cdot\cancel{4x}\cdot 2y}{\cancel{4x}\cdot\cancel{7}b}=\frac{5a\cdot 2y}{b}=\frac{10ay}{b}$

c) $\frac{21x^2}{5y^2}\cdot\frac{15ay}{7x^3b}=\frac{21x^2\cdot 15ay}{5y^2\cdot 7x^3b}=\frac{3\cdot\cancel{7x^2}\cdot 3a\cdot\cancel{5y}}{\cancel{5y}\cdot y\cdot\cancel{7x^2}\cdot x\cdot b}=\frac{3\cdot 3a}{y\cdot x\cdot b}$

$=\frac{9a}{bxy}$

21 und 15 werden als Produkte von Primzahlen geschrieben, um kürzen zu können.

d) $\left(-\frac{39uv}{34\ell}\right)\cdot\left(-\frac{51\ell^2u}{3v^2}\right)=\frac{39u\cancel{v}\cdot 51\ell^{\cancel{2}}u}{34\cancel{\ell}\cdot 3v^{\cancel{2}}}=\frac{\cancel{3}\cdot 13u\cdot 3\cdot\cancel{17}\ell u}{2\cdot\cancel{17}\cdot\cancel{3}\cdot v}$

$=\frac{39\ell u^2}{2v}$

Die Anzahl der Faktoren mit Minuszeichen ist gerade.

e) $\left(\mathbf{-}\frac{80a^2x}{63by^2}\right)\cdot\frac{27by}{16ax}=\mathbf{-}\frac{80a^2x\cdot 27by}{63by^2\cdot 16ax}=-\frac{5a\cdot 3}{7y}=-\frac{15a}{7y}$

f) $\frac{a^2-b^2}{15ab}\cdot\frac{a^2}{a+b}=\frac{(a^2-b^2)\cdot a^2}{15ab\cdot(a+b)}=\frac{\cancel{(a+b)}(a-b)\cdot a^{\cancel{2}}}{15\cancel{a}b\cdot\cancel{(a+b)}}$

$=\frac{(a-b)\cdot a}{15b}=\frac{a^2-ab}{15b}$

binomische Formel im Zähler

g) $\frac{13p^2qr^3}{15ab^2}\cdot\left(-\frac{25a^2b}{26pq}\right)\cdot\left(-\frac{27apq}{35qr^2}\right)=\frac{13p^2qr^3\cdot 25a^2b\cdot 27apq}{15ab^2\cdot 26pq\cdot 35qr^2}$

$=\frac{9p^2ra^2}{2\cdot 7b}=\frac{9a^2p^2r}{14b}$

h) $$\frac{7xy}{12x-15y}\cdot(20x-25y)=\frac{7xy\cdot(20x-25y)}{12x-15y}=\frac{7xy\cdot 5(4x-5y)}{3(4x-5y)}=\frac{35xy}{3}$$

i) $$\frac{4a^2+12ab+9b^2}{15x^2y}\cdot\frac{55x^3}{18a+27b}=\frac{(4a^2+12ab+9b^2)\cdot 55x^3}{15x^2y\cdot(18a+27b)}=\frac{(2a+3b)^2\cdot 5\cdot 11\cdot x^3}{15x^2y\cdot 9(2a+3b)}$$
$$=\frac{(2a+3b)\cdot 11\cdot x}{3y\cdot 9}=\frac{22ax+33bx}{27y}$$

j) $$\frac{5mn-7n^2}{9a^2+12ab+4b^2}\cdot\frac{12a+8b}{25m^2-35mn}=\frac{(5mn-7n^2)\cdot(12a+8b)}{(9a^2+12ab+4b^2)\cdot(25m^2-35mn)}$$
$$=\frac{n\cdot(5m-7n)\cdot 4\cdot(3a+2b)}{(3a+2b)^2\cdot 5m\cdot(5m-7n)}$$
$$=\frac{n\cdot 4}{(3a+2b)\cdot 5m}=\frac{4n}{5m(3a+2b)}$$

k) $$\frac{9p^2-16q^2}{12pq}\cdot\frac{42p^2q+18pq}{4q+3p}=\frac{(9p^2-16q^2)\cdot(42p^2q+18pq)}{12pq\cdot(4q+3p)}$$
$$=\frac{(3p+4q)(3p-4q)\cdot 6pq\cdot(7p+3)}{12pq\cdot(4q+3p)}$$
$$=\frac{(3p-4q)(7p+3)}{2}=\frac{21p^2+9p-28pq-12q}{2}$$

l) $$\frac{66ab^2}{(4x-6y)^2}\cdot\frac{9y^2-4x^2}{33a^2b^2}=\frac{66ab^2\cdot(9y^2-4x^2)}{(4x-6y)^2\cdot 33a^2b^2}=\frac{2\cdot 33ab^2\cdot(3y+2x)(3y-2x)}{2(2x-3y)\cdot 2(2x-3y)\cdot 33a^2b^2}$$
$$=\frac{(3y+2x)\cdot(-1)}{2(2x-3y)\cdot a}=\frac{-3y-2x}{2a(2x-3y)}$$

m) $$\left(\frac{a-2}{a+2}\right)^2\cdot\frac{a^2-4}{a^4-16}\cdot\frac{a^2+4}{(a-2)^2}\cdot(a+2)=\frac{\cancel{(a-2)^2}\cdot(a^2-4)\cdot(a^2+4)\cdot\cancel{(a+2)}}{(a+2)^{\cancel{2}}\cdot(a^4-16)\cdot\cancel{(a-2)^2}}$$
$$=\frac{\cancel{(a+2)}\,(a-2)\cdot\cancel{(a^2+4)}}{\cancel{(a+2)}\cdot\cancel{(a^2+4)}\,(a^2-4)}=\frac{a-2}{(a+2)(a-2)}$$
$$=\frac{1}{a+2}$$

n) $$\frac{28ax-21ay+20bx-15by}{8x-6y}\cdot\frac{2xy}{7a+5b}=\frac{(\mathbf{7a}\cdot(4x-3y)+\mathbf{5b}\cdot(4x-3y))\cdot 2xy}{2(4x-3y)\cdot(7a+5b)}$$
$$=\frac{(4x-3y)\cdot(\mathbf{7a}+\mathbf{5b})\cdot 2xy}{2(4x-3y)\cdot(7a+5b)}=xy$$

o) $$\frac{2u^2-50v^2}{u^2-v^2}\cdot\frac{2au+ub+2av+bv}{2u+10v}\cdot\frac{84au}{6a+3b}$$
$$=\frac{2(u^2-25v^2)}{u^2-v^2}\cdot\frac{\mathbf{u}(2a+b)+\mathbf{v}(2a+b)}{2(u+5v)}\cdot\frac{84au}{3(2a+b)}$$
$$=\frac{2(u+5v)(u-5v)\cdot(2a+b)(\mathbf{u}+\mathbf{v})\cdot 84au}{(u+v)(u-v)\cdot 2(u+5v)\cdot 3(2a+b)}=\frac{28au(u-5v)}{u-v}=\frac{28au^2-140auv}{u-v}$$

41. a) $\frac{x^2}{2a} : \frac{2x^2}{5a} = \frac{x^2 \cdot 5a}{2a \cdot 2x^2} = \frac{5}{4}$

b) $\frac{2a^2}{5b^2x} : 2x = \frac{2a^2}{5b^2x \cdot 2x} = \frac{a^2}{5b^2x^2}$

c) $4x : \frac{2y}{3x} = \frac{4x \cdot 3x}{2y} = \frac{6x^2}{y}$

d) $\frac{13a^2b^2}{10c} : \frac{39a^2c^2}{5b^2} = \frac{13a^2b^2 \cdot 5b^2}{10c \cdot 39a^2c^2} = \frac{b^4}{6c^3}$

e) $\left(-\frac{x^2-4}{5y}\right) : \left(-\frac{x+2}{4y}\right) = \frac{(x^2-4) \cdot 4y}{5y \cdot (x+2)} = \frac{(x+2)(x-2) \cdot 4y}{5y \cdot (x+2)}$

$= \frac{(x-2) \cdot 4}{5} = \frac{4x-8}{5}$

Zuerst das Vorzeichen bestimmen, dann im Zähler eine binomische Formel anwenden.

f) $\frac{9a^2-49b^2}{6x+3y} : \frac{15a-35b}{4x^2-y^2} = \frac{(3a+7b)(3a-7b) \cdot (2x+y)(2x-y)}{3(2x+y) \cdot 5(3a-7b)}$

$= \frac{(3a+7b)(2x-y)}{3 \cdot 5}$

$= \frac{6ax-3ay+14bx-7by}{15}$

g) $\frac{15cx+6x-10c-4}{9x^2-4} : \frac{5c+2}{3x+2} = \frac{\mathbf{3x}(5c+2)\mathbf{-2}(5c+2)}{(3x+2)(3x-2)} \cdot \frac{3x+2}{5c+2}$

$= \frac{(5c+2)(\mathbf{3x-2}) \cdot (3x+2)}{(3x+2)(3x-2) \cdot (5c+2)} = 1$

Ausklammern im Zähler, binomische Formel im Nenner

h) $\frac{49a^2+42ab+9b^2}{-3ab} : \frac{49a^2-9b^2}{27b^2} = \frac{(7a+3b)^2 \cdot 27b^2}{(-3ab) \cdot (7a+3b)(7a-3b)}$

$= \frac{(7a+3b) \cdot 9b}{-a(7a-3b)} = -\frac{63ab+27b^2}{a(7a-3b)}$

i) $\left(\frac{3x}{5b} : \frac{3b}{5x}\right) : \frac{10b}{7x} = \frac{3x}{5b} \cdot \frac{5x}{3b} \cdot \frac{7x}{10b} = \frac{3x \cdot 5x \cdot 7x}{5b \cdot 3b \cdot 10b} = \frac{7x^3}{10b^3}$

j) $\frac{\frac{b}{a}-b}{\frac{ab}{a-b}} = \frac{\frac{b}{a}-\frac{b \cdot \mathbf{a}}{\mathbf{a}}}{\frac{ab}{a-b}} = \frac{\frac{b-ab}{a}}{\frac{ab}{a-b}} = \frac{b-ab}{a} \cdot \frac{a-b}{ab} = \frac{(b-ab) \cdot (a-b)}{a \cdot ab}$

$= \frac{b(1-a) \cdot (a-b)}{a^2 b} = \frac{a-b-a^2+ab}{a^2}$

Der Hauptnenner für die Differenz im Zähler ist **a**.

k) $\frac{9a^2-3a}{2b-a} : \frac{3a-1}{a-2b} = \frac{3a(3a-1) \cdot (a-2b)}{(2b-a) \cdot (3a-1)} = \mathbf{-}3a$

$a-2b = \mathbf{-}(2b-a)$

l) $$\left(\frac{3}{3x-5y}-\frac{5}{3x+5y}\right):\left(\frac{y}{3a}-\frac{x}{20a}\right)=\frac{3(3x+5y)-5(3x-5y)}{(3x-5y)(3x+5y)}:\frac{20y-3x}{60a}$$
$$=\frac{40y-6x}{(3x-5y)(3x+5y)}\cdot\frac{60a}{20y-3x}$$
$$=\frac{2\,\cancel{(20y-3x)}\cdot 60a}{(3x-5y)(3x+5y)\cdot\cancel{(20y-3x)}}$$
$$=\frac{120a}{(3x-5y)(3x+5y)}$$

m) $$\left(\frac{x}{y}-\frac{y}{x}\right):\left(\frac{1}{y}-\frac{1}{x}\right)=\frac{x^2-y^2}{xy}:\frac{x-y}{xy}=\frac{(x+y)(x-y)\cdot xy}{xy\cdot(x-y)}=x+y$$

n) $$\frac{a-b}{\frac{1}{b}-\frac{1}{a}}:\frac{a-b}{ab}=\frac{a-b}{\frac{a-b}{ab}}\cdot\frac{ab}{a-b}=\frac{(a-b)\cdot ab\cdot ab}{(a-b)\cdot(a-b)}=\frac{a^2b^2}{a-b}$$

o) $$\left(\frac{3}{4x+6y}-\frac{2}{6x-9y}\right):\frac{39y-10x}{4x^2-9y^2}=\frac{3\cdot(6x-9y)-2\cdot(4x+6y)}{(4x+6y)(6x-9y)}\cdot\frac{4x^2-9y^2}{39y-10x}$$
$$=\frac{18x-27y-8x-12y}{2\,\cancel{(2x+3y)}\cdot 3\,\cancel{(2x-3y)}}\cdot\frac{\cancel{(2x+3y)}\,\cancel{(2x-3y)}}{39y-10x}$$
$$=\frac{10x-39y}{2\cdot 3\cdot(39y-10x)}=\frac{-\cancel{(39y-10x)}}{6\cdot\cancel{(39y-10x)}}=-\frac{1}{6}$$

42. a) Gegebene Nenner:

$8y^2z=\underline{2^3}\cdot\underline{y^2}\cdot\underline{z}$

$12x^2yz=2^2\cdot 3\cdot\underline{x^2}\cdot y\cdot z$

$9xy=\underline{3^2}\cdot x\cdot y$

Erweiterungsfaktoren:

$\mathbf{72x^2y^2z}:8y^2z=9x^2$

$\mathbf{72x^2y^2z}:12x^2yz=6y$

$\mathbf{72x^2y^2z}:9xy=8xyz$

Hauptnenner: $\underline{2^3}\cdot\underline{3^2}\cdot\underline{x^2}\cdot\underline{y^2}\cdot\underline{z}=\mathbf{72x^2y^2z}$

$$\frac{xyz}{8y^2z}+\frac{3y}{12x^2yz}-\frac{2x^2-3z}{9xy}=\frac{xyz\cdot 9x^2+3y\cdot 6y-(2x^2-3z)\cdot 8xyz}{\mathbf{72x^2y^2z}}$$
$$=\frac{9x^3yz+18y^2-16x^3yz+24xyz^2}{72x^2y^2z}$$
$$=\frac{18y^2-7x^3yz+24xyz^2}{72x^2y^2z}$$

b) $$\frac{b}{2a^2-6a}\cdot\frac{2ab-6b}{a}=\frac{b\cdot\cancel{2}b\,\cancel{(a-3)}}{\cancel{2}a\,\cancel{(a-3)}\cdot a}=\frac{b^2}{a^2}$$

c) $$\frac{2ux-uy}{4ux^2-uy^2}=\frac{u(2x-y)}{u(4x^2-y^2)}=\frac{u(2x-y)}{u(2x+y)(2x-y)}=\frac{1}{2x+y}$$

d) $\frac{1-x^2}{x-1}-\frac{(1-x)^2}{x-1}=\frac{1-x^2-(1-2x+x^2)}{x-1}=\frac{1-x^2-1+2x-x^2}{x-1}=\frac{-2x^2+2x}{x-1}$

$=\frac{-2x(x-1)}{x-1}=-2x$

e) $\frac{1-x^2}{x-1}:\frac{(1-x)^2}{x-1}=\frac{1-x^2}{x-1}\cdot\frac{x-1}{(1-x)^2}=\frac{(1+x)\cancel{(1-x)}\cdot\cancel{(x-1)}}{\cancel{(x-1)}\cdot(1-x)^{\cancel{2}}}=\frac{1+x}{1-x}$

f) $\frac{143yz^3}{119uy^2z}\cdot\left(\frac{21y^4}{26uy^2z}:\frac{33yz^2}{68u^2}\right)=\frac{143yz^3}{119uy^2z}\cdot\left(\frac{21y^4}{26uy^2z}\cdot\frac{68u^2}{33yz^2}\right)$

$=\frac{11\cdot 13\cdot yz^3\cdot 3\cdot 7\cdot y^4\cdot 2^2\cdot 17u^2}{7\cdot 17\cdot uy^2z\cdot 2\cdot 13\cdot uy^2z\cdot 3\cdot 11\cdot yz^2}=\frac{2}{z}$

g) $\frac{3a-5}{3a+5}-\frac{3a+5}{3a-5}+\frac{225}{9a^2-25}=\frac{(3a-5)\cdot\mathbf{(3a-5)}}{(3a+5)\cdot\mathbf{(3a-5)}}-\frac{(3a+5)\cdot\mathbf{(3a+5)}}{(3a-5)\cdot\mathbf{(3a+5)}}+\frac{225}{(3a+5)(3a-5)}$

$=\frac{9a^2-30a+25-9a^2-30a-25+225}{(3a+5)(3a-5)}=\frac{-60a+225}{(3a+5)(3a-5)}$

h) $\frac{(7x-7y)^2}{(x-y)^2}=\frac{(7x-7y)\cdot(7x-7y)}{(x-y)^2}=\frac{7(x-y)\cdot 7(x-y)}{(x-y)^2}=49$

i) $\frac{1}{u-1}-\frac{1+u}{u^2-1}=\frac{1\cdot(u+1)-(1+u)}{(u-1)(u+1)}=\frac{u+1-1-u}{(u-1)(u+1)}=\frac{0}{(u-1)(u+1)}=0$

j) $\frac{(x+2y)^2-8xy}{x-2y}=\frac{x^2+4xy+4y^2-8xy}{x-2y}=\frac{x^2-4xy+4y^2}{x-2y}=\frac{(x-2y)^2}{x-2y}=x-2y$

k) $\frac{1}{3a-1}+\frac{2}{3a+1}-\frac{2}{9a^2-1}=\frac{1\cdot(3a+1)+2\cdot(3a-1)-2}{(3a+1)(3a-1)}=\frac{3a+1+6a-2-2}{(3a+1)(3a-1)}$

$=\frac{9a-3}{(3a+1)(3a-1)}=\frac{3\cancel{(3a-1)}}{(3a+1)\cancel{(3a-1)}}=\frac{3}{3a+1}$

l) $\frac{(3x-2y)^2+24xy}{3x+2y}=\frac{9x^2-12xy+4y^2+24xy}{3x+2y}=\frac{9x^2+12xy+4y^2}{3x+2y}=\frac{(3x+2y)^2}{3x+2y}$

$=3x+2y$

m) $\frac{5u+15}{45-5u^2}=\frac{\cancel{5}(u+3)}{\cancel{5}(9-u^2)}=\frac{u+3}{(3+u)(3-u)}=\frac{1}{3-u}$

n) $\frac{10}{u+5}-\frac{6}{2u-10}=\frac{10}{u+5}-\frac{6}{2(u-5)}=\frac{10\cdot 2(u-5)-6\cdot(u+5)}{2(u+5)(u-5)}=\frac{20u-100-6u-30}{2(u+5)(u-5)}$

$=\frac{14u-130}{2(u+5)(u-5)}=\frac{\cancel{2}(7u-65)}{\cancel{2}(u+5)(u-5)}=\frac{7u-65}{(u+5)(u-5)}$

o) $\frac{a+5}{a^2-25} : \frac{a+5}{2a+10} = \frac{a+5}{a^2-25} \cdot \frac{2a+10}{a+5} = \frac{(a+5)\cdot 2(a+5)}{(a+5)(a-5)\cdot(a+5)} = \frac{2}{a-5}$

p) Gegebene Nenner:
$15x^3y = \underline{3}\cdot\underline{5}\cdot\underline{x^3}\cdot y$
$33xy^2 = 3\cdot\underline{11}\cdot x\cdot\underline{y^2}$

Erweiterungsfaktoren:
$\mathbf{165x^3y^2} : 15x^3y = 11y$
$\mathbf{165x^3y^2} : 33xy^2 = 5x^2$

Hauptnenner: $\underline{3}\cdot\underline{5}\cdot\underline{11}\cdot\underline{x^3}\cdot\underline{y^2} = \mathbf{165x^3y^2}$

$\frac{5x^2+1}{15x^3y} - \frac{11y^2-1}{33xy^2} = \frac{(5x^2+1)\cdot 11y - (11y^2-1)\cdot 5x^2}{\mathbf{165x^3y^2}} = \frac{55x^2y + 11y - 55x^2y^2 + 5x^2}{165x^3y^2}$

43. a) $x^3y^4 \cdot x^5y^4 = x^{3+5}y^{4+4} = x^8y^8$

b) $\frac{a^7b^8}{a^4b^5} = a^{7-4}b^{8-5} = a^3b^3$

c) $\frac{x^4y^6}{x^5y^4} = x^{4-5}y^{6-4} = x^{-1}y^2 = \frac{1}{x}\cdot y^2 = \frac{y^2}{x}$

d) $(a-b)^5\cdot(u+v)^5 = \left((a-b)\cdot(u+v)\right)^5$

e) $x^m\cdot x^n = x^{m+n}$

f) $(u^m\cdot v^3)^2 = u^{m\cdot 2}\cdot v^{3\cdot 2} = u^{2m}\cdot v^6$

g) $\frac{(a+b)^{\cancel{2}}}{(a^2-b^2)\cancel{(a+b)}} = \frac{a+b}{a^2-b^2} = \frac{\cancel{a+b}}{\cancel{(a+b)}(a-b)} = \frac{1}{a-b}$ binomische Formel im Nenner

$= (a-b)^{-1}$

h) $\frac{(u^4v^5)^4}{(u^2v^3)^6} = \frac{u^{4\cdot 4}v^{5\cdot 4}}{u^{2\cdot 6}v^{3\cdot 6}} = \frac{u^{16}v^{20}}{u^{12}v^{18}} = u^{16-12}v^{20-18} = u^4v^2$

i) $\frac{(a^4b^2c^5)^3}{(a^2b^2c^3)^5} = \frac{a^{12}b^6c^{15}}{a^{10}b^{10}c^{15}} = a^{12-10}b^{6-10}c^{15-15} = a^2b^{-4} = \frac{a^2}{b^4}$

j) $(x^2y^3z^4)^2\cdot(x^3y^3z^2)^3 = x^4y^6z^8\cdot x^9y^9z^6$
$= x^{4+9}y^{6+9}z^{8+6} = x^{13}y^{15}z^{14}$

k) $(a^4b^2)^2 : (a^{-2}b^3)^{-2} = a^8b^4 : (a^4b^{-6}) = a^8b^4\cdot(a^4b^{-6})^{-1}$
$= a^8b^4\cdot a^{-4}b^6 = a^{8-4}b^{4+6} = a^4b^{10}$

l) $(3u^3v^4z^4)^2 \cdot (2u^2v^2z^4)^{-3} = 9u^6v^8z^8 \cdot 2^{-3}u^{-6}v^{-6}z^{-12}$
$= 9 \cdot 2^{-3}u^{6-6}v^{8-6}z^{8-12}$
$= 9 \cdot 2^{-3}u^0v^2z^{-4} = \frac{9v^2}{8z^4}$

m) $(x^3y^2)^2 : (x^2y)^3 = \frac{(x^3y^2)^2}{(x^2y)^3} = \frac{x^6y^4}{x^6y^3} = x^{6-6}y^{4-3} = x^0y^1 = y$

n) $(x^{-4})^2 \cdot \left(\frac{1}{x^2}\right)^4 \cdot (x^7)^{-1} \cdot (x^5)^3 = x^{-8} \cdot \frac{1}{x^8} \cdot x^{-7} \cdot x^{15} = x^{-8-7+15} \cdot \frac{1}{x^8}$
$= 1 \cdot \frac{1}{x^8} = x^{-8}$

o) $(x^{\frac{1}{4}} \cdot x^2)^{\frac{1}{3}} = x^{\frac{1}{4} \cdot \frac{1}{3}} \cdot x^{2 \cdot \frac{1}{3}} = x^{\frac{1}{12}} \cdot x^{\frac{2}{3}} = x^{\frac{1}{12} + \frac{2}{3}} = x^{\frac{3}{4}} = \sqrt[4]{x^3} = (\sqrt[4]{x})^3$

p) $(x^5y^2z^4)^{\frac{1}{2}} : (x^9y^6z^3)^{\frac{1}{3}} = \frac{(x^5y^2z^4)^{\frac{1}{2}}}{(x^9y^6z^3)^{\frac{1}{3}}} = \frac{x^{\frac{5}{2}}y^1z^2}{x^3y^2z^1} = x^{-\frac{1}{2}}y^{-1}z = \frac{z}{x^{\frac{1}{2}}y} = \frac{z}{\sqrt{x}\,y}$

q) $\frac{y^{2n+1}}{y^{1-n}} = y^{2n+1-(1-n)} = y^{2n+1-1+n} = y^{3n}$

r) $(x^{-2}y^3)^4 \cdot (x^2y^{-5})^3 = x^{-8}y^{12} \cdot x^6y^{-15} = x^{-8+6}y^{12-15} = x^{-2}y^{-3} = \frac{1}{x^2y^3}$

44. a) $10\sqrt{a} + 3\sqrt{b} - 4\sqrt{a} - 4\sqrt{b} = (10-4)\sqrt{a} + (3-4)\sqrt{b} = 6\sqrt{a} - \sqrt{b}$

b) $\sqrt{a^3b} \cdot \sqrt{a^7b^3} = \sqrt{a^3b \cdot a^7b^3} = \sqrt{a^{10}b^4} = |a^5|\,b^2$

c) $\sqrt{10x^4} \cdot \sqrt{20y^6} = \sqrt{10x^4 \cdot 20y^6} = \sqrt{2 \cdot 100x^4y^6} = 10x^2|y^3|\sqrt{2}$

d) $\frac{\sqrt{5x} \cdot \sqrt{xy^2}}{\sqrt{125x^2}} = \sqrt{\frac{5x^2y^2}{125x^2}} = \sqrt{\frac{y^2}{25}} = \frac{|y|}{5}$

e) $\frac{\sqrt{a+b}}{\sqrt{a^2-b^2}} = \sqrt{\frac{a+b}{a^2-b^2}} = \sqrt{\frac{a+b}{(a+b)(a-b)}} = \sqrt{\frac{1}{a-b}} = \frac{1}{\sqrt{a-b}} = (a-b)^{-0,5}$

f) $\sqrt{x^2+2xy+y^2} = \sqrt{(x+y)^2} = |x+y|$

g) $\sqrt{\frac{a^2}{b}} : \sqrt{b} = \frac{\sqrt{a^2}}{\sqrt{b}} \cdot \frac{1}{\sqrt{b}} = |a| \cdot \frac{1}{\sqrt{b^2}} = |a| \cdot \frac{1}{b}$ b > 0 ist vorausgesetzt.

h) $\sqrt{\frac{x}{y}} : \sqrt{\frac{x^2}{y}} = \sqrt{\frac{x}{y}} \cdot \sqrt{\frac{y}{x^2}} = \sqrt{\frac{xy}{yx^2}} = \sqrt{\frac{1}{x}} = \frac{1}{\sqrt{x}} = x^{-0,5}$

i) $\frac{\sqrt{a+b} \cdot \sqrt{a^2 - 2ab + b^2}}{\sqrt{a-b} \cdot \sqrt{a^2 - b^2}} = \frac{\sqrt{a+b} \cdot \sqrt{(a-b)^2}}{\sqrt{a-b} \cdot \sqrt{(a+b)(a-b)}} = \sqrt{\frac{(a+b) \cdot (a-b)^2}{(a-b) \cdot (a+b)(a-b)}} = \sqrt{1} = 1$

j) $\frac{\sqrt{(x^2 - y^2)^2 (x+y)}}{\sqrt{x^2 + 2xy + y^2} \cdot \sqrt{(x-y)^2}} = \sqrt{\frac{(x+y)^2 (x-y)^2 (x+y)}{(x+y)^2 \cdot (x-y)^2}} = \sqrt{x+y}$

45. a) $D = \mathbb{R} \setminus \{-3\}$ $\qquad$ $x + 3 = 0 \Leftrightarrow x = -3$

$$\begin{array}{l} (x^3 + 7x^2 + 15x + 9) : (x+3) = \mathbf{x^2 + 4x + 3} \\ \underline{-(x^3 + 3x^2)} \\ \quad 4x^2 + 15x \\ \quad \underline{-(4x^2 + 12x)} \\ \qquad 3x + 9 \\ \qquad \underline{-(3x + 9)} \\ \qquad\qquad 0 \end{array}$$

$\frac{x^3 + 7x^2 + 15x + 9}{x+3} = \mathbf{x^2 + 4x + 3}$ $\qquad$ vereinfachte Form

b) $D = \mathbb{R} \setminus \{4\}$ $\qquad$ $x - 4 = 0 \Leftrightarrow x = 4$

$$\begin{array}{l} (x^2 - 6x + 8) : (x-4) = \mathbf{x - 2} \\ \underline{-(x^2 - 4x)} \\ \quad -2x + 8 \\ \quad \underline{-(-2x + 8)} \\ \qquad\quad 0 \end{array}$$

$\frac{x^2 - 6x + 8}{x-4} = \mathbf{x - 2}$ $\qquad$ vereinfachte Form

c) $D = \mathbb{R} \setminus \{5\}$ $\qquad$ $x - 5 = 0 \Leftrightarrow x = 5$

$$\begin{array}{l} (3x^2 - 12x - 15) : (x-5) = \mathbf{3x + 3} \\ \underline{-(3x^2 - 15x)} \\ \qquad 3x - 15 \\ \qquad \underline{-(3x - 15)} \\ \qquad\qquad 0 \end{array}$$

$\frac{3x^2 - 12x - 15}{x-5} = \mathbf{3x + 3}$

d) $D = \mathbb{R}$ $\qquad$ Der Nenner hat keine Nullstelle.

$\frac{4x^2 + 12x - 40}{4} = \frac{\not{4}(x^2 + 3x - 10)}{\not{4}} = x^2 + 3x - 10$ $\qquad$ vereinfachte Form

e) $D = \mathbb{R} \setminus \{-2; 7\}$ — $(a+2)(a-7)=0 \Leftrightarrow a=-2$ oder $a=7$

$(-2)^3 - 3 \cdot (-2)^2 - 32 \cdot (-2) + 28 = 72 \neq 0$ — $a=-2$ in den Zähler einsetzen

Die Division durch $(a+2)$ geht **nicht** auf.

$7^3 - 3 \cdot 7^2 - 32 \cdot 7 + 28 = 0$ — $a=7$ in den Zähler einsetzen

Die Division durch $(a-7)$ geht auf.

$$\begin{array}{l}
(a^3 - 3a^2 - 32a + 28) : (a-7) = \mathbf{a^2 + 4a - 4} \\
\underline{-(a^3 - 7a^2)} \\
\quad 4a^2 - 32a \\
\quad \underline{-(4a^2 - 28a)} \\
\qquad -4a + 28 \\
\qquad \underline{-(-4a + 28)} \\
\qquad\qquad 0
\end{array}$$

$$\frac{a^3 - 3a^2 - 32a + 28}{(a+2)(a-7)} = \frac{\mathbf{a^2 + 4a - 4}}{a+2}$$ vereinfachte Form

f) $D = \mathbb{R} \setminus \{-1; 5\}$ — $(x-5)(x+1)=0 \Leftrightarrow x=5$ oder $x=-1$

$5^2 - 10 \cdot 5 + 25 = 0$ — $x=5$ in den Zähler einsetzen

Die Division durch $(x-5)$ geht auf.

$(-1)^2 - 10 \cdot (-1) + 25 = 36 \neq 0$ — $x=-1$ in den Zähler einsetzen

Die Division durch $(x+1)$ geht **nicht** auf.

$$\begin{array}{l}
(x^2 - 10x + 25) : (x-5) = \mathbf{x - 5} \\
\underline{-(x^2 - 5x)} \\
\quad -5x + 25 \\
\quad \underline{-(-5x + 25)} \\
\qquad 0
\end{array}$$

$$\frac{x^2 - 10x + 25}{(x-5)(x+1)} = \frac{\mathbf{x - 5}}{x+1}$$ vereinfachte Form

g) $D = \mathbb{R} \setminus \{-1; 1\}$ — $(a-1)(a+1)=0 \Leftrightarrow a=1$ oder $a=-1$

$1^3 + 5 \cdot 1^2 - 13 \cdot 1 + 7 = 0$ — $a=1$ in den Zähler einsetzen

Die Division durch $(a-1)$ geht auf.

$(-1)^3 + 5 \cdot (-1)^2 - 13 \cdot (-1) + 7 = 24 \neq 0$ — $a=-1$ in den Zähler einsetzen

Die Division durch $(a+1)$ geht **nicht** auf.

$$\begin{array}{l}
(a^3 + 5a^2 - 13a + 7) : (a-1) = \mathbf{a^2 + 6a - 7} \\
\underline{-(a^3 - a^2)} \\
\quad 6a^2 - 13a \\
\quad \underline{-(6a^2 - 6a)} \\
\qquad -7a + 7 \\
\qquad \underline{-(-7a + 7)} \\
\qquad\qquad 0
\end{array}$$

$$\frac{a^3 + 5a^2 - 13a + 7}{(a-1)(a+1)} = \frac{\mathbf{a^2 + 6a - 7}}{a+1}$$ vereinfachte Form

h) $D = \mathbb{R} \setminus \{-2; 1\}$ — $(x-1)(x+2) = 0 \Leftrightarrow x = 1$ oder $x = -2$

$2 \cdot (-2)^3 - 2 = -18 \neq 0$ — $x = -2$ in den Zähler einsetzen

Die Division durch $(x+2)$ geht **nicht** auf.

$2 \cdot 1^3 - 2 = 0$ — $x = 1$ in den Zähler einsetzen

Die Division durch $(x-1)$ geht auf.

$$\begin{array}{l} (2x^3 - 2) : (x - 1) = \mathbf{2x^2 + 2x + 2} \\ \underline{-(2x^3 - 2x^2)} \\ \quad 2x^2 \\ \quad \underline{-(2x^2 - 2x)} \\ \qquad 2x - 2 \\ \qquad \underline{-(2x - 2)} \\ \qquad\quad 0 \end{array}$$

$$\frac{2x^3 - 2}{(x-1)(x+2)} = \frac{\mathbf{2x^2 + 2x + 2}}{x+2}$$ vereinfachte Form

i) $D = \mathbb{R} \setminus \{-3; 3\}$ — $a^2 - 9 = 0 \Leftrightarrow a^2 = 9 \Leftrightarrow a = \pm 3$

$(-3)^3 - 4 \cdot (-3)^2 - 3 \cdot (-3) + 18 = -36 \neq 0$ — $a = -3$ in den Zähler einsetzen

Die Division durch $(a+3)$ geht **nicht** auf.

$3^3 - 4 \cdot 3^2 - 3 \cdot 3 + 18 = 0$ — $a = 3$ in den Zähler einsetzen

Die Division durch $(a-3)$ geht auf.

$$\begin{array}{l} (a^3 - 4a^2 - 3a + 18) : (a - 3) = \mathbf{a^2 - a - 6} \\ \underline{-(a^3 - 3a^2)} \\ \quad -a^2 - 3a \\ \quad \underline{-(-a^2 + 3a)} \\ \qquad -6a + 18 \\ \qquad \underline{-(-6a + 18)} \\ \qquad\quad 0 \end{array}$$

$$\frac{a^3 - 4a^2 - 3a + 18}{a^2 - 9} = \frac{\mathbf{a^2 - a - 6}}{a+3}$$ vereinfachte Form

j) $D = \mathbb{R} \setminus \{-1; 1; 3\}$

Setzt man $x = 1$ in den Zähler ein, so erhält man 0. Setzt man $x = -1$ in den Zähler ein, so erhält man $-120 \neq 0$. Setzt man $x = 3$ in den Zähler ein, so erhält man ebenfalls 0. Die Division durch $(x+1)$ geht **nicht** auf, die Division durch $(x-1)(x-3) = x^2 - 4x + 3$ geht auf.

$$\begin{array}{l} (5x^3 - 30x^2 + 55x - 30) : (x^2 - 4x + 3) = \mathbf{5x - 10} \\ \underline{-(5x^3 - 20x^2 + 15x)} \\ \quad -10x^2 + 40x - 30 \\ \quad \underline{-(-10x^2 + 40x - 30)} \\ \qquad\qquad 0 \end{array}$$

$$\frac{5x^3 - 30x^2 + 55x - 30}{5(x^2-1)(x-3)} = \frac{\mathbf{5x - 10}}{5(x+1)} = \frac{\cancel{5}(x-2)}{\cancel{5}(x+1)} = \frac{x-2}{x+1}$$

46. a)
$$\begin{aligned} 5x+7&=3x+25 &&|-3x-7\\ 2x&=18 &&|:2\\ x&=9\\ L&=\{9\} \end{aligned}$$

b)
$$\begin{aligned} 2x-17&=17-3x &&|+3x+17\\ 5x&=34 &&|:5\\ x&=\tfrac{34}{5}=6{,}8\\ L&=\{6{,}8\} \end{aligned}$$

c)
$$\begin{aligned} 10x-23&=1-2x &&|+23+2x\\ 12x&=24 &&|:12\\ x&=2\\ L&=\{2\} \end{aligned}$$

d)
$$\begin{aligned} 0{,}5x-0{,}25&=0{,}25x+1{,}25 &&|+0{,}25-0{,}25x\\ 0{,}25x&=1{,}5 &&|:0{,}25\\ x&=6\\ L&=\{6\} \end{aligned}$$

e)
$$\begin{aligned} 2x-9(3x+1)&=3(x-7)+5(x+2)\\ 2x-27x-9&=3x-21+5x+10\\ -25x-9&=8x-11 &&|+25x+11\\ 2&=33x &&|:33\\ x&=\tfrac{2}{33}\\ L&=\left\{\tfrac{2}{33}\right\} \end{aligned}$$

f)
$$\begin{aligned} 3(5x-2)+7(4-x)&=4(5+x)-11(2x-7)+4x\\ 15x-6+28-7x&=20+4x-22x+77+4x\\ 8x+22&=97-14x &&|-22+14x\\ 22x&=75 &&|:22\\ x&=\tfrac{75}{22}\\ L&=\left\{\tfrac{75}{22}\right\} \end{aligned}$$

g) $13(2x-6)-5(3+x)=4(23-4x)+2(x-7)+7(x-13)$

$$\begin{aligned}
26x-78-15-5x &= 92-16x+2x-14+7x-91 \\
21x-93 &= -7x-13 && |+93+7x \\
28x &= 80 && |:28 \\
x &= \tfrac{20}{7} \\
L &= \left\{\tfrac{20}{7}\right\}
\end{aligned}$$

h) $1{,}5(x-4)-\frac{1}{2}(7-8x)=\frac{3}{4}(16x-7)-8(12x+0{,}5)+74{,}5x$

$$\begin{aligned}
1{,}5x-6-3{,}5+4x &= 12x-5{,}25-96x-4+74{,}5x \\
5{,}5x-9{,}5 &= -9{,}5x-9{,}25 && |+9{,}5+9{,}5x \\
15x &= 0{,}25 && |:15 \\
x &= \tfrac{1}{60} \\
L &= \left\{\tfrac{1}{60}\right\}
\end{aligned}$$

i) $(x-7)^2-15(x+7)=(x-2)(x+2)-5(3+4x)+8x$

$$\begin{aligned}
x^2-14x+49-15x-105 &= x^2-4-15-20x+8x \\
x^2-29x-56 &= x^2-12x-19 && |-x^2+12x+56 \\
-17x &= 37 && |:(-17) \\
x &= -\tfrac{37}{17} \\
L &= \left\{-\tfrac{37}{17}\right\}
\end{aligned}$$

j) $3x(x-5)+2(3-2x)^2=2x(9+2x)+(5-3x)(2-5x)-8x^2$

$$\begin{aligned}
3x^2-15x+2(9-12x+4x^2) &= 18x+4x^2+10-25x-6x+15x^2-8x^2 \\
11x^2-39x+18 &= 11x^2-13x+10 && |-11x^2+13x-18 \\
-26x &= -8 && |:(-26) \\
x &= \tfrac{4}{13} \\
L &= \left\{\tfrac{4}{13}\right\}
\end{aligned}$$

k) $(x-5)(5-x)-4x(2-x)=(7x-2)(x+5)-2x(2x+3)$

$$\begin{aligned}
-x^2+10x-25-8x+4x^2 &= 7x^2+35x-2x-10-4x^2-6x \\
3x^2+2x-25 &= 3x^2+27x-10 && |-3x^2-27x+25 \\
-25x &= 15 && |:(-25) \\
x &= -\tfrac{3}{5}=-0{,}6 \\
L &= \{-0{,}6\}
\end{aligned}$$

47. a) (I) $x - 2y = -5 \quad | + 2y$ — Auflösen der Gleichung (I) nach x

$x = 2y - 5$

in (II) $2(2y - 5) + 5y = 26$ — Einsetzen von x in Gleichung (II)

$4y - 10 + 5y = 26$

$9y - 10 = 26$

$9y = 36$

$\mathbf{y = 4}$ — Auflösen nach y

$\mathbf{x} = 2 \cdot 4 - 5 = \mathbf{3}$ — Einsetzen von $y = 4$ in $x = 2y - 5$

b) **Additionsverfahren**

(I) $2x + 2y = 8$

(II) $7x - 2y = -17$

(I) + (II) $9x = -9$

$\mathbf{x = -1}$ — Auflösen nach x

in (I) $2(-1) + 2y = 8$ — Einsetzen von $x = -1$ in Gleichung (I)

$-2 + 2y = 8$

$2y = 10$

$\mathbf{y = 5}$ — Auflösen nach y

c) **Additionsverfahren**

(I) $3x - 5y = 9$

(II) $-3x + 4y = -6$

(I) + (II) $-y = 3$

$\mathbf{y = -3}$ — Auflösen nach y

in (I) $3x - 5(-3) = 9$ — Einsetzen von $y = -3$ in Gleichung (I)

$3x + 15 = 9$

$3x = -6$

$\mathbf{x = -2}$ — Auflösen nach x

d) (I) $x + 2y = 1 \quad | - 2y$ — Auflösen der Gleichung (I) nach x

$x = 1 - 2y$

in (II) $4(1 - 2y) + 12y = 5$ — Einsetzen von x in Gleichung (II)

$4 - 8y + 12y = 5$

$4 + 4y = 5$

$4y = 1$

$\mathbf{y = 0{,}25}$ — Auflösen nach y

$\mathbf{x} = 1 - 2 \cdot 0{,}25 = \mathbf{0{,}5}$ — Einsetzen von $y = 0{,}25$ in $x = 1 - 2y$

Die Ergebnisse können auch als Brüche angegeben werden:

$\mathbf{x = \frac{1}{2};\ y = \frac{1}{4}}$

e) (I) $x-3y=7 \quad |+3y$ — Auflösen der Gleichung (I) nach x

$x=\underline{7+3y}$

in (II) $7(\underline{7+3y})+y=2$ — Einsetzen von x in Gleichung (II)

$49+21y+y=2$

$49+22y=2$

$22y=-47$

$\mathbf{y=-\frac{47}{22}}$ — Auflösen nach y

$\mathbf{x}=7+3\left(-\frac{47}{22}\right)=\mathbf{\frac{13}{22}}$ — Einsetzen von $y=-\frac{47}{22}$ in $x=7+3y$

f) (I) $0{,}5x+y=1{,}5 \quad |\cdot 2$ — **Additionsverfahren**

$x+2y=3$

(II) $-x-2y=-3$

(I)+(II) $0=0$ — $0=0$ ist für jede Zahl $x=a\in D=\mathbb{Q}$ erfüllt.

Es gibt unendlich viele Lösungen:

$x=a;\; y=1{,}5-0{,}5a$ mit $a\in\mathbb{Q}$ — Auflösen von Gleichung (I) nach y

48. a) $(x-3)^2-(x-3)(x+3)=-4x+9$

$x^2-6x+9-x^2+9=-4x+9$

$-6x+18=-4x+9 \quad |+4x-18$

$-2x=-9 \quad |:(-2)$

$x=4{,}5$

$L=\{4{,}5\}$

b) $(6-5x)^2-(-4x-5)(5-4x)=-3x\left(-\frac{1}{3}-3x\right)$

$36-60x+25x^2+20x-16x^2+25-20x=x+9x^2$

$9x^2-60x+61=x+9x^2 \quad |-9x^2-x-61$

$-61x=-61 \quad |:(-61)$

$x=1$

$L=\{1\}$

c) $-8+5x^2=(3x-2)^2-(2x-6)(6+2x)$

$-8+5x^2=9x^2-12x+4-4x^2+36$

$5x^2-8=5x^2-12x+40 \quad |-5x^2+12x+8$

$12x=48 \quad |:12$

$x=4$

$L=\{4\}$

49. a)

$$\begin{aligned} &\text{(I)} & 4x+3y&=-1 \\ &\text{(II)} & -10x+12y&=9 \\ &4\cdot\text{(I)}-\text{(II)} & 26x&=-13 \\ && \mathbf{x}&=\mathbf{-\tfrac{1}{2}=-0{,}5} \end{aligned}$$

Additionsverfahren

Gleichung (I) mit 4 multiplizieren und vom Ergebnis Gleichung (II) subtrahieren

$$\begin{aligned} \text{in (I)}\quad 4\cdot(-0{,}5)+3y&=-1 \\ -2+3y&=-1 \\ 3y&=1 \\ \mathbf{y}&=\mathbf{\tfrac{1}{3}} \end{aligned}$$

Einsetzen von x = –0,5 in Gleichung (I)

b)

$$\begin{aligned} &\text{(I)} & 10x-4y&=8 \\ &\text{(II)} & 4x-12y&=6 \\ &3\cdot\text{(I)}-\text{(II)} & 26x&=18 \\ && \mathbf{x}&=\mathbf{\tfrac{9}{13}} \end{aligned}$$

Additionsverfahren

Gleichung (I) mit 3 multiplizieren und vom Ergebnis Gleichung (II) subtrahieren

$$\begin{aligned} \text{in (II)}\quad 4\cdot\tfrac{9}{13}-12y&=6 \\ \tfrac{36}{13}-12y&=6 \\ -12y&=\tfrac{42}{13} \\ \mathbf{y}&=\mathbf{-\tfrac{7}{26}} \end{aligned}$$

Einsetzen von $x=\frac{9}{13}$ in Gleichung (II)

c)

$$\text{(II)}\quad 7x+y=11 \quad |-7x$$
$$y=\underline{11-7x}$$

Auflösen der Gleichung (II) nach y

$$\begin{aligned} \text{in (I)}\quad 4x-6\cdot(\underline{11-7x})&=-20 \\ 46x-66&=-20 \\ 46x&=46 \\ \mathbf{x}&=\mathbf{1} \end{aligned}$$

Einsetzen von y in Gleichung (I)

Auflösen nach x

$$\mathbf{y}=11-7\cdot1=\mathbf{4}$$

Einsetzen von x = 1 in y = 11 – 7x

d)

$$\text{(II)}\quad x+y=12 \quad |-y$$
$$x=\underline{12-y}$$

Auflösen der Gleichung (II) nach x

$$\begin{aligned} \text{in (I)}\quad 2\cdot(\underline{12-y})+4y&=38 \\ 24-2y+4y&=38 \\ 2y&=14 \\ \mathbf{y}&=\mathbf{7} \end{aligned}$$

Einsetzen von x in Gleichung (I)

Auflösen nach y

$$\mathbf{x}=12-7=\mathbf{5}$$

Einsetzen von y = 7 in x = 12 – y

50. a) $x^2=81 \;\Rightarrow\; x_{1;\,2}=\pm\sqrt{81}=\pm9$

b) $x^2-36=0 \;\Rightarrow\; x^2=36 \;\Rightarrow\; x_{1;\,2}=\pm\sqrt{36}=\pm6$

c) $x^2+36=0 \;\Rightarrow\; x^2=-36<\mathbf{0}$; keine Lösung

d) $x^2 = 4 \Rightarrow x_{1;2} = \pm\sqrt{4} = \pm 2$

e) $x^2 = 5 \Rightarrow x_{1;2} = \pm\sqrt{5}$

f) $x^2 + 144 = 0 \Rightarrow x^2 = -144 < 0$; keine Lösung

g) $x^2 + 1 = 0 \Rightarrow x^2 = -1 < 0$; keine Lösung

h) $x^2 = 7 \Rightarrow x_{1;2} = \pm\sqrt{7}$

i) $x^2 - 18 = 0 \Rightarrow x^2 = 18 \Rightarrow x_{1;2} = \pm\sqrt{18} = \pm\sqrt{3^2 \cdot 2} = \pm 3\sqrt{2}$

j) $x^2 = 200 \Rightarrow x_{1;2} = \pm\sqrt{200} = \pm\sqrt{10^2 \cdot 2} = \pm 10\sqrt{2}$

k) $x^2 = \frac{25}{4} \Rightarrow x_{1;2} = \pm\sqrt{\frac{25}{4}} = \pm\frac{5}{2}$

l) $x^2 = \frac{81}{16} \Rightarrow x_{1;2} = \pm\sqrt{\frac{81}{16}} = \pm\frac{9}{4}$

m) $x^2 = 1{,}44 \Rightarrow x_{1;2} = \pm\sqrt{1{,}44} = \pm 1{,}2$

n) $5x^2 = 20 \Rightarrow x^2 = 4 \Rightarrow x_{1;2} = \pm\sqrt{4} = \pm 2$

o) $3x^2 - 147 = 0 \Rightarrow 3x^2 = 147 \Rightarrow x^2 = 49 \Rightarrow x_{1;2} = \pm\sqrt{49} = \pm 7$

51. a) $x^2 + 5x = 0 \Rightarrow x \cdot (x+5) = 0 \Rightarrow x_1 = 0;\ x_2 = -5$

b) $11x^2 - 66x = 0 \Rightarrow 11x \cdot (x-6) = 0 \Rightarrow x_1 = 0;\ x_2 = 6$

c) $2x^2 - 21x = 0 \Rightarrow x \cdot (2x-21) = 0 \Rightarrow x_1 = 0;\ x_2 = 10{,}5$

d) $3x^2 + x = 0 \Rightarrow x \cdot (3x+1) = 0 \Rightarrow x_1 = 0;\ x_2 = -\frac{1}{3}$

e) $x^2 - 16x + 55 = 0 \Rightarrow (x-11) \cdot (x-5) = 0 \Rightarrow x_1 = 11;\ x_2 = 5$

f) $x^2 - 5x + 4 = 0 \Rightarrow (x-4) \cdot (x-1) = 0 \Rightarrow x_1 = 4;\ x_2 = 1$

g) $x^2 - 18x + 72 = 0 \Rightarrow (x-12) \cdot (x-6) = 0 \Rightarrow x_1 = 12;\ x_2 = 6$

h) $x^2 + 3x - 10 = 0 \Rightarrow (x+5) \cdot (x-2) = 0 \Rightarrow x_1 = -5;\ x_2 = 2$

i) $x^2 + 4x - 21 = 0 \Rightarrow (x+7) \cdot (x-3) = 0 \Rightarrow x_1 = -7;\ x_2 = 3$

j) $x^2 - x - 72 = 0 \Rightarrow (x+8) \cdot (x-9) = 0 \Rightarrow x_1 = -8;\ x_2 = 9$

k) $x^2 + 14x + 13 = 0 \Rightarrow (x+13) \cdot (x+1) = 0 \Rightarrow x_1 = -13;\ x_2 = -1$

l) $x^2+17x+42=0 \;\Rightarrow\; (x+14)\cdot(x+3)=0 \;\Rightarrow\; x_1=-14;\; x_2=-3$

m) $x^2+13x+42=0 \;\Rightarrow\; (x+7)\cdot(x+6)=0 \;\Rightarrow\; x_1=-7;\; x_2=-6$

n) $x^2-18x+81=0 \;\Rightarrow\; (x-9)\cdot(x-9)=0 \;\Rightarrow\; x_1=9;\; x_2=9$

52. a) $x^2-6x+8=0 \;\Leftrightarrow\; (x-4)\cdot(x-2)=0$ — Faktorisieren

zwei einfache Lösungen: $x_1=4;\; x_2=2$

Alternativ mit der Lösungsformel:

$D=(-6)^2-4\cdot1\cdot8=\mathbf{4>0}$, — Diskriminante berechnen

also zwei einfache Lösungen:

$x_{1;\,2}=\frac{-(-6)\pm\sqrt{\mathbf{4}}}{2\cdot1}=\frac{6\pm2}{2}=3\pm1$ — Einsetzen in die Lösungsformel

$x_1=4;\; x_2=2$

b) $3x^2+9x-120=0 \quad |:3$ — Vereinfachen der Gleichung

$x^2+3x-40=0 \;\Leftrightarrow\; (x+8)\cdot(x-5)=0$ — Faktorisieren

zwei einfache Lösungen: $x_1=-8;\; x_2=5$

Alternativ mit der Lösungsformel:

$D=3^2-4\cdot1\cdot(-40)=\mathbf{169>0}$, — Diskriminante berechnen

also zwei einfache Lösungen:

$x_{1;\,2}=\frac{-3\pm\sqrt{\mathbf{169}}}{2\cdot1}=\frac{-3\pm13}{2}$ — Einsetzen der Werte aus der vereinfachten Gleichung in die Lösungsformel

$x_1=-8;\; x_2=5$

c) $x^2-10x+22=0$ — keine Faktorisierung zu erkennen

$D=(-10)^2-4\cdot1\cdot22=\mathbf{12>0}$, — Diskriminante berechnen

also zwei einfache Lösungen:

$x_{1;\,2}=\frac{10\pm\sqrt{\mathbf{12}}}{2\cdot1}=\frac{10\pm2\sqrt{3}}{2}=5\pm\sqrt{3}$ — Einsetzen in die Lösungsformel

$x_1=5+\sqrt{3};\; x_2=5-\sqrt{3}$

d) $0{,}5x^2+0{,}5x-9=0 \quad |\cdot2$ — Vereinfachen der Gleichung

$x^2+x-18=0$

$D=1^2-4\cdot1\cdot(-18)=\mathbf{73>0}$, — Diskriminante berechnen

also zwei einfache Lösungen:

$x_{1;\,2}=\frac{-1\pm\sqrt{\mathbf{73}}}{2}$ — Einsetzen in die Lösungsformel

$x_1=\frac{-1+\sqrt{73}}{2};\; x_2=\frac{-1-\sqrt{73}}{2}$

e) $-2x^2 - 2x + 88 = 0 \quad |:(-2)$ — Vereinfachen der Gleichung

$x^2 + x - 44 = 0$

$D = 1^2 - 4 \cdot 1 \cdot (-44) = \mathbf{177 > 0}$, — Diskriminante berechnen

also zwei einfache Lösungen:

$x_{1;2} = \frac{-1 \pm \sqrt{\mathbf{177}}}{2}$ — Einsetzen in die Lösungsformel

$x_1 = \frac{-1 + \sqrt{177}}{2}; \; x_2 = \frac{-1 - \sqrt{177}}{2}$

f) $x^2 - 6x + 7 = 0$ — keine Faktorisierung zu erkennen

$D = (-6)^2 - 4 \cdot 1 \cdot 7 = \mathbf{8 > 0}$, — Diskriminante berechnen

also zwei einfache Lösungen:

$x_{1;2} = \frac{6 \pm \sqrt{\mathbf{8}}}{2} = \frac{6 \pm 2\sqrt{2}}{2} = 3 \pm \sqrt{2}$ — Einsetzen in die Lösungsformel

$x_1 = 3 + \sqrt{2}; \; x_2 = 3 - \sqrt{2}$

g) $6x^2 + 3x - 3 = 0$ — nicht wesentlich zu vereinfachen

$D = 3^2 - 4 \cdot 6 \cdot (-3) = \mathbf{81 > 0}$, — Diskriminante berechnen

also zwei einfache Lösungen:

$x_{1;2} = \frac{-3 \pm \sqrt{\mathbf{81}}}{2 \cdot 6} = \frac{-3 \pm 9}{12} = \frac{-1 \pm 3}{4}$ — Einsetzen in die Lösungsformel

$x_1 = -1; \; x_2 = 0{,}5$

h) $4x^2 - 12x + 9 = 0$ — nicht wesentlich zu vereinfachen

$D = (-12)^2 - 4 \cdot 4 \cdot 9 = \mathbf{0}$, — Diskriminante berechnen

also eine doppelte Lösung:

$x_{1;2} = -\frac{-12}{2 \cdot 4} = \frac{3}{2} = 1{,}5$

i) $x^2 - 7x = 0 \;\Leftrightarrow\; x \cdot (x - 7) = 0$ — Faktorisieren

zwei einfache Lösungen: $x_1 = 0; \; x_2 = 7$

j) $8x^2 + 5x = 0 \;\Leftrightarrow\; x \cdot (8x + 5) = 0$ — Faktorisieren

zwei einfache Lösungen: $x_1 = 0; \; x_2 = -\frac{5}{8}$

k) $2x^2 + 7x + 15 = 0$ — nicht wesentlich zu vereinfachen

$D = 7^2 - 4 \cdot 2 \cdot 15 = -71 \mathbf{< 0}$, — Diskriminante berechnen

also keine Lösung

l) $4x^2 - 3x + 20 = 0$ — nicht wesentlich zu vereinfachen

$D = (-3)^2 - 4 \cdot 4 \cdot 20 = -311 \mathbf{< 0}$, — Diskriminante berechnen

also keine Lösung

m) $2x^2 + 15x + 25 = 0$ — nicht wesentlich zu vereinfachen

$D = 15^2 - 4 \cdot 2 \cdot 25 = \mathbf{25 > 0}$, — Diskriminante berechnen

also zwei einfache Lösungen:

$x_{1;\,2} = \frac{-15 \pm \sqrt{\mathbf{25}}}{2 \cdot 2} = \frac{-15 \pm 5}{4}$ — Einsetzen in die Lösungsformel

$x_1 = -5;\ x_2 = -2{,}5$

n) $3x^2 - 18x + 26 = 0$ — nicht wesentlich zu vereinfachen

$D = (-18)^2 - 4 \cdot 3 \cdot 26 = \mathbf{12 > 0}$, — Diskriminante berechnen

also zwei einfache Lösungen:

$x_{1;\,2} = \frac{18 \pm \sqrt{\mathbf{12}}}{2 \cdot 3} = \frac{18 \pm 2\sqrt{3}}{6} = 3 \pm \frac{1}{3}\sqrt{3}$ — Einsetzen in die Lösungsformel

$x_1 = 3 + \frac{1}{3}\sqrt{3};\ x_2 = 3 - \frac{1}{3}\sqrt{3}$

o) $2x^2 - 17x + 36 = 0$ — nicht wesentlich zu vereinfachen

$D = (-17)^2 - 4 \cdot 2 \cdot 36 = \mathbf{1 > 0}$, — Diskriminante berechnen

also zwei einfache Lösungen:

$x_{1;\,2} = \frac{17 \pm \sqrt{\mathbf{1}}}{2 \cdot 2} = \frac{17 \pm 1}{4}$ — Einsetzen in die Lösungsformel

$x_1 = 4{,}5;\ x_2 = 4$

p) $x^2 + 11x + 30 = 0$ — keine Faktorisierung zu erkennen

$D = 11^2 - 4 \cdot 1 \cdot 30 = \mathbf{1 > 0}$, — Diskriminante berechnen

also zwei einfache Lösungen:

$x_{1;\,2} = \frac{-11 \pm \sqrt{\mathbf{1}}}{2} = \frac{-11 \pm 1}{2}$ — Einsetzen in die Lösungsformel

$x_1 = -5;\ x_2 = -6$

q) $-x^2 + 2x - 2 = 0$ — keine Faktorisierung zu erkennen

$D = 2^2 - 4 \cdot (-1) \cdot (-2) = -4 \mathbf{< 0}$, — Diskriminante berechnen

also keine Lösung

r) $5x^2 - 12x + 11 = 0$ — nicht wesentlich zu vereinfachen

$D = (-12)^2 - 4 \cdot 5 \cdot 11 = -76 \mathbf{< 0}$, — Diskriminante berechnen

also keine Lösung

s) $2x^2 - 13x + 21 = 0$ — nicht wesentlich zu vereinfachen

$D = (-13)^2 - 4 \cdot 2 \cdot 21 = \mathbf{1 > 0}$, — Diskriminante berechnen

also zwei einfache Lösungen:

$x_{1;\,2} = \frac{13 \pm \sqrt{\mathbf{1}}}{2 \cdot 2} = \frac{13 \pm 1}{4}$ — Einsetzen in die Lösungsformel

$x_1 = 3{,}5;\ x_2 = 3$

t) $2x^2 - 76x + 722 = 0$ — nicht wesentlich zu vereinfachen

$D = (-76)^2 - 4 \cdot 2 \cdot 722 = \mathbf{0}$, — Diskriminante berechnen

also eine doppelte Lösung:

$x_{1;2} = -\frac{-76}{2 \cdot 2} = 19$

u) $3x^2 - 102x + 867 = 0$ — nicht wesentlich zu vereinfachen

$D = (-102)^2 - 4 \cdot 3 \cdot 867 = \mathbf{0}$, — Diskriminante berechnen

also eine doppelte Lösung:

$x_{1;2} = -\frac{-102}{2 \cdot 3} = 17$

v) $-7x^2 + 10x - 5 = 0$ — nicht wesentlich zu vereinfachen

$D = 10^2 - 4 \cdot (-7) \cdot (-5) = -40 \mathbf{< 0}$, — Diskriminante berechnen

also keine Lösung

53. a) $\mathbf{z^2} - 13\mathbf{z} + 36 = 0$ — Substitution: $\mathbf{z = x^2}$

$(z-4) \cdot (z-9) = 0 \;\Rightarrow\; z_1 = 4;\; z_2 = 9$ — faktorisieren

$x^2 = 4;\; x^2 = 9$ — Resubstitution

$x_{1;2} = \pm 2;\; x_{3;4} = \pm 3$ — vier einfache Lösungen

b) $\mathbf{z^2} - 29\mathbf{z} + 100 = 0$ — Substitution: $\mathbf{z = x^2}$

$(z-4) \cdot (z-25) = 0 \;\Rightarrow\; z_1 = 4;\; z_2 = 25$ — faktorisieren

$x^2 = 4;\; x^2 = 25$ — Resubstitution

$x_{1;2} = \pm 2;\; x_{3;4} = \pm 5$ — vier einfache Lösungen

c) $\mathbf{z^2} - 14\mathbf{z} - 45 = 0$ — Substitution: $\mathbf{z = x^2}$

$D = (-14)^2 - 4 \cdot 1 \cdot (-45) = \mathbf{376 > 0}$ — Diskriminante berechnen

$z_{1;2} = \frac{14 \pm \sqrt{\mathbf{376}}}{2 \cdot 1} = \frac{14 \pm 2\sqrt{94}}{2} = 7 \pm \sqrt{94}$ — Lösungsformel

$z_1 = 7 + \sqrt{94};\; z_2 = 7 - \sqrt{94}$

$x^2 = 7 + \sqrt{94};\; x^2 = 7 - \sqrt{94} \mathbf{< 0}$ — Resubstitution: $x^2 = 7 - \sqrt{94} < 0$ liefert keine weiteren Lösungen.

$x_{1;2} = \pm\sqrt{7 + \sqrt{94}}$ — zwei einfache Lösungen

d) $\mathbf{z^2} - 18\mathbf{z} + 77 = 0$ — Substitution: $\mathbf{z = x^2}$

$(z-7) \cdot (z-11) = 0 \;\Rightarrow\; z_1 = 7;\; z_2 = 11$ — faktorisieren

$x^2 = 7;\; x^2 = 11$ — Resubstitution

$x_{1;2} = \pm\sqrt{7};\; x_{3;4} = \pm\sqrt{11}$ — vier einfache Lösungen

e) $\mathbf{z}^2 - 3\mathbf{z} - 28 = 0$ — Substitution: $\mathbf{z} = \mathbf{x}^2$

$(z-7)\cdot(z+4) = 0 \;\Rightarrow\; z_1 = 7;\; z_2 = -4$ — faktorisieren

$x^2 = 7;\; x^2 = -4 \mathbf{< 0}$ — Resubstitution

$x_{1;2} = \pm\sqrt{7}$ — zwei einfache Lösungen

f) $\mathbf{z}^2 + 34\mathbf{z} + 225 = 0$ — Substitution: $\mathbf{z} = \mathbf{x}^2$

$(z+9)\cdot(z+25) = 0 \;\Rightarrow\; z_1 = -9;\; z_2 = -25$ — faktorisieren

$x^2 = -9 \mathbf{< 0};\; x^2 = -25 \mathbf{< 0}$ — Resubstitution

keine Lösung

g) $\mathbf{z}^2 - 18\mathbf{z} + 81 = 0$ — Substitution: $\mathbf{z} = \mathbf{x}^2$

$(z-9)\cdot(z-9) = 0 \;\Rightarrow\; z_1 = 9;\; z_2 = 9$ — faktorisieren

$x^2 = 9;\; x^2 = 9$ — Resubstitution

$x_{1;2} = \pm 3;\; x_{3;4} = \pm 3$ — zwei doppelte Lösungen: 3 und –3

h) $\mathbf{z}^2 + 2\mathbf{z} + 5 = 0$ — Substitution: $\mathbf{z} = \mathbf{x}^2$

$D = 2^2 - 4\cdot 1\cdot 5 = -16 \mathbf{< 0}$, — Diskriminante berechnen

also keine Lösung für z und damit auch keine für x

54. a) $3x(x+5) + 2x = -(24+x)$ — Klammern auflösen

$3x^2 + 15x + 2x = -24 - x \quad |+x+24$

$3x^2 + 18x + 24 = 0 \quad |:3$ — vereinfachen

$x^2 + 6x + 8 = 0$

$(x+4)\cdot(x+2) = 0 \;\Rightarrow\; x_1 = -4;\; x_2 = -2$ — faktorisieren

b) $16x^2 - 24x + 9 = 25 \quad |-25$ — vereinfachen

$16x^2 - 24x - 16 = 0$

$D = (-24)^2 - 4\cdot 16\cdot(-16) = \mathbf{1600 > 0}$ — Diskriminante berechnen

$$x_{1;2} = \frac{24 \pm \sqrt{\mathbf{1600}}}{2\cdot 16} = \frac{24 \pm 40}{32} = \frac{3 \pm 5}{4}$$

$x_1 = 2;\; x_2 = -0{,}5$

c) $-\frac{1}{16}x^2 = 2x$

$-\frac{1}{16}x^2 - 2x = 0$

$-x\cdot\left(\frac{1}{16}x + 2\right) = 0 \;\Rightarrow\; x_1 = 0;\; x_2 = -32$ — faktorisieren

d) $$(4-3x)^2-(3-2x)^2-3=0$$ binomische Formel

$$16-24x+9x^2-9+12x-4x^2-3=0$$

$$5x^2-12x+4=0$$

$$D=(-12)^2-4\cdot 5\cdot 4=\mathbf{64>0}$$ Diskriminante berechnen

$$x_{1;2}=\frac{12\pm\sqrt{64}}{2\cdot 5}=\frac{12\pm 8}{10}=\frac{6\pm 4}{5}$$

$$x_1=2;\ x_2=0{,}4$$

e) $$x\cdot(x+5)-(x-1)(x+1)=(x+1)(4-x)$$ ausmultiplizieren

$$x^2+5x-x^2+1=4x-x^2+4-x$$

$$x^2+2x-3=0$$

$$(x+3)\cdot(x-1)=0\ \Rightarrow\ x_1=-3;\ x_2=1$$ faktorisieren

f) $$(x-3)(1-x)-(x+2)x+6=4-x^2$$ ausmultiplizieren

$$x-x^2-3+3x-x^2-2x+6=4-x^2$$

$$-x^2+2x-1=0$$

$$x^2-2x+1=0$$

$$(x-1)^2=0\ \Rightarrow\ x_{1;2}=1$$ binomische Formel

g) $$5(x+2)^2-4(x-3)^2=2x(x+15)+29$$ ausmultiplizieren

$$5x^2+20x+20-4x^2+24x-36=2x^2+30x+29$$

$$-x^2+14x-45=0$$

$$x^2-14x+45=0$$

$$(x-9)\cdot(x-5)=0\ \Rightarrow\ x_1=9;\ x_2=5$$ faktorisieren

55. a) $D=\mathbb{R}\setminus\{0\}$ — $x=0$ ist gemeinsame Nullstelle aller Nenner.

$$\frac{5}{4x}=-\frac{7}{x}-33 \quad \bigg|\cdot 4x$$ mit dem Hauptnenner multiplizieren

$$\frac{5\cdot \cancel{4x}}{\cancel{4x}}=-\frac{7\cdot 4\cancel{x}}{\cancel{x}}-33\cdot 4x$$

$$5=-28-132x$$

$$132x=-33$$

$$x=-\frac{1}{4}=-0{,}25\ \mathbf{\in D}$$ prüfen, ob der Wert im Definitionsbereich liegt

$$L=\{-0{,}25\}$$

b) $D = \mathbb{R} \setminus \{2; 3\}$

$$\frac{3}{2-x} = \frac{2}{3-x} \qquad |\cdot(2-x)(3-x)$$

$$\frac{3\cdot(2-x)(3-x)}{2-x} = \frac{2\cdot(2-x)(3-x)}{3-x}$$

$$3(3-x) = 2(2-x)$$

$$9-3x = 4-2x$$

$$x = 5 \in \mathbf{D}$$

$$L = \{5\}$$

c) $D = \mathbb{R} \setminus \left\{-3; \frac{2}{3}\right\}$

$$\frac{1}{2-3x} + \frac{2}{3+x} = \frac{3}{x+3} \qquad |\cdot(2-3x)(x+3)$$

$$\frac{1\cdot(2-3x)(x+3)}{2-3x} + \frac{2\cdot(2-3x)(x+3)}{3+x} = \frac{3\cdot(2-3x)(x+3)}{x+3}$$

$$x+3+2(2-3x) = 3(2-3x)$$

$$x+3+4-6x = 6-9x$$

$$4x = -1$$

$$x = -\frac{1}{4} = -0,25 \in \mathbf{D}$$

$$L = \{-0,25\}$$

d) $D = \mathbb{R} \setminus \{2\}$

$$\frac{7}{4-2x} = \frac{5}{2-x} + 3 \qquad |\cdot 2(2-x)$$

$$\frac{7\cdot 2(2-x)}{4-2x} = \frac{5\cdot 2(2-x)}{2-x} + 3\cdot 2(2-2x)$$

$$7 = 5\cdot 2 + 3\cdot 2(2-x)$$

$$7 = 10 + 12 - 6x$$

$$6x = 15$$

$$x = \frac{5}{2} = 2,5 \in \mathbf{D}$$

$$L = \{2,5\}$$

e) $D = \mathbb{R} \setminus \{-2; 3\}$

$$\frac{2}{2+x} + \frac{3}{3-x} = 2 \qquad |\cdot(2+x)(3-x)$$

$$2(3-x)+3(2+x) = 2(2+x)(3-x)$$

$$6-2x+6+3x = 12+2x-2x^2$$

$$2x^2 - x = 0$$

$$x(2x-1) = 0$$

$$x_1 = 0 \in \mathbf{D}; \quad x_2 = \frac{1}{2} = 0{,}5 \in \mathbf{D}$$

$$L = \{0; 0{,}5\}$$

f) $D = \mathbb{R} \setminus \left\{-\frac{2}{3}\right\}$

$$\frac{7x-4}{6x+4} = \frac{5x-6}{9x+6} \qquad |\cdot 2\cdot 3\cdot(3x+2)$$

$$\frac{(7x-4)\cdot \cancel{2}\cdot 3\cdot \cancel{(3x+2)}}{\cancel{2}\,\cancel{(3x+2)}} = \frac{(5x-6)\cdot 2\cdot \cancel{3}\cdot \cancel{(3x+2)}}{\cancel{3}\,\cancel{(3x+2)}}$$

$$21x-12 = 10x-12$$

$$11x = 0$$

$$x = 0 \in \mathbf{D}$$

$$L = \{0\}$$

g) $D = \mathbb{R} \setminus \{-3; -2\}$

$$\frac{4}{3+x} - \frac{7}{2+x} = \frac{3}{4+2x} - \frac{5}{6+2x} \qquad |\cdot 2(3+x)(2+x)$$

$$4\cdot 2(2+x) - 7\cdot 2(3+x) = 3\cdot(3+x) - 5\cdot(2+x)$$

$$16+8x-42-14x = 9+3x-10-5x$$

$$-4x = 25$$

$$x = -\frac{25}{4} = -6{,}25 \in \mathbf{D}$$

$$L = \{-6{,}25\}$$

h) $D = \mathbb{R} \setminus \{-7; 7\}$

$$\frac{3+x}{x-7} = \frac{x^2}{x^2-49} + \frac{9}{x+7} \qquad |\cdot(x-7)(x+7)$$

$$(3+x)(x+7) = x^2 + 9(x-7)$$

$$10x+21+x^2 = x^2+9x-63$$

$$x = -84 \in \mathbf{D}$$

$$L = \{-84\}$$

i) $D = \mathbb{R} \setminus \{-5; 5\}$

$$\frac{x}{10-2x} + \frac{1}{15+3x} = \frac{0{,}5x^2 + x}{25 - x^2} \qquad | \cdot 2 \cdot 3(5-x)(5+x)$$

$$x \cdot 3(5+x) + 1 \cdot 2(5-x) = (0{,}5x^2 + x) \cdot 6$$

$$15x + 3x^2 + 10 - 2x = 3x^2 + 6x$$

$$7x = -10$$

$$x = -\tfrac{10}{7} \in \mathbf{D}$$

$$L = \left\{-\tfrac{10}{7}\right\}$$

j) $D = \mathbb{R} \setminus \{-1; 1\}$

$$\frac{5}{1-x} - \frac{3x}{1+x} = \frac{3x^2}{1-x^2} - \frac{3}{2+2x} \qquad | \cdot 2(1+x)(1-x)$$

$$5 \cdot 2(1+x) - 3x \cdot 2(1-x) = 3x^2 \cdot 2 - 3 \cdot (1-x)$$

$$10 + 10x - 6x + 6x^2 = 6x^2 - 3 + 3x$$

$$x = -13 \in \mathbf{D}$$

$$L = \{-13\}$$

k) $D = \mathbb{R} \setminus \{-5; 2\}$

$$\frac{4x}{5+x} - \frac{4x}{2-x} = \frac{16x}{10+2x} \qquad | \cdot 2(5+x)(2-x)$$

$$4x \cdot 2(2-x) - 4x \cdot 2(5+x) = 16x \cdot (2-x)$$

$$16x - 8x^2 - 40x - 8x^2 = 32x - 16x^2$$

$$-56x = 0$$

$$x = 0 \in \mathbf{D}$$

$$L = \{0\}$$

l) $D = \mathbb{R} \setminus \{-2; 0; 5\}$

$$\frac{3}{x-5} + \frac{2}{2+x} = \frac{12}{3x+6} + \frac{1}{x} \qquad | \cdot 3(x-5)(2+x) \cdot x$$

$$3 \cdot 3x(2+x) + 2 \cdot 3x(x-5) = 12 \cdot x(x-5) + 1 \cdot 3(x-5)(2+x)$$

$$18x + 9x^2 + 6x^2 - 30x = 12x^2 - 60x + 3x^2 - 9x - 30$$

$$57x = -30$$

$$x = -\tfrac{10}{19} \in \mathbf{D}$$

$$L = \left\{-\tfrac{10}{19}\right\}$$

m) $D = \mathbb{R} \setminus \{0; 3\}$

$$\frac{1}{x-3} + \frac{3}{x} = \frac{6}{2x} + \frac{1}{2x-6} \qquad | \cdot (x-3) \cdot 2x$$

$$2x + 3 \cdot 2(x-3) = 6 \cdot (x-3) + 1 \cdot x$$

$$2x + 6x - 18 = 6x - 18 + x$$

$$x = 0 \notin \mathbf{D}$$

keine Lösung: $L = \{\}$

n) $D = \mathbb{R} \setminus \{-1{,}5\}$

$$\frac{1}{3+2x} - \frac{x}{9+12x+4x^2} = \frac{3{,}5}{21+14x} \qquad | \cdot (3+2x)(3+2x) \cdot 7$$

$$1 \cdot 7(3+2x) - x \cdot 7 = 3{,}5 \cdot (3+2x)$$

$$21 + 14x - 7x = 10{,}5 + 7x$$

$$10{,}5 = 0 \quad \mathbf{(f)}$$

keine Lösung: $L = \{\}$

o) $D = \mathbb{R} \setminus \{-3; 3\}$

$$\frac{12}{x^2-9} + \frac{2}{x+3} = \frac{3}{x-3} \qquad | \cdot (x+3)(x-3)$$

$$12 + 2 \cdot (x-3) = 3 \cdot (x+3)$$

$$12 + 2x - 6 = 3x + 9$$

$$-x = 3$$

$$x = -3 \notin \mathbf{D}$$

keine Lösung: $L = \{\}$

p) $D = \mathbb{R} \setminus \{2; 3\}$

$$\frac{x}{x-3} + \frac{x}{x-2} = \frac{-3}{x^2-5x+6} \qquad | \cdot (x-3)(x-2)$$

$$x \cdot (x-2) + x \cdot (x-3) = -3$$

$$x^2 - 2x + x^2 - 3x = -3$$

$$2x^2 - 5x + 3 = 0 \qquad \text{quadratische Gleichung}$$

$$D = (-5)^2 - 4 \cdot 2 \cdot 3 = 25 - 24 = 1 > 0 \qquad \text{Diskriminante}$$

$$x_{1;2} = \frac{5 \pm \sqrt{1}}{2 \cdot 2} = \frac{5 \pm 1}{4} \qquad \text{Lösungsformel}$$

$x_1 = 1{,}5 \in \mathbf{D}$; $x_2 = 1 \in \mathbf{D}$

$L = \{1{,}5; 1\}$

56. a) $x \geq \mathbf{0}$: $|x| = x = 2 \geq \mathbf{0}$
$x < \mathbf{0}$: $|x| = -x = 2 \Rightarrow x = -2 < \mathbf{0}$
$L = \{2; -2\}$

b) $x \geq \mathbf{3}$: $|x-3| = x-3 = 2 \Rightarrow x = 5 \geq \mathbf{3}$ — $x-3>0 \Leftrightarrow x>3$
$x < \mathbf{3}$: $|x-3| = -(x-3) = -x+3 = 2 \Rightarrow x = 1 < \mathbf{3}$
$L = \{1; 5\}$

c) $x \geq \mathbf{2{,}5}$: $|2x-5| = 2x-5 = 4 \Rightarrow 2x = 9$ — $2x-5>0 \Leftrightarrow x>2{,}5$
$x = 4{,}5 \geq \mathbf{2{,}5}$
$x < \mathbf{2{,}5}$: $|2x-5| = -(2x-5) = -2x+5 = 4$
$-2x = -1$
$x = 0{,}5 < \mathbf{2{,}5}$
$L = \{0{,}5; 4{,}5\}$

d) $x \geq \mathbf{-1}$: $|x+1| = x+1 = 3 \Rightarrow x = 2 \geq \mathbf{-1}$ — $x+1>0 \Leftrightarrow x>-1$
$x < \mathbf{-1}$: $|x+1| = -(x+1) = -x-1 = 3$
$-x = 4$
$x = -4 < \mathbf{-1}$
$L = \{-4; 2\}$

e) $x \geq \mathbf{-5}$: $|x+5| = x+5 = 1 \Rightarrow x = -4 \geq \mathbf{-5}$ — $x+5>0 \Leftrightarrow x>-5$
$x < \mathbf{-5}$: $|x+5| = -(x+5) = -x-5 = 1$
$-x = 6$
$x = -6 < \mathbf{-5}$
$L = \{-6; -4\}$

f) $x \geq \mathbf{1{,}75}$: $|4x-7| = 4x-7 = 5 \Rightarrow 4x = 12$ — $4x-7>0 \Leftrightarrow 4x>7$
$x = 3 \geq \mathbf{1{,}75}$ — $\Leftrightarrow x>1{,}75$
$x < \mathbf{1{,}75}$: $|4x-7| = -(4x-7) = -4x+7 = 5$
$-4x = -2$
$x = 0{,}5 < \mathbf{1{,}75}$
$L = \{0{,}5; 3\}$

g) $x \geq \mathbf{1}$: $|x-1| = x-1 = 5 \Rightarrow x = 6 \geq \mathbf{1}$ — $x-1>0 \Leftrightarrow x>1$
$x < \mathbf{1}$: $|x-1| = -(x-1) = -x+1 = 5 \Rightarrow -x = 4$
$x = -4 < \mathbf{1}$
$L = \{-4; 6\}$

h) $|x-1|+1 = 5 \Rightarrow |x-1| = 4$
$x \geq \mathbf{1}$: $|x-1| = x-1 = 4 \Rightarrow x = 5 \geq \mathbf{1}$ — $x-1>0 \Leftrightarrow x>1$

$x < \mathbf{1}$: $|x-1| = -(x-1) = -x+1 = 4 \Rightarrow -x = 3$
$x = -3 < \mathbf{1}$

$L = \{-3; 5\}$

i) $x \geq \mathbf{-0,25}$: $|4x+1| = 4x+1 = 3$
$4x = 2$
$x = 0,5 \geq \mathbf{-0,25}$

$4x+1 > 0 \Leftrightarrow 4x > -1$
$\Leftrightarrow x > -0,25$

$x < \mathbf{-0,25}$: $|4x+1| = -(4x+1) = -4x-1 = 3$
$-4x = 4$
$x = -1 < \mathbf{-0,25}$

$L = \{-1; 0,5\}$

j) $x \leq \mathbf{0,8}$: $|4-5x| = 4-5x = 7$
$-5x = 3$
$x = -0,6 \leq \mathbf{0,8}$

$4-5x > 0 \Leftrightarrow 4 > 5x$
$\Leftrightarrow x < 0,8$

$x > \mathbf{0,8}$: $|4-5x| = -(4-5x) = -4+5x = 7$
$5x = 11$
$x = 2,2 > \mathbf{0,8}$

$L = \{-0,6; 2,2\}$

k) $x \geq \mathbf{0}$: $2 \cdot |x| - |x| = 2x - x = 2 \Rightarrow x = 2 \geq \mathbf{0}$
$x < \mathbf{0}$: $2 \cdot |x| - |x| = 2 \cdot (-x) - (-x) = 2 \Rightarrow x = -2 < \mathbf{0}$
$L = \{-2; 2\}$

l) $x \geq \mathbf{0}$: $2 + 5 \cdot |x| - 2 \cdot |x| = 2 + 5x - 2x = 4 \Rightarrow 3x = 2 \Rightarrow x = \frac{2}{3} \geq \mathbf{0}$
$x < \mathbf{0}$: $2 + 5 \cdot |x| - 2 \cdot |x| = 2 - 5x + 2x = 4 \Rightarrow -3x = 2 \Rightarrow x = -\frac{2}{3} < \mathbf{0}$
$L = \{-\frac{2}{3}; \frac{2}{3}\}$

57. a) **Nullstellen:**
$f(x) = 0 \Rightarrow x^2 - 1 = 0 \Rightarrow (x+1)(x-1) = 0 \Rightarrow x_1 = -1; x_2 = 1$

Schnitt mit y-Achse:
$f(0) = -1 \Rightarrow T(0|-1)$

Symmetrie:
$f(-x) = (-x)^2 - 1 = x^2 - 1 = f(x)$ für $x \in D_f$
G_f ist symmetrisch zur y-Achse.

Wertetabelle:

x	–3	–2	–1	0	1	2	3
y	8	3	0	–1	0	3	8

Wertemenge:
$W_f = [-1; +\infty[$

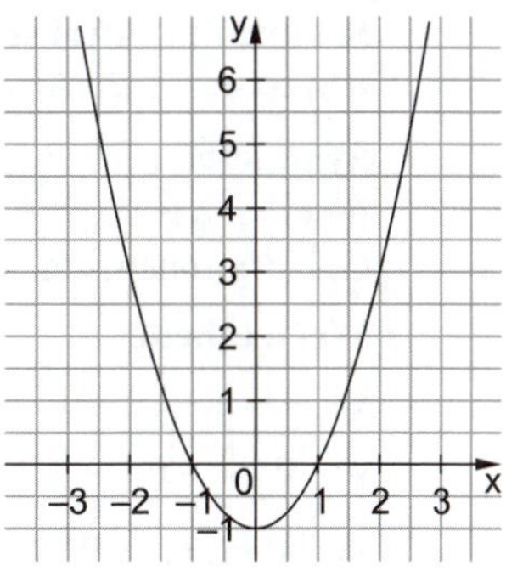

b) **Nullstellen:**

$f(x)=0 \Rightarrow 0{,}5x-1=0 \Rightarrow 0{,}5x=1 \Rightarrow x=2$

Schnitt mit y-Achse:

$f(0)=-1 \Rightarrow T(0|-1)$

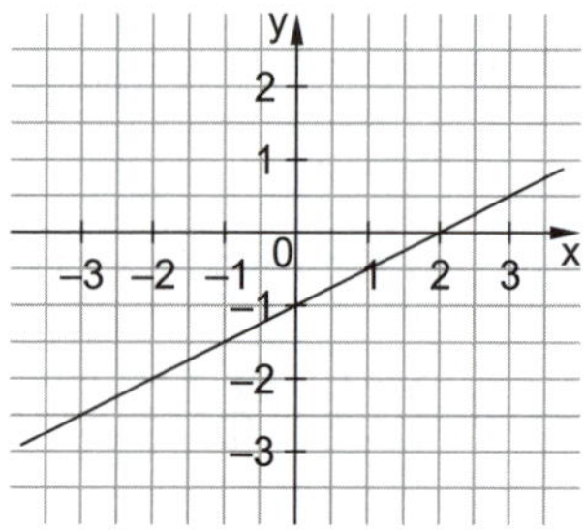

Symmetrie:

$f(-x)=0{,}5(-x)-1=-0{,}5x-1 \neq f(x)$ und

$f(-x) \neq -f(x)$

keine einfache Symmetrie von G_f

Wertetabelle:

x	−3	−2	−1	0	1	2	3
y	−2,5	−2	−1,5	−1	−0,5	0	0,5

Wertemenge: $W_f=\mathbb{R}$

c) **Nullstellen:**

$f(x)=0 \Rightarrow x^2+2=0 \Rightarrow x^2=-2<0$

keine Nullstelle

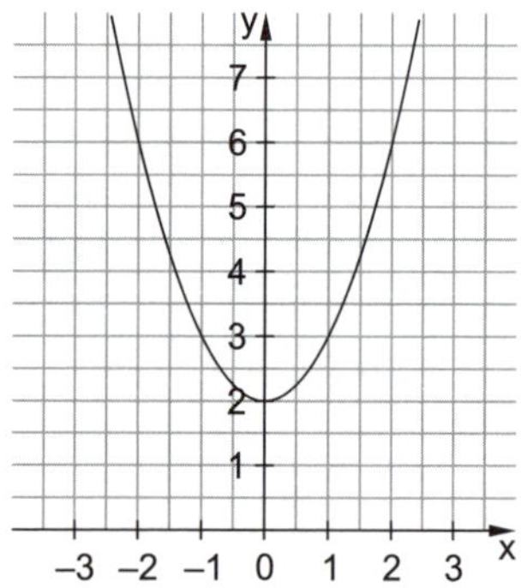

Schnitt mit y-Achse:

$f(0)=2 \Rightarrow T(0|2)$

Symmetrie:

$f(-x)=(-x)^2+2=x^2+2=f(x)$ für $x \in D_f$

G_f ist symmetrisch zur y-Achse.

Wertetabelle:

x	−3	−2	−1	0	1	2	3
y	11	6	3	2	3	6	11

Wertemenge: $W_f=[2; +\infty[$

d) **Nullstellen:**

$f(x)=0 \Rightarrow x^2-9=0$

$(x+3)(x-3)=0 \Rightarrow x_1=-3;\ x_2=3$

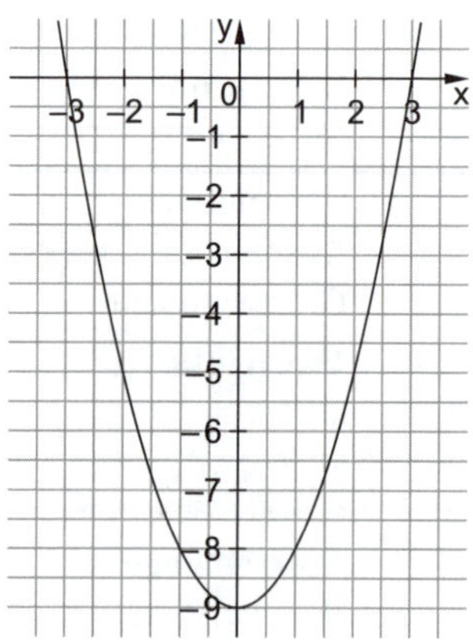

Schnitt mit y-Achse:

$f(0)=-9 \Rightarrow T(0|-9)$

Symmetrie:

$f(-x)=(-x)^2-9=x^2-9=f(x)$ für $x \in D_f$

G_f ist symmetrisch zur y-Achse.

Wertetabelle:

x	−3	−2	−1	0	1	2	3
y	0	−5	−8	−9	−8	−5	0

Wertemenge: $W_f=[-9; +\infty[$

e) **Nullstellen:**

$f(x)=0 \;\Rightarrow\; x^2-2,25=0$
$(x+1,5)(x-1,5)=0$
$x_1=-1,5;\; x_2=1,5$

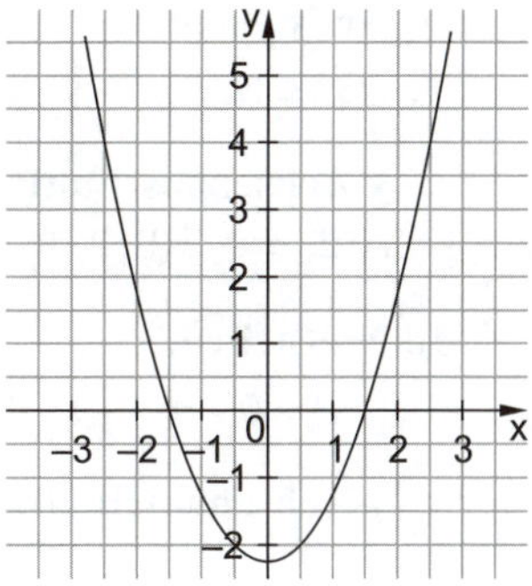

Schnitt mit y-Achse:
$f(0)=-2,25 \;\Rightarrow\; T(0|-2,25)$

Symmetrie:
$f(-x)=(-x)^2-2,25=x^2-2,25=f(x)$ für $x\in D_f$; G_f ist symmetrisch zur y-Achse.

Wertetabelle:

x	–3	–2	–1	0	1	2	3
y	6,75	1,75	–1,25	–2,25	–1,25	1,75	6,75

Wertemenge: $W_f=\mathbb{R}$

f) **Nullstellen:**

$f(x)=0 \;\Rightarrow\; x^3-4x=0 \;\Rightarrow\; x(x^2-4)=0 \;\Rightarrow\; x(x+2)(x-2)=0$
$x_1=0;\; x_2=-2;\; x_3=2$

Schnitt mit y-Achse:
$f(0)=0 \;\Rightarrow\; T(0|0)$

Symmetrie:
$f(-x)=(-x)^3-4(-x)=-x^3+4x=-f(x)$ für $x\in D_f$; G_f ist symmetrisch zum Ursprung.

Wertetabelle:

x	–3	–2	–1	0	1	2	3
y	–15	0	3	0	–3	0	15

Wertemenge: $W_f=\mathbb{R}$

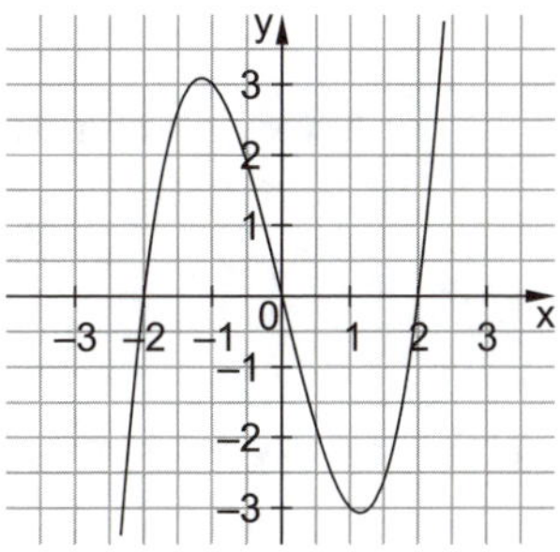

58. a) **Nullstellen:**

$f(x)=0 \;\Rightarrow\; -\frac{2}{3}x=0 \;\Rightarrow\; x=0;\; N(0|0)$

y-Achsenabschnitt:
Wegen $N(0|0)=T(0|0)$ ist der Schnittpunkt mit der x-Achse zugleich der Schnittpunkt mit der y-Achse.

b) **Nullstellen:**

$f(x)=0 \;\Rightarrow\; 2x-4=0 \;\Rightarrow\; 2x=4 \;\Rightarrow\; x=2;\; N(2|0)$

y-Achsenabschnitt:
$t=-4 \;\Rightarrow\; T(0|-4)$

c) **Nullstellen:**

$f(x)=0 \Rightarrow -\frac{1}{3}x+2=0 \Rightarrow -\frac{1}{3}x=-2 \Rightarrow x=6;\ N(6\,|\,0)$

y-Achsenabschnitt:

$t=2 \Rightarrow T(0\,|\,2)$

d) **Nullstellen:**

$f(x)=0 \Rightarrow \frac{1}{5}x-1=0 \Rightarrow \frac{1}{5}x=1 \Rightarrow x=5;\ N(5\,|\,0)$

y-Achsenabschnitt:

$t=-1 \Rightarrow T(0\,|\,-1)$

e) **Nullstellen:**

$f(x)=0 \Rightarrow \frac{1}{2}x+2{,}5=0 \Rightarrow \frac{1}{2}x=-2{,}5 \Rightarrow x=-5;\ N(-5\,|\,0)$

y-Achsenabschnitt:

$t=2{,}5 \Rightarrow T(0\,|\,2{,}5)$

f) **Nullstellen:**

$$f(x)=0$$
$$-2x+3=0$$
$$-2x=-3$$
$$x=1{,}5;\ N(1{,}5\,|\,0)$$

y-Achsenabschnitt:

$t=3 \Rightarrow T(0\,|\,3)$

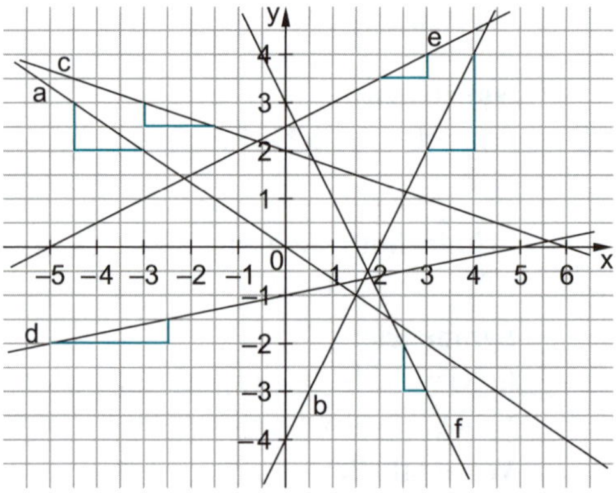

59. a) $g(x)=x+4{,}5,\ D_g=\mathbb{R}$

b) $g(x)=-\frac{1}{3}x-2{,}5,\ D_g=\mathbb{R}$

c) $g(x)=\frac{1}{4}x-3{,}5,\ D_g=\mathbb{R}$

d) $g(x)=-\frac{1}{2}x+2{,}5,\ D_g=\mathbb{R}$

e) $g(x)=-\frac{2}{5}x+4,\ D_g=\mathbb{R}$

f) $g(x)=3{,}5,\ D_g=\mathbb{R}$

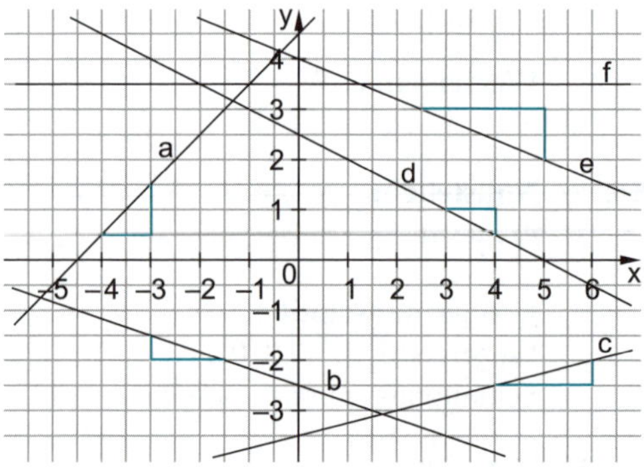

60. a) $y=-\frac{1}{4}\cdot(x-2)+1=-\frac{1}{4}x+0{,}5+1$

g: $y=-\frac{1}{4}x+1{,}5$

Einsetzen von $x_0=2$, $y_0=1$ und $m=-\frac{1}{4}$ in $y=m(x-x_0)+y_0$

b) $y=\frac{3}{2}\cdot(x+1)+1=\frac{3}{2}x+1{,}5+1$

g: $y=\frac{3}{2}x+2{,}5$

Einsetzen von $x_0=-1$, $y_0=1$ und $m=\frac{3}{2}$ in $y=m(x-x_0)+y_0$

c) $y=-\frac{1}{4}\cdot(x-4)-5=-\frac{1}{4}x+1-5$

g: $y=-\frac{1}{4}x-4$

Einsetzen von $x_0=4$, $y_0=-5$ und $m=-\frac{1}{4}$ in $y=m(x-x_0)+y_0$

d) $y=-\frac{1}{3}\cdot(x-0)+2=-\frac{1}{3}x+2$

g: $y=-\frac{1}{3}x+2$

Einsetzen von $x_0=0$, $y_0=2$ und $m=-\frac{1}{3}$ in $y=m(x-x_0)+y_0$

e) $y=\frac{1}{6}\cdot(x+3)+0{,}5=\frac{1}{6}x+0{,}5+0{,}5$

g: $y=\frac{1}{6}x+1$

Einsetzen von $x_0=-3$, $y_0=0{,}5$ und $m=\frac{1}{6}$ in $y=m(x-x_0)+y_0$

f) $y=0\cdot(x-\sqrt{7})-4=-4$

g: $y=-4$

Einsetzen von $x_0=\sqrt{7}$, $y_0=-4$ und $m=0$ in $y=m(x-x_0)+y_0$

61. a) $m=\frac{y_1-y_0}{x_1-x_0}=\frac{3{,}5-4{,}5}{4{,}5-1{,}5}=\frac{-1}{3}=\mathbf{-\frac{1}{3}}$

$x_0=1{,}5$, $y_0=4{,}5$, $x_1=4{,}5$, $y_1=3{,}5$

g: $y=\mathbf{-\frac{1}{3}}(x-1{,}5)+4{,}5$

$=-\frac{1}{3}x+0{,}5+4{,}5=-\frac{1}{3}x+5$

$x_0=1{,}5$, $y_0=4{,}5$, $\mathbf{m=-\frac{1}{3}}$ in $y=m(x-x_0)+y_0$ einsetzen

Alternativ:

$4{,}5=\mathbf{-\frac{1}{3}}\cdot 1{,}5+t \;\Rightarrow\; t=5$

g: $y=-\frac{1}{3}x+5$

$x_0=1{,}5$, $y_0=4{,}5$, $m=-\frac{1}{3}$ in $y=mx+t$ einsetzen und nach t auflösen

b) $m=\frac{y_1-y_0}{x_1-x_0}=\frac{5{,}5-(-2)}{1-(-4)}=\frac{7{,}5}{5}=\mathbf{1{,}5}$

$x_0=-4$, $y_0=-2$, $x_1=1$, $y_1=5{,}5$

g: $y=\mathbf{1{,}5}(x+4)-2=1{,}5x+6-2$

$=1{,}5x+4$

$x_0=-4$, $y_0=-2$, $\mathbf{m=1{,}5}$ in $y=m(x-x_0)+y_0$ einsetzen

c) $m=\frac{y_1-y_0}{x_1-x_0}=\frac{-3-(-1)}{-1-(-4)}=\frac{-2}{3}=\mathbf{-\frac{2}{3}}$

$x_0=-4$, $y_0=-1$, $x_1=-1$, $y_1=-3$

g: $y=\mathbf{-\frac{2}{3}}(x+4)-1=-\frac{2}{3}x-\frac{8}{3}-1$

$=-\frac{2}{3}x-\frac{11}{3}$

$x_0=-4$, $y_0=-1$, $\mathbf{m=-\frac{2}{3}}$ in $y=m(x-x_0)+y_0$ einsetzen

d) $m = \frac{y_1 - y_0}{x_1 - x_0} = \frac{-3{,}5 - (-3)}{0{,}5 - (-2)} = \frac{-0{,}5}{2{,}5} = \mathbf{-0{,}2}$ $x_0 = -2,\ y_0 = -3,\ x_1 = 0{,}5,\ y_1 = -3{,}5$

g: $y = \mathbf{-0{,}2}(x + 2) - 3 = -0{,}2x - 0{,}4 - 3$ $x_0 = -2,\ y_0 = -3,\ \mathbf{m = -0{,}2}$ in $y = m(x - x_0) + y_0$ einsetzen

$= -0{,}2x - 3{,}4 = -\frac{1}{5}x - 3{,}4$

e) $m = \frac{y_1 - y_0}{x_1 - x_0} = \frac{-3 - (-4{,}5)}{5 - 2} = \frac{1{,}5}{3} = \mathbf{0{,}5}$ $x_0 = 2,\ y_0 = -4{,}5,\ x_1 = 5,\ y_1 = -3$

g: $y = \mathbf{0{,}5}(x - 2) - 4{,}5 = 0{,}5x - 1 - 4{,}5$ $x_0 = 2,\ y_0 = -4{,}5,\ \mathbf{m = 0{,}5}$ in $y = m(x - x_0) + y_0$ einsetzen

$= 0{,}5x - 5{,}5 = \frac{1}{2}x - 5{,}5$

f) $m = \frac{y_1 - y_0}{x_1 - x_0} = \frac{3 - (-3{,}5)}{1{,}5 - 4} = \frac{6{,}5}{-2{,}5} = \mathbf{-2{,}6}$ $x_0 = 4,\ y_0 = -3{,}5,\ x_1 = 1{,}5,\ y_1 = 3$

g: $y = \mathbf{-2{,}6}(x - 4) - 3{,}5 = -2{,}6x + 10{,}4 - 3{,}5$ $x_0 = 4,\ y_0 = -3{,}5,\ \mathbf{m = -2{,}6}$ in $y = m(x - x_0) + y_0$ einsetzen

$= 2{,}6x + 6{,}9 = \frac{13}{5}x + 6{,}9$

g) $m = \frac{y_1 - y_0}{x_1 - x_0} = \frac{-1 - (-1)}{5 - (-5)} = \frac{0}{10} = \mathbf{0}$ $x_0 = -5,\ y_0 = -1,\ x_1 = 5,\ y_1 = -1$

g: $y = \mathbf{0} \cdot (x + 5) - 1 = -1$ $x_0 = -5,\ y_0 = -1,\ \mathbf{m = 0}$ in $y = m(x - x_0) + y_0$ einsetzen

h) $m = \frac{y_1 - y_0}{x_1 - x_0} = \frac{0 - (-3)}{4{,}5 - 5} = \frac{3}{-0{,}5} = \mathbf{-6}$ $x_0 = 5,\ y_0 = -3,\ x_1 = 4{,}5,\ y_1 = 0$

g: $y = \mathbf{-6}(x - 5) - 3 = -6x + 30 - 3$ $x_0 = 5,\ y_0 = -3,\ \mathbf{m = -6}$ in $y = m(x - x_0) + y_0$ einsetzen

$= -6x + 27$

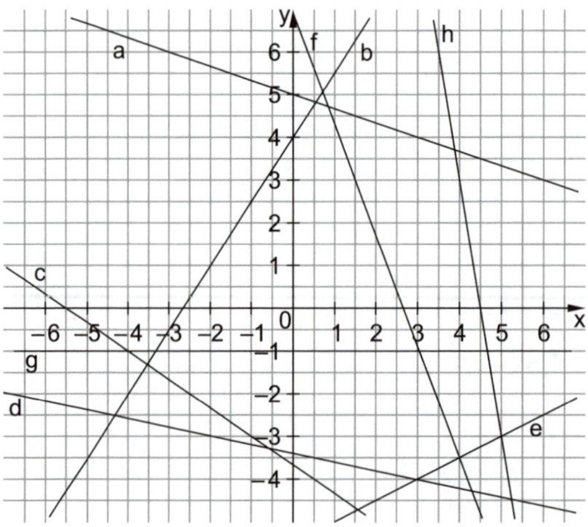

62. a) $G_f \cap G_g$: $f(x) = g(x) \Rightarrow x + 6 = -\frac{1}{2}x \Rightarrow 1{,}5x = -6 \Rightarrow x = -4$

Für den Schnittpunkt S_a gilt also $x_s = \mathbf{-4}$. Zur Bestimmung der y-Koordinate y_s wird x_s in den Funktionsterm von f eingesetzt:
$f(x_s) = f(\mathbf{-4}) = \mathbf{-4} + 6 = 2 = y_s \Rightarrow S_a(-4\,|\,2)$

b) $G_f \cap G_g$: $f(x) = g(x) \Rightarrow -x + 4{,}5 = \frac{1}{2}x + 6$

$$-1{,}5x = 1{,}5$$
$$x = -1$$

Für den Schnittpunkt S_b gilt also $x_s = \mathbf{-1}$. Zur Bestimmung der y-Koordinate y_s wird x_s in den Funktionsterm von f eingesetzt:
$f(x_s) = f(\mathbf{-1}) = -(\mathbf{-1}) + 4{,}5 = 1 + 4{,}5 = 5{,}5 = y_s \Rightarrow S_b(-1\,|\,5{,}5)$

c) $G_f \cap G_g$: $f(x) = g(x) \Rightarrow 2x + 6 = \frac{1}{4}x - 1 \Rightarrow 1{,}75x = -7 \Rightarrow x = -4$

Für den Schnittpunkt S_c gilt also $x_s = \mathbf{-4}$. Zur Bestimmung der y-Koordinate y_s wird x_s in den Funktionsterm von f eingesetzt:
$f(x_s) = f(\mathbf{-4}) = 2 \cdot (\mathbf{-4}) + 6 = -8 + 6 = -2 = y_s \Rightarrow S_c(-4\,|\,-2)$

d) $G_f \cap G_g$: $f(x) = g(x) \Rightarrow -3x + 6 = \frac{1}{6}x - 3{,}5$

$$-\frac{19}{6}x = -9{,}5$$
$$x = 3$$

Für den Schnittpunkt S_d gilt also $x_s = \mathbf{3}$. Zur Bestimmung der y-Koordinate y_s wird x_s in den Funktionsterm von f eingesetzt:
$f(x_s) = f(\mathbf{3}) = -3 \cdot \mathbf{3} + 6 = -9 + 6 = -3 = y_s \Rightarrow S_d(3\,|\,-3)$

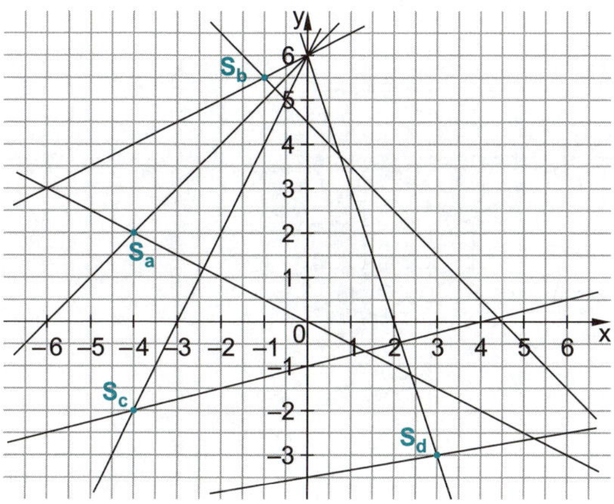

e) $G_f \cap G_g$: $f(x) = g(x) \Rightarrow \frac{1}{5}x - 2{,}5 = -\frac{2}{5}x + 0{,}5$

$$\frac{3}{5}x = 3$$
$$x = 5$$

Für den Schnittpunkt S_e gilt also $x_s = \mathbf{5}$. Zur Bestimmung der y-Koordinate y_s wird x_s in den Funktionsterm von f eingesetzt:
$f(x_s) = f(\mathbf{5}) = \frac{1}{5} \cdot \mathbf{5} - 2{,}5 = 1 - 2{,}5 = -1{,}5 = y_s \Rightarrow S_e(5\,|\,-1{,}5)$

f) $G_f \cap G_g$: $f(x) = g(x) \Rightarrow -\frac{4}{7}x + 4 = \frac{2}{7}x + 4 \Rightarrow -\frac{6}{7}x = 0 \Rightarrow x = 0$

Für den Schnittpunkt S_f gilt also $x_s = \mathbf{0}$. Zur Bestimmung der y-Koordinate y_s wird x_s in den Funktionsterm von f eingesetzt:
$f(x_s) = f(\mathbf{0}) = -\frac{4}{7} \cdot \mathbf{0} + 4 = 4 = y_s \Rightarrow S_f(0\,|\,4)$

g) $G_f \cap G_g$: $f(x) = g(x) \Rightarrow \frac{1}{4}x + 2 = 4 \Rightarrow \frac{1}{4}x = 2 \Rightarrow x = 8$

Für den Schnittpunkt S_f gilt also $x_s = \mathbf{8}$. Zur Bestimmung der y-Koordinate y_s wird x_s am einfachsten in den Funktionsterm von g eingesetzt:
$g(x_s) = g(\mathbf{8}) = 4 = y_s \Rightarrow S_g(8\,|\,4)$

h) $G_f \cap G_g$: $f(x) = g(x) \Rightarrow \frac{1}{3}x + 5 = \frac{1}{3}x + 6 \Rightarrow 0 = 1$ **(f)**

Es gibt keinen Schnittpunkt S_h. Die beiden Geraden haben die gleiche Steigung, sind also parallel.

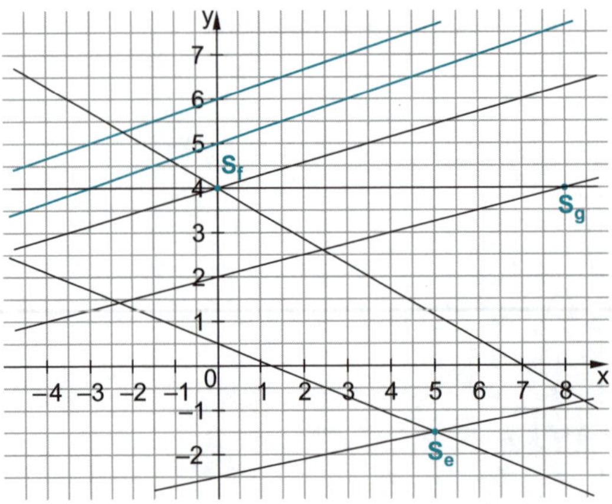

63. a) Alle Geraden haben die Steigung **m = −1** und sind deshalb parallel. Es liegt also eine Parallelenschar von Geraden vor.

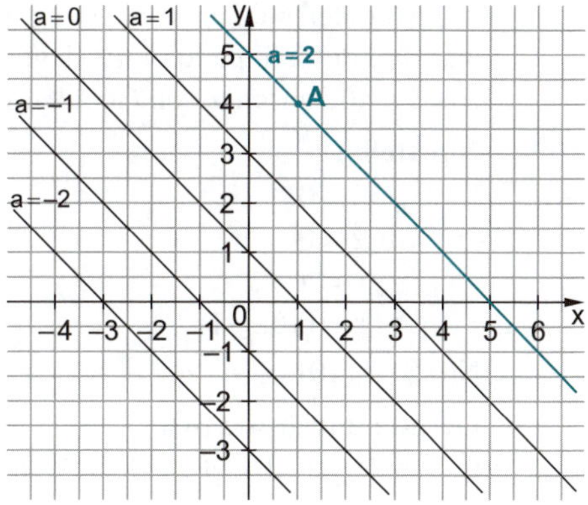

Nullstelle:

$$g_a(x) = 0$$
$$-x + 2a + 1 = 0$$
$$-x = -2a - 1$$
$$x = 2a + 1$$

$N(2a+1\,|\,0)$

Gerade durch A(1|4):

$g_a(1) = 4 \;\Rightarrow\; -1 + 2a + 1 = 4 \;\Rightarrow\; 2a = 4 \;\Rightarrow\; a = 2$

b) Die Steigung **m = a − 1** ist für unterschiedliche Werte von a verschieden. Man wählt zwei beliebige Werte von a, z. B. $a_1 = 0$ und $a_2 = 1$, und berechnet den Schnittpunkt der zugehörigen Geraden:

$$g_0(x) = g_1(x)$$
$$(0-1)\cdot x - 3\cdot 0 + 5 = (1-1)\cdot x - 3\cdot 1 + 5$$
$$-x + 5 = -3 + 5$$
$$-x = -3$$
$$x = 3$$

$g_0(3) = -3 + 5 = 2 \;\Rightarrow\; P(3\,|\,2)$

Kontrolle: $g_a(3) = (a-1)\cdot 3 - 3a + 5 = 3a - 3 - 3a + 5 = 2$ ist unabhängig von a, also liegt ein Geradenbüschel vor. Der Punkt P(3|2) liegt auf allen Geraden.

Nullstelle:

$$g_a(x) = 0$$
$$(a-1)\cdot x - 3a + 5 = 0$$
$$(a-1)\cdot x = 3a - 5$$

$N\left(\frac{3a-5}{a-1}\,\middle|\,0\right)$ für $a \neq 1$;

keine Nullstelle für $a = 1$

Gerade durch A(1|4):

$$g_a(1) = 4$$
$$(a-1)\cdot 1 - 3a + 5 = 4$$
$$-2a + 4 = 4$$
$$a = 0$$

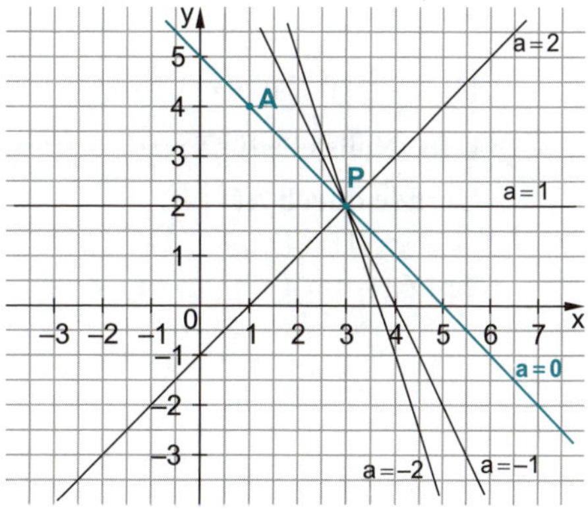

c) Alle Geraden haben die Steigung **m = 2** und sind deshalb parallel. Es liegt also eine Parallelenschar von Geraden vor.

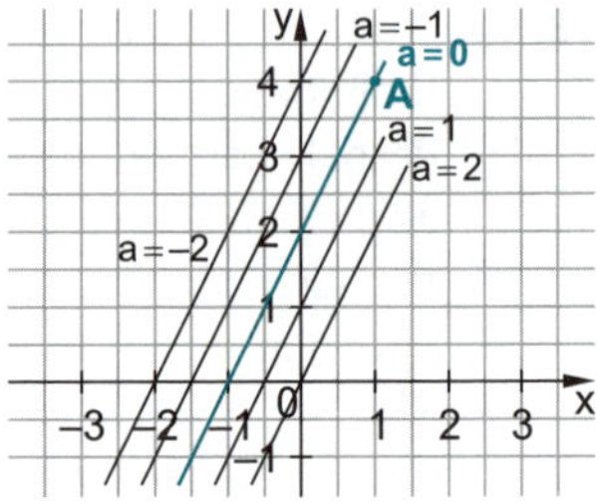

Nullstelle:

$$g_a(x) = 0$$
$$2x - a + 2 = 0$$
$$2x = a - 2$$
$$x = 0{,}5a - 1$$

$N(0{,}5a - 1 \mid 0)$

Gerade durch A(1 | 4):

$g_a(1) = 4 \;\Rightarrow\; 2 - a + 2 = 4 \;\Rightarrow\; -a = 0 \;\Rightarrow\; a = 0$

d) Die Steigung **m = 2a** ist für unterschiedliche Werte von a verschieden. Man wählt zwei beliebige Werte von a, z. B. $a_1 = 0$ und $a_2 = 1$, und berechnet den Schnittpunkt der zugehörigen Geraden:

$$g_0(x) = g_1(x)$$
$$2 \cdot 0 \cdot x + 6 \cdot 0 - 4 = 2 \cdot 1 \cdot x + 6 \cdot 1 - 4$$
$$-4 = 2x + 2$$
$$-6 = 2x$$
$$x = -3$$

$g_0(-3) = 0 + 0 - 4 = -4 \;\Rightarrow\; P(-3 \mid -4)$

Kontrolle: $g_a(-3) = -6a + 6a - 4 = -4$ ist unabhängig von a, also liegt ein Geradenbüschel vor. Der Punkt $P(-3 \mid -4)$ liegt auf allen Geraden.

Nullstelle:

$$g_a(x) = 0$$
$$2ax + 6a - 4 = 0$$
$$2ax = 4 - 6a$$
$$ax = 2 - 3a$$

$N\left(\frac{2-3a}{a} \,\middle|\, 0\right)$ für $a \neq 0$;

keine Nullstelle für $a = 0$

Gerade durch A(1 | 4):

$$g_a(1) = 4$$
$$2a + 6a - 4 = 4$$
$$8a = 8$$
$$a = 1$$

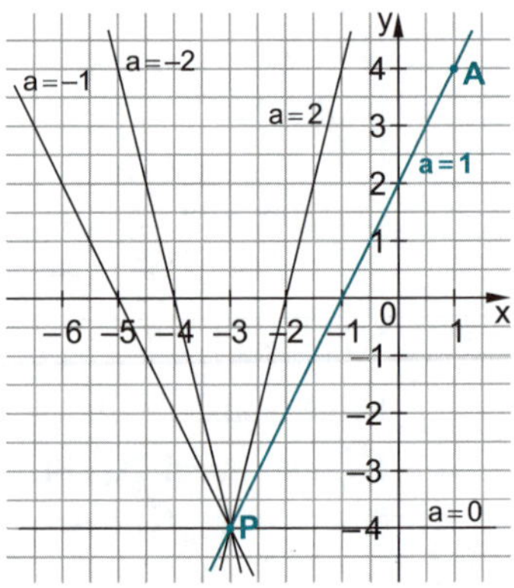

64. a) (II) $x - y = 2 \quad | + y$ — Auflösen der Gleichung (II) nach x

$x = \underline{y + 2}$

in (I) $-2(\underline{y + 2}) + y = -3$ — Einsetzen von x in Gleichung (I)

$-4 - y = -3$

$-y = 1$

$\mathbf{y = -1}$ — Auflösen nach y

$\mathbf{x} = -1 + 2 = \mathbf{1}$ — Einsetzen von $y = -1$ in $x = y + 2$

Schnittpunkt $S_a(1 \mid -1)$

Geradengleichungen g_I: $y = 2x - 3$; g_{II}: $y = x - 2$

b) (II) $-x + y = -1 \quad | + x$ — Auflösen der Gleichung (II) nach y

$y = \underline{x - 1}$

in (I) $0{,}5x + \underline{x - 1} = 2$ — Einsetzen von x in Gleichung (I)

$1{,}5x - 1 = 2$

$1{,}5x = 3$

$\mathbf{x = 2}$ — Auflösen nach x

$\mathbf{y} = 2 - 1 = \mathbf{1}$ — Einsetzen von $x = 2$ in $y = x - 1$

Schnittpunkt $S_b(2 \mid 1)$

Geradengleichungen g_I: $y = -0{,}5x + 2$; g_{II}: $y = x - 1$

c) (II) $x + 2y = 4 \quad | - 2y$ — Auflösen der Gleichung (II) nach x

$x = \underline{4 - 2y}$

in (I) $2(\underline{4 - 2y}) + 4y = -4$ — Einsetzen von y in Gleichung (I)

$8 - 4y + 4y = -4$

$8 = -4$ **(f)**

Es gibt keinen Schnittpunkt, die beiden Geraden sind parallel.

Geradengleichungen g_I: $y = -0{,}5x - 1$; g_{II}: $y = -0{,}5x + 2$

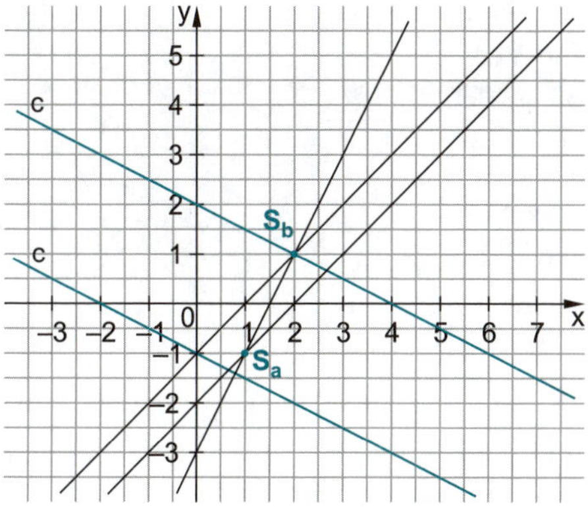

65. a) G_f entsteht durch Spiegelung der Normalparabel an der x-Achse und Verschiebung um 1 Einheit längs der y-Achse nach oben. Scheitel: $S_a(0|1)$

b) G_f entsteht durch Spiegelung der Normalparabel an der x-Achse und Verschiebung um 4 Einheiten längs der y-Achse nach oben. Scheitel: $S_b(0|4)$

c) G_f entsteht durch Spiegelung der Normalparabel an der x-Achse und Verschiebung um 2 Einheiten längs der x-Achse nach links. Scheitel: $S_c(-2|0)$

d) G_f entsteht durch Spiegelung der Normalparabel an der x-Achse und Verschiebung um 2,5 Einheiten längs der x-Achse nach rechts. Scheitel: $S_d(2{,}5|0)$

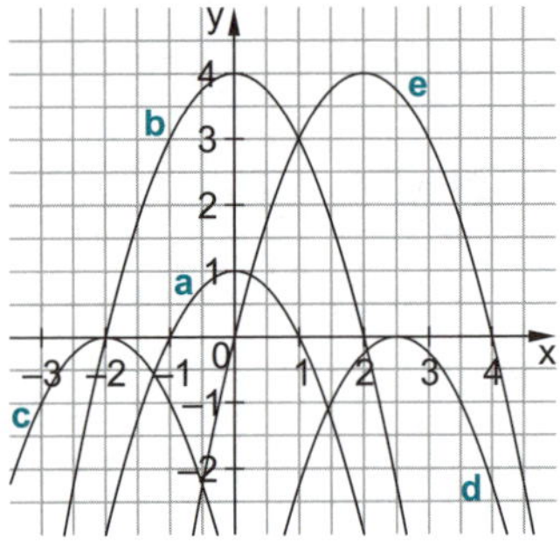

e) G_f entsteht durch Spiegelung der Normalparabel an der x-Achse und Verschiebung um 2 Einheiten längs der x-Achse nach rechts sowie um 4 Einheiten längs der y-Achse nach oben. Scheitel: $S_e(2|4)$

f) G_f entsteht durch Spiegelung der Normalparabel an der x-Achse und Verschiebung um 1 Einheit längs der x-Achse nach links sowie um 2 Einheiten längs der y-Achse nach oben. Scheitel: $S_f(-1|2)$

g) G_f entsteht durch Stauchung der Normalparabel (Faktor $a=0{,}5$) und Verschiebung um 2 Einheiten längs der y-Achse nach unten. Scheitel: $S_g(0|-2)$

h) G_f entsteht durch Stauchung der Normalparabel (Faktor $a=0{,}25$) und Verschiebung um 1 Einheit längs der y-Achse nach oben. Scheitel: $S_h(0|1)$

i) G_f entsteht durch Stauchung der Normalparabel (Faktor $a=0{,}5$) und Verschiebung um 2,5 Einheiten längs der x-Achse nach rechts. Scheitel: $S_i(2{,}5|0)$

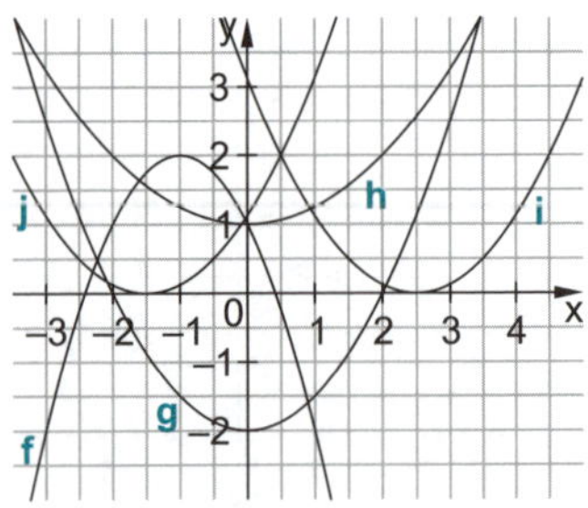

j) G_f entsteht durch Stauchung der Normalparabel (Faktor $a=0{,}5$) und Verschiebung um 1,5 Einheiten längs der x-Achse nach links. Scheitel: $S_j(-1{,}5|0)$

k) G_f entsteht durch Stauchung der Normalparabel (Faktor $a=0{,}5$) und Verschiebung um 2 Einheiten längs der x-Achse nach rechts sowie um 2 Einheiten längs der y-Achse nach unten. Scheitel: $S_k(2|-2)$

l) G_f entsteht durch Stauchung der Normalparabel (Faktor 0,5), Spiegelung an der x-Achse, Verschiebung um 2 Einheiten längs der x-Achse nach links und um 2 Einheiten längs der y-Achse nach oben. Scheitel: $S_l(-2\,|\,2)$

m) G_f entsteht durch Stauchung der Normalparabel (Faktor 0,5), Spiegelung an der x-Achse, Verschiebung um 1 Einheit längs der x-Achse nach rechts und um 4,5 Einheiten längs der y-Achse nach oben. Scheitel: $S_m(1\,|\,4{,}5)$

n) G_f entsteht durch Stauchung der Normalparabel (Faktor 0,25), Spiegelung an der x-Achse, Verschiebung um 1 Einheit längs der x-Achse nach rechts und um 1 Einheit längs der y-Achse nach oben. Scheitel: $S_n(1\,|\,1)$

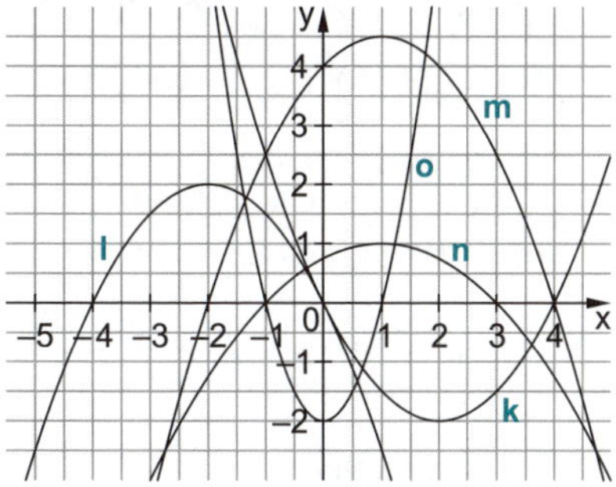

o) G_f entsteht durch Streckung der Normalparabel (Faktor $a=2$) und Verschiebung um 2 Einheiten längs der y-Achse nach unten. Scheitel: $S_o(0\,|\,-2)$

p) G_f entsteht durch Streckung der Normalparabel (Faktor 2), Spiegelung an der x-Achse und Verschiebung um 4 Einheiten längs der y-Achse nach oben. Scheitel: $S_p(0\,|\,4)$

q) G_f entsteht durch Streckung der Normalparabel (Faktor $a=2$) und Verschiebung um 2 Einheiten längs der x-Achse nach links. Scheitel: $S_q(-2\,|\,0)$

r) G_f entsteht durch Streckung der Normalparabel (Faktor 2), Spiegelung an der x-Achse und Verschiebung um 3 Einheiten längs der x-Achse nach rechts. Scheitel: $S_r(3\,|\,0)$

s) G_f entsteht durch Streckung der Normalparabel (Faktor $a=2$) und Verschiebung um 2 Einheiten längs der x-Achse nach rechts sowie um 2 Einheiten längs der y-Achse nach unten. Scheitel: $S_s(2\,|\,-2)$

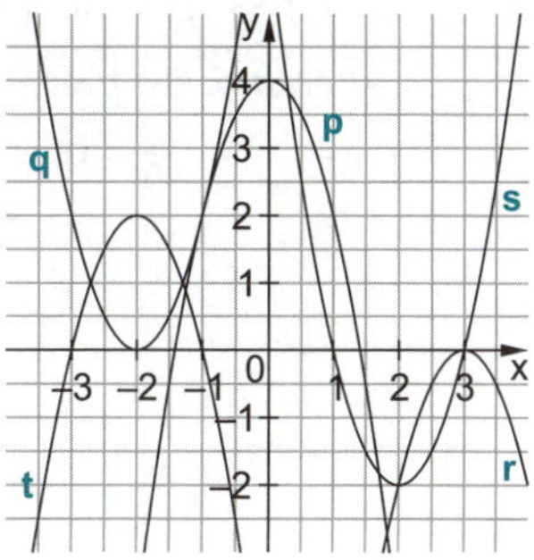

t) G_f entsteht durch Streckung der Normalparabel (Faktor 2), Spiegelung an der x-Achse und Verschiebung um 2 Einheiten längs der x-Achse nach links sowie um 2 Einheiten längs der y-Achse nach oben. Scheitel: $S_t(-2\,|\,2)$

66. a) $S_a(-6{,}5|-1)$, $a=1 \Rightarrow f(x)=(x+6{,}5)^2-1$; $x \in \mathbb{R}$

b) $S_b(-6|4)$, $a=-1 \Rightarrow f(x)=-(x+6)^2+4$; $x \in \mathbb{R}$

c) $S_c(-2|4{,}5)$, $a=0{,}5 \Rightarrow f(x)=0{,}5(x+2)^2+4{,}5$; $x \in \mathbb{R}$

d) $S_d(-1|3)$, $a=-2 \Rightarrow f(x)=-2(x+1)^2+3$; $x \in \mathbb{R}$

e) $S_e(1{,}5|-4{,}5)$, $a=2 \Rightarrow f(x)=2(x-1{,}5)^2-4{,}5$; $x \in \mathbb{R}$

f) $S_f(2{,}5|6)$, $a=-3 \Rightarrow f(x)=-3(x-2{,}5)^2+6$; $x \in \mathbb{R}$

g) $S_g(5|4{,}5)$, $a=3 \Rightarrow f(x)=3(x-5)^2+4{,}5$; $x \in \mathbb{R}$

h) $S_h(5|3)$, $a=-3 \Rightarrow f(x)=-3(x-5)^2+3$; $x \in \mathbb{R}$

i) $S_i(7{,}5|5)$, $a=-2 \Rightarrow f(x)=-2(x-7{,}5)^2+5$; $x \in \mathbb{R}$

67. a) **Nullstellen:**

$f(x)=0 \Rightarrow x^2-1=0$

$(x+1)(x-1)=0 \Rightarrow x_1=\mathbf{-1},\ x_2=\mathbf{1}$

Scheitel:

$x_s=0{,}5\cdot(x_1+x_2)=0{,}5\cdot(\mathbf{-1}+\mathbf{1})=0$;

$y_s=f(x_s)=f(0)=-1$; $S(0|-1)$

Alternativ aus f(x) mit der Formel:

$x_s=\frac{-b}{2a}=\frac{0}{2\cdot 1}=0$; $y_s=f(x_s)=-1$

Der Scheitel ist auch sofort aus f(x) ablesbar.

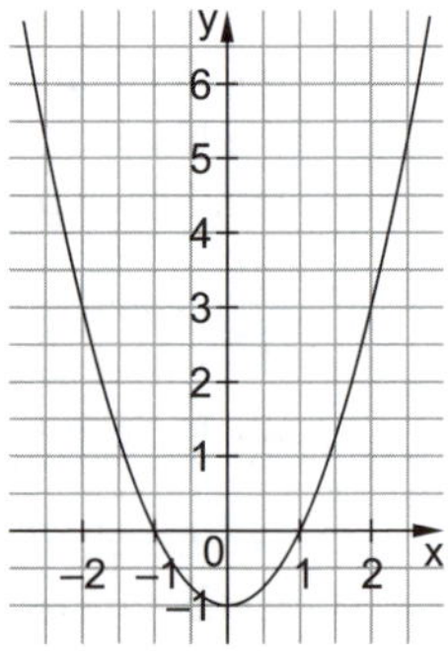

b) **Nullstellen:**

$f(x)=0 \Rightarrow x^2=-1{,}5$; keine Nullstellen

Scheitel:

$S(0|1{,}5)$ ist sofort aus f(x) ablesbar.

Alternativ aus f(x) mit der Formel:

$x_s=\frac{-b}{2a}=\frac{0}{2\cdot 1}=0$; $y_s=f(x_s)=f(0)=1{,}5$

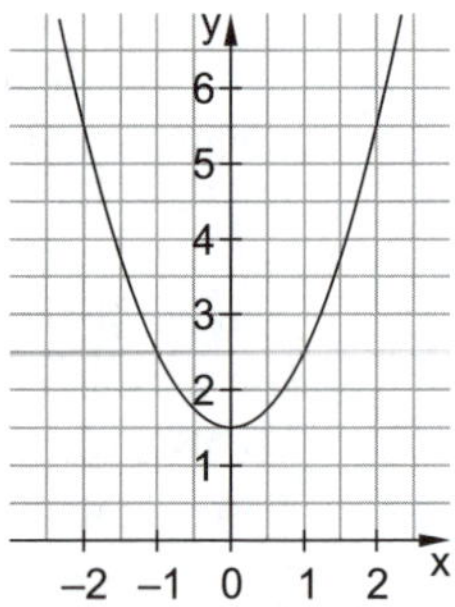

c) **Nullstellen:**

$f(x) = 0 \Rightarrow x^2 + 2x + 1 = 0$

$(x+1)(x+1) = 0 \Rightarrow x_{1;2} = \mathbf{-1}$

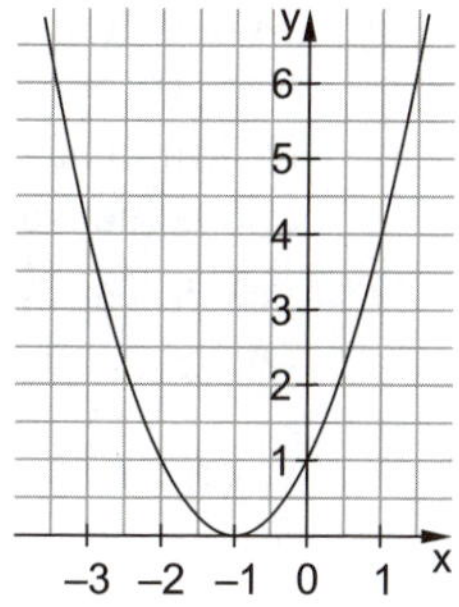

Scheitel:

doppelte Nullstelle, also $x_s = \mathbf{-1}$; $y_s = 0$; $S(-1\,|\,0)$

Alternativ aus f(x) mit der Formel:

$x_s = \frac{-b}{2a} = \frac{-2}{2 \cdot 1} = -1;$

$y_s = f(x_s) = f(-1) = (-1)^2 + 2(-1) + 1 = 0$

d) **Nullstellen:**

$f(x) = 0 \Rightarrow x^2 + 5x + 6{,}25 = 0$

$(x+2{,}5)(x+2{,}5) = 0 \Rightarrow x_{1;2} = \mathbf{-2{,}5}$

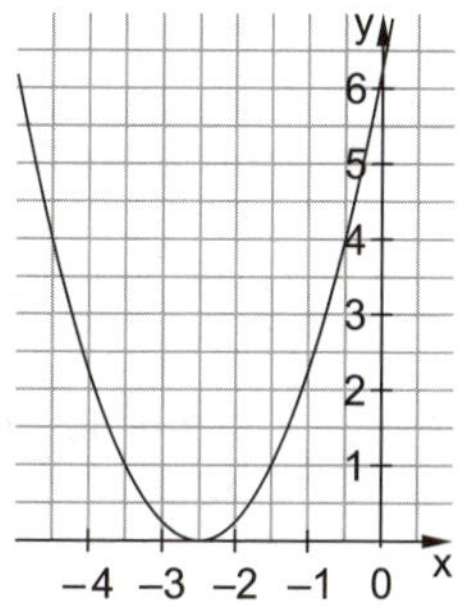

Scheitel:

doppelte Nullstelle, also $x_s = \mathbf{-2{,}5}$; $y_s = 0$; $S(-2{,}5\,|\,0)$

Alternativ aus f(x) mit der Formel:

$x_s = \frac{-b}{2a} = \frac{-5}{2 \cdot 1} = -2{,}5;$

$y_s = f(x_s) = f(-2{,}5) = (-2{,}5)^2 + 5(-2{,}5) + 6{,}25$

$= 6{,}25 - 12{,}5 + 6{,}25 = 0$

e) **Nullstellen:**

$f(x) = 0 \Rightarrow x^2 - 8x + 16 = 0$

$(x-4)(x-4) = 0 \Rightarrow x_{1;2} = \mathbf{4}$

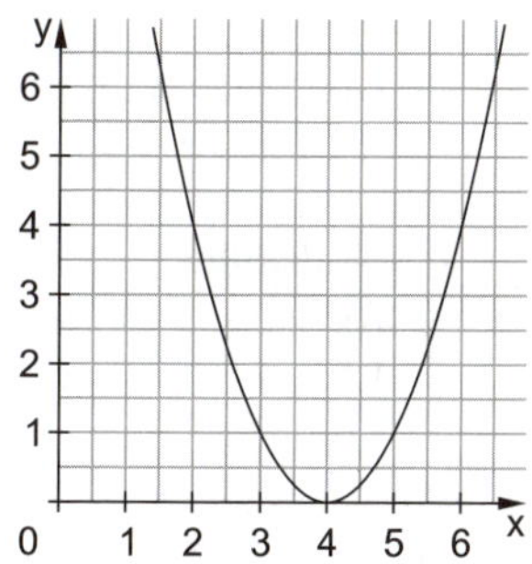

Scheitel:

doppelte Nullstelle, also $x_s = \mathbf{4}$; $y_s = 0$; $S(4\,|\,0)$

Alternativ aus f(x) mit der Formel:

$x_s = \frac{-b}{2a} = \frac{8}{2 \cdot 1} = 4;$

$y_s = f(x_s) = f(4) = 4^2 - 8 \cdot 4 + 16$

$= 16 - 32 + 16 = 0$

f) **Nullstellen:**

$f(x) = 0 \Rightarrow x^2 + 4x + 3 = 0$

$(x+3)(x+1) = 0$

$x_1 = \mathbf{-3}, \; x_2 = \mathbf{-1}$

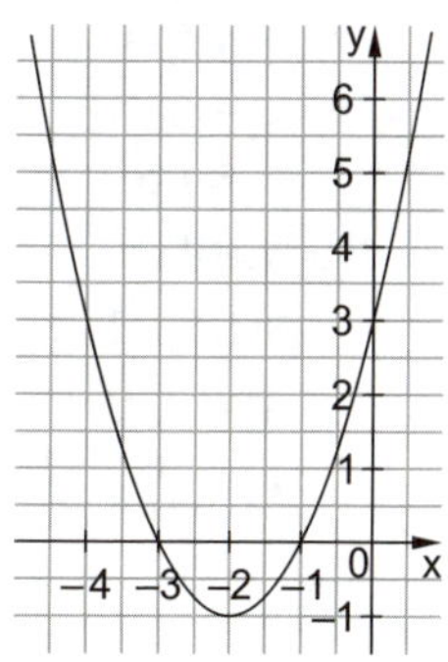

Scheitel:

$x_s = 0{,}5 \cdot (x_1 + x_2) = 0{,}5 \cdot (\mathbf{-3 - 1}) = -2;$

$y_s = f(x_s) = f(-2) = (-2)^2 + 4(-2) + 3 = -1;\; S(-2\,|\,-1)$

Alternativ aus f(x) mit der Formel:

$x_s = \frac{-b}{2a} = \frac{-4}{2 \cdot 1} = -2;\; y_s = f(x_s) = -1$

g) **Nullstellen:**
$f(x)=0 \Rightarrow x^2-6x+11=0$
Diskriminante: $D=(-6)^2-4\cdot 1\cdot 11=-8<\mathbf{0}$,
also keine Nullstellen

Scheitel aus f(x) mit der Formel:
$x_s=\frac{-b}{2a}=\frac{6}{2\cdot 1}=3;$
$y_s=f(x_s)=f(3)=9-18+11=2;\ S(3\,|\,2)$
Alternativ mit quadratischer Ergänzung:
$f(x)=x^2-6x+11=x^2-6x+3^2-3^2+11$
$=(x-3)^2+2$

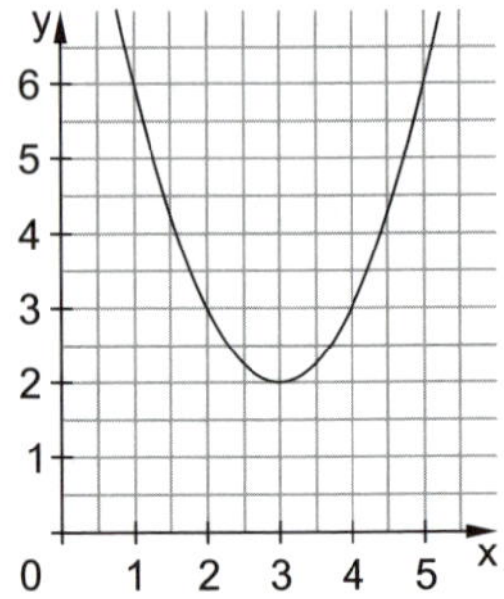

h) **Nullstellen:**
$f(x)=0 \Rightarrow x^2+5x+7{,}75=0$
Diskriminante: $D=5^2-4\cdot 1\cdot 7{,}75=-6<\mathbf{0}$,
also keine Nullstellen

Scheitel aus f(x) mit der Formel:
$x_s=\frac{-b}{2a}=\frac{-5}{2\cdot 1}=-2{,}5;$
$y_s=f(x_s)=f(-2{,}5)=6{,}25-12{,}5+7{,}75=1{,}5;$
$S(-2{,}5\,|\,1{,}5)$
Alternativ mit quadratischer Ergänzung:
$f(x)=x^2+5x+7{,}75=x^2+5x+2{,}5^2-2{,}5^2+7{,}75$
$=(x+2{,}5)^2+1{,}5$

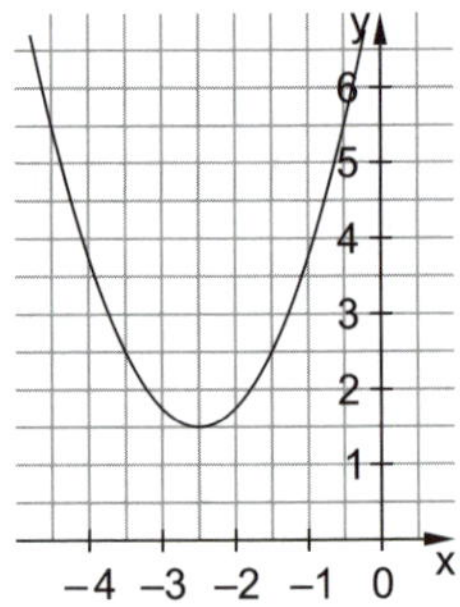

i) **Nullstellen:**
$f(x)=0 \Rightarrow x^2-3x+0{,}25=0$
Diskriminante: $D=(-3)^2-4\cdot 1\cdot 0{,}25=\mathbf{8}$
Lösungsformel:
$x_{1;2}=\frac{3\pm\sqrt{8}}{2}=\frac{3\pm 2\sqrt{2}}{2}=1{,}5\pm\sqrt{2};$
$x_1=1{,}5-\sqrt{2},\ x_2=1{,}5+\sqrt{2}$

Scheitel:
$x_s=0{,}5\cdot(x_1+x_2)=0{,}5\cdot(1{,}5-\sqrt{2}+1{,}5+\sqrt{2})$
$=1{,}5;$
$y_s=f(x_s)=f(1{,}5)=1{,}5^2-3\cdot 1{,}5+0{,}25=-2;$
$S(1{,}5\,|\,-2)$
Alternativ aus f(x) mit der Formel:
$x_s=\frac{-b}{2a}=\frac{3}{2\cdot 1}=1{,}5;\ y_s=f(x_s)=-2$

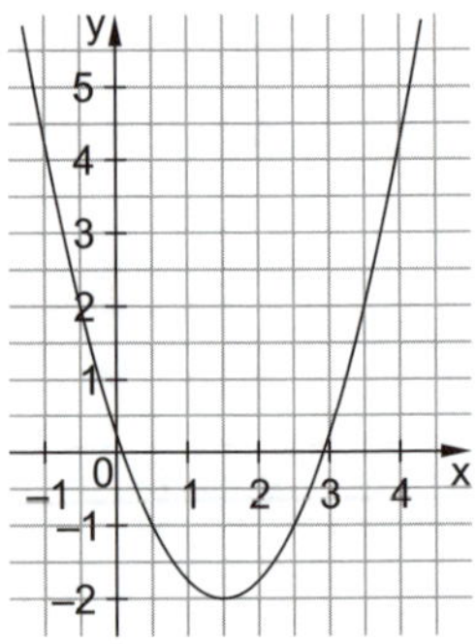

j) **Nullstellen:**

$f(x)=0 \Rightarrow x^2+6x+7=0$

Diskriminante: $D=6^2-4\cdot 1\cdot 7=\mathbf{8}$

Lösungsformel:

$x_{1;2}=\frac{-6\pm\sqrt{\mathbf{8}}}{2}=\frac{-6\pm 2\sqrt{2}}{2}=-3\pm\sqrt{2};$

$x_1=-3-\sqrt{2},\ x_2=-3+\sqrt{2}$

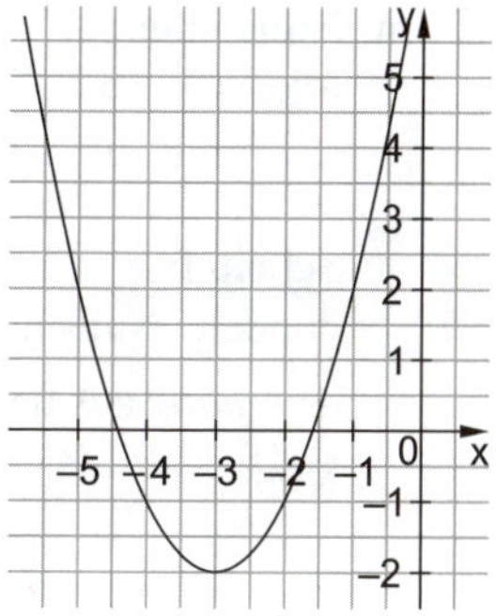

Scheitel:

$x_s=0{,}5\cdot(x_1+x_2)=0{,}5\cdot(-3-\sqrt{2}-3+\sqrt{2})$

$=-3$

$y_s=f(x_s)=f(-3)=(-3)^2+6\cdot(-3)+7=-2;$

$S(-3\,|\,-2)$

Alternativ aus f(x) mit der Formel:

$x_s=\frac{-b}{2a}=\frac{-6}{2\cdot 1}=-3;\ y_s=f(x_s)=-2$

k) **Nullstellen:**

$f(x)=0 \Rightarrow -x^2+1=0 \Rightarrow x^2-1=0$

$(x+1)(x-1)=0$

$x_1=\mathbf{-1},\ x_2=\mathbf{1}$

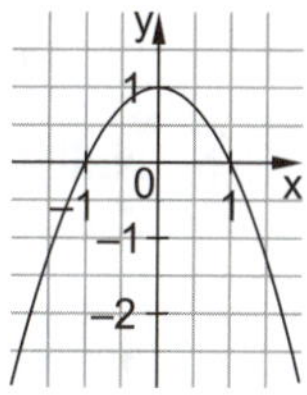

Scheitel:

$x_s=0{,}5\cdot(x_1+x_2)=0{,}5\cdot(\mathbf{-1}+\mathbf{1})=0;$

$y_s=f(x_s)=f(0)=1;\ S(0\,|\,1)$

Alternativ aus f(x) mit der Formel:

$x_s=\frac{-b}{2a}=\frac{0}{2\cdot(-1)}=0;\ y_s=f(x_s)=1$

Der Scheitel ist auch sofort aus f(x) ablesbar.

l) **Nullstellen:**

$f(x)=0 \Rightarrow -x^2+4=0$

$x^2-4=0$

$(x+2)(x-2)=0$

$x_1=\mathbf{-2},\ x_2=\mathbf{2}$

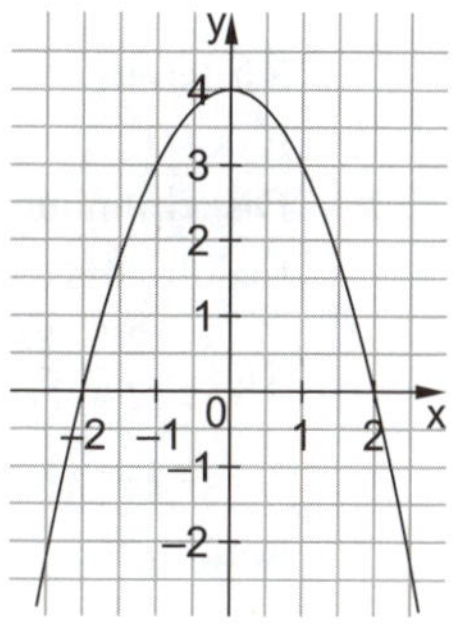

Scheitel:

$x_s=0{,}5\cdot(x_1+x_2)=0{,}5\cdot(\mathbf{-2}+\mathbf{2})=0;$

$y_s=f(x_s)=f(0)=4;\ S(0\,|\,4)$

Alternativ aus f(x) mit der Formel:

$x_s=\frac{-b}{2a}=\frac{0}{2\cdot(-1)}=0;\ y_s=f(x_s)=4$

Der Scheitel ist auch sofort aus f(x) ablesbar.

m) **Nullstellen:**

$$f(x)=0 \;\Rightarrow\; -x^2-4x-4=0$$
$$x^2+4x+4=0$$
$$(x+2)(x+2)=0 \;\Rightarrow\; x_{1;\,2}=\mathbf{-2}$$

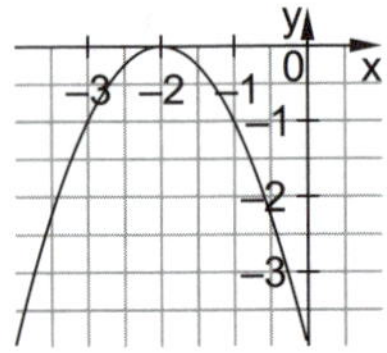

Scheitel:

doppelte Nullstelle, also $x_s=\mathbf{-2}$; $y_s=0$; $S(-2\,|\,0)$

Alternativ aus f(x) mit der Formel:

$$x_s=\frac{-b}{2a}=\frac{4}{2\cdot(-1)}=-2;\; y_s=f(x_s)=f(-2)=-(-2)^2-4\cdot(-2)-4=0$$

n) **Nullstellen:**

$$f(x)=0 \;\Rightarrow\; -x^2+5x-6{,}25=0$$
$$x^2-5x+6{,}25=0$$
$$(x-2{,}5)(x-2{,}5)=0 \;\Rightarrow\; x_{1;\,2}=\mathbf{2{,}5}$$

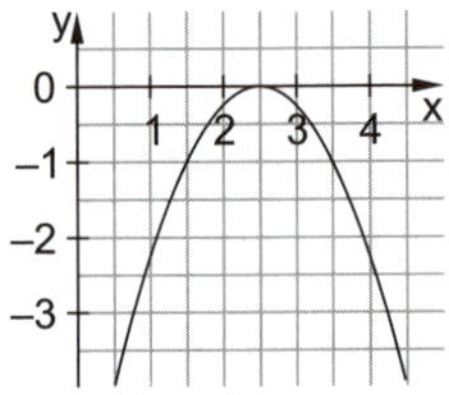

Scheitel:

doppelte Nullstelle, also $x_s=\mathbf{2{,}5}$; $y_s=0$; $S(2{,}5\,|\,0)$

Alternativ aus f(x) mit der Formel:

$$x_s=\frac{-b}{2a}=\frac{-5}{2\cdot(-1)}=2{,}5;\; y_s=f(x_s)=f(2{,}5)=-(2{,}5)^2+5\cdot 2{,}5-6{,}25=0$$

o) **Nullstellen:**

$$f(x)=0 \;\Rightarrow\; -x^2+4x=0$$
$$-x(x-4)=0 \;\Rightarrow\; x_1=\mathbf{0},\; x_2=\mathbf{4}$$

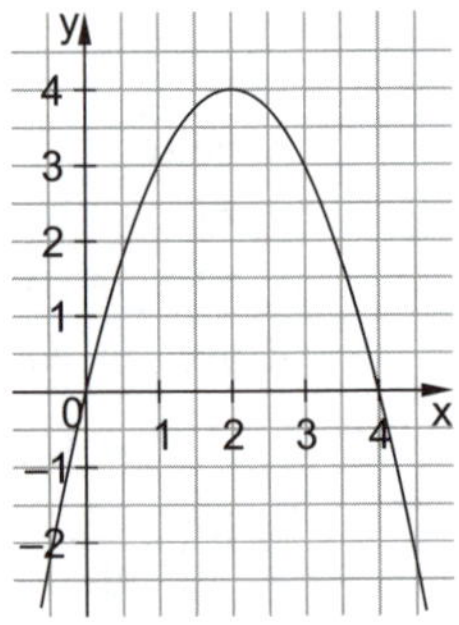

Scheitel:

$x_s=0{,}5\cdot(x_1+x_2)=0{,}5\cdot(\mathbf{0}+\mathbf{4})=2;$

$y_s=f(x_s)=f(2)=-4+8=4;\; S(2\,|\,4)$

Alternativ aus f(x) mit der Formel:

$$x_s=\frac{-b}{2a}=\frac{-4}{2\cdot(-1)}=2;\; y_s=f(x_s)=4$$

p) **Nullstellen:**

$f(x)=0 \;\Rightarrow\; -x^2-2x+1=0$

Diskriminante: $D=(-2)^2-4\cdot(-1)\cdot 1=\mathbf{8}$

Lösungsformel:

$$x_{1;\,2}=\frac{2\pm\sqrt{8}}{2\cdot(-1)}=\frac{2\pm 2\sqrt{2}}{-2}=-1\pm\sqrt{2}$$

$$x_1=-1-\sqrt{2},\; x_2=-1+\sqrt{2}$$

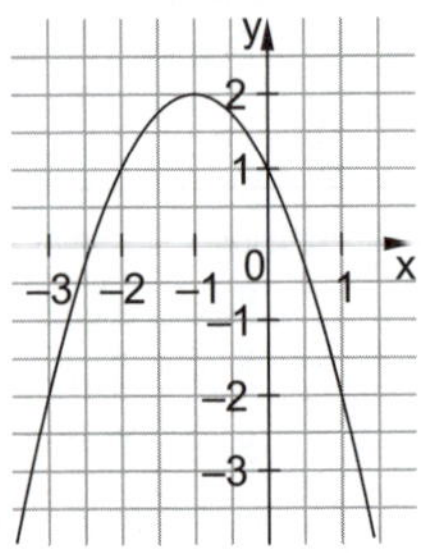

Scheitel:

$$x_s=0{,}5(x_1+x_2)=0{,}5\cdot(-1-\sqrt{2}-1+\sqrt{2})=-1;$$
$$y_s=f(x_s)=f(-1)=-(-1)^2-2\cdot(-1)+1=2;\; S(-1\,|\,2)$$

Alternativ aus f(x) mit der Formel:

$$x_s=\frac{-b}{2a}=\frac{2}{2\cdot(-1)}=-1;\; y_s=f(x_s)=2$$

q) **Nullstellen:**

$$f(x)=0 \;\Rightarrow\; 0{,}5x^2-2=0$$
$$x^2-4=0$$
$$(x+2)(x-2)=0$$
$$x_1=\mathbf{-2};\; x_2=\mathbf{2}$$

Scheitel:

$x_s=0{,}5\cdot(x_1+x_2)=0{,}5\cdot(\mathbf{-2}+\mathbf{2})=0;$
$y_s=f(x_s)=f(0)=-2;\; S(0\,|\,-2)$

Alternativ aus f(x) mit der Formel:

$x_s=\frac{-b}{2a}=\frac{0}{2\cdot 0{,}5}=0;\; y_s=f(x_s)=2$

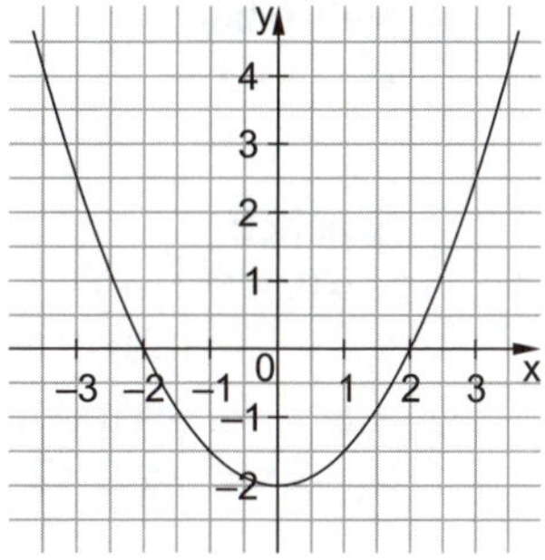

r) **Nullstellen:**

$f(x)=0 \;\Rightarrow\; 0{,}25x^2+1=0 \;\Rightarrow\; x^2=-4;$
keine Nullstellen

Scheitel:

S(0 | 1) ist sofort aus f(x) ablesbar.

Alternativ aus f(x) mit der Formel:

$x_s=\frac{-b}{2a}=\frac{0}{2\cdot 0{,}25}=0;\; y_s=f(x_s)=f(0)=1$

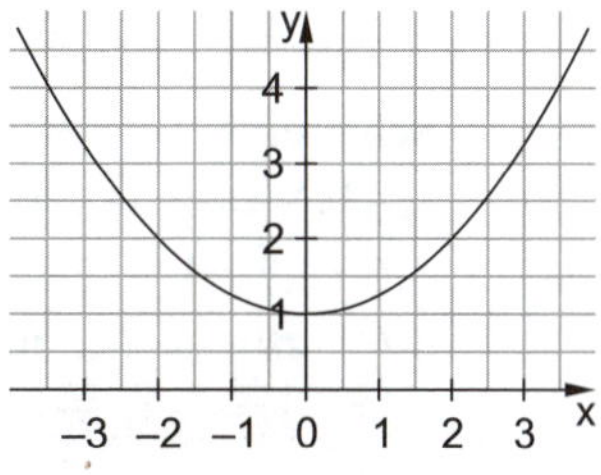

s) **Nullstellen:**

$f(x)=0 \;\Rightarrow\; 0{,}5x^2-2{,}5x+3{,}125=0$
Diskriminante: $D=(-2{,}5)^2-4\cdot 0{,}5\cdot 3{,}125=\mathbf{0}$
Lösungsformel:

$x_{1;2}=\frac{2{,}5\pm\sqrt{\mathbf{0}}}{2\cdot 0{,}5}=2{,}5$

Scheitel:

doppelte Nullstelle, also $x_s=\mathbf{2{,}5};\; y_s=0;\; S(2{,}5\,|\,0)$

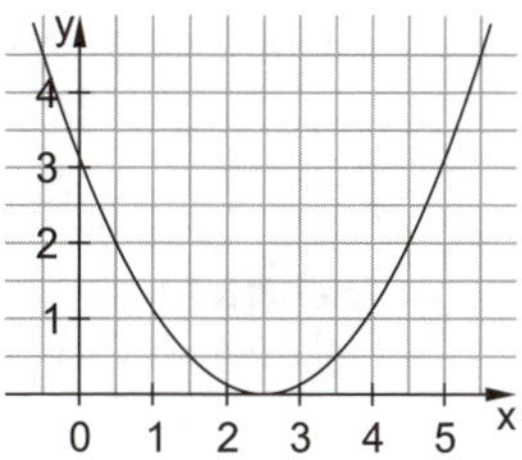

t) **Nullstellen:**

$f(x)=0 \;\Rightarrow\; 0{,}5x^2+1{,}5x+1{,}125=0$
Diskriminante: $D=1{,}5^2-4\cdot 0{,}5\cdot 1{,}125=\mathbf{0}$
Lösungsformel:

$x_{1;2}=\frac{-1{,}5\pm\sqrt{\mathbf{0}}}{2\cdot 0{,}5}=-1{,}5$

Alternativ:

$x^2+3x+2{,}25=0 \;\Rightarrow\; (x+1{,}5)^2=0$

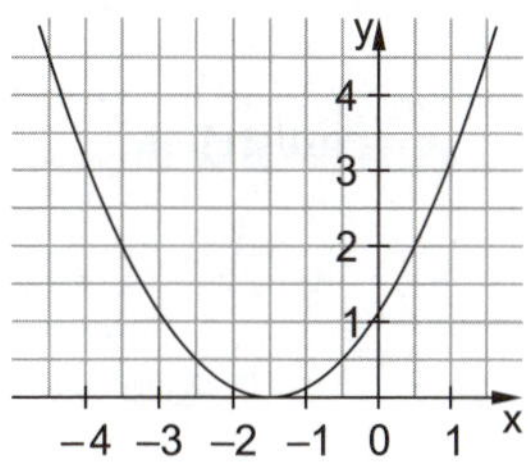

Scheitel:

doppelte Nullstelle, also $x_s=-1{,}5;\; y_s=0;\; S(-1{,}5\,|\,0)$

u) **Nullstellen:**

$$f(x)=0 \;\Rightarrow\; 0,5x^2-2x=0$$
$$0,5x(x-4)=0$$
$$x_1=\mathbf{0};\; x_2=\mathbf{4}$$

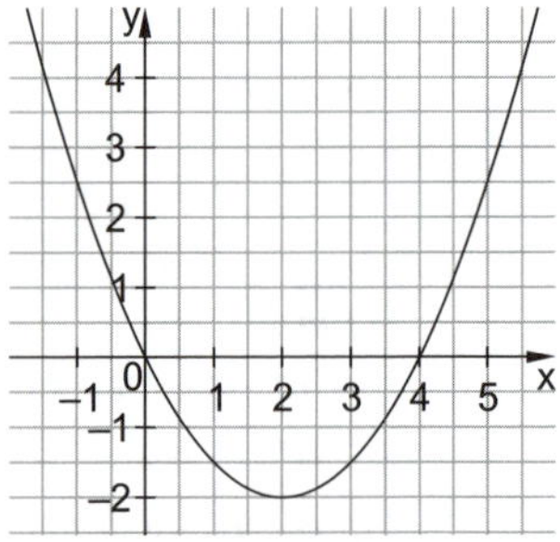

Scheitel:

$x_s=0,5\cdot(x_1+x_2)=0,5\cdot(\mathbf{0}+\mathbf{4})=2;$

$y_s=f(x_s)=f(2)=0,5\cdot 4-4=-2;\; S(2\,|\,-2)$

Alternativ aus f(x) mit der Formel:

$x_s=\frac{-b}{2a}=\frac{2}{2\cdot 0,5}=2;\; y_s=f(x_s)=-2$

v) **Nullstellen:**

$$f(x)=0 \;\Rightarrow\; -0,5x^2-2x=0$$
$$-0,5x(x+4)=0$$
$$x_1=\mathbf{0};\; x_2=\mathbf{-4}$$

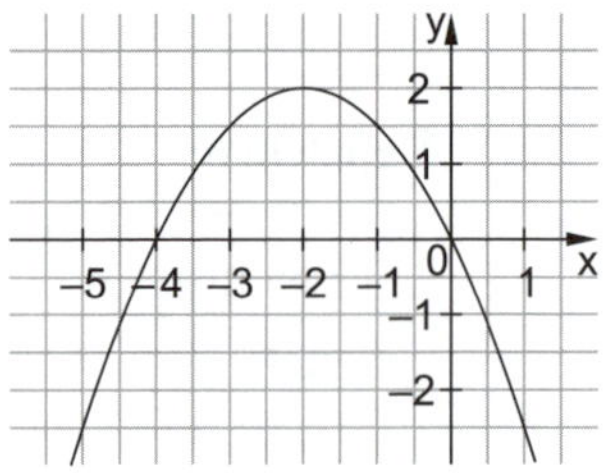

Scheitel:

$x_s=0,5\cdot(x_1+x_2)=0,5\cdot(\mathbf{0}-\mathbf{4})=-2;$

$y_s=f(x_s)=f(-2)=-0,5\cdot 4+4=2;\; S(-2\,|\,2)$

Alternativ aus f(x) mit der Formel:

$x_s=\frac{-b}{2a}=\frac{2}{2\cdot(-0,5)}=-2;\; y_s=f(x_s)=2$

w) **Nullstellen:**

$$f(x)=0 \;\Rightarrow\; -0,5x^2+x+4=0$$
$$x^2-2x-8=0$$
$$(x+2)(x-4)=0$$
$$x_1=\mathbf{-2};\; x_2=\mathbf{4}$$

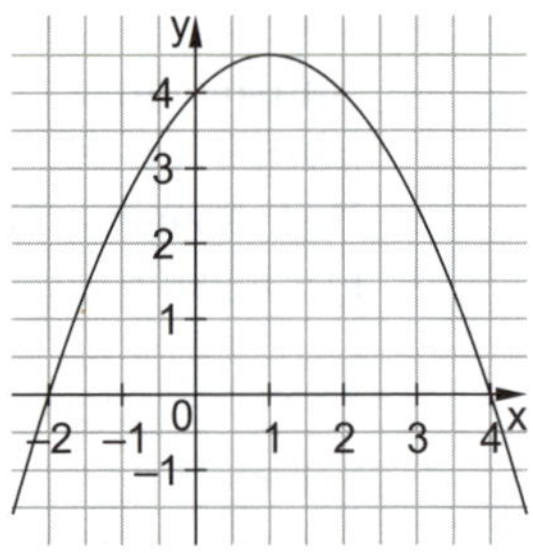

Scheitel:

$x_s=0,5\cdot(x_1+x_2)=0,5\cdot(\mathbf{-2}+\mathbf{4})=1;$

$y_s=f(x_s)=f(1)=-0,5\cdot 1+1+4=4,5;\; S(1\,|\,4,5)$

Alternativ aus f(x) mit der Formel:

$x_s=\frac{-b}{2a}=\frac{-1}{2\cdot(-0,5)}=1;\; y_s=f(x_s)=4,5$

x) **Nullstellen:**

$$f(x)=0$$
$$-0,25x^2+0,5x+0,75=0$$
$$x^2-2x-3=0$$
$$(x+1)(x-3)=0$$
$$x_1=\mathbf{-1};\; x_2=\mathbf{3}$$

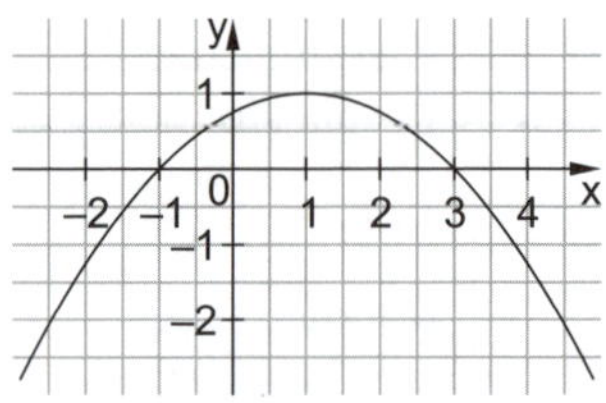

Scheitel:

$x_s=0,5\cdot(x_1+x_2)=0,5\cdot(\mathbf{-1}+\mathbf{3})=1;$

$y_s=f(x_s)=f(1)=-0,25\cdot 1+0,5+0,75=1;\; S(1\,|\,1)$

Alternativ aus f(x) mit der Formel:

$x_s=\frac{-b}{2a}=\frac{-0,5}{2\cdot(-0,25)}=1;\; y_s=f(x_s)=1$

y) **Nullstellen:**

$$f(x) = 0 \;\Rightarrow\; 2x^2 - 8x + 6 = 0$$
$$x^2 - 4x + 3 = 0$$
$$(x-1)(x-3) = 0$$
$$x_1 = \mathbf{1};\; x_2 = \mathbf{3}$$

Scheitel:

$x_s = 0{,}5 \cdot (x_1 + x_2) = 0{,}5 \cdot (\mathbf{1} + \mathbf{3}) = 2;$
$y_s = f(x_s) = f(2) = 2 \cdot 4 - 8 \cdot 2 + 6 = -2;\; S(2\,|\,{-2})$

Alternativ aus f(x) mit der Formel:

$x_s = \frac{-b}{2a} = \frac{8}{2 \cdot 2} = 2;\; y_s = f(x_s) = -2$

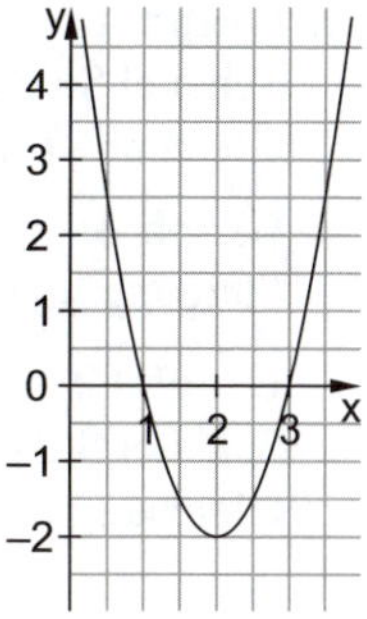

z) **Nullstellen:**

$$f(x) = 0 \;\Rightarrow\; -2x^2 - 8x - 6 = 0$$
$$x^2 + 4x + 3 = 0$$
$$(x+1)(x+3) = 0$$
$$x_1 = \mathbf{-1};\; x_2 = \mathbf{-3}$$

Scheitel:

$x_s = 0{,}5 \cdot (x_1 + x_2) = 0{,}5 \cdot (\mathbf{-1} - \mathbf{3}) = -2;$
$y_s = f(x_s) = f(-2) = -2 \cdot 4 - 8 \cdot (-2) - 6 = 2;\; S(-2\,|\,2)$

Alternativ aus f(x) mit der Formel:

$x_s = \frac{-b}{2a} = \frac{8}{2 \cdot (-2)} = -2;\; y_s = f(x_s) = 2$

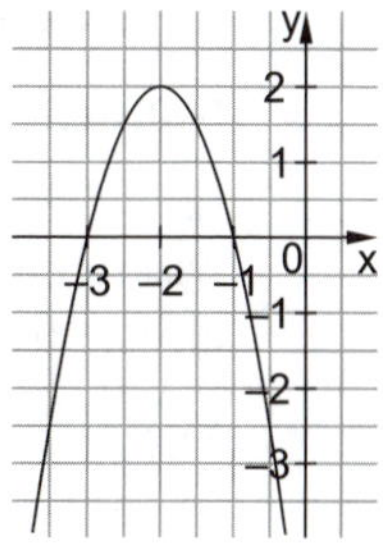

68. Nullstellen:

$f(x) = 0 \;\Rightarrow\; -7x^2 + 42x - 56 = 0 \;\Rightarrow\; x^2 - 6x + 8 = 0$
$(x-2)(x-4) = 0 \;\Rightarrow\; x_1 = \mathbf{2};\; x_2 = \mathbf{4}$

Scheitel:

$x_s = 0{,}5 \cdot (x_1 + x_2) = 0{,}5 \cdot (\mathbf{2} + \mathbf{4}) = 3;\; y_s = f(x_s) = f(3) = -7 \cdot 9 + 42 \cdot 3 - 56 = 7;$
$S(3\,|\,7)$

69. Graph A:

Scheitel $S(-2\,|\,{-3})$, $a = 0{,}25 \;\Rightarrow\;$ Gleichung $y = 0{,}25 \cdot (x+2)^2 - 3;$
Ausmultiplizieren führt auf: $y = 0{,}25x^2 + x + 1 - 3 = 0{,}25x^2 + x - 2;$
keiner der Terme passt

Graph B:

Scheitel $S(2\,|\,{-4})$, $a = 1 \;\Rightarrow\;$ Gleichung $y = (x-2)^2 - 4 = x^2 - 4x = \mathbf{h(x)}$

Graph C:

Scheitel $S(-1\,|\,3)$, $a = -0{,}5 \;\Rightarrow\;$ Gleichung $y = -0{,}5(x+1)^2 + 3 = \mathbf{g(x)};$
Ausmultiplizieren führt auf: $y = -0{,}5x^2 - x - 0{,}5 + 3 = -0{,}5x^2 - x + 2{,}5 = \mathbf{k(x)}$

70. Graph A:

Scheitel $S(-3|-1{,}5)$, $a=0{,}5$;

Gleichung $f(x)=0{,}5\cdot(x+3)^2-1{,}5=0{,}5x^2+3x+4{,}5-1{,}5=0{,}5x^2+3x+3$

Graph B:

Steigung: $m=-\frac{3}{2}$, y-Achsenabschnitt: $t=1{,}5$; Gleichung $g(x)=-\frac{3}{2}x+1{,}5$

Graph C:

Scheitel $S(2|5)$, $a=-3$;

Gleichung $h(x)=-3\cdot(x-2)^2+5=-3x^2+12x-12+5=-3x^2+12x-7$

71. a) **Scheitel:**

$x_s=\frac{-2a}{2}=-a;\quad y_s=f_a(-a)=(-a)^2+2a(-a)+a^2-4=-4;\quad S_a(-a|-4)$

Nullstellen:

$f_a(x)=0 \;\Rightarrow\; x^2+2ax+a^2-4=0$

Diskriminante $D(a)=(2a)^2-4\cdot1\cdot(a^2-4)=\mathbf{16}>0$,

also zwei Nullstellen:

$x_{1;2}=\frac{-2a\pm\sqrt{16}}{2}=\frac{-2a\pm4}{2}=-a\pm2$

$\Rightarrow\; x_1=-a+2,\; x_2=-a-2$

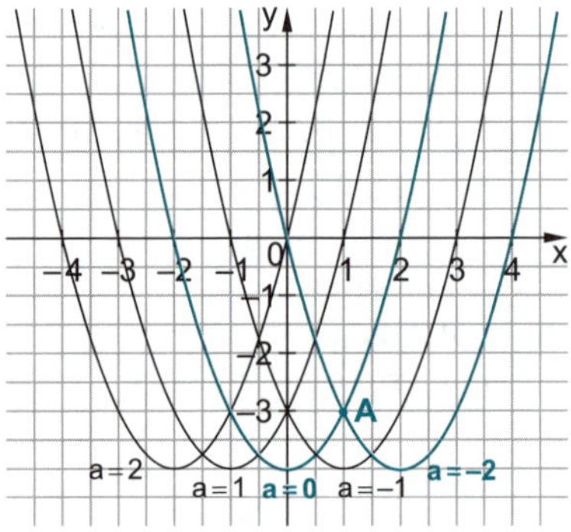

A(1|−3) ∈ G_a:

$$f_a(1)=-3$$
$$1^2+2a\cdot1+a^2-4=-3$$
$$a^2+2a=0$$
$$a\cdot(a+2)=0$$

$a_1=0$; $a_2=-2$ (siehe Zeichnung)

S_a für $a\in\{-2;-1;0;1;2\}$:

$S_{-2}(2|-4)$, $S_{-1}(1|-4)$, $S_0(0|-4)$,
$S_1(-1|-4)$, $S_2(-2|-4)$

b) **Scheitel:**

$x_s=\frac{a}{2}=0{,}5a;\quad y_s=f_a(0{,}5a)=(0{,}5a)^2-a(0{,}5a)+0{,}5a^2=0{,}25a^2;$

$S_a(0{,}5a|0{,}25a^2)$

Nullstellen:

$f_a(x)=0 \;\Rightarrow\; x^2-ax+0{,}5a^2=0$

Diskriminante $D(a)=(-a)^2-4\cdot1\cdot(0{,}5a^2)=-a^2\le0$

Genau eine Nullstelle für $D(a)=0$, also für $a=0$: G_0 berührt die x-Achse.
Keine Nullstellen für $D(a)<0$, also für $a\neq0$: G_a liegt wegen $y_s>0$ vollständig oberhalb der x-Achse.
Der Fall $D(a)>0$ kann nicht auftreten.

Für $a=0$ ergibt sich die Nullstelle:

$x_{1;\,2}=\frac{0\pm 0}{2}=0$

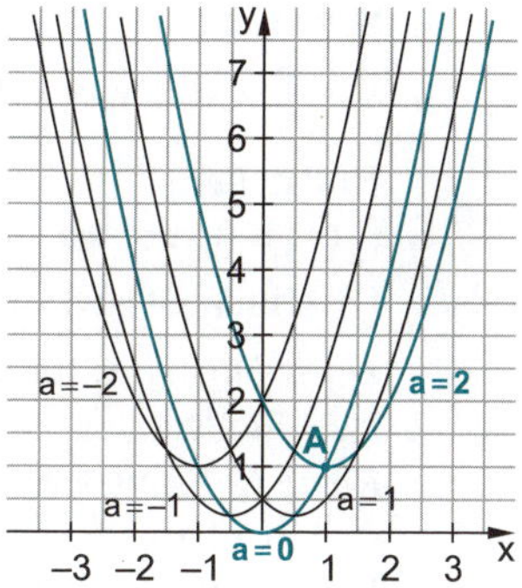

$A(1\,|\,1)\in G_a$:

$$f_a(1)=1 \;\Rightarrow\; 1^2-a\cdot 1+0{,}5a^2=1$$
$$0{,}5a^2-a=0$$
$$0{,}5a(a-2)=0$$

$a_1=0$; $a_2=2$ (siehe Zeichnung)

S_a für $a\in\{-2;\,-1;\,0;\,1;\,2\}$:

$S_{-2}(-1\,|\,1)$, $S_{-1}(-0{,}5\,|\,0{,}25)$, $S_0(0\,|\,0)$, $S_1(0{,}5\,|\,0{,}25)$, $S_2(1\,|\,1)$

c) **Scheitel:**

$x_s=\frac{4a}{2}=2a$; $y_s=f_a(2a)=(2a)^2-4a(2a)+2a^2+2=-2a^2+2$;

$S_a(2a\,|\,-2a^2+2)$

Nullstellen:

$f_a(x)=0 \;\Rightarrow\; x^2-4ax+2a^2+2=0$

Diskriminante $D(a)=(-4a)^2-4\cdot 1\cdot(2a^2+2)=8a^2-8=8(a^2-1)$

Genau eine Nullstelle für $D(a)=0$, also für $a=\pm 1$: G_1 und G_{-1} berühren die x-Achse.

Zwei Nullstellen für $D(a)>0$, also für $a\in\,]-\infty;\,-1[\,\cup\,]1;\,+\infty[$: G_a schneidet die x-Achse an zwei Stellen.

Keine Nullstellen für $D(a)<0$, also für $a\in\,]-1;\,1[$: G_a liegt wegen $y_s>0$ vollständig oberhalb der x-Achse.

Für $a\in\,]-\infty;\,-1]\cup[1;\,+\infty[$ ergeben sich die Nullstellen:

$$x_{1;\,2}=\frac{4a\pm\sqrt{8(a^2-1)}}{2}=\frac{4a\pm 2\sqrt{2(a^2-1)}}{2}=2a\pm\sqrt{2(a^2-1)}$$

Speziell für $a=\pm 1$:

$x_{1;\,2}=2a=\pm 2$

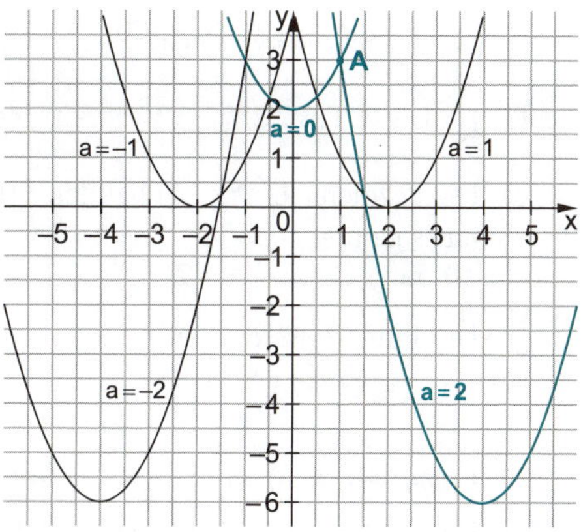

$A(1\,|\,3)\in G_a$:

$$f_a(1)=3$$
$$1^2-4a\cdot 1+2a^2+2=3$$
$$2a^2-4a=0$$
$$2a\cdot(a-2)=0$$

$a_1=0$; $a_2=2$ (siehe Zeichnung)

S_a für $a\in\{-2;\,-1;\,0;\,1;\,2\}$:

$S_{-2}(-4\,|\,-6)$, $S_{-1}(-2\,|\,0)$, $S_0(0\,|\,2)$, $S_1(2\,|\,0)$, $S_2(4\,|\,-6)$

d) **Scheitel:**

$x_s = \frac{2a^2}{2a} = a;\; y_s = f_a(a) = a \cdot a^2 - 2a^2 \cdot a + a^3 + a^2 = a^2;\; S_a(a\,|\,a^2)$

Nullstellen:

$f_a(x) = 0 \;\Rightarrow\; ax^2 - 2a^2x + a^3 + a^2 = 0$

Diskriminante $D(a) = (-2a^2)^2 - 4 \cdot a \cdot (a^3 + a^2) = 4a^4 - 4a^4 - 4a^3 = -4a^3$

Zwei Nullstellen für $D(a) > 0$, also für $a < 0$: G_a schneidet die x-Achse an zwei Stellen.

Keine Nullstellen für $D(a) < 0$, also für $a > 0$: G_a liegt wegen $y_s > 0$ vollständig oberhalb der x-Achse.

Der Fall $D(a) = 0$, d. h. $a = 0$, ist nicht zugelassen: G_0 ist keine Parabel.

Für $a < 0$ ergeben sich die Nullstellen:

$x_{1;\,2} = \frac{2a^2 \pm \sqrt{-4a^3}}{2a} = \frac{2a^2 \pm 2a\sqrt{-a}}{2a} = a \pm \sqrt{-a}$

$A(1\,|\,1) \in G_a$:

$f_a(1) = 1 \;\Rightarrow\; a \cdot 1^2 - 2a^2 \cdot 1 + a^3 + a^2 = 1$

$a^3 - a^2 + a - 1 = 0$

Probieren: $a = 1$ (siehe Zeichnung)

Mit Polynomdivision folgt:

$a^3 - a^2 + a - 1 = (a-1)(a^2+1)$

Wegen $a^2 + 1 \geq 1$ gibt es keine weiteren Lösungen.

S_a für $a \in \{-2; -1; 1; 2\}$:

$S_{-2}(-2\,|\,4)$, $S_{-1}(-1\,|\,1)$, $S_1(1\,|\,1)$, $S_2(2\,|\,4)$

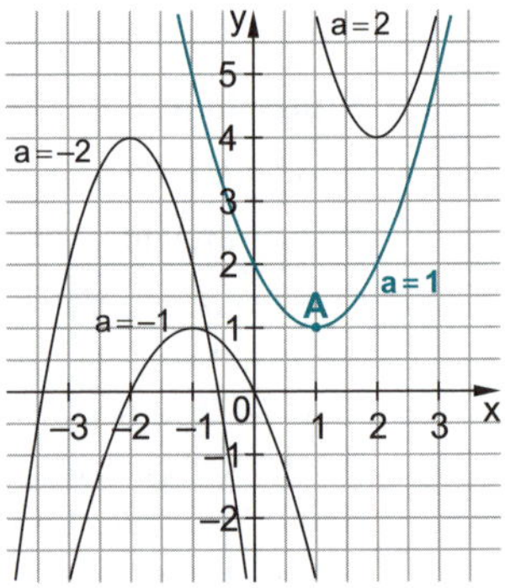

72. a) $x_s = \frac{-a}{2} = -0{,}5a;$

$y_s = f_a(-0{,}5a) = (-0{,}5a)^2 + a(-0{,}5a) + 4 = -0{,}25a^2 + 4;$

$\Rightarrow\; S_a(-0{,}5a\,|\,4 - 0{,}25a^2)$

b) $f_a(4) = 4 \;\Rightarrow\; 4^2 + a \cdot 4 + 4 = 4 \;\Rightarrow\; 4a + 16 = 0 \;\Rightarrow\; a = -4$

c) Die gezeichnete Parabel hat den Scheitel $S(-1\,|\,3)$; nach Aufgabenteil a muss gelten:

$-0{,}5a = -1 \;\Rightarrow\; a = 2$

Der Funktionsterm lautet:

$f_2(x) = x^2 + 2x + 4$

d) $f_2(x_1) = f_2(-2) = (-2)^2 + 2 \cdot (-2) + 4 = 4 \;\Rightarrow\; S_1(-2\,|\,4)$

$f_2(x_2) = f_2(-0{,}5) = (-0{,}5)^2 + 2 \cdot (-0{,}5) + 4 = 3{,}25 \;\Rightarrow\; S_2(-0{,}5\,|\,3{,}25)$

Die Steigung der Geraden wird mithilfe der beiden Punkte S_1 und S_2 ermittelt:

$$m = \frac{y_2 - y_1}{x_2 - x_1} = \frac{3{,}25 - 4}{-0{,}5 - (-2)} = \frac{-0{,}75}{1{,}5} = -0{,}5$$

Zum Aufstellen der Gleichung werden neben der Steigung m die Koordinaten von S_1 verwendet:

$$y = m \cdot (x - x_0) + y_0$$
$$= -0{,}5(x - (-2)) + 4 = -0{,}5x + 3$$

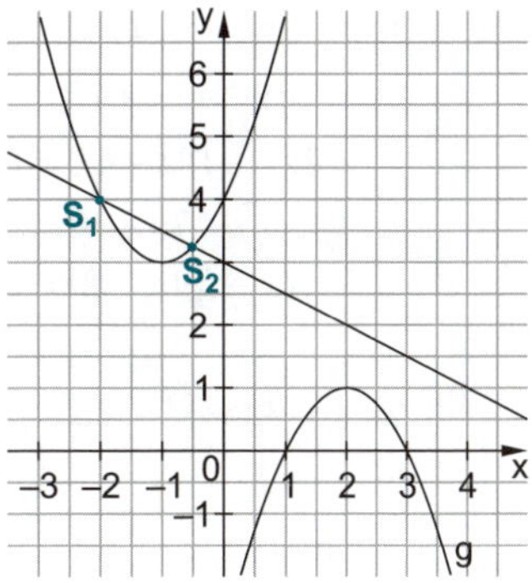

e) Der Graph von g hat die Form der Normalparabel und ist nach unten geöffnet. Der Scheitel ist S(2 | 1).

73. a) $G_f \cap G_g$: $\quad f(x) = g(x)$

$$x^2 + 6x + 11 = -x^2 - 6x - 5$$
$$2x^2 + 12x + 16 = 0$$
$$x^2 + 6x + 8 = 0$$
$$(x+4)(x+2) = 0$$
$$x_1 = \mathbf{-4}; \quad x_2 = \mathbf{-2}$$

$y_1 = f(\mathbf{-4}) = (-1)^2 + 2 = 3;$

$y_2 = f(\mathbf{-2}) = 1^2 + 2 = 3$

Schnittpunkte $P_1(-4 \mid 3)$ und $P_2(-2 \mid 3)$

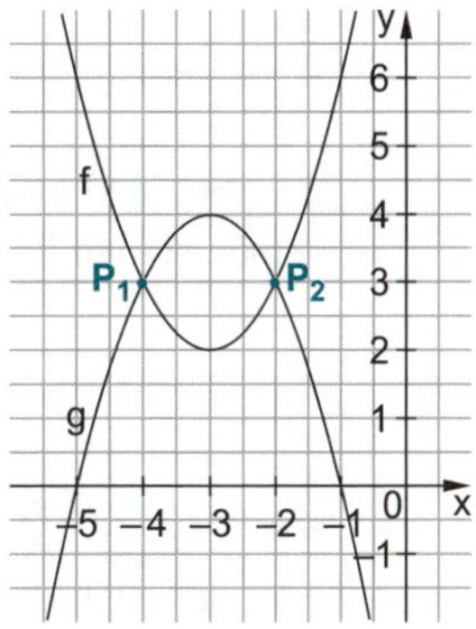

b) $G_f \cap G_g$: $\quad f(x) = g(x)$

$$x^2 + 4x + 6 = -x^2 - 2x + 6$$
$$2x^2 + 6x = 0$$
$$2x(x+3) = 0$$
$$x_1 = \mathbf{0}; \quad x_2 = \mathbf{-3}$$

$y_1 = f(\mathbf{0}) = 6;$

$y_2 = f(\mathbf{-3}) = (-3)^2 + 4 \cdot (-3) + 6 = 9 - 12 + 6 = 3$

Schnittpunkte $P_1(0 \mid 6)$ und $P_2(-3 \mid 3)$

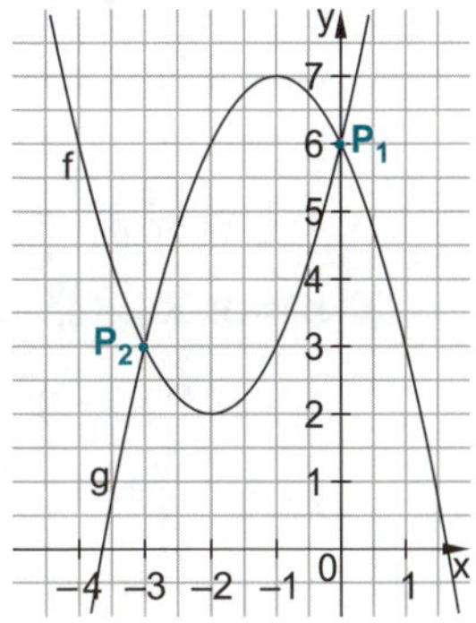

c) $G_f \cap G_g$: $f(x) = g(x)$

$$x^2 - 8x + 13 = -x^2 + 6x - 7$$
$$2x^2 - 14x + 20 = 0$$
$$x^2 - 7x + 10 = 0$$
$$(x-5)(x-2) = 0$$
$$x_1 = \mathbf{5};\ \ x_2 = \mathbf{2}$$

$y_1 = f(\mathbf{5}) = 1^2 - 3 = -2;$

$y_2 = f(\mathbf{2}) = (-2)^2 - 3 = 1$

Schnittpunkte $P_1(5\,|\,{-2})$ und $P_2(2\,|\,1)$

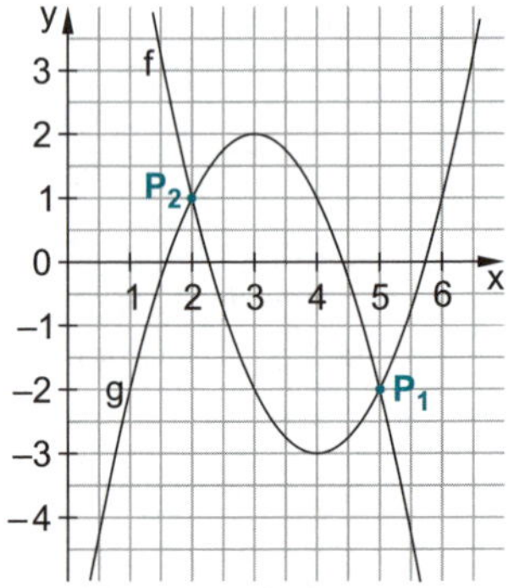

d) $G_f \cap G_g$: $f(x) = g(x)$

$$x^2 - 4x + 6 = -x^2 + 8x - 13$$
$$2x^2 - 12x + 19 = 0$$

Diskriminante $D = (-12)^2 - 4 \cdot 2 \cdot 19$
$= 144 - 152 = -8 \mathbf{< 0}$

Es gibt keine Lösung, also auch keinen gemeinsamen Punkt der Parabeln.

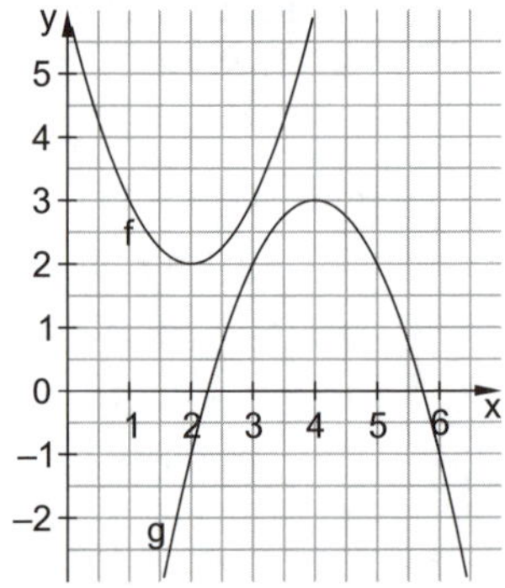

e) $G_f \cap G_g$: $f(x) = g(x)$

$$x^2 - 10x + 24 = -0{,}5x^2 + 4x - 4{,}5$$
$$1{,}5x^2 - 14x + 28{,}5 = 0$$

Diskriminante $D = (-14)^2 - 4 \cdot 1{,}5 \cdot 28{,}5$
$= 196 - 171 = \mathbf{25}$

$x_{1;\,2} = \frac{14 \pm \sqrt{\mathbf{25}}}{2 \cdot 1{,}5} = \frac{14 \pm 5}{3}$

$x_1 = \mathbf{3};\ \ x_2 = \mathbf{\frac{19}{3}}$

$y_1 = f(\mathbf{3}) = (-2)^2 - 1 = 3;$

$y_2 = f\left(\mathbf{\frac{19}{3}}\right) = \left(\frac{4}{3}\right)^2 - 1 = \frac{7}{9}$

Schnittpunkte $P_1(3\,|\,3)$ und $P_2\left(\frac{19}{3}\,\middle|\,\frac{7}{9}\right)$

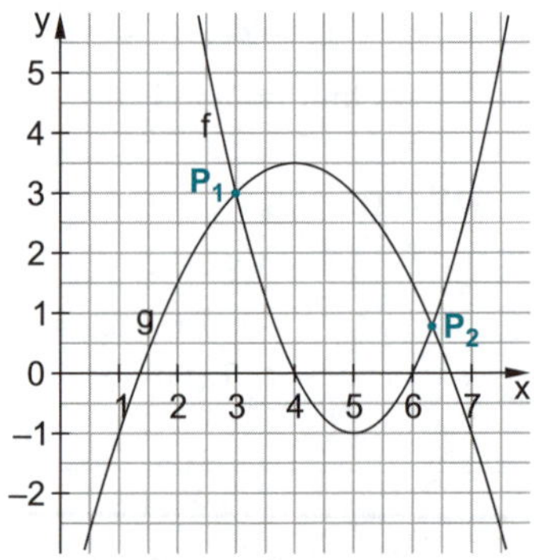

f) $G_f \cap G_g$: $\quad f(x) = g(x)$

$$x^2 + 2x + 2 = -3x^2 - 6x + 2$$
$$4x^2 + 8x = 0$$
$$4x(x+2) = 0$$
$$x_1 = \mathbf{0}; \quad x_2 = \mathbf{-2}$$

$y_1 = f(\mathbf{0}) = 1^2 + 1 = 2;$

$y_2 = f(\mathbf{-2}) = (-1)^2 + 1 = 2$

Schnittpunkte $P_1(0\,|\,2)$ und $P_2(-2\,|\,2)$

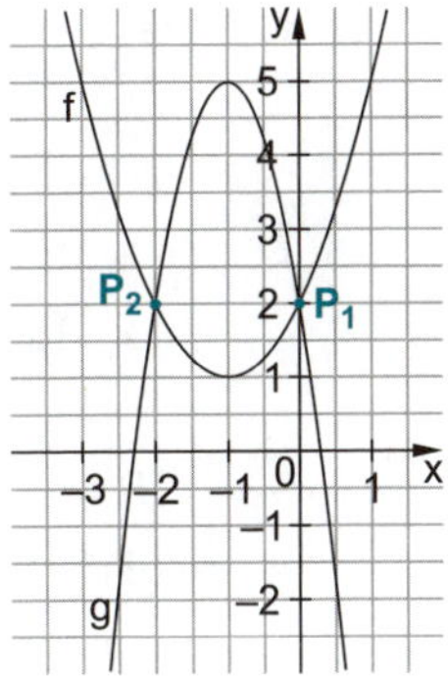

g) $G_f \cap G_g$: $\quad f(x) = g(x)$

$$-x^2 - 4x - 1 = -0{,}5x^2 - x + 3{,}5$$
$$-0{,}5x^2 - 3x - 4{,}5 = 0$$
$$x^2 + 6x + 9 = 0$$
$$(x+3)^2 = 0$$
$$x_{1;2} = \mathbf{-3}$$

$y = f(\mathbf{-3}) = -(-1)^2 + 3 = -1 + 3 = 2$

Berührpunkt $P(-3\,|\,2)$

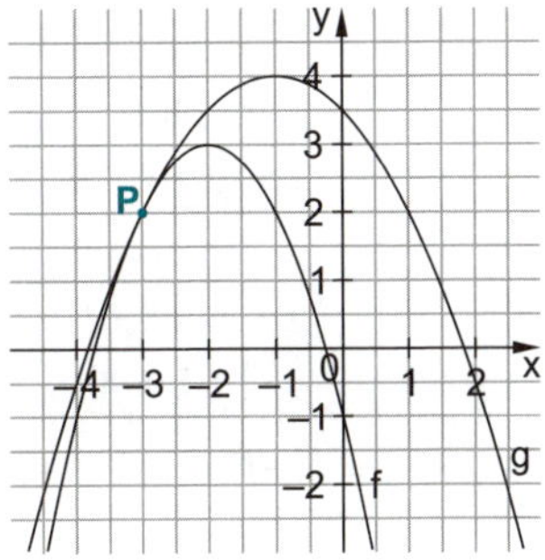

h) $G_f \cap G_g$: $\quad f(x) = g(x)$

$$x^2 + 8x + 16 = -2x^2 - 8x - 5$$
$$3x^2 + 16x + 21 = 0$$

Diskriminante $D = 16^2 - 4 \cdot 3 \cdot 21$
$= 256 - 252 = \mathbf{4}$

$x_{1;2} = \frac{-16 \pm \sqrt{\mathbf{4}}}{2 \cdot 3} = \frac{-16 \pm 2}{6} = \frac{-8 \pm 1}{3}$

$x_1 = \mathbf{-3}; \quad x_2 = \mathbf{-\frac{7}{3}}$

$y_1 = f(\mathbf{-3}) = 1^2 = 1;$

$y_2 = f\left(\mathbf{-\frac{7}{3}}\right) = \left(\frac{5}{3}\right)^2 = \frac{25}{9}$

Schnittpunkte $P_1(-3\,|\,1)$ und $P_2\left(-\frac{7}{3}\,\middle|\,\frac{25}{9}\right)$

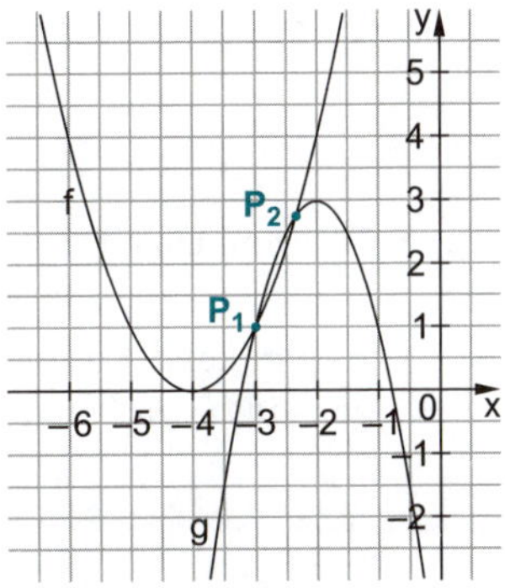

i) $G_f \cap G_g$: $f(x) = g(x)$

$$x^2 - 4x + 4 = 4x^2 - 16x + 13$$
$$-3x^2 + 12x - 9 = 0$$
$$x^2 - 4x + 3 = 0$$
$$(x-1)(x-3) = 0$$
$$x_1 = \mathbf{1};\ x_2 = \mathbf{3}$$

$y_1 = f(\mathbf{1}) = 1^2 - 4 \cdot 1 + 4 = 1;$

$y_2 = f(\mathbf{3}) = 3^2 - 4 \cdot 3 + 4 = 9 - 12 + 4 = 1$

Schnittpunkte $P_1(1|1)$ und $P_2(3|1)$

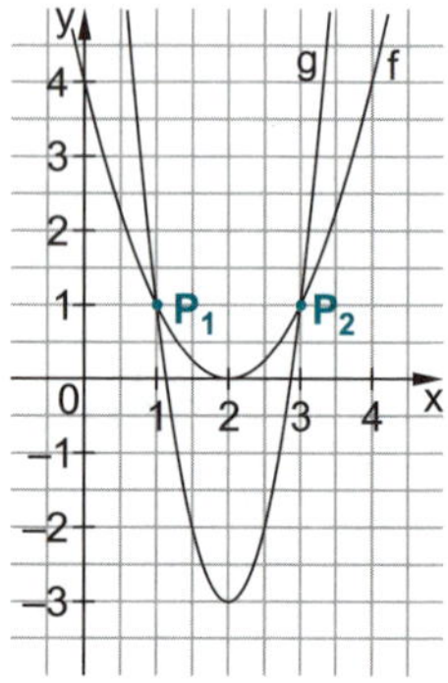

j) $G_f \cap G_g$: $f(x) = g(x)$

$$x^2 - 2x = -2x^2 - 8x - 3$$
$$3x^2 + 6x + 3 = 0$$
$$x^2 + 2x + 1 = 0$$
$$(x+1)^2 = 0$$
$$x_{1;2} = \mathbf{-1}$$

$y = f(\mathbf{-1}) = (-2)^2 - 1 = 3$

Berührpunkt $P(-1|3)$

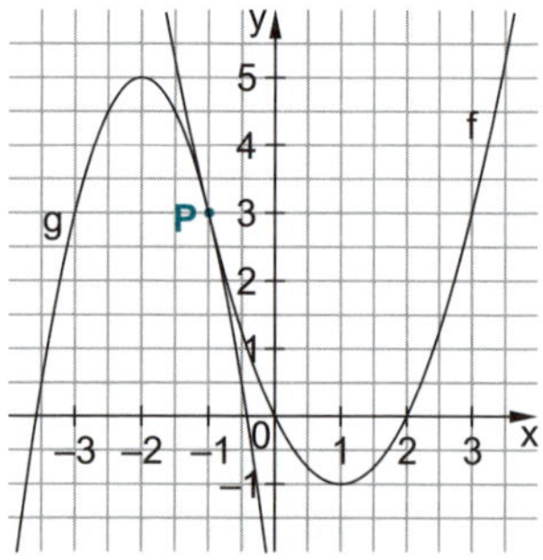

k) $G_f \cap G_g$: $f(x) = g(x)$

$$x^2 + 3 = -x^2 - 6x - 4$$
$$2x^2 + 6x + 7 = 0$$

Diskriminante $D = 6^2 - 4 \cdot 2 \cdot 7$
$= 36 - 56 = -20 \mathbf{< 0}$

Es gibt keine Lösung, also auch keinen gemeinsamen Punkt der Parabeln.

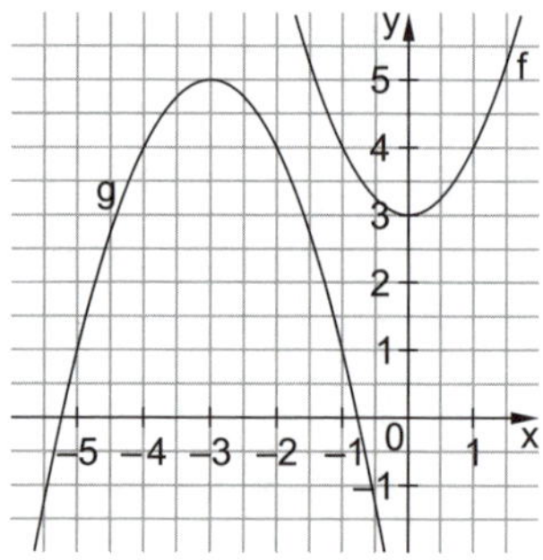

l) $G_f \cap G_g$: $f(x) = g(x)$

$$-2x^2 - 8x - 5 = -0{,}5x^2 - x + 3{,}5$$
$$-1{,}5x^2 - 7x - 8{,}5 = 0$$

Diskriminante $D = (-7)^2 - 4 \cdot (-1{,}5) \cdot (-8{,}5)$
$= 49 - 51 = -2 \mathbf{< 0}$

Es gibt keine Lösung, also auch keinen gemeinsamen Punkt der Parabeln.

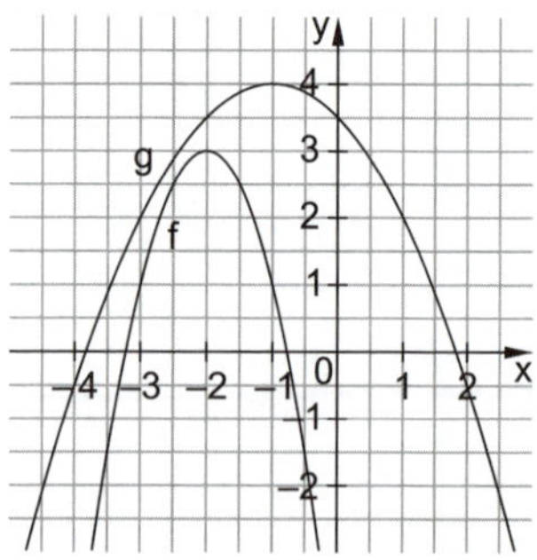

74. a) $G_f \cap G_g$: $\quad f(x) = g(x)$

$$x^2 + 2x - 3 = x - 1$$
$$x^2 + x - 2 = 0$$
$$(x+2)(x-1) = 0$$
$$x_1 = \mathbf{-2}; \; x_2 = \mathbf{1}$$

$y_1 = g(\mathbf{-2}) = -3$; $y_2 = g(\mathbf{1}) = 0$
Schnittpunkte $P_1(-2\,|\,-3)$ und $P_2(1\,|\,0)$
g ist Sekante.

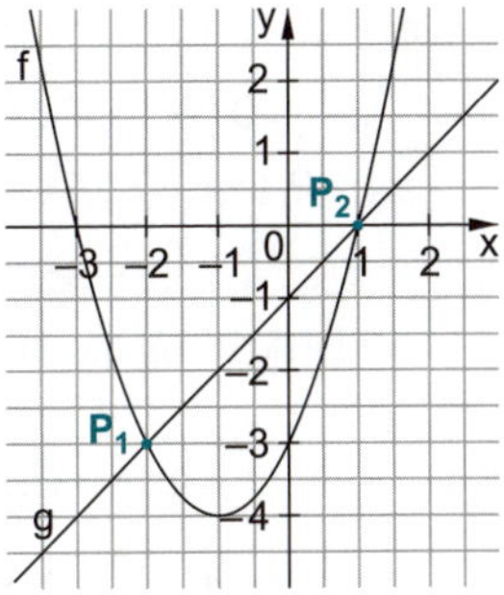

b) $G_f \cap G_g$: $\quad f(x) = g(x)$

$$-x^2 + 2x + 2 = -0{,}5x + 2$$
$$-x^2 + 2{,}5x = 0$$
$$-x(x - 2{,}5) = 0$$
$$x_1 = \mathbf{0}; \; x_2 = \mathbf{2{,}5}$$

$y_1 = g(\mathbf{0}) = 2$; $y_2 = g(\mathbf{2{,}5}) = -0{,}5 \cdot 2{,}5 + 2 = 0{,}75$
Schnittpunkte $P_1(0\,|\,2)$ und $P_2(2{,}5\,|\,0{,}75)$
g ist Sekante.

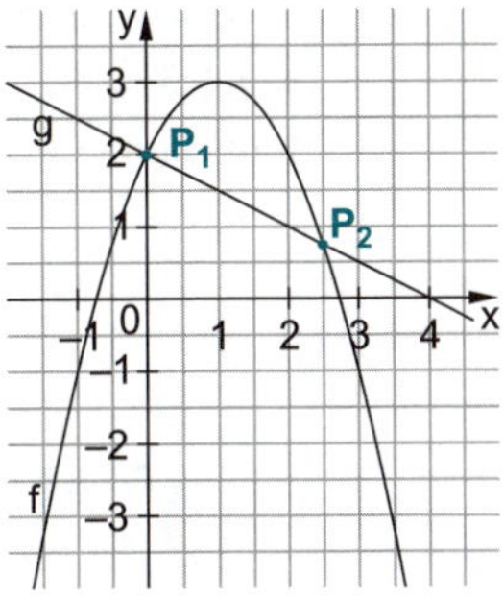

c) $G_f \cap G_g$: $\quad f(x) = g(x)$

$$-2x^2 - 8x - 3 = -2x + 3$$
$$-2x^2 - 6x - 6 = 0$$
$$x^2 + 3x + 3 = 0$$

Diskriminante $D = 3^2 - 4 \cdot 1 \cdot 3 = -3 \mathbf{< 0}$
Es gibt keine Lösung, also auch keine gemeinsamen Punkte. g ist Passante.

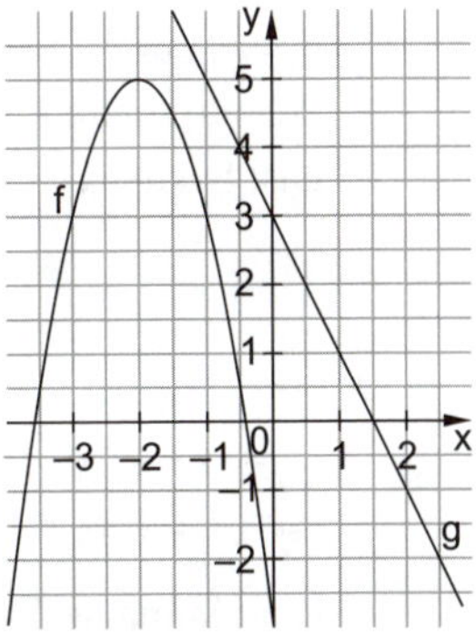

d) $G_f \cap G_g$: $\quad f(x) = g(x)$

$$x^2 - 4x + 5 = 2x - 4$$
$$x^2 - 6x + 9 = 0$$
$$(x-3)^2 = 0$$
$$x_{1;\,2} = \mathbf{3}$$

$y = g(\mathbf{3}) = 6 - 4 = 2 \;\Rightarrow\;$ Berührpunkt $P(3\,|\,2)$
g ist Tangente.

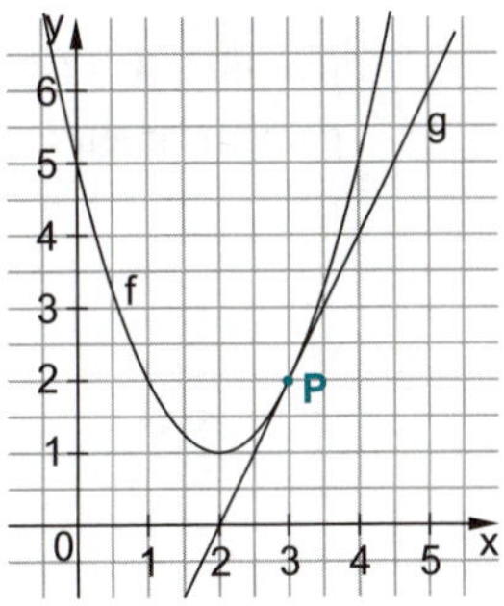

e) $G_f \cap G_g$: $\quad f(x) = g(x)$

$$-0{,}5x^2 - 2x + 3 = -0{,}75x$$
$$-0{,}5x^2 - 1{,}25x + 3 = 0$$
$$x^2 + 2{,}5x - 6 = 0$$

Diskriminante $D = 2{,}5^2 - 4 \cdot 1 \cdot (-6)$
$= 6{,}25 + 24 = \mathbf{30{,}25}$

$$x_{1;\,2} = \frac{-2{,}5 \pm \sqrt{\mathbf{30{,}25}}}{2} = \frac{-2{,}5 \pm 5{,}5}{2}$$

$x_1 = \mathbf{-4}$; $x_2 = \mathbf{1{,}5}$

$y_1 = g(\mathbf{-4}) = -0{,}75 \cdot (-4) = 3$;
$y_2 = g(\mathbf{1{,}5}) = -0{,}75 \cdot 1{,}5 = -1{,}125$

Schnittpunkte $P_1(-4\,|\,3)$ und $P_2(1{,}5\,|\,-1{,}125)$
g ist Sekante.

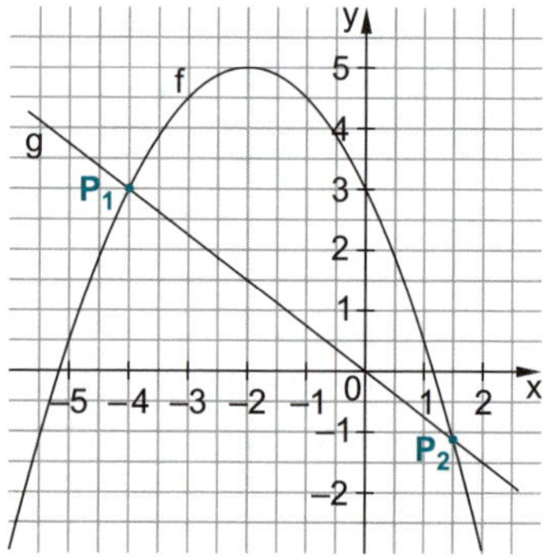

f) $G_f \cap G_g$: $\quad f(x) = g(x)$

$$x^2 - 2x - 2 = 2x - 5$$
$$x^2 - 4x + 3 = 0$$
$$(x-1)(x-3) = 0$$
$$x_1 = \mathbf{1};\ x_2 = \mathbf{3}$$

$y_1 = g(\mathbf{1}) = 2 - 5 = -3$; $y_2 = g(\mathbf{3}) = 6 - 5 = 1$
Schnittpunkte $P_1(1\,|\,-3)$ und $P_2(3\,|\,1)$
g ist Sekante.

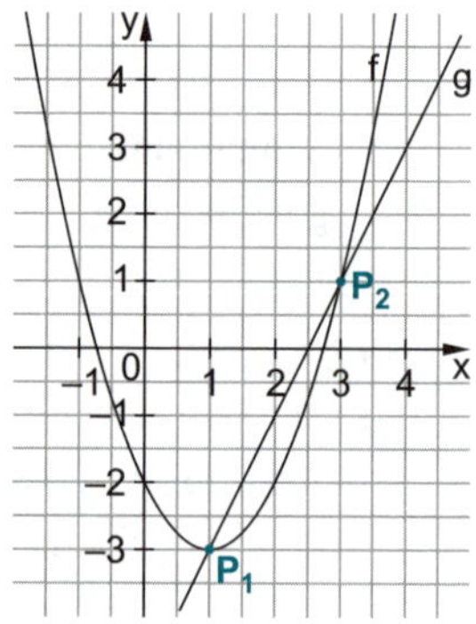

g) $G_f \cap G_g$: $\quad f(x) = g(x)$

$$-3x^2 + 6x - 0{,}5 = -0{,}5x + 4$$
$$-3x^2 + 6{,}5x - 4{,}5 = 0$$

Diskriminante $D = 6{,}5^2 - 4 \cdot (-3) \cdot (-4{,}5)$
$= 42{,}25 - 54 = -11{,}75 \mathbf{< 0}$

Es gibt keine Lösung, also auch keine gemeinsamen Punkte. g ist Passante.

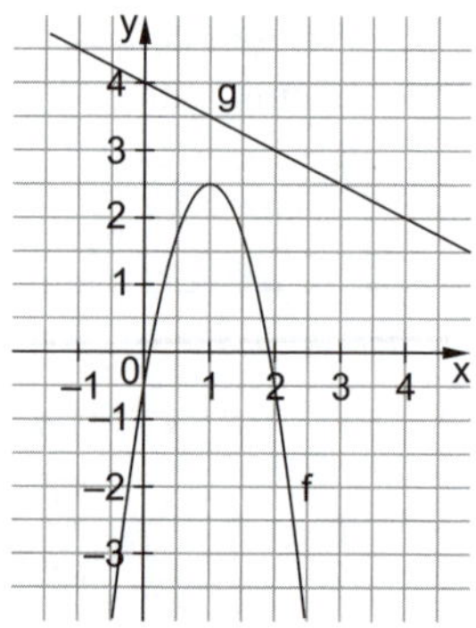

h) $G_f \cap G_g$: $f(x) = g(x) \Rightarrow -2x^2 - 4x + 1 = 4x + 9$

$$-2x^2 - 8x - 8 = 0$$
$$x^2 + 4x + 4 = 0$$
$$(x+2)^2 = 0$$
$$x_{1;2} = \mathbf{-2}$$

$y = g(\mathbf{-2}) = -8 + 9 = 1 \Rightarrow$ Berührpunkt $P(-2\,|\,1)$
g ist Tangente.

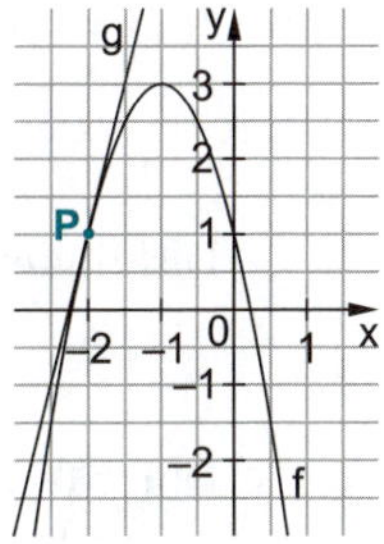

i) $G_f \cap G_g$: $f(x) = g(x)$

$$-x^2 - 6x - 5 = -2x + 1$$
$$-x^2 - 4x - 6 = 0$$

Diskriminante $D = (-4)^2 - 4 \cdot (-1) \cdot (-6)$
$= 16 - 24 = -8 \mathbf{< 0}$

Es gibt keine Lösung, also auch keine gemeinsamen Punkte. g ist Passante.

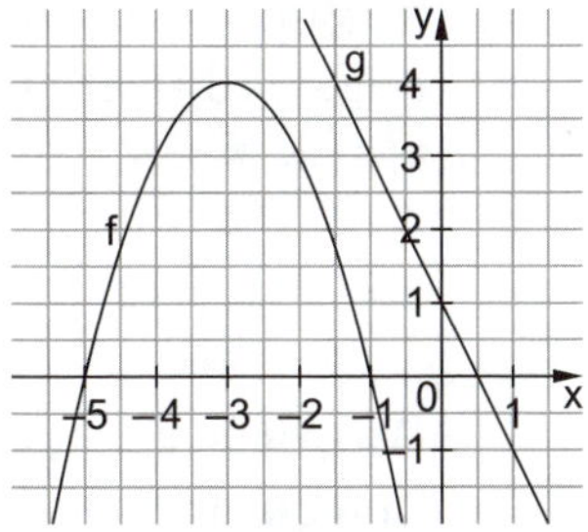

j) $G_f \cap G_g$: $f(x) = g(x)$

$$-2x^2 - 16x - 28 = -4x - 10$$
$$-2x^2 - 12x - 18 = 0$$
$$x^2 + 6x + 9 = 0$$
$$(x+3)^2 = 0$$
$$x_{1;2} = \mathbf{-3}$$

$y = g(\mathbf{-3}) = 12 - 10 = 2 \Rightarrow$ Berührpunkt $P(-3\,|\,2)$
g ist Tangente.

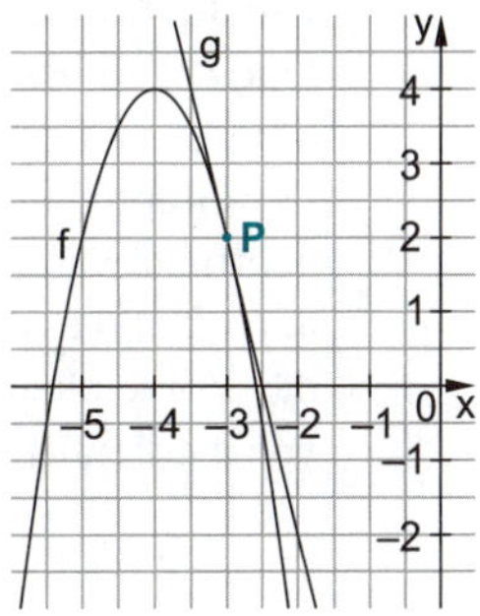

75. a) $f(x) = g_a(x) \Rightarrow x^2 - 4x + 6 = 2x + a$
$$x^2 - 6x + 6 - a = 0$$
Diskriminante $D(a) = (-6)^2 - 4 \cdot 1 \cdot (6 - a)$
$= 36 - 24 + 4a = 12 + 4a$

$\mathbf{D(a) = 0} \Rightarrow 12 + 4a = 0 \Rightarrow a = -3$

g_{-3} ist Tangente von G_f.

Berührpunkt (Einsetzen von $a = -3$ in obige quadratische Gleichung):

$x^2 - 6x + 9 = 0 \Rightarrow (x-3)^2 = 0 \Rightarrow x_{1;2} = 3$

$y = f(3) = (3-2)^2 + 2 = 3 \Rightarrow$ Berührpunkt $B(3\,|\,3)$

$\mathbf{D(a) > 0}$ für $a > -3$: g_a ist Sekante für $a > -3$.

$\mathbf{D(a) < 0}$ für $a < -3$: g_a ist Passante für $a < -3$.

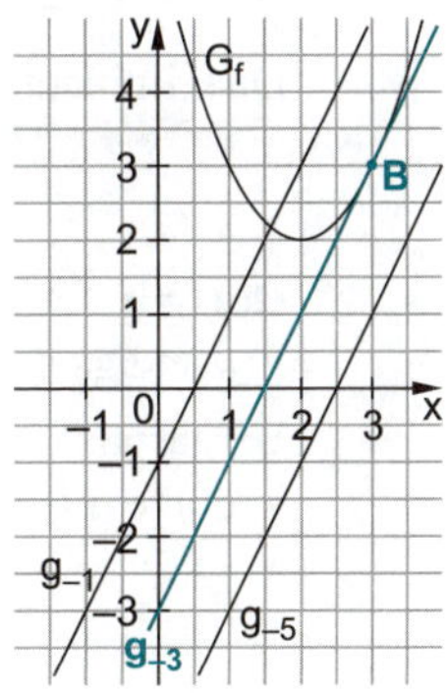

b) $f(x) = g_a(x) \quad \Rightarrow \quad -x^2 - 2x + 2 = ax - a$

$$-x^2 - 2x - ax + 2 + a = 0$$
$$x^2 + (2+a)x - 2 - a = 0$$

Diskriminante $D(a) = (2+a)^2 - 4 \cdot 1 \cdot (-2-a)$
$$= 4 + 4a + a^2 + 8 + 4a$$
$$= a^2 + 8a + 12 = (a+2)(a+6)$$

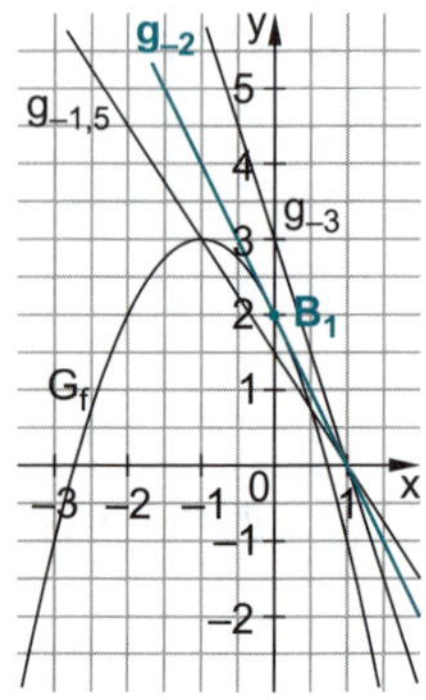

D(a) = 0 $\Rightarrow \quad a_1 = -2; \; a_2 = -6$

g_{-2} und g_{-6} sind Tangenten von G_f.

Berührpunkte (Einsetzen von $a = -2$ und $a = -6$ in obige quadratische Gleichung):

$a_1 = -2$: $\; x^2 + (2-2)x - 2 + 2 = 0 \;\Rightarrow\; x^2 = 0 \;\Rightarrow\; x_{1;2} = 0;$
$y = f(0) = -1^2 + 3 = 2$; Berührpunkt $B_1(0 \mid 2)$

$a_2 = -6$: $\; x^2 + (2-6)x - 2 + 6 = 0 \;\Rightarrow\; x^2 - 4x + 4 = 0 \;\Rightarrow\; (x-2)^2 = 0$
$\Rightarrow\; x_{1;2} = 2;\; y = f(2) = -3^2 + 3 = -6$; Berührpunkt $B_2(2 \mid -6)$

D(a) > 0 für $a < -6$ und für $a > -2$: g_a ist Sekante für $a < -6$ und für $a > -2$.

D(a) < 0 für $-6 < a < -2$: g_a ist Passante für $-6 < a < -2$.

Um die Bereiche für $D(a) > 0$ und $D(a) < 0$ zu bestimmen, kann man eine Skizze des Graphen von D verwenden. Der Graph von D ist eine nach oben geöffnete Parabel mit den Nullstellen $a_1 = -2$ und $a_2 = -6$. Daraus kann man das Vorzeichen von D in Abhängigkeit von a erkennen.

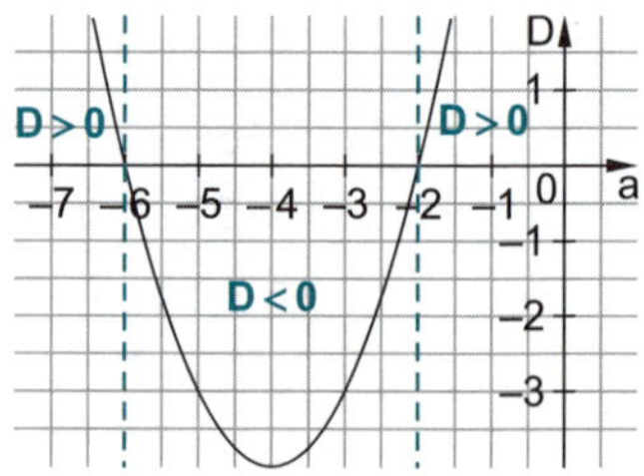

c) $f(x) = g_a(x) \quad \Rightarrow \quad x^2 - 4x + 1 = ax - 2a - 4$

$$x^2 - 4x - ax + 5 + 2a = 0$$
$$x^2 + (-4-a)x + 5 + 2a = 0$$

Diskriminante $D(a) = (-4-a)^2 - 4 \cdot 1 \cdot (5 + 2a)$
$$= 16 + 8a + a^2 - 20 - 8a$$
$$= a^2 - 4 = (a+2)(a-2)$$

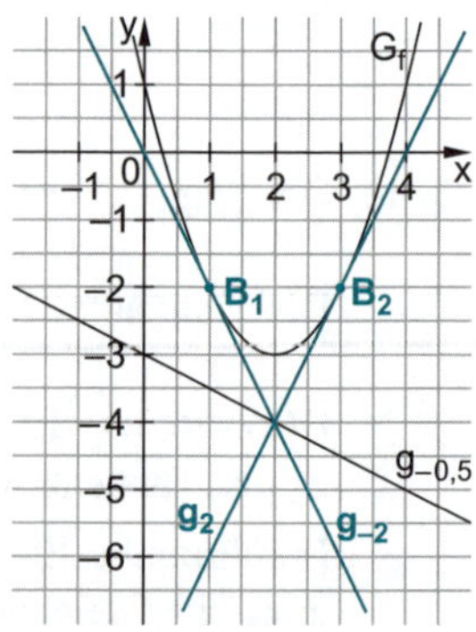

D(a) = 0 $\Rightarrow \quad a_1 = -2; \; a_2 = 2$

g_{-2} und g_2 sind Tangenten von G_f.

Berührpunkte (Einsetzen von $a = -2$ und $a = 2$ in obige quadratische Gleichung):

$a_1 = -2$: $\; x^2 + (-4+2)x + 5 - 4 = 0 \;\Rightarrow\; x^2 - 2x + 1 = 0 \;\Rightarrow\; (x-1)^2 = 0$
$\Rightarrow\; x_{1;2} = 1;\; y = f(1) = (-1)^2 - 3 = -2$; Berührpunkt $B_1(1 \mid -2)$

$a_2 = 2$: $\; x^2 + (-4-2)x + 5 + 4 = 0 \;\Rightarrow\; x^2 - 6x + 9 = 0 \;\Rightarrow\; (x-3)^2 = 0$
$\Rightarrow\; x_{1;2} = 3;\; y = f(3) = 1^2 - 3 = -2$; Berührpunkt $B_2(3 \mid -2)$

D(a) > 0 für $a<-2$ und für $a>2$: g_a ist Sekante für $a<-2$ und für $a>2$.

D(a) < 0 für $-2<a<2$: g_a ist Passante für $-2<a<2$.

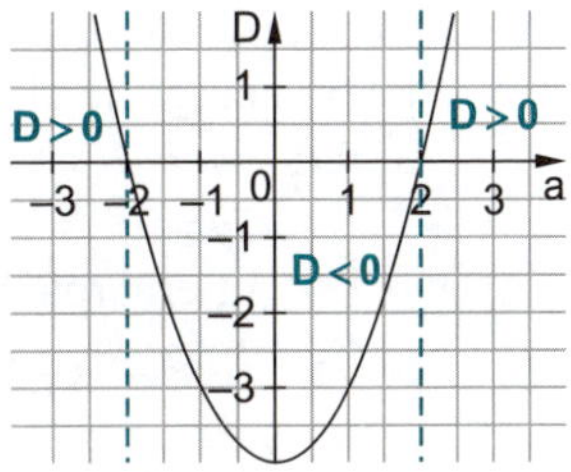

d) $f(x)=g_a(x) \Rightarrow -x^2+6x-6=ax-2a+3$

$$-x^2+6x-ax-9+2a=0$$

$$x^2+(-6+a)x+9-2a=0$$

Diskriminante $D(a)=(-6+a)^2-4\cdot 1\cdot(9-2a)$

$$=36-12a+a^2-36+8a$$

$$=a^2-4a=a(a-4)$$

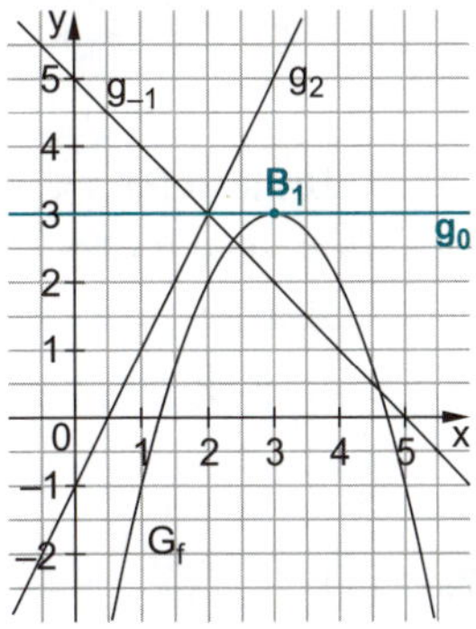

D(a) = 0 $\Rightarrow a_1=0;\ a_2=4$

g_0 und g_4 sind Tangenten von G_f.

Berührpunkte (Einsetzen von $a=0$ und $a=4$ in obige quadratische Gleichung):

$a_1=0$: $x^2-6x+9=0 \Rightarrow (x-3)^2=0 \Rightarrow x_{1;2}=3$;
$y=f(3)=-0^2+3=3$; Berührpunkt $B_1(3\,|\,3)$

$a_2=4$: $x^2+(-6+4)x+9-8=0 \Rightarrow x^2-2x+1=0 \Rightarrow (x-1)^2=0$
$\Rightarrow x_{1;2}=1$; $y=f(1)=-(-2)^2+3=-1$; Berührpunkt $B_2(1\,|-1)$

D(a) > 0 für $a<0$ und für $a>4$: g_a ist Sekante für $a<0$ und für $a>4$.

D(a) < 0 für $0<a<4$: g_a ist Passante für $0<a<4$.

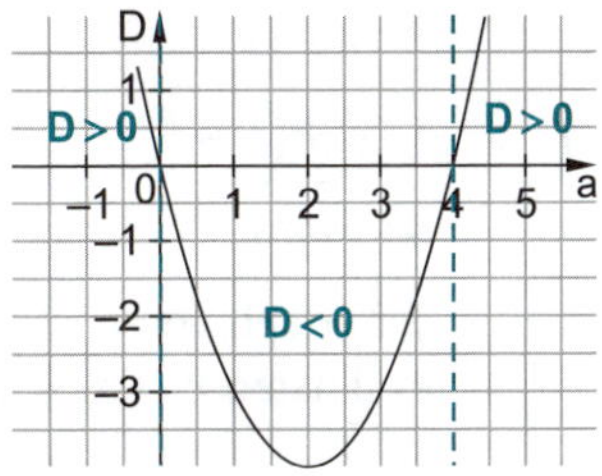

e) $f(x)=g_a(x) \Rightarrow -0{,}5x^2+x+2{,}5=ax+2a+0{,}5$

$$-0{,}5x^2+x-ax+2-2a=0$$

$$-x^2+(2-2a)x+4-4a=0$$

Diskriminante $D(a)=(2-2a)^2-4\cdot(-1)\cdot(4-4a)=4-8a+4a^2+16-16a$

$$=4a^2-24a+20=4(a^2-6a+5)=4(a-1)(a-5)$$

D(a) = 0 $\Rightarrow a_1=1;\ a_2=5$

g_1 und g_5 sind Tangenten von G_f.

Berührpunkte (Einsetzen von a = 1 und a = 5 in obige quadratische Gleichung):

$a_1 = 1$: $x^2 = 0 \Rightarrow x_{1;2} = 0$;
$y = f(0) = 2{,}5$;
Berührpunkt $B_1(0\,|\,2{,}5)$

$a_2 = 5$: $-x^2 - 8x - 16 = 0 \Rightarrow -(x+4)^2 = 0$
$\Rightarrow x_{1;2} = -4$;
$y = f(-4) = -0{,}5 \cdot (-4)^2 - 4 + 2{,}5$
$= -8 - 1{,}5 = -9{,}5$
Berührpunkt $B_2(-4\,|\,-9{,}5)$

D(a) > 0 für a < 1 und für a > 5: g_a ist Sekante für a < 1 und für a > 5.

D(a) < 0 für 1 < a < 5: g_a ist Passante für 1 < a < 5.

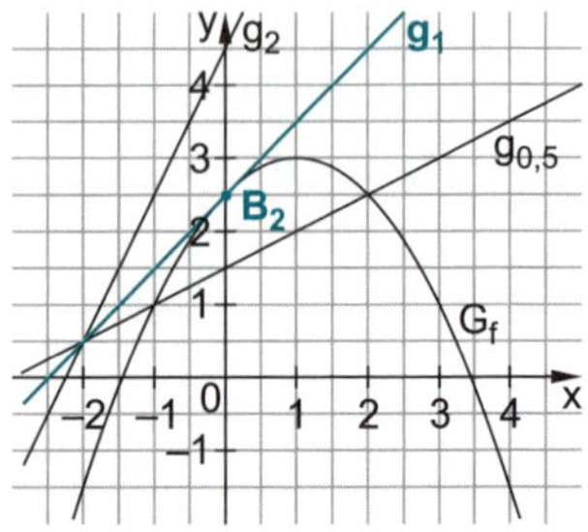

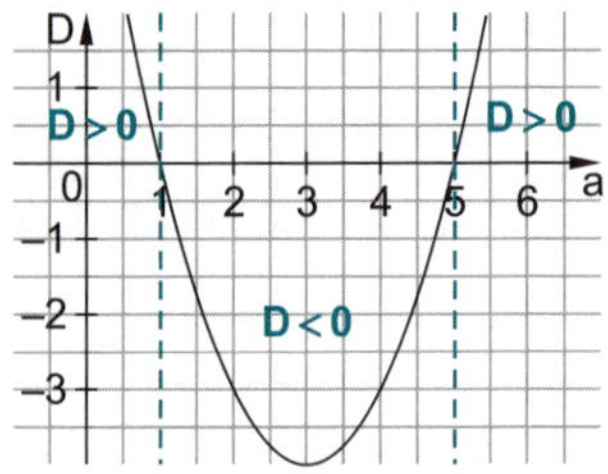

76. $f(x) = g_a(x) \Rightarrow -x^2 - 4x - 4 + 4 = ax + 4$ — Ansatz für gemeinsame Punkte

$$-x^2 - 4x - ax - 4 = 0$$
$$x^2 + (4+a)x + 4 = 0$$

$D(a) = (4+a)^2 - 4 \cdot 1 \cdot 4 = 16 + 8a + a^2 - 16 = a^2 + 8a$ — Diskriminante berechnen

$D(a) = 0 \Rightarrow a(a+8) = 0 \Rightarrow a_1 = 0,\ a_2 = -8$ — Bedingung für genau einen gemeinsamen Punkt

77. a) $x_s = \frac{-(-5)}{2 \cdot 0{,}5} = 5;\ y_s = p(5) = 0{,}5 \cdot 25 - 25 + 8 = -4{,}5$ — mit der Formel aus p(x)

Scheitel $S(5\,|\,-4{,}5)$

Der Graph von p ist eine nach oben geöffnete Parabel mit dem Scheitel S als tiefsten Punkt. Also ist die Wertemenge $W_p = [-4{,}5; +\infty[$.

b) Ursprungsgeraden haben die Gleichung $y = m \cdot x$.

$$0{,}5x^2 - 5x + 8 = mx$$ — Ansatz für gemeinsame Punkte
$$0{,}5x^2 - 5x - mx + 8 = 0$$
$$0{,}5x^2 + (-5-m)x + 8 = 0$$

$D(m) = (-5-m)^2 - 4 \cdot 0{,}5 \cdot 8 = 25 + 10m + m^2 - 16$ — Diskriminante berechnen
$= m^2 + 10m + 9$

$D(m) = 0 \Rightarrow (m+9)(m+1) = 0$ — Bedingung für genau einen gemeinsamen Punkt
$\Rightarrow m_1 = -9;\ m_2 = -1$

$g(x) = -9x;\ h(x) = -x$ — Angeben der Gleichungen

$$\mathbf{m_1 = -9:}\quad 0{,}5x^2 + (-5+9)x + 8 = 0$$
Einsetzen von $m = -9$ in obige quadratische Gleichung für x

$$0{,}5x^2 + 4x + 8 = 0$$
$$x^2 + 8x + 16 = 0$$
$$(x+4)^2 = 0 \;\Rightarrow\; x_{1;\,2} = -4$$
$$y = g(-4) = -9 \cdot (-4) = 36;\; B_1(-4\,|\,36)$$
Berührpunkt mit g

$$\mathbf{m_2 = -1:}\quad 0{,}5x^2 + (-5+1)x + 8 = 0$$
Einsetzen von $m = -1$ in obige quadratische Gleichung für x

$$0{,}5x^2 - 4x + 8 = 0$$
$$x^2 - 8x + 16 = 0$$
$$(x-4)^2 = 0 \;\Rightarrow\; x_{1;\,2} = 4$$
$$y = h(4) = -4;\; B_2(4\,|\,-4)$$
Berührpunkt mit h

78. a) Die Potenz $n = \mathbf{2}$ ist eine gerade Zahl, also ist der Graph G_f symmetrisch zur y-Achse. Wegen $a = \mathbf{0{,}25} > 0$ verläuft er wie die Normalparabel von links oben nach rechts oben und berührt im Ursprung die x-Achse.

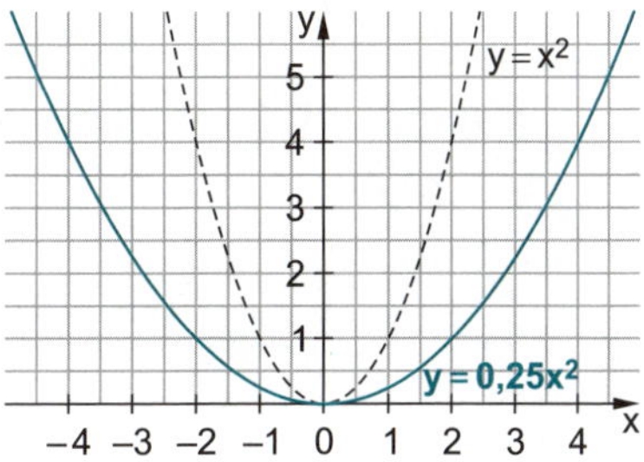

b) Die Potenz $n = \mathbf{3}$ ist eine ungerade Zahl, also ist der Graph G_f symmetrisch zum Ursprung. Wegen $a = \mathbf{0{,}5} > 0$ verläuft er wie die Gerade $y = x$ von links unten nach rechts oben und durchdringt im Ursprung die x-Achse.

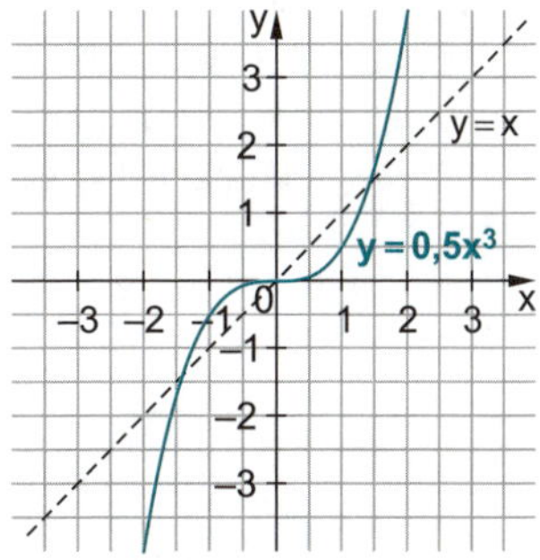

c) Die Potenz $n = \mathbf{4}$ ist eine gerade Zahl, also ist der Graph G_f symmetrisch zur y-Achse. Wegen $a = \mathbf{-2} < 0$ verläuft er wie die Parabel zu $y = -x^2$ von links unten nach rechts unten und berührt im Ursprung die x-Achse.

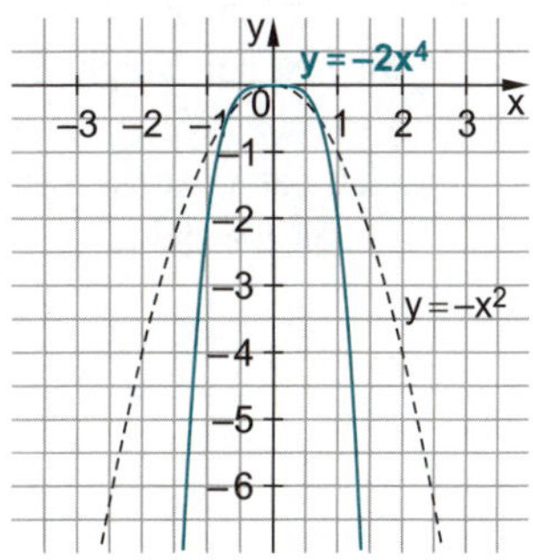

d) Die Potenz n = **3** ist eine ungerade Zahl, also ist der Graph G_f symmetrisch zum Ursprung. Wegen a = **–0,25** < 0 verläuft er wie die Gerade y = –x von links oben nach rechts unten und durchdringt im Ursprung die x-Achse.

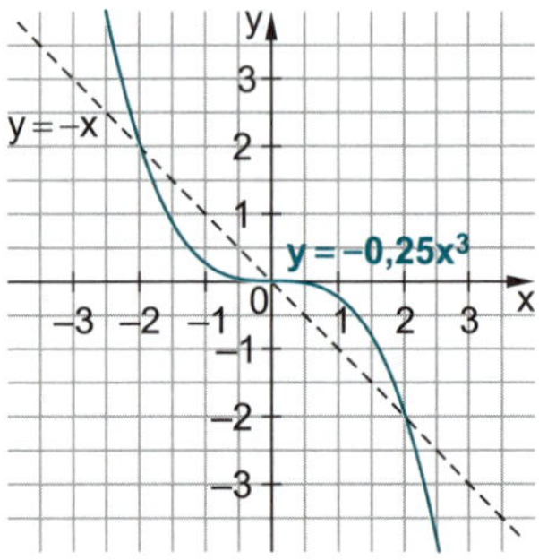

79. a) Die Potenz n = **2** ist eine gerade Zahl, also ist der Graph G_f symmetrisch zur y-Achse. Wegen a = **3** > 0 nähert er sich der x-Achse von oben, wenn x gegen ±∞ geht.

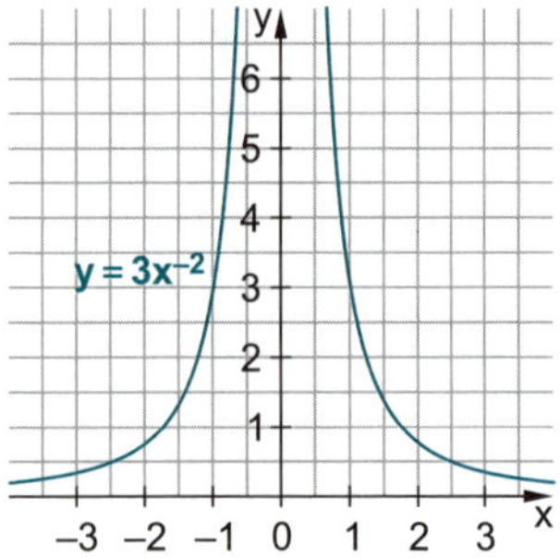

b) Die Potenz n = **1** ist eine ungerade Zahl, also ist der Graph G_f symmetrisch zum Ursprung. Er nähert sich der x-Achse, wenn x gegen ±∞ geht.

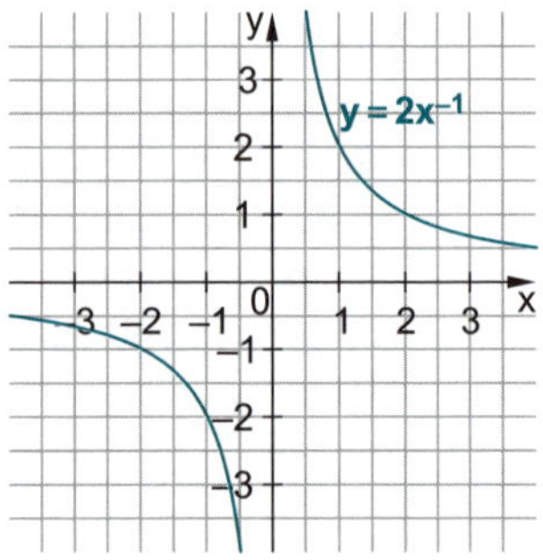

c) Die Potenz n = **2** ist eine gerade Zahl, also ist der Graph G_f symmetrisch zur y-Achse. Wegen a = **–0,5** < 0 nähert er sich der x-Achse von unten, wenn x gegen ±∞ geht.

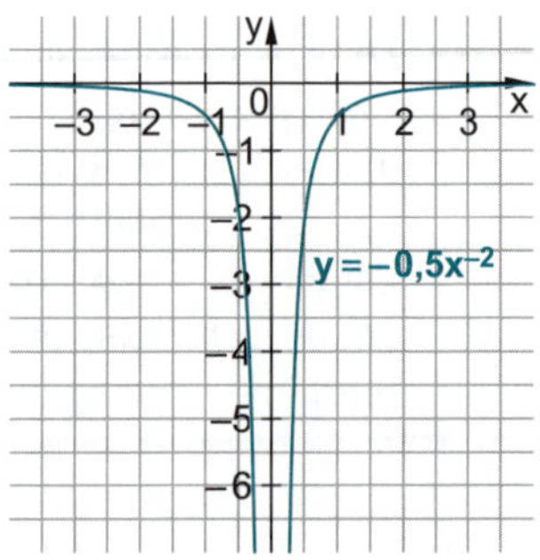

d) Die Potenz n = **1** ist eine ungerade Zahl, also ist der Graph G_f symmetrisch zum Ursprung. Er nähert sich der x-Achse, wenn x gegen ±∞ geht.

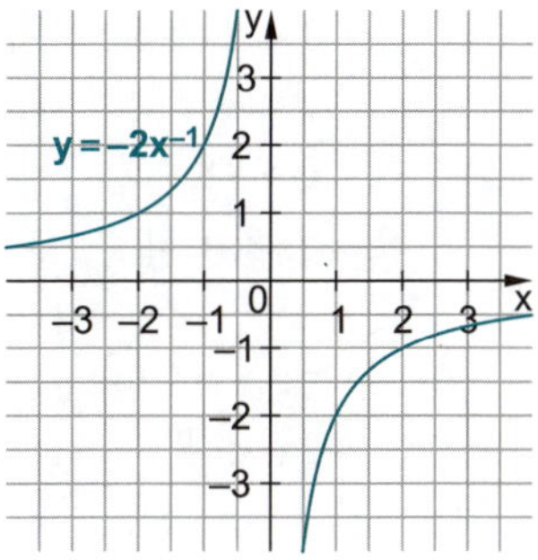

80. a) $5x + 3 \leq -7 \quad |-3$

$5x \leq -10 \quad |:5$

$x \leq -2$

$L =]-\infty; -2]$

b) $4 + 4x > -16 \quad |-4$

$4x > -20 \quad |:4$

$x > -5$

$L =]-5; +\infty[$

c) $3x - 5 \leq 23 \quad |+5$

$3x \leq 28 \quad |:3$

$x \leq \frac{28}{3}$

$L = \left]-\infty; \frac{28}{3}\right]$

d) $25x - 12 < 20x + 28 \quad |+12 - 20x$

$5x < 40 \quad |:5$

$x < 8$

$L =]-\infty; 8[$

e) $3x + 5 < 5x - 7 \quad |-5 - 5x$

$-2x < -12 \quad |:(-2)$

$x > 6$

$L =]6; +\infty[$

Durch –2 wird dividiert, das „<"-Zeichen wird umgedreht.

f) $x-3 < 2x+5 \quad |+3-2x$

$-x < 8 \quad |:(-1)$

$x > -8$

$L =]-8; +\infty[$

Durch –1wird dividiert, das „<“-Zeichen wird umgedreht.

g) $2x-\frac{1}{5} < 4x+3 \quad |+\frac{1}{5}-4x$

$-2x < \frac{16}{5} \quad |:(-2)$

$x > -\frac{8}{5}$

$x > -1,6$

$L =]-1,6; +\infty[$

Durch –2 wird dividiert, das „<“-Zeichen wird umgedreht.

h) $2x+2,5 \geq 6x-1,5 \quad |-2,5-6x$

$-4x \geq -4 \quad |:(-4)$

$x \leq 1$

$L =]-\infty; 1]$

Durch –4 wird dividiert, das „≥“-Zeichen wird umgedreht.

i) $\frac{1}{2}x-7+x^2 \leq -2x-8+x^2 \quad |+7-x^2+2x$

$\frac{5}{2}x \leq -1 \quad |\cdot\frac{2}{5}$

$x \leq -\frac{2}{5}$

$x \leq -0,4$

$L =]-\infty; -0,4]$

j) $-1,5(x-3)+x \geq 2x-\frac{3}{8}$

$-1,5x+4,5+x \geq 2x-0,375$

$-0,5x+4,5 \geq 2x-0,375 \quad |-2x-4,5$

$-2,5x \geq -4,875 \quad |:(-2,5)$

$x \leq 1,95$

$L =]-\infty; 1,95]$

Durch –2,5 wird dividiert, das „≥“-Zeichen wird umgedreht.

k) $2,5x-7 > 1,7x-2,6 \quad |+7-1,7x$

$0,8x > 4,4 \quad |:0,8$

$x > 5,5$

$L =]5,5; +\infty]$

l) $0{,}5(x+6)+1{,}5 \leq 2x-1$

$0{,}5x+3+1{,}5 \leq 2x-1$

$0{,}5x+4{,}5 \leq 2x-1 \quad |-4{,}5-2x$

$-1{,}5x \leq -5{,}5 \quad |:(-1{,}5)$

$x \geq 3{,}\overline{6}$

$x \geq \frac{11}{3}$

$L = \left[\frac{11}{3}; +\infty\right[$

Durch –1,5 wird dividiert, das „≤"-Zeichen wird umgedreht.

m) $-2(x-2)+x > -x+1$

$-2x+4+x > -x+1$

$-x+4 > -x+1 \quad |+x$

$4 > 1$

$L = \mathbb{R}$

Diese Ungleichung gilt für alle $x \in \mathbb{R}$.

n) $\frac{1}{2}x-3 \geq \frac{1}{3}x+5 \quad \left|+3-\frac{1}{3}x\right.$

$\frac{1}{6}x \geq 8 \quad |\cdot 6$

$x \geq 48$

$L = [48; +\infty[$

81. a) $3x+2 \leq 11 \quad |-2$

$3x \leq 9 \quad |:3$

$x \leq 3$

$L = \{1; 2; 3\}$

In der Lösungsmenge dürfen nur natürliche Zahlen vorkommen.

b) $5x-7 \leq 23 \quad |+7$

$5x \leq 30 \quad |:5$

$x \leq 6$

$L = \{1; 2; 3; 4; 5; 6\}$

c) $-2x+21 > 26 \quad |-21$

$-2x > 5 \quad |:(-2)$

$x < -2{,}5$

$L = \{\}$

Durch –2 wird dividiert, das „>"-Zeichen wird umgedreht. Da keine natürliche Zahl die entstehende Ungleichung erfüllt, ist L die leere Menge.

d) $4x+20 \geq 8 \quad |-20$
$4x \geq -12 \quad |:4$
$x \geq -3$
$L = \mathbb{N}$

Diese Ungleichung gilt für alle $x \in \mathbb{N}$.

e) $3x+4 < 22 \quad |-4$
$3x < 18 \quad |:3$
$x < 6$
$L = \{1; 2; 3; 4; 5\}$

f) $6x+20 > 8x+9 \quad |-20-8x$
$-2x > -11 \quad |:(-2)$
$x < 5{,}5$
$L = \{1; 2; 3; 4; 5\}$

Durch –2 wird dividiert, das „>"-Zeichen wird umgedreht.

82. a) $\frac{1}{2}x-3 \leq -2 \quad |+2$

Ungleichung

$\frac{1}{2}x-1 \leq 0$

$\frac{1}{2}x-1 = 0 \quad |+1$

Lösung der zugehörigen Gleichung

$\frac{1}{2}x = 1 \quad |\cdot 2$
$x_N = 2$

Gerade g: $y = \frac{1}{2}x-1$ mit N(2|0), T(0|–1), Steigung $m = \frac{1}{2}$

Die Lösungsmenge umfasst alle x-Werte, für die g unterhalb oder auf der x-Achse verläuft: L =]–∞; 2]

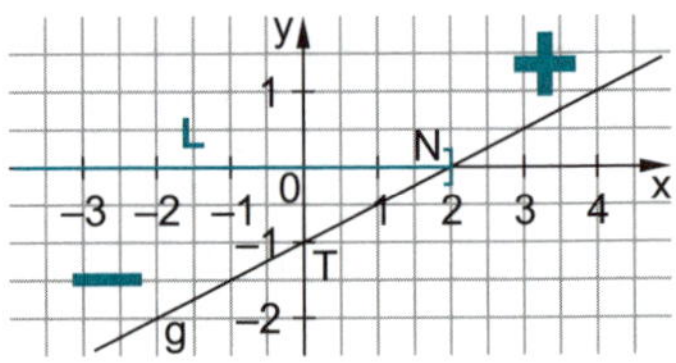

b) $-\frac{1}{3}x-2 > -1 \quad |+1$

Ungleichung

$-\frac{1}{3}x-1 > 0$

$-\frac{1}{3}x-1 = 0 \quad |+1$

Lösung der zugehörigen Gleichung

$-\frac{1}{3}x = 1 \quad |\cdot(-3)$
$x_N = -3$

Gerade g: $y = -\frac{1}{3}x-1$ mit N(–3|0), T(0|–1), Steigung $m = -\frac{1}{3}$

Die Lösungsmenge umfasst alle x-Werte, für die g oberhalb der x-Achse verläuft: L =]–∞; –3[

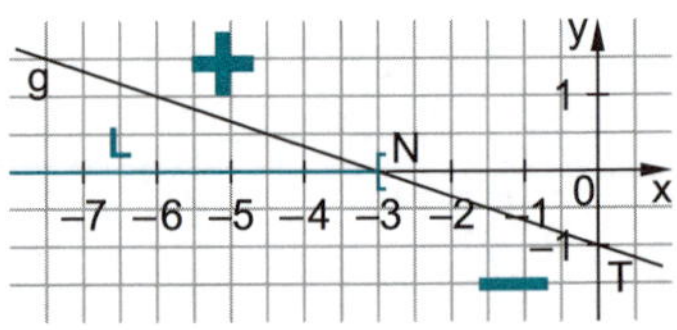

c) $2x-1 \geq 3 \quad |-3$ Ungleichung

$2x-4 \geq 0$

$2x-4=0 \quad |+4$ Lösung der zugehörigen Gleichung

$2x=4 \quad |:2$

$x_N = \mathbf{2}$

Gerade g: $y = 2x - 4$ mit N(**2**|0), T(0|−4), Steigung $m = 2$

Die Lösungsmenge umfasst alle x-Werte, für die g oberhalb oder auf der x-Achse verläuft: L = [**2**; +∞[

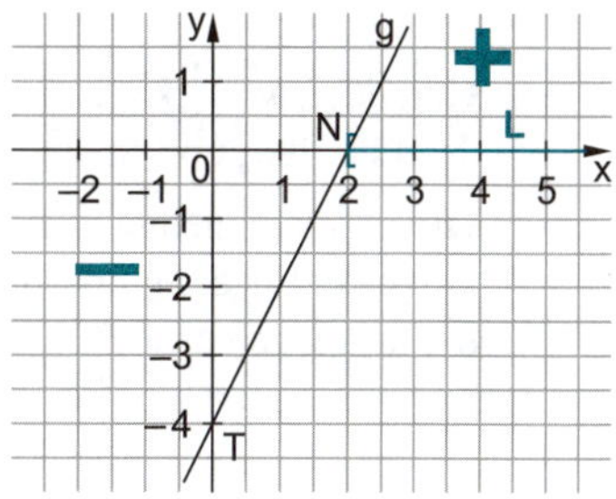

d) $-2x+5 < 3 \quad |-3$ Ungleichung

$-2x+2 < 0$

$-2x+2=0 \quad |-2$ Lösung der zugehörigen Gleichung

$-2x=-2 \quad |:(-2)$

$x_N = \mathbf{1}$

Gerade g: $y = -2x + 2$ mit N(**1**|0), T(0|2), Steigung $m = -2$

Die Lösungsmenge umfasst alle x-Werte, für die g unterhalb der x-Achse verläuft: L =]**1**; +∞[

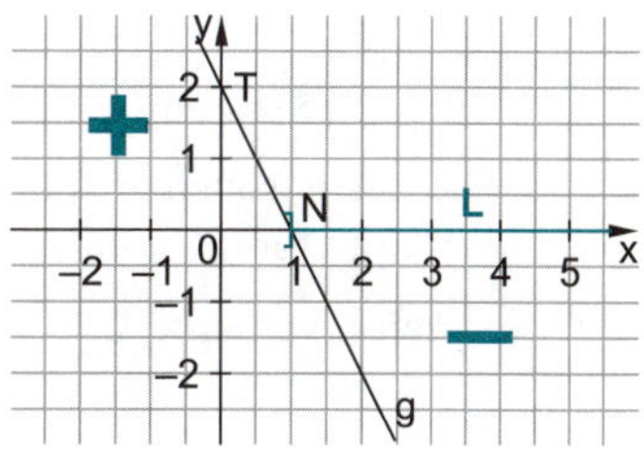

e) $\frac{1}{4}x+4 \leq 5 \quad |-5$ Ungleichung

$\frac{1}{4}x-1 \leq 0$

$\frac{1}{4}x-1=0 \quad |+1$ Lösung der zugehörigen Gleichung

$\frac{1}{4}x=1 \quad |\cdot 4$

$x_N = \mathbf{4}$

Gerade g: $y = \frac{1}{4}x - 1$ mit N(**4**|0), T(0|−1), Steigung $m = \frac{1}{4}$

Die Lösungsmenge umfasst alle x-Werte, für die g unterhalb oder auf der x-Achse verläuft: L =]−∞; **4**]

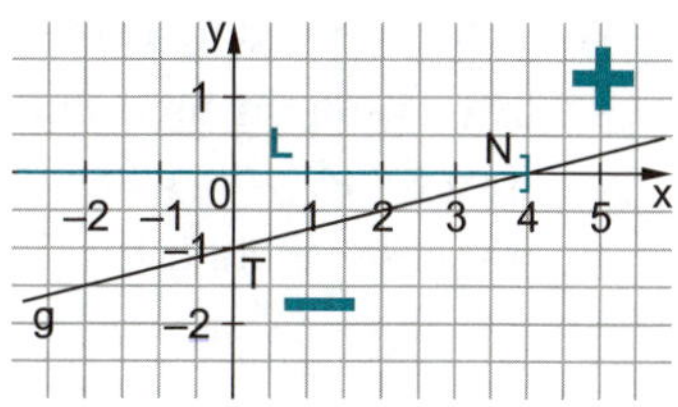

f) $\frac{1}{5}x+3 \geq 2 \quad |-2$

Ungleichung

$\frac{1}{5}x+1 \geq 0$

$\frac{1}{5}x+1 = 0 \quad |-1$

Lösung der zugehörigen Gleichung

$\frac{1}{5}x = -1 \quad |\cdot 5$

$x_N = \mathbf{-5}$

Gerade g: $y = \frac{1}{5}x+1$ mit N(**–5**|0), T(0|1), Steigung $m = \frac{1}{5}$

Die Lösungsmenge umfasst alle x-Werte, für die g oberhalb oder auf der x-Achse verläuft: L = [**–5**; +∞[

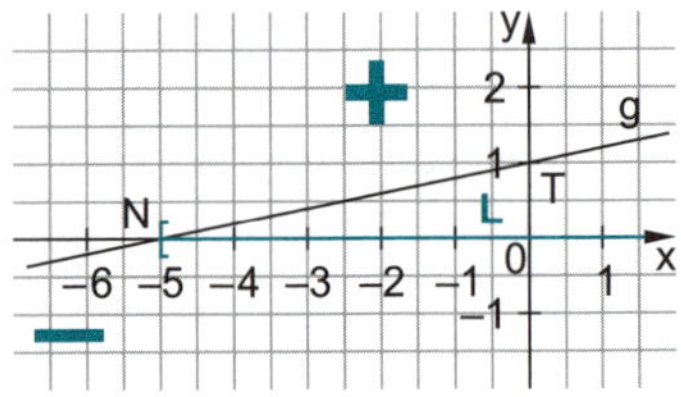

g) $\frac{5}{4}x-1 < 1 \quad |-1$

Ungleichung

$\frac{5}{4}x-2 < 0$

$\frac{5}{4}x-2 = 0 \quad |+2$

Lösung der zugehörigen Gleichung

$\frac{5}{4}x = 2 \quad |\cdot\frac{4}{5}$

$x_N = \mathbf{\frac{8}{5}}$

Gerade g: $y = \frac{5}{4}x-2$ mit $N\left(\mathbf{\frac{8}{5}} \mid 0\right)$, T(0|–2), Steigung $m = \frac{5}{4}$

Die Lösungsmenge umfasst alle x-Werte, für die g unterhalb der x-Achse verläuft: $L = \left]-\infty; \mathbf{\frac{8}{5}}\right[$

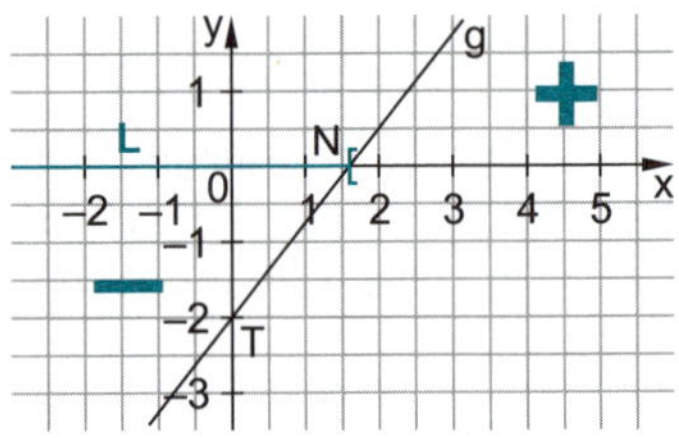

h) $-3x+1 < -3 \quad |+3$

Ungleichung

$-3x+4 < 0$

$-3x+4 = 0 \quad |-4$

Lösung der zugehörigen Gleichung

$-3x = -4 \quad |:(-3)$

$x_N = \mathbf{\frac{4}{3}}$

Gerade g: $y = -3x+4$ mit $N\left(\mathbf{\frac{4}{3}} \mid 0\right)$, T(0|4), Steigung $m = -3$

Die Lösungsmenge umfasst alle x-Werte, für die g unterhalb der x-Achse verläuft: $L = \left]\mathbf{\frac{4}{3}}; +\infty\right[$

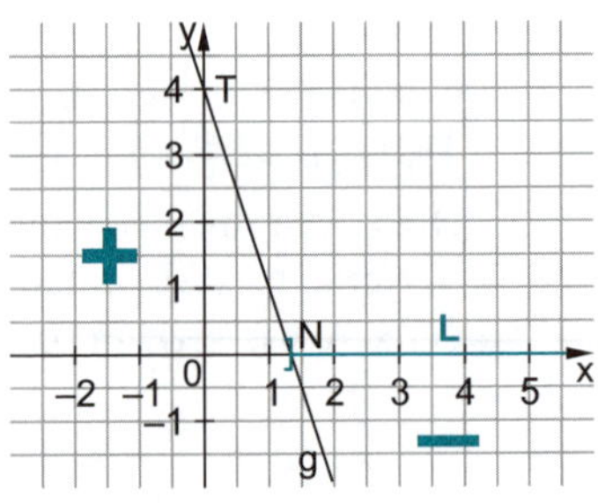

83. a) $3(x-2)^2+(x-1)\cdot(x+1) > 4x\cdot(x-3)+12$

$3(x^2-4x+4)+x^2-1 > 4x^2-12x+12$

$3x^2-12x+12+x^2-1 > 4x^2-12x+12 \quad |+12x$

$4x^2+11 > 4x^2+12 \quad |-4x^2$

$11 > 12$ **(f)**

$L=\{\}$

Diese Ungleichung gilt für kein $x \in \mathbb{R}$.

b) $21-7x \leq 0 \quad |-21$

$-7x \leq -21 \quad |:(-7)$

$x \geq 3$

$L=[3; +\infty[$

c) $(2-x)^2-(-2-x)^2 \leq 10$

$4-4x+x^2-4-4x-x^2 \leq 10$

$-8x \leq 10 \quad |:(-8)$

$x \geq -1,25$

$L=[-1,25; +\infty[$

d) $-x^2-8x < 2-x^2 \quad |+x^2$

$-8x < 2 \quad |:(-8)$

$x > -0,25$

$L=]-0,25; +\infty[$

84. $\frac{8}{9} < \frac{x}{29} \quad |\cdot 29$

$\frac{232}{9} < x$

$x > 25,\overline{7}$

$x = 26$

Die kleinste ganze Zahl, die diese Ungleichung erfüllt, ist 26.

85. a) **Definitionsmenge:**

$N=0 \Rightarrow x=0$

Der Nenner N darf nicht 0 werden.

$D=\mathbb{R}\setminus\{0\}$

Lösungsmenge:

$Z=0 \Rightarrow x+2=0 \Rightarrow x=-2$

Berechnung der Zählernullstelle

Z: $y=x+2$ mit $N_Z(-2\,|\,0)$, $T_Z(0\,|\,2)$, Steigung $m_Z=1>0$

Gleichung der Zählergeraden

N: $y=x$ mit $N_N(0\,|\,0)$, $T_N(0\,|\,0)$, Steigung $m_N=1>0$

Gleichung der Nennergeraden

Die Lösungsmenge enthält alle x-Werte aus D, für welche Zähler und Nenner gleiches Vorzeichen haben, d. h., die Zählergerade Z und die Nennergerade N auf der gleichen Seite der x-Achse verlaufen. Aus der Grobskizze erkennt man, dass dies für alle x-Werte aus den Intervallen $L_1 =]-\infty; -2[$ und $L_2 =]0; +\infty[$ der Fall ist. Also folgt: $L = L_1 \cup L_2 =]-\infty; -2[\cup]0; +\infty[$

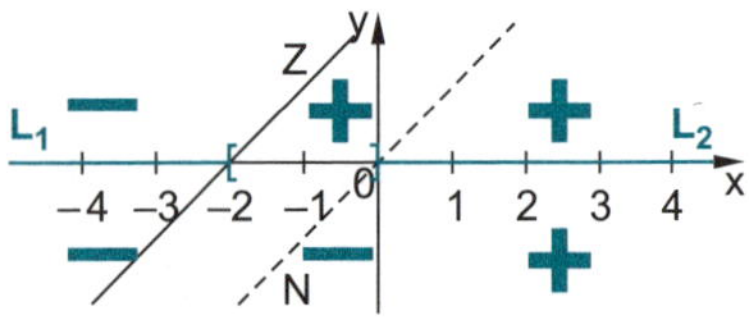

Für die x-Werte aus L_1 verlaufen beide Geraden unterhalb der x-Achse und für die x-Werte aus L_2 verlaufen beide Geraden oberhalb der x-Achse.

b) **Definitionsmenge:**

$N = 0 \Rightarrow x = 0$ — Der Nenner N darf nicht 0 werden.

$D = \mathbb{R} \setminus \{0\}$

Lösungsmenge:

$Z = 0 \Rightarrow 3 - x = 0 \Rightarrow x = 3$ — Berechnung der Zählernullstelle

Z: $y = 3 - x$ mit $N_Z(3|0)$, $T_Z(0|3)$, Steigung $m_Z = -1 < 0$ — Gleichung der Zählergeraden

N: $y = x$ mit $N_N(0|0)$, $T_N(0|0)$, Steigung $m_N = 1 > 0$ — Gleichung der Nennergeraden

Die Lösungsmenge enthält alle x-Werte aus D, für welche Zähler und Nenner gleiches Vorzeichen haben, d. h., die Zählergerade Z und die Nennergerade N auf der gleichen Seite der x-Achse verlaufen. Aus der Grobskizze erkennt man, dass dies für alle x-Werte aus dem Intervall $]0; 3[$ der Fall ist. Also folgt: $L =]0; 3[$

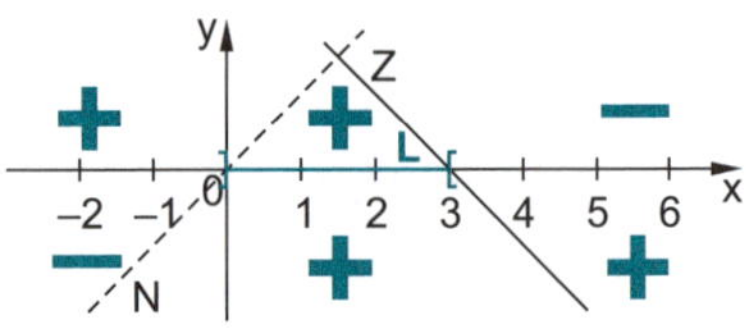

Für die x-Werte aus $]0; 3[$ verlaufen beide Geraden oberhalb der x-Achse.

c) **Definitionsmenge:**

$N = 0 \Rightarrow 2x = 0 \Rightarrow x = 0$ — Der Nenner N darf nicht 0 werden.

$D = \mathbb{R} \setminus \{0\}$

Lösungsmenge:

$Z = 0 \Rightarrow x - 4 = 0 \Rightarrow x = 4$ — Berechnung der Zählernullstelle

Z: $y = x - 4$ mit $N_Z(4|0)$, $T_Z(0|-4)$, Steigung $m_Z = 1 > 0$ — Gleichung der Zählergeraden

N: $y = 2x$ mit $N_N(0|0)$, $T_N(0|0)$, Steigung $m_N = 2 > 0$ — Gleichung der Nennergeraden

Die Lösungsmenge enthält alle x-Werte aus D, für welche Zähler und Nenner verschiedenes Vorzeichen haben, d. h., die Zählergerade Z und die Nennergerade N auf verschiedenen Seiten der x-Achse verlaufen. Aus der Grobskizze erkennt man, dass dies für alle x-Werte aus dem Intervall]0; 4] der Fall ist.
Also folgt: L =]0; 4]

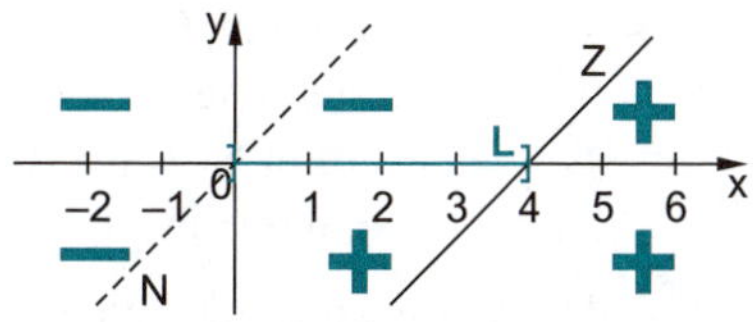

Für die x-Werte aus]0; 4[verläuft die Zählergerade unterhalb der x-Achse und die Nennergerade oberhalb der x-Achse. Die Zählernullstelle x = 4 gehört zu D und zu L, die Nennernullstelle x = 0 liegt nicht in D und L.

d) **Definitionsmenge:**

$N = 0 \Rightarrow x - 4 = 0 \Rightarrow x = 4$

Der Nenner N darf nicht 0 werden.

$D = \mathbb{R} \setminus \{4\}$

Lösungsmenge:

$$Z = 0 \Rightarrow 2x + 5 = 0$$
$$2x = -5$$
$$x = -2{,}5$$

Berechnung der Zählernullstelle

Z: $y = 2x + 5$ mit $N_Z(-2{,}5 \mid 0)$, $T_Z(0 \mid 5)$, Steigung $m_Z = 2 > 0$

Gleichung der Zählergeraden

N: $y = x - 4$ mit $N_N(4 \mid 0)$, $T_N(0 \mid -4)$, Steigung $m_N = 1 > 0$

Gleichung der Nennergeraden

Die Lösungsmenge enthält alle x-Werte aus D, für welche Zähler und Nenner gleiches Vorzeichen haben, d. h., die Zählergerade Z und die Nennergerade N auf der gleichen Seite der x-Achse verlaufen. Aus der Grobskizze erkennt man, dass dies für alle x-Werte aus den Intervallen $L_1 =]-\infty; -2{,}5]$ und $L_2 =]4; +\infty[$ der Fall ist. Also folgt: $L = L_1 \cup L_2 =]-\infty; -2{,}5] \cup]4; +\infty[$

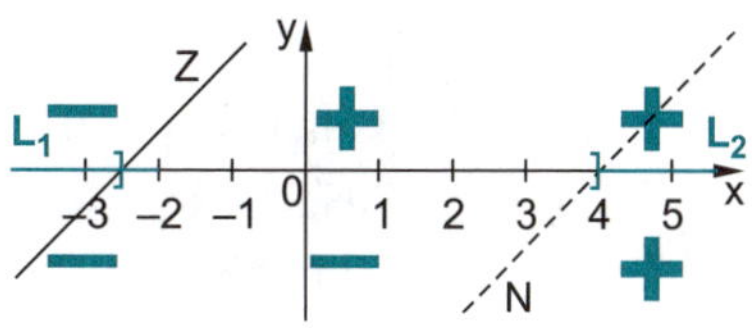

Für die x-Werte aus L_1 verlaufen beide Geraden unterhalb der x-Achse und für die x-Werte aus L_2 verlaufen beide Geraden oberhalb der x-Achse. Die Zählernullstelle x = –2,5 gehört zu D und zu L, die Nennernullstelle x = 4 liegt nicht in D und L.

e) **Definitionsmenge:**

$$N = 0 \Rightarrow 2x + 1 = 0$$
$$2x = -1$$
$$x = -0{,}5$$

Der Nenner N darf nicht 0 werden.

$D = \mathbb{R} \setminus \{-0{,}5\}$

Lösungsmenge:

$$Z = 0 \Rightarrow 2x - 7 = 0$$
$$2x = 7 \Rightarrow x = 3{,}5$$

Berechnung der Zählernullstelle

Z: $y = 2x - 7$ mit $N_Z(3{,}5 \mid 0)$, $T_Z(0 \mid -7)$, Steigung $m_Z = 2 > 0$

Gleichung der Zählergeraden

N: $y = 2x + 1$ mit $N_N(-0{,}5 \mid 0)$, $T_N(0 \mid 1)$, Steigung $m_N = 2 > 0$

Gleichung der Nennergeraden

Die Lösungsmenge enthält alle x-Werte aus D, für welche Zähler und Nenner verschiedenes Vorzeichen haben, d. h., die Zählergerade Z und die Nennergerade N auf verschiedenen Seiten der x-Achse verlaufen. Aus der Grobskizze erkennt man, dass dies für alle x-Werte aus dem Intervall $]-0{,}5; 3{,}5[$ der Fall ist. Also folgt: $L =]-0{,}5; 3{,}5[$

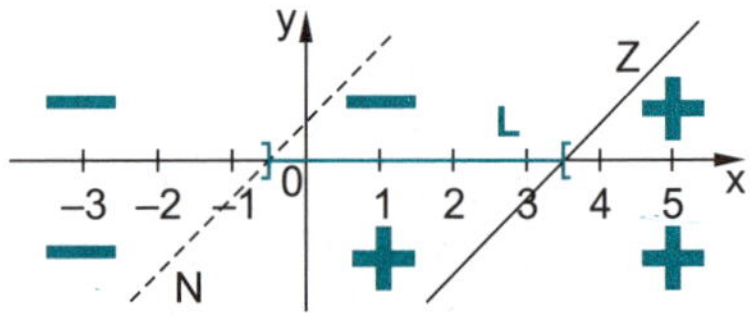

Für die x-Werte aus $]-0{,}5; 3{,}5[$ verläuft die Zählergerade unterhalb der x-Achse und die Nennergerade oberhalb der x-Achse.

f) **Definitionsmenge:**

$$N = 0 \;\Rightarrow\; 5x + 2 = 0$$
$$5x = -2$$
$$x = -0{,}4$$

Der Nenner N darf nicht 0 werden.

$D = \mathbb{R} \setminus \{-0{,}4\}$

Lösungsmenge:

$$Z = 0 \;\Rightarrow\; 5 - 3x = 0$$
$$-3x = -5 \;\Rightarrow\; x = \tfrac{5}{3}$$

Berechnung der Zählernullstelle

Z: $y = 5 - 3x$ mit $N_Z\left(\tfrac{5}{3} \mid 0\right)$, $T_Z(0 \mid 5)$, Steigung $m_Z = -3 < 0$

Gleichung der Zählergeraden

N: $y = 5x + 2$ mit $N_N(-0{,}4 \mid 0)$, $T_N(0 \mid 2)$, Steigung $m_N = 5 > 0$

Gleichung der Nennergeraden

Die Lösungsmenge enthält alle x-Werte aus D, für welche Zähler und Nenner gleiches Vorzeichen haben, d. h., die Zählergerade Z und die Nennergerade N auf der gleichen Seite der x-Achse verlaufen. Aus der Grobskizze erkennt man, dass dies für alle x-Werte aus dem Intervall $\left]-0{,}4; \tfrac{5}{3}\right[$ der Fall ist.

Also folgt: $L = \left]-0{,}4; \tfrac{5}{3}\right[$

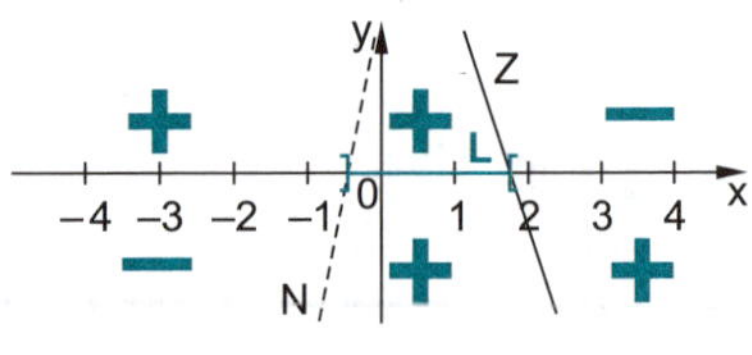

Für die x-Werte aus $\left]-0{,}4; \tfrac{5}{3}\right[$ verlaufen beide Geraden oberhalb der x-Achse.

g) $\frac{4x+5}{3-x} < 2 \Rightarrow \frac{4x+5}{3-x} - 2 < 0$

Umformung

$$\frac{4x+5-2(3-x)}{3-x} < 0$$

$$\frac{6x-1}{3-x} < 0$$

Definitionsmenge:

$N=0 \Rightarrow 3-x=0 \Rightarrow x=3$

Der Nenner N darf nicht 0 werden.

$D=\mathbb{R}\setminus\{3\}$

Lösungsmenge:

$Z=0 \Rightarrow 6x-1=0$

Berechnung der Zählernullstelle

$6x=1 \Rightarrow x=\frac{1}{6}$

Z: $y=6x-1$ mit $N_Z\left(\frac{1}{6}\,\middle|\,0\right)$, $T_Z(0|-1)$, Steigung $m_Z=6>0$

Gleichung der Zählergeraden

N: $y=3-x$ mit $N_N(3|0)$, $T_N(0|3)$, Steigung $m_N=-1<0$

Gleichung der Nennergeraden

Die Lösungsmenge enthält alle x-Werte aus D, für welche Zähler und Nenner verschiedenes Vorzeichen haben, d. h., die Zählergerade Z und die Nennergerade N auf verschiedenen Seite der x-Achse verlaufen. Aus der Grobskizze erkennt man, dass dies für alle x-Werte aus den Intervallen $L_1=\left]-\infty;\frac{1}{6}\right[$ und $L_2=]3;+\infty[$ der Fall ist. Also folgt:
$L=L_1\cup L_2=\left]-\infty;\frac{1}{6}\right[\cup]3;+\infty[$

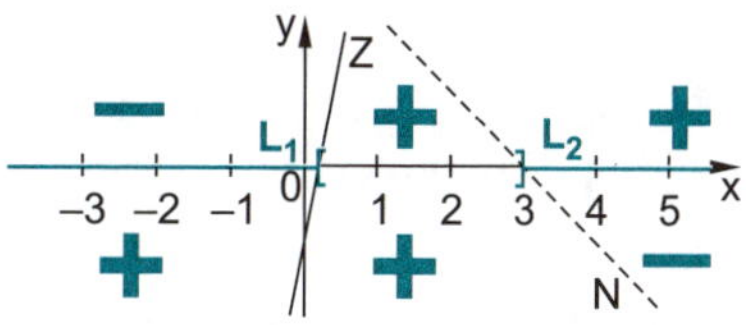

Für die x-Werte aus L_1 verläuft die Zählergerade unterhalb der x-Achse und die Nennergerade oberhalb der x-Achse und für die x-Werte aus L_2 verläuft die Zählergerade oberhalb der x-Achse und die Nennergerade unterhalb der x-Achse.

h) $\frac{x-7}{3-x} \geq 1 \Rightarrow \frac{x-7}{3-x} - 1 \geq 0$

Umformung

$$\frac{x-7-(3-x)}{3-x} \geq 0$$

$$\frac{2x-10}{3-x} \geq 0$$

Definitionsmenge:

$N=0 \Rightarrow 3-x=0 \Rightarrow x=3$

Der Nenner N darf nicht 0 werden.

$D=\mathbb{R}\setminus\{3\}$

Lösungsmenge:

$Z=0 \Rightarrow 2x-10=0$

Berechnung der Zählernullstelle

$2x=10$

$x=5$

Z: $y = 2x - 10$ mit $N_Z(5\,|\,0)$, $T_Z(0\,|\,-10)$, Steigung $m_Z = 2 > 0$

Gleichung der Zählergeraden

N: $y = 3 - x$ mit $N_N(3\,|\,0)$, $T_N(0\,|\,3)$, Steigung $m_N = -1 < 0$

Gleichung der Nennergeraden

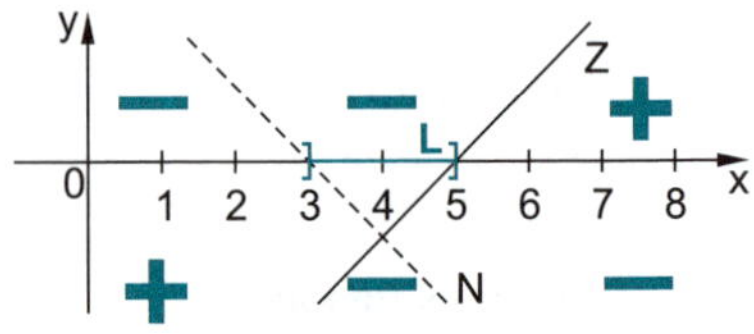

Die Lösungsmenge enthält alle x-Werte aus D, für welche Zähler und Nenner gleiches Vorzeichen haben, d. h., die Zählergerade Z und die Nennergerade N auf der gleichen Seite der x-Achse verlaufen. Aus der Grobskizze erkennt man, dass dies für alle x-Werte aus dem Intervall $]3; 5]$ der Fall ist. Also folgt: $L =]3; 5]$

Für die x-Werte aus $]3; 5[$ verlaufen beide Geraden unterhalb der x-Achse. Die Zählernullstelle $x = 5$ gehört zu D und zu L, die Nennernullstelle $x = 3$ liegt nicht in D und L.

i) **Definitionsmenge:**

$$N = 0 \quad \Rightarrow \quad -2x + 3 = 0$$
$$-2x = -3$$
$$x = 1{,}5$$

Der Nenner N darf nicht 0 werden.

$D = \mathbb{R} \setminus \{1{,}5\}$

Lösungsmenge:

$$Z = 0 \quad \Rightarrow \quad 6x + 3 = 0$$
$$6x = -3$$
$$x = -0{,}5$$

Berechnung der Zählernullstelle

Z: $y = 6x + 3$ mit $N_Z(-0{,}5\,|\,0)$, $T_Z(0\,|\,3)$, Steigung $m_Z = 6 > 0$

Gleichung der Zählergeraden

N: $y = -2x + 3$ mit $N_N(1{,}5\,|\,0)$, $T_N(0\,|\,3)$, Steigung $m_N = -2 < 0$

Gleichung der Nennergeraden

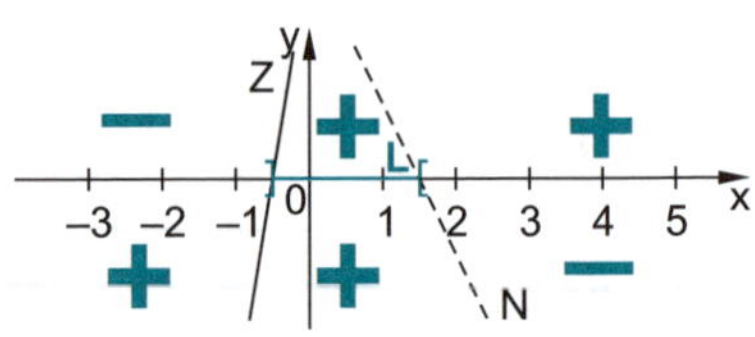

Die Lösungsmenge enthält alle x-Werte aus D, für welche Zähler und Nenner gleiches Vorzeichen haben, d. h., die Zählergerade Z und die Nennergerade N auf der gleichen Seite der x-Achse verlaufen. Aus der Grobskizze erkennt man, dass dies für alle x-Werte aus dem Intervall $]-0{,}5; 1{,}5[$ der Fall ist. Also folgt: $L =]-0{,}5; 1{,}5[$

Für die x-Werte aus $]-0{,}5; 1{,}5[$ verlaufen beide Geraden oberhalb der x-Achse.

86. a) $x^2 - 1 > 0$ — Ungleichung

$p\colon y = x^2 - 1$ — zugehörige Parabelgleichung

$x^2 - 1 = 0 \;\Rightarrow\; (x+1)\cdot(x-1) = 0$ — Berechnung der Nullstellen

$x_1 = \mathbf{-1};\; x_2 = \mathbf{1}$

Form: p ist eine nach oben geöffnete Parabel.

Die Lösungsmenge L enthält alle x-Werte aus D, für welche die Parabel oberhalb der x-Achse verläuft. Aus der Grobskizze erkennt man, dass dies für alle x-Werte aus den Intervallen $L_1 =]-\infty; \mathbf{-1}[$ bzw. $L_2 =]\mathbf{1}; +\infty[$ der Fall ist. Also folgt:
$L = L_1 \cup L_2 =]-\infty; -1[\cup]1; +\infty[$

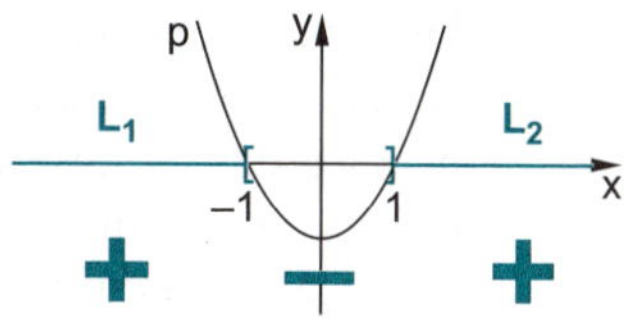

b) $x^2 - x - 6 < 0$ — Ungleichung

$p\colon y = x^2 - x - 6$ — zugehörige Parabelgleichung

$x^2 - x - 6 = 0 \;\Rightarrow\; (x+2)\cdot(x-3) = 0$ — Berechnung der Nullstellen

$x_1 = \mathbf{-2};\; x_2 = \mathbf{3}$

Form: p ist eine nach oben geöffnete Parabel.

Die Lösungsmenge L enthält alle x-Werte aus D, für welche die Parabel unterhalb der x-Achse verläuft. Aus der Grobskizze erkennt man, dass dies für alle x-Werte aus dem Intervall $]\mathbf{-2}; \mathbf{3}[$ der Fall ist. Also folgt: $L =]-2; 3[$

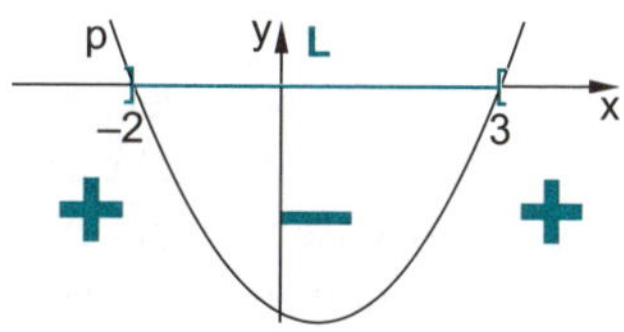

c) $x^2 - 4 \le 0$ — Ungleichung

$p\colon y = x^2 - 4$ — zugehörige Parabelgleichung

$x^2 - 4 = 0 \;\Rightarrow\; (x+2)\cdot(x-2) = 0$ — Berechnung der Nullstellen

$x_1 = \mathbf{-2};\; x_2 = \mathbf{2}$

Form: p ist eine nach oben geöffnete Parabel.

Die Lösungsmenge L enthält alle x-Werte aus D, für welche die Parabel unterhalb oder auf der x-Achse verläuft. Aus der Grobskizze erkennt man, dass dies für alle x-Werte aus dem Intervall $[\mathbf{-2}; \mathbf{2}]$ der Fall ist. Also folgt: $L = [-2; 2]$

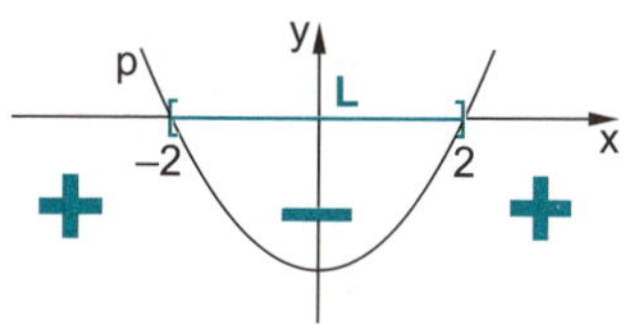

d) $x^2 - 3x - 4 \geq 0$ — Ungleichung

$p\colon y = x^2 - 3x - 4$ — zugehörige Parabelgleichung

$x^2 - 3x - 4 = 0 \Rightarrow (x+1)\cdot(x-4) = 0$ — Berechnung der Nullstellen

$x_1 = -1;\ x_2 = 4$

Form: p ist eine nach oben geöffnete Parabel.

Die Lösungsmenge L enthält alle x-Werte aus D, für welche die Parabel oberhalb oder auf der x-Achse verläuft. Aus der Grobskizze erkennt man, dass dies für alle x-Werte aus den Intervallen $L_1 =]-\infty; -1]$ bzw. $L_2 = [4; +\infty[$ der Fall ist. Also folgt: $L = L_1 \cup L_2 =]-\infty; -1] \cup [4; +\infty[$

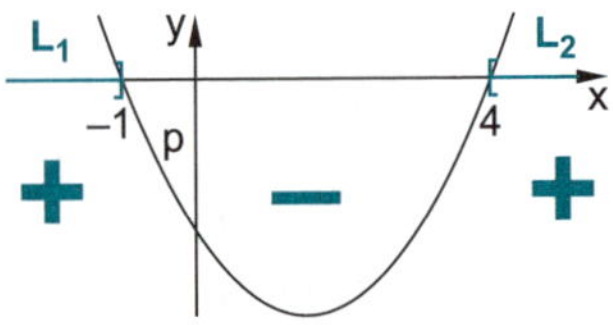

e) $-x^2 - 2x + 3 > 0$ — Ungleichung

$p\colon y = -x^2 - 2x + 3$ — zugehörige Parabelgleichung

$-x^2 - 2x + 3 = 0 \Rightarrow x^2 + 2x - 3 = 0$ — Berechnung der Nullstellen

$(x+3)\cdot(x-1) = 0$

$x_1 = -3;\ x_2 = 1$

Form: p ist eine nach unten geöffnete Parabel.

Die Lösungsmenge L enthält alle x-Werte aus D, für welche die Parabel oberhalb der x-Achse verläuft. Aus der Grobskizze erkennt man, dass dies für alle x-Werte aus dem Intervall $]-3; 1[$ der Fall ist. Also folgt: $L =]-3; 1[$

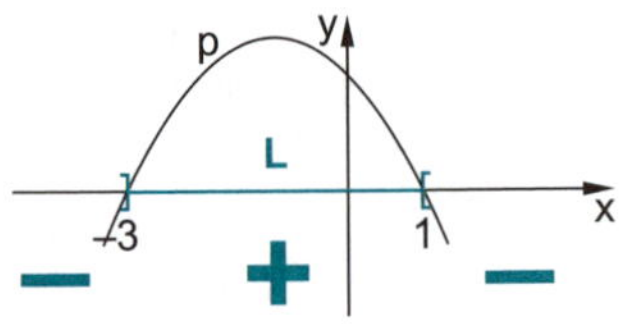

f) $-x^2 + 1{,}5x + 7 < 0$ — Ungleichung

$p\colon y = -x^2 + 1{,}5x + 7$ — zugehörige Parabelgleichung

$-x^2 + 1{,}5x + 7 = 0$ — Berechnung der Nullstellen mit der Lösungsformel

$$x_{1;\,2} = \frac{-1{,}5 \pm \sqrt{2{,}25 - 4\cdot(-1)\cdot 7}}{2\cdot(-1)} = \frac{-1{,}5 \pm \sqrt{30{,}25}}{-2}$$

$$= \frac{-1{,}5 \pm 5{,}5}{-2}$$

$x_1 = -2;\ x_2 = 3{,}5$

Form: p ist eine nach unten geöffnete Parabel.

Die Lösungsmenge L enthält alle x-Werte aus D, für welche die Parabel unterhalb der x-Achse verläuft. Aus der Grobskizze erkennt man, dass dies für alle x-Werte aus den Intervallen $L_1 =]-\infty; -2[$ bzw. $L_2 =]3{,}5; +\infty[$ der Fall ist. Also folgt:
$L = L_1 \cup L_2 =]-\infty; -2[\cup]3{,}5; +\infty[$

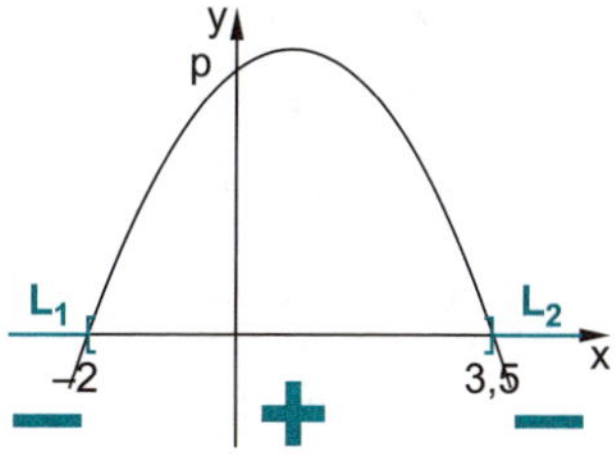

g) $-x^2 + 4x - 1 \geq 0$ — Ungleichung

$p: y = -x^2 + 4x - 1$ — zugehörige Parabelgleichung

$-x^2 + 4x - 1 = 0$ — Berechnung der Nullstellen mit der Lösungsformel

$$x_{1;2} = \frac{-4 \pm \sqrt{16 - 4 \cdot (-1) \cdot (-1)}}{2 \cdot (-1)} = \frac{-4 \pm 2\sqrt{3}}{-2}$$
$$= 2 \pm \sqrt{3}$$

$x_1 = \mathbf{2 - \sqrt{3}} \approx 0{,}268$; $x_2 = \mathbf{2 + \sqrt{3}} \approx 3{,}732$

Form: p ist eine nach unten geöffnete Parabel.

Die Lösungsmenge L enthält alle x-Werte aus D, für welche die Parabel oberhalb oder auf der x-Achse verläuft. Aus der Grobskizze erkennt man, dass dies für alle x-Werte aus dem Intervall $[\mathbf{2 - \sqrt{3}}; \mathbf{2 + \sqrt{3}}]$ der Fall ist. Also folgt:
$L = [2 - \sqrt{3}; 2 + \sqrt{3}]$

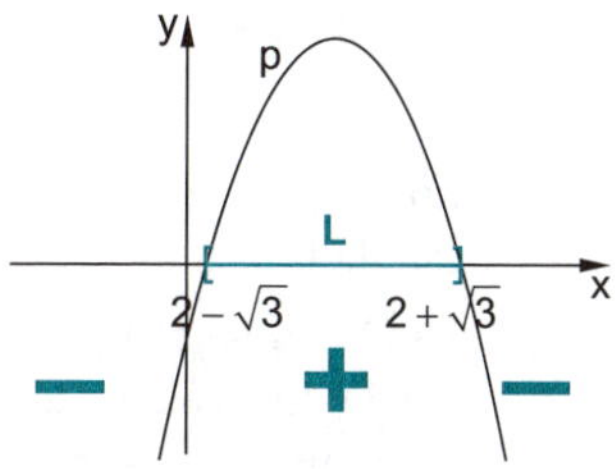

h) $\frac{1}{2}x^2 - x - 4 < 0$ — Ungleichung

$p: y = \frac{1}{2}x^2 - x - 4$ — zugehörige Parabelgleichung

$0{,}5x^2 - x - 4 = 0 \Rightarrow x^2 - 2x - 8 = 0$ — Berechnung der Nullstellen
$$(x + 2) \cdot (x - 4) = 0$$
$$x_1 = \mathbf{-2};\ x_2 = \mathbf{4}$$

Form: p ist eine nach oben geöffnete Parabel.

Die Lösungsmenge L enthält alle x-Werte aus D, für welche die Parabel unterhalb der x-Achse verläuft. Aus der Grobskizze erkennt man, dass dies für alle x-Werte aus dem Intervall $]\mathbf{-2}; \mathbf{4}[$ der Fall ist.
Also folgt: $L =]-2; 4[$

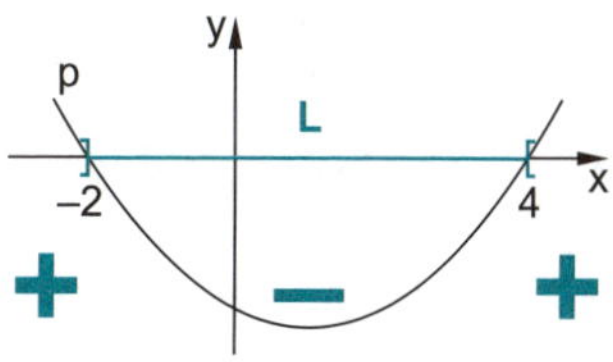

i) $-2x^2+8x+2 \geq 0$ — Ungleichung

p: $y=-2x^2+8x+2$ — zugehörige Parabelgleichung

$-2x^2+8x+2=0 \;\Rightarrow\; x^2-4x-1=0$ — Berechnung der Nullstellen mit der Lösungsformel

$$x_{1;2}=\frac{4\pm\sqrt{16-4\cdot1\cdot(-1)}}{2}=\frac{4\pm2\sqrt{5}}{2}=2\pm\sqrt{5}$$

$x_1=\mathbf{2-\sqrt{5}}\approx-0,236;\; x_2=\mathbf{2+\sqrt{5}}\approx4,236$

Form: p ist eine nach unten geöffnete Parabel.

Die Lösungsmenge L enthält alle x-Werte aus D, für welche die Parabel oberhalb oder auf der x-Achse verläuft. Aus der Grobskizze erkennt man, dass dies für alle x-Werte aus dem Intervall $[\mathbf{2-\sqrt{5}};\,\mathbf{2+\sqrt{5}}]$ der Fall ist. Also folgt: $L=[2-\sqrt{5};\,2+\sqrt{5}]$

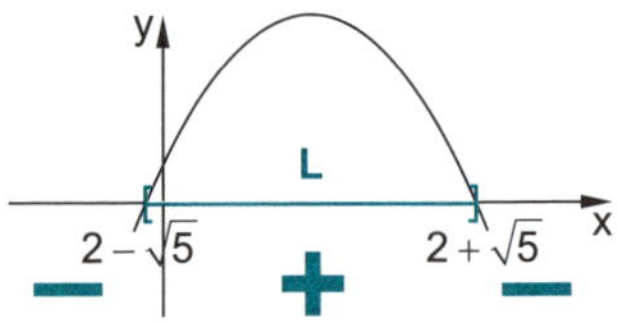

j) $x^2-4x+4 \geq 0$ — Ungleichung

p: $y=x^2-4x+4$ — zugehörige Parabelgleichung

$x^2-4x+4=0 \;\Rightarrow\; (x-2)\cdot(x-2)=0$ — Berechnung der Nullstellen

$x_{1;2}=\mathbf{2}$

Form: p ist eine nach oben geöffnete Parabel.

Die Lösungsmenge L enthält alle x-Werte aus D, für welche die Parabel oberhalb oder auf der x-Achse verläuft. Aus der Grobskizze erkennt man, dass dies für alle x-Werte aus D der Fall ist. Also folgt: $L=D=\mathbb{R}$

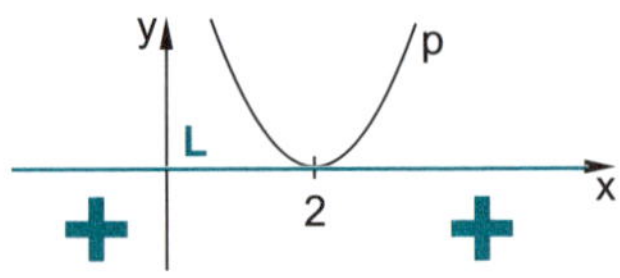

k) $x^2-6x+9 \leq 0$ — Ungleichung

p: $y=x^2-6x+9$ — zugehörige Parabelgleichung

$x^2-6x+9=0 \;\Rightarrow\; (x-3)\cdot(x-3)=0$ — Berechnung der Nullstellen

$x_{1;2}=\mathbf{3}$

Form: p ist eine nach oben geöffnete Parabel.

Die Lösungsmenge L enthält alle x-Werte aus D, für welche die Parabel unterhalb oder auf der x-Achse verläuft. Aus der Grobskizze erkennt man, dass dies nur für $x=\mathbf{3}$ der Fall ist. Also folgt: $L=\{3\}$

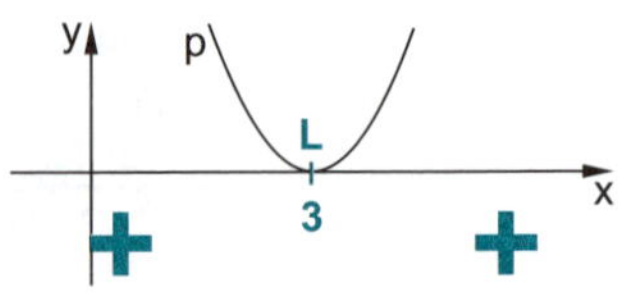

l) $x^2 - 6x + 10 < 0$ — Ungleichung

$p: y = x^2 - 6x + 10$ — zugehörige Parabelgleichung

$x^2 - 6x + 10 = 0$ — Berechnung der Nullstellen

$D = 36 - 4 \cdot 1 \cdot 10 = -4 < \mathbf{0}$, also keine Nullstellen — Diskriminante

Form: p ist eine nach oben geöffnete Parabel. Da es keine Nullstellen gibt, muss der Scheitel und damit die ganze Parabel oberhalb der x-Achse liegen.

Kontrolle:
$x_s = \frac{-(-6)}{2} = 3;\ y_s = 9 - 18 + 10 = 1$
S(3 | 1)

Die Lösungsmenge L enthält alle x-Werte aus D, für welche die Parabel unterhalb der x-Achse verläuft. Da die ganze Parabel oberhalb der x-Achse liegt, gibt es keinen solchen x-Wert. Also folgt: L = { }

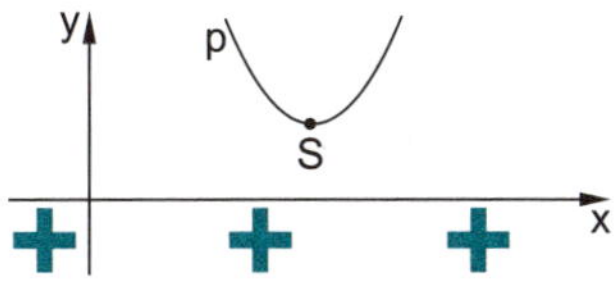

m) $x^2 + 6x + 11 \geq 0$ — Ungleichung

$p: y = x^2 + 6x + 11$ — zugehörige Parabelgleichung

$x^2 + 6x + 11 = 0$ — Berechnung der Nullstellen

$D = 36 - 4 \cdot 1 \cdot 11 = -8 < \mathbf{0}$, also keine Nullstellen — Diskriminante

Form: p ist eine nach oben geöffnete Parabel. Da es keine Nullstellen gibt, muss der Scheitel und damit die ganze Parabel oberhalb der x-Achse liegen.

Kontrolle:
$x_s = \frac{-6}{2} = -3;\ y_s = 9 - 18 + 11 = 2$
S(–3 | 2)

Die Lösungsmenge L enthält alle x-Werte aus D, für welche die Parabel oberhalb oder auf der x-Achse verläuft. Da dies für alle x-Werte aus D der Fall ist, folgt also: $L = D = \mathbb{R}$

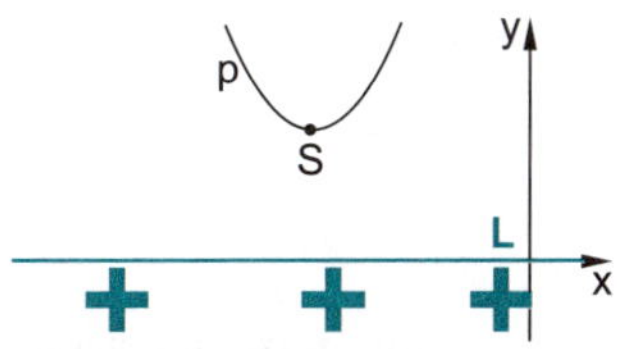

n) $-x^2 - 2x - 2 \leq 0$ — Ungleichung

$p: y = -x^2 - 2x - 2$ — zugehörige Parabelgleichung

$-x^2 - 2x - 2 = 0$ — Berechnung der Nullstellen

$D = 4 - 4 \cdot (-1) \cdot (-2) = -4 < \mathbf{0}$, also keine Nullstellen — Diskriminante

Form: p ist eine nach unten geöffnete Parabel. Da es keine Nullstellen gibt, muss der Scheitel und damit die ganze Parabel unterhalb der x-Achse liegen.

Kontrolle:
$x_s = \frac{-(-2)}{2 \cdot (-1)} = -1;\ y_s = -1 + 2 - 2 = -1$
S(–1 | –1)

Die Lösungsmenge L enthält alle x-Werte aus D, für welche die Parabel unterhalb oder auf der x-Achse verläuft. Da dies für alle x-Werte aus D der Fall ist, folgt also: L = D = ℝ

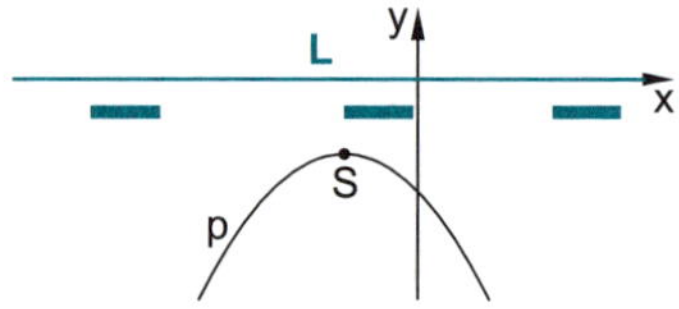

o) $x^2 + x - 9 < 2x + 3$ — Ungleichung

$x^2 - x - 12 < 0$ — Umformung

$p: y = x^2 - x - 12$ — zugehörige Parabelgleichung

$x^2 - x - 12 = 0 \Rightarrow (x+3)\cdot(x-4) = 0$ — Berechnung der Nullstellen

$x_1 = \mathbf{-3};\ x_2 = \mathbf{4}$

Form: p ist eine nach oben geöffnete Parabel.

Die Lösungsmenge L enthält alle x-Werte aus D, für welche die Parabel unterhalb der x-Achse verläuft. Aus der Grobskizze erkennt man, dass dies für alle x-Werte aus dem Intervall]**–3**; **4**[der Fall ist. Also folgt: L =]–3; 4[

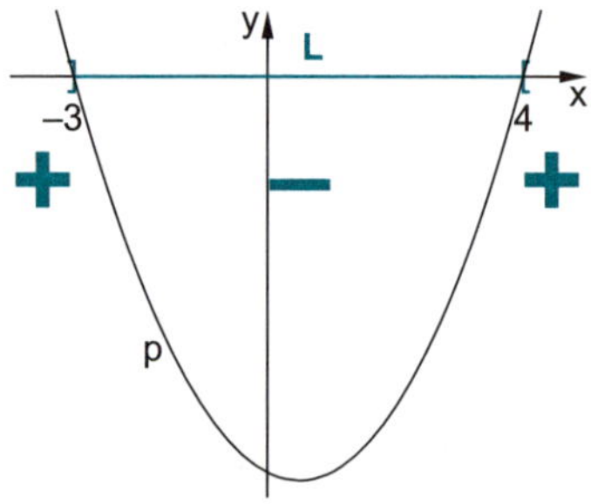

p) $-2x^2 + 4x + 7 \geq x^2 - 2x - 2$ — Ungleichung

$-3x^2 + 6x + 9 \geq 0$ — Umformung

$p: y = -3x^2 + 6x + 9$ — zugehörige Parabelgleichung

$-3x^2 + 6x + 9 = 0 \Rightarrow x^2 - 2x - 3 = 0$ — Berechnung der Nullstellen

$(x+1)\cdot(x-3) = 0$

$x_1 = \mathbf{-1};\ x_2 = \mathbf{3}$

Form: p ist eine nach unten geöffnete Parabel.

Die Lösungsmenge L enthält alle x-Werte aus D, für welche die Parabel oberhalb oder auf der x-Achse verläuft. Aus der Grobskizze erkennt man, dass dies für alle x-Werte aus dem Intervall [**–1**; **3**] der Fall ist. Also folgt: L = [–1; 3]

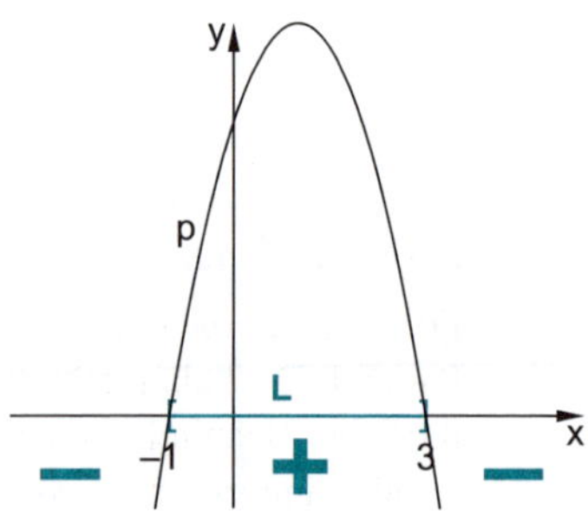

87. $x^2 = a^2 - 2a;\ a \in \mathbb{R},\ G = \mathbb{R}$

Gleichung

Eine Lösung:

Die rechte Seite der Gleichung muss null sein:

$a^2 - 2a = 0 \quad \Rightarrow \quad a(a-2) = 0$

$a_1 = 0;\ a_2 = 2$

Die Gleichung lautet dann $x^2 = 0$.

Zwei Lösungen:

Die rechte Seite der Gleichung muss positiv sein:

$a^2 - 2a > 0$ für $a \in \,]-\infty; 0[\, \cup \,]2; +\infty[$

Der Graph von $y = a^2 - 2a$ ist eine nach oben geöffnete Parabel mit den Nullstellen $a_1 = 0$ und $a_2 = 2$.

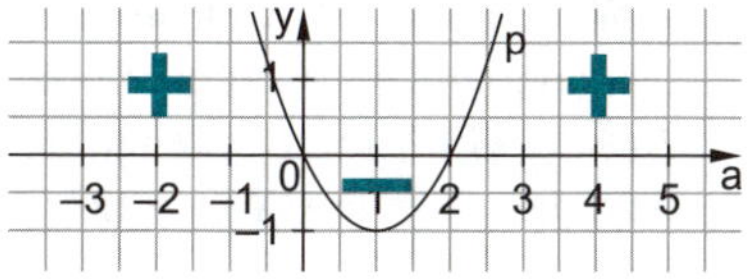

Keine Lösung:

Die rechte Seite der Gleichung muss negativ sein:

$a^2 - 2a < 0$ für $a \in \,]0; 2[$

88. $x^2 + ax + 2a - 3 = 0;\ a \in \mathbb{R},\ G = \mathbb{R}$

Gleichung

$D = a^2 - 4 \cdot 1 \cdot (2a - 3) = a^2 - 8a + 12$

Diskriminante

Eine Lösung:

Die Diskriminante muss null sein:

$a^2 - 8a + 12 = 0 \quad \Rightarrow \quad (a-2)(a-6) = 0$

$a_1 = 2;\ a_2 = 6$

Ansatz $D = 0$

Zwei Lösungen:

$D > 0$ für $a \in \,]-\infty; 2[\, \cup \,]6; +\infty[$

Der Graph von $D = a^2 - 8a + 12$ ist eine nach oben geöffnete Parabel mit den Nullstellen $a_1 = 2$ und $a_2 = 6$.

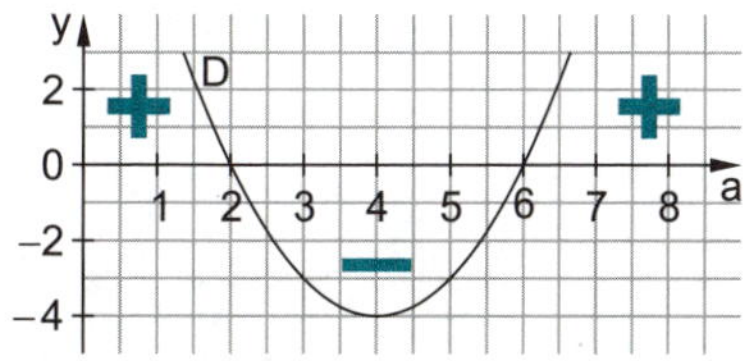

Keine Lösung:

$D < 0$ für $a \in \,]2; 6[$

89. $G_f \cap G_g$: $\quad f(x) = g_a(x)$

$-x^2 + 2x + 3 = -2x + a$

$-x^2 + 4x + 3 - a = 0$

Ansatz: Gleichsetzen der Funktionsterme

$D = 16 - 4 \cdot (-1) \cdot (3 - a) = 16 + 12 - 4a$

$= 28 - 4a$

Diskriminante

Zwei Lösungen gibt es für $D > 0$:

$28 - 4a > 0 \quad \Rightarrow \quad -4a > -28 \quad \Rightarrow \quad a < 7$

Durch -4 wird dividiert, das „>"-Zeichen wird umgedreht.

90. $x^2 < 5x$ — Ungleichung

$x^2 - 5x < 0$ — Umformung

$p\colon y = x^2 - 5x$ — zugehörige Parabelgleichung

$x^2 - 5x = 0 \;\Rightarrow\; x \cdot (x - 5) = 0$ — Berechnung der Nullstellen

$x_1 = \mathbf{0};\; x_2 = \mathbf{5}$

Form: p ist eine nach oben geöffnete Parabel.

Die Lösungsmenge L enthält alle x-Werte aus D, für welche die Parabel unterhalb der x-Achse verläuft. Aus der Grobskizze erkennt man, dass dies für alle x-Werte aus dem Intervall]**0**; **5**[der Fall ist. Also folgt: L =]0; 5[

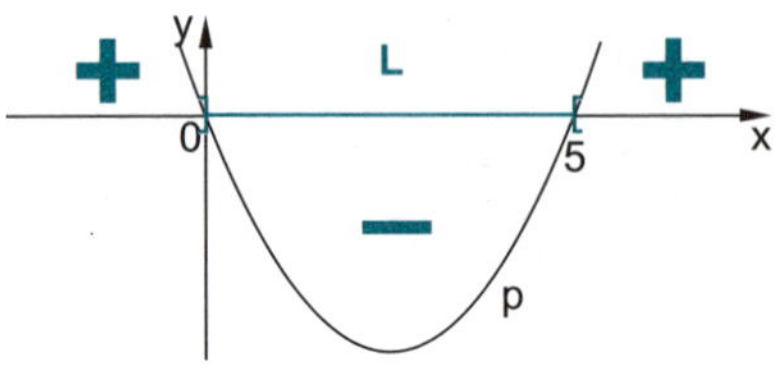